全国中医药行业高等职业教育"十三五"规划教材

生物化学

（第二版）

（供中医学、临床医学、针灸推拿、中医骨伤、护理、助产、中药学、药学专业用）

主 编 ◎ 杨友谊

中国中医药出版社

·北 京·

图书在版编目（CIP）数据

生物化学 / 杨友谊主编 . -- 2 版 . —北京：中国
中医药出版社，2018.8
全国中医药行业高等职业教育"十三五"规划教材
ISBN 978 – 7 – 5132 – 4920 – 1

Ⅰ.①生…　Ⅱ.①杨…　Ⅲ.①生物化学—高等职业教
育—教材　Ⅳ.① Q5

中国版本图书馆 CIP 数据核字（2018）第 083058 号

中国中医药出版社出版

北京市朝阳区北三环东路 28 号易亨大厦 16 层
邮政编码　100013
传真　010-64405750
山东润声印务有限公司印刷
各地新华书店经销

开本 787×1092　1/16　印张 21.25　字数 435 千字
2018 年 8 月第 2 版　2018 年 8 月第 1 次印刷
书号　ISBN 978 – 7 – 5132 – 4920 – 1

定价　66.00 元
网址　www.cptcm.com

社 长 热 线　010-64405720
购 书 热 线　010-89535836
维 权 打 假　010-64405753

微信服务号　zgzyycbs
微商城网址　https://kdt.im/LIdUGr
官 方 微 博　http://e.weibo.com/cptcm
天猫旗舰店网址　https://zgzyycbs.tmall.com

如有印装质量问题请与本社出版部联系（010-64405510）
版权专有　侵权必究

全国中医药行业高等职业教育"十三五"规划教材

全国中医药职业教育教学指导委员会

主任委员

卢国慧（国家中医药管理局人事教育司司长）

副主任委员

赵国胜（安徽中医药高等专科学校教授）

张立祥（山东中医药高等专科学校党委书记）

姜德民（甘肃省中医学校校长）

范吉平（中国中医药出版社社长）

秘书长

周景玉（国家中医药管理局人事教育司综合协调处处长）

委员

王义祁（安徽中医药高等专科学校党委副书记）

王秀兰（上海中医药大学教授）

卞　瑶（云南中医学院继续教育学院、职业技术学院院长）

方家选（南阳医学高等专科学校校长）

孔令俭（曲阜中医药学校校长）

叶正良（天士力控股集团公司生产制造事业群 CEO）

包武晓（呼伦贝尔职业技术学院蒙医蒙药系副主任）

冯居秦（西安海棠职业学院院长）

尼玛次仁（西藏藏医学院院长）

吕文亮（湖北中医药大学校长）

刘　勇（成都中医药大学峨眉学院党委书记、院长）

李　刚（亳州中药科技学校校长）

李　铭（昆明医科大学副校长）

李伏君（千金药业有限公司技术副总经理）

李灿东（福建中医药大学校长）

李建民（黑龙江中医药大学佳木斯学院教授）

李景儒（黑龙江省计划生育科学研究院院长）

杨佳琦（杭州市拱墅区米市巷街道社区卫生服务中心主任）

吾布力·吐尔地（新疆维吾尔医学专科学校药学系主任）

吴　彬（广西中医药大学护理学院院长）

宋利华（连云港中医药高等职业技术学院教授）

迟江波（烟台渤海制药集团有限公司总裁）

张美林（成都中医药大学附属针灸学校党委书记）

张登山（邢台医学高等专科学校教授）

张震云（山西药科职业学院党委副书记、院长）

陈　燕（湖南中医药大学附属中西医结合医院院长）

陈玉奇（沈阳市中医药学校校长）

陈令轩（国家中医药管理局人事教育司综合协调处副主任科员）

周忠民（渭南职业技术学院教授）

胡志方（江西中医药高等专科学校校长）

徐家正（海口市中医药学校校长）

凌　娅（江苏康缘药业股份有限公司副董事长）

郭争鸣（湖南中医药高等专科学校校长）

郭桂明（北京中医医院药学部主任）

唐家奇（广东湛江中医学校教授）

曹世奎（长春中医药大学招生与就业处处长）

龚晋文（山西卫生健康职业学院／山西省中医学校党委副书记）

董维春（北京卫生职业学院党委书记）

谭　工（重庆三峡医药高等专科学校副校长）

潘年松（遵义医药高等专科学校副校长）

赵　剑（芜湖绿叶制药有限公司总经理）

梁小明（江西博雅生物制药股份有限公司常务副总经理）

龙　岩（德生堂医药集团董事长）

中医药职业教育是我国现代职业教育体系的重要组成部分，肩负着培养新时代中医药行业多样化人才、传承中医药技术技能、促进中医药服务健康中国建设的重要职责。为贯彻落实《国务院关于加快发展现代职业教育的决定》（国发〔2014〕19 号）、《中医药健康服务发展规划（2015—2020年）》（国办发〔2015〕32 号）和《中医药发展战略规划纲要（2016—2030年）》（国发〔2016〕15 号）（简称《纲要》）等文件精神，尤其是实现《纲要》中"到 2030 年，基本形成一支由百名国医大师、万名中医名师、百万中医师、千万职业技能人员组成的中医药人才队伍"的发展目标，提升中医药职业教育对全民健康和地方经济的贡献度，提高职业技术院校学生的实际操作能力，实现职业教育与产业需求、岗位胜任能力严密对接，突出新时代中医药职业教育的特色，国家中医药管理局教材建设工作委员会办公室（以下简称"教材办"）、中国中医药出版社在国家中医药管理局领导下，在全国中医药职业教育教学指导委员会指导下，总结"全国中医药行业高等职业教育'十二五'规划教材"建设的经验，组织完成了"全国中医药行业高等职业教育'十三五'规划教材"建设工作。

中国中医药出版社是全国中医药行业规划教材唯一出版基地，为国家中医中西医结合执业（助理）医师资格考试大纲和细则、实践技能指导用书、全国中医药专业技术资格考试大纲和细则唯一授权出版单位，与国家中医药管理局中医师资格认证中心建立了良好的战略伙伴关系。

本套教材规划过程中，教材办认真听取了全国中医药职业教育教学指导委员会相关专家的意见，结合职业教育教学一线教师的反馈意见，加强顶层设计和组织管理，是全国唯一的中医药行业高等职业教育规划教材，于 2016年启动了教材建设工作。通过广泛调研、全国范围遴选主编，又先后经过主编会议、编写会议、定稿会议等环节的质量管理和控制，在千余位编者的共同努力下，历时 1 年多时间，完成了 83 种规划教材的编写工作。

本套教材由 50 余所开展中医药高等职业教育院校的专家及相关医院、医药企业等单位联合编写，中国中医药出版社出版，供高等职业教育院校中医学、针灸推拿、中医骨伤、中药学、康复治疗技术、护理 6 个专业使用。

本套教材具有以下特点：

1. 以教学指导意见为纲领，贴近新时代实际

注重体现新时代中医药高等职业教育的特点，以教育部新的教学指导意

见为纲领，注重针对性、适用性以及实用性，贴近学生、贴近岗位、贴近社会，符合中医药高等职业教育教学实际。

2. 突出质量意识、精品意识，满足中医药人才培养的需求

注重强化质量意识、精品意识，从教材内容结构设计、知识点、规范化、标准化、编写技巧、语言文字等方面加以改革，具备"精品教材"特质，满足中医药事业发展对于技术技能型、应用型中医药人才的需求。

3. 以学生为中心，以促进就业为导向

坚持以学生为中心，强调以就业为导向、以能力为本位、以岗位需求为标准的原则，按照技术技能型、应用型中医药人才的培养目标进行编写，教材内容涵盖资格考试全部内容及所有考试要求的知识点，满足学生获得"双证书"及相关工作岗位需求，有利于促进学生就业。

4. 注重数字化融合创新，力求呈现形式多样化

努力按照融合教材编写的思路和要求，创新教材呈现形式，版式设计突出结构模块化，新颖、活泼，图文并茂，并注重配套多种数字化素材，以期在全国中医药行业院校教育平台"医开讲－医教在线"数字化平台上获取多种数字化教学资源，符合职业院校学生认知规律及特点，以利于增强学生的学习兴趣。

本套教材的建设，得到国家中医药管理局领导的指导与大力支持，凝聚了全国中医药行业职业教育工作者的集体智慧，体现了全国中医药行业齐心协力、求真务实的工作作风，代表了全国中医药行业为"十三五"期间中医药事业发展和人才培养所做的共同努力，谨此向有关单位和个人致以衷心的感谢！希望本套教材的出版，能够对全国中医药行业职业教育教学的发展和中医药人才的培养产生积极的推动作用。需要说明的是，尽管所有组织者与编写者竭尽心智，精益求精，本套教材仍有一定的提升空间，敬请各教学单位、教学人员及广大学生多提宝贵意见和建议，以便今后修订和提高。

国家中医药管理局教材建设工作委员会办公室

全国中医药职业教育教学指导委员会

2018 年 1 月

全国中医药行业高等职业教育"十三五"规划教材

《生物化学》
编 委 会

主　编

杨友谊（湖北中医药高等专科学校）

副主编（以姓氏笔画为序）

左爱仁（江西中医药大学）

范　明（四川中医药高等专科学校）

尚喜雨（南阳医学高等专科学校）

编　委（以姓氏笔画为序）

马　强（重庆三峡医药高等专科学校）

王业秋（黑龙江中医药大学佳木斯学院）

左爱仁（江西中医药大学）

孙玉珍（江西中医药高等专科学校）

李宇周（秦皇岛市卫生学校）

杨友谊（湖北中医药高等专科学校）

范　明（四川中医药高等专科学校）

尚喜雨（南阳医学高等专科学校）

赵红霞（新疆昌吉职业技术学院）

陶志文（四川卫生康复职业学院）

学术秘书

杨　倩（湖北中医药高等专科学校）

《生物化学》是医药类各专业一门重要的基础课程，因为它不仅从分子层面阐明了生命的规律，更能前瞻医药学发展的未来。

本教材是根据国务院《中医药健康服务发展规划（2015～2020）》《教育部等六部关于医教协同深化临床医学人才培养改革的意见》（教研[2014]2号）的精神，在国家中医药管理局教材建设工作委员会宏观指导下，以全面提高中医药人才的培养质量，积极与医疗卫生实践接轨，为临床服务为目标，依据中医药行业人才培养规律和实际需求，组织高等职业院校老师编写完成的。

本教材强调以学生学习为中心，突出职业教育技能培养目标，注重实用原则，对教材内容进行了整编。教材编写充分遵循高等职业教育教学规律，即行动导向的认知规律，将知识和技能有机结合，每章节内既有目标又有考核评价，根据具体情况，在部分章节适当增加了知识小贴士和执业助理医师考纲提示，增加了趣味性、可读性和针对性。本教材适用中医学、临床医学、针灸推拿、中医骨伤、护理、助产、中药学、药学专业使用。

全书内容包括生物体的物质组成、分子结构及功能、生物体内物质代谢及调控、生物体内遗传信息的传递、物质代谢与生理功能的关系以及实验指导。

来自全国10所高职高专院校的老师参加了本教材的编写，第一章和第六章由杨友谊编写；第二章和第三章由左爱仁编写；第四章和第十二章由范明编写；第五章由马强编写；第六章和第十四章由尚喜雨编写；第七章由孙玉珍编写；第九章由陶志文编写；第十章由赵红霞编写；第十一章由李宇周编写；第十三章由王业秋编写。其中杨友谊还编写了第四、七、十二、十四章部分内容，并对全书内容进行了审核和统筹。实验指导由范明、孙玉珍、陶志文、杨友谊、左爱仁等五位老师共同编写完成。

本教材在编写过程中得到了各编委所在院校领导的大力支持，以及第一版教材编委的贡献；兄弟院校同行提出了许多宝贵意见，教材中还引用了一些药学工作者的研究成果，限于体例原因未予一一标注，在此一并表示感谢。本教材的出版得到了中国中医药出版社领导及责任编辑的大力支持与帮助，在此表示衷心的感谢。也感谢学术秘书杨倩在本教材编写过程中的辛勤工作。

由于我们水平有限，时间较短，书中定有不妥和遗漏之处，敬请同行专家和使用本教材的师生给予批评指正。

《生物化学》编委会

2018 年元月

第一章　绪　论 ……………………………………………………………………… 1

第一节　生物化学发展简史 ………………………………………………… 1

一、静态生物化学阶段 ………………………………………………… 2

二、动态生物化学阶段 ………………………………………………… 2

三、现代生物化学阶段 ………………………………………………… 3

四、我国生物化学学科的发展 ………………………………………… 4

第二节　生物化学研究的主要内容 ………………………………………… 5

第三节　生物化学与医药学的关系 ………………………………………… 6

第四节　现代生物化学的重要发展领域 …………………………………… 8

第二章　蛋白质化学 ……………………………………………………………… 10

第一节　蛋白质的化学组成 ………………………………………………… 10

一、蛋白质的元素组成及特点 ………………………………………… 10

二、氨基酸 ……………………………………………………………… 11

第二节　蛋白质的分子结构 ………………………………………………… 14

一、蛋白质的基本结构 ………………………………………………… 14

二、蛋白质的空间结构 ………………………………………………… 16

第三节　蛋白质结构与功能的关系 ………………………………………… 20

一、蛋白质一级结构与功能的关系 …………………………………… 20

二、蛋白质空间结构与功能的关系 …………………………………… 20

第四节　蛋白质的理化性质 ………………………………………………… 21

一、蛋白质的两性电离与等电点 ……………………………………… 21

二、蛋白质的胶体性质 ………………………………………………… 22

三、蛋白质的变性和复性作用 ………………………………………… 23

四、蛋白质的沉淀与凝固 ……………………………………………… 23

五、蛋白质的紫外吸收与呈色反应 …………………………………… 25

第五节　蛋白质的营养作用 ………………………………………………… 25

一、蛋白质的生理功能 ⋯⋯⋯⋯⋯⋯⋯⋯⋯⋯⋯⋯ 25

二、蛋白质的营养价值 ⋯⋯⋯⋯⋯⋯⋯⋯⋯⋯⋯⋯ 25

三、蛋白质的互补作用 ⋯⋯⋯⋯⋯⋯⋯⋯⋯⋯⋯⋯ 26

第三章 核酸的化学 ⋯⋯⋯⋯⋯⋯⋯⋯⋯⋯⋯⋯⋯⋯⋯⋯ 30

第一节 核酸分子的化学组成 ⋯⋯⋯⋯⋯⋯⋯⋯⋯⋯ 30

一、核酸的基本元素组成 ⋯⋯⋯⋯⋯⋯⋯⋯⋯⋯⋯ 30

二、核苷酸 ⋯⋯⋯⋯⋯⋯⋯⋯⋯⋯⋯⋯⋯⋯⋯⋯⋯ 30

三、核苷酸的其他形式与功能 ⋯⋯⋯⋯⋯⋯⋯⋯⋯ 32

第二节 DNA 的结构与功能 ⋯⋯⋯⋯⋯⋯⋯⋯⋯⋯⋯ 33

一、核酸的种类 ⋯⋯⋯⋯⋯⋯⋯⋯⋯⋯⋯⋯⋯⋯⋯ 33

二、核酸中核苷酸的连接方式 ⋯⋯⋯⋯⋯⋯⋯⋯⋯ 33

三、DNA 的一级结构 ⋯⋯⋯⋯⋯⋯⋯⋯⋯⋯⋯⋯⋯ 33

四、DNA 的二级结构 ⋯⋯⋯⋯⋯⋯⋯⋯⋯⋯⋯⋯⋯ 34

五、DNA 的三级结构 ⋯⋯⋯⋯⋯⋯⋯⋯⋯⋯⋯⋯⋯ 35

第三节 RNA 的结构与功能 ⋯⋯⋯⋯⋯⋯⋯⋯⋯⋯⋯ 36

一、mRNA 的结构与功能 ⋯⋯⋯⋯⋯⋯⋯⋯⋯⋯⋯ 36

二、tRNA 的结构与功能 ⋯⋯⋯⋯⋯⋯⋯⋯⋯⋯⋯ 37

三、rRNA 的结构与功能 ⋯⋯⋯⋯⋯⋯⋯⋯⋯⋯⋯ 38

第四节 核酸的理化性质 ⋯⋯⋯⋯⋯⋯⋯⋯⋯⋯⋯⋯ 38

一、核酸的一般性质 ⋯⋯⋯⋯⋯⋯⋯⋯⋯⋯⋯⋯⋯ 38

二、核酸的紫外吸收性质 ⋯⋯⋯⋯⋯⋯⋯⋯⋯⋯⋯ 38

三、核酸的变性、复性和分子杂交 ⋯⋯⋯⋯⋯⋯⋯ 38

第四章 酶 ⋯⋯⋯⋯⋯⋯⋯⋯⋯⋯⋯⋯⋯⋯⋯⋯⋯⋯⋯⋯⋯ 44

第一节 酶的化学本质和特性 ⋯⋯⋯⋯⋯⋯⋯⋯⋯⋯ 44

一、酶的化学本质 ⋯⋯⋯⋯⋯⋯⋯⋯⋯⋯⋯⋯⋯⋯ 44

二、酶的特性 ⋯⋯⋯⋯⋯⋯⋯⋯⋯⋯⋯⋯⋯⋯⋯⋯ 45

第二节 酶的分子组成与结构 ⋯⋯⋯⋯⋯⋯⋯⋯⋯⋯ 47

　　一、酶的分子组成 ·· 47

　　二、酶的分子结构 ·· 48

第三节　酶作用的基本原理 ·· 49

　　一、酶作用的基本原理 ·· 49

　　二、与酶作用原理相关的机制 ···································· 50

　　三、酶的几种特殊形式 ·· 51

第四节　影响酶促反应速度的因素 ···································· 54

　　一、底物浓度对酶促反应速度的影响 ······························ 54

　　二、酶浓度对酶促反应速度的影响 ································ 56

　　三、pH 值对酶促反应速度的影响 ································· 56

　　四、温度对酶促反应速度的影响 ·································· 57

　　五、抑制剂对酶促反应速度的影响 ································ 58

　　六、激活剂对酶促反应速度的影响 ································ 62

第五节　酶的活力测定与分离纯化 ···································· 62

　　一、酶活力的测定 ·· 62

　　二、酶的分离纯化 ·· 62

第六节　酶的分类和命名 ·· 69

　　一、酶的命名 ·· 69

　　二、酶的分类 ·· 69

第七节　酶在医学上的应用 ·· 71

　　一、酶与疾病的关系 ·· 71

　　二、酶在其他领域的应用 ·· 72

第五章　维生素与微量元素 ·· 77

第一节　脂溶性维生素 ·· 78

　　一、维生素 A ·· 78

　　二、维生素 D ·· 79

　　三、维生素 E ·· 80

　　四、维生素 K ·· 82

第二节 水溶性维生素 ………………………………………………………………… 83

一、维生素 B_1 …………………………………………………………………… 83

二、维生素 B_2 …………………………………………………………………… 84

三、维生素 PP …………………………………………………………………… 85

四、维生素 B_6 …………………………………………………………………… 86

五、泛酸 ………………………………………………………………………… 86

六、生物素 ……………………………………………………………………… 87

七、叶酸 ………………………………………………………………………… 88

八、维生素 B_{12} ………………………………………………………………… 89

九、维生素 C …………………………………………………………………… 89

第三节 钙磷代谢 …………………………………………………………………… 91

一、钙磷在体内的含量、分布 ………………………………………………… 91

二、钙磷的吸收与排泄 ………………………………………………………… 91

三、钙磷在体内的生理功能 …………………………………………………… 92

四、血钙与血磷 ………………………………………………………………… 93

五、钙磷代谢的调节 …………………………………………………………… 93

第四节 微量元素的代谢 …………………………………………………………… 95

一、铁 …………………………………………………………………………… 95

二、铜 …………………………………………………………………………… 96

三、锌 …………………………………………………………………………… 96

四、硒 …………………………………………………………………………… 97

五、锰 …………………………………………………………………………… 97

六、碘 …………………………………………………………………………… 98

第六章 生物氧化 …………………………………………………………………… 102

第一节 概 述 ……………………………………………………………………… 103

一、生物氧化的方式 …………………………………………………………… 103

二、生物氧化的酶类 …………………………………………………………… 103

三、生物氧化的特点 …………………………………………………………… 104

第二节　线粒体内生物氧化体系 ……………………………………… 105

一、呼吸链的组成 ………………………………………………… 105

二、胞液中 NADH 的氧化 ……………………………………… 108

第三节　高能化合物的生成与利用 ………………………………… 109

一、高能化合物 …………………………………………………… 109

二、ATP 的生成 ………………………………………………… 110

三、ATP 的利用 ………………………………………………… 113

第四节　其他氧化体系 ……………………………………………… 114

一、微粒体氧化体系 ……………………………………………… 114

二、过氧化物酶体氧化体系 ……………………………………… 114

三、超氧化物歧化酶（SOD） …………………………………… 115

第七章　糖代谢 …………………………………………………… 118

第一节　概　述 ……………………………………………………… 118

一、糖的分类 ……………………………………………………… 118

二、糖的功能 ……………………………………………………… 119

三、糖的消化吸收 ………………………………………………… 119

四、糖的代谢概况 ………………………………………………… 119

第二节　糖的分解代谢 ……………………………………………… 120

一、糖的无氧氧化（糖酵解） …………………………………… 121

二、糖的有氧氧化 ………………………………………………… 123

三、磷酸戊糖途径 ………………………………………………… 127

第三节　糖原的合成与分解 ………………………………………… 129

一、糖原的合成代谢 ……………………………………………… 129

二、糖原的分解代谢 ……………………………………………… 130

三、糖原合成与分解的生理意义 ………………………………… 131

四、糖原合成与分解的调节 ……………………………………… 131

第四节　糖异生 ……………………………………………………… 132

一、糖异生概念 …………………………………………………… 132

二、糖异生途径 …………………………………………………………… 132

三、糖异生的调节 …………………………………………………………… 133

四、糖异生的生理意义 ……………………………………………………… 133

第五节　血糖及其调节 ……………………………………………………… 134

一、血糖的来源与去路 ……………………………………………………… 134

二、血糖水平的调节 ………………………………………………………… 135

三、糖代谢异常 ……………………………………………………………… 136

第八章　脂类代谢 …………………………………………………………… 141

第一节　概　述 ……………………………………………………………… 141

一、脂类概况 ………………………………………………………………… 141

二、脂类的消化与吸收 ……………………………………………………… 143

第二节　脂肪的分解代谢 …………………………………………………… 143

一、脂肪动员 ………………………………………………………………… 144

二、甘油的代谢 ……………………………………………………………… 145

三、脂肪酸的氧化 …………………………………………………………… 145

四、脂肪酸的其他氧化方式 ………………………………………………… 147

五、酮体的生成和利用 ……………………………………………………… 148

第三节　脂肪的合成代谢 …………………………………………………… 151

一、3-磷酸甘油的生成 ……………………………………………………… 151

二、脂肪酸的合成 …………………………………………………………… 152

三、脂肪的合成 ……………………………………………………………… 153

第四节　类脂的代谢 ………………………………………………………… 154

一、磷脂的代谢 ……………………………………………………………… 154

二、胆固醇的代谢 …………………………………………………………… 157

第五节　血脂和血浆脂蛋白 ………………………………………………… 161

一、血脂 ……………………………………………………………………… 161

二、血浆脂蛋白的结构、分类及组成 ……………………………………… 162

三、血浆脂蛋白的代谢 ……………………………………………………… 163

第六节　脂类代谢紊乱 ……………………………………………… 164

一、高脂血症 ………………………………………………………… 164

二、脂蛋白代谢异常与动脉粥样硬化 ……………………………… 165

第九章　氨基酸的代谢 ……………………………………………… 169

第一节　蛋白质的营养作用 ………………………………………… 169

一、蛋白质的生理功能 ……………………………………………… 169

二、蛋白质的需要量 ………………………………………………… 170

三、蛋白质的消化、吸收与腐败 …………………………………… 171

第二节　氨基酸的一般代谢 ………………………………………… 173

一、氨基酸代谢概况 ………………………………………………… 173

二、氨基酸的脱氨基作用 …………………………………………… 173

第三节　氨的代谢 …………………………………………………… 176

一、氨的来源 ………………………………………………………… 177

二、氨的转运 ………………………………………………………… 177

三、氨的去路 ………………………………………………………… 178

四、高血氨症与肝性脑病 …………………………………………… 180

第四节　个别氨基酸代谢 …………………………………………… 181

一、氨基酸的脱羧基作用 …………………………………………… 181

二、一碳单位代谢 …………………………………………………… 184

三、芳香族氨基酸的代谢 …………………………………………… 184

第十章　核苷酸代谢 ………………………………………………… 189

第一节　嘌呤核苷酸代谢 …………………………………………… 190

一、嘌呤核苷酸的合成代谢 ………………………………………… 190

二、嘌呤核苷酸的分解代谢 ………………………………………… 193

第二节　嘧啶核苷酸的代谢 ………………………………………… 195

一、嘧啶核苷酸的合成代谢 ………………………………………… 195

二、脱氧核苷酸的合成 ……………………………………………… 197

三、嘧啶核苷酸合成的抗代谢物 ……………………………………… 198

四、嘧啶核苷酸的分解代谢 ……………………………………………… 198

第十一章　物质代谢的联系及调节 ……………………………………… 202

第一节　物质代谢的特点 ………………………………………………… 202

第二节　物质代谢的相互联系 …………………………………………… 203

一、在能量代谢上的相互联系 …………………………………………… 203

二、糖、脂、蛋白质及核酸代谢之间的相互联系 ……………………… 203

第三节　代谢调节 ………………………………………………………… 205

一、细胞水平的调节 ……………………………………………………… 205

二、激素水平的调节 ……………………………………………………… 209

三、整体水平的调节 ……………………………………………………… 210

第十二章　遗传信息的传递、表达和调控 …………………………… 214

第一节　DNA 的生物合成 ……………………………………………… 215

一、DNA 的复制 ………………………………………………………… 215

二、逆转录 ………………………………………………………………… 221

三、DNA 的损伤与修复 ………………………………………………… 223

四、突变、单核苷酸的多态性与个体差异 ……………………………… 225

第二节　RNA 的生物合成 ……………………………………………… 226

一、参与转录的模板和酶 ………………………………………………… 226

二、原核生物的转录过程 ………………………………………………… 227

三、转录后的加工与修饰 ………………………………………………… 229

第三节　蛋白质的生物合成 ……………………………………………… 231

一、蛋白质生物合成的物质基础 ………………………………………… 231

二、蛋白质生物合成过程 ………………………………………………… 235

三、蛋白质合成后的加工 ………………………………………………… 238

四、蛋白质合成的抑制剂 ………………………………………………… 239

第四节　基因表达的调控 ………………………………………………… 240

一、基因表达调控的基本概念 ……………………………………………… 240

二、基因表达调控的基本原理 ……………………………………………… 240

三、原核基因表达调节 ……………………………………………………… 241

四、真核基因表达的调节 …………………………………………………… 243

第十三章　肝的生物化学 ………………………………………………… 251

第一节　肝在物质代谢中的作用 …………………………………………… 252

一、肝在三大营养物质代谢中的作用 ……………………………………… 252

二、肝在激素、维生素代谢中的作用 ……………………………………… 255

第二节　肝的生物转化作用 ………………………………………………… 256

一、生物转化的概述 ………………………………………………………… 256

二、生物转化的类型 ………………………………………………………… 257

三、生物转化的特点 ………………………………………………………… 261

四、影响生物转化的因素 …………………………………………………… 262

第三节　胆汁与胆汁酸代谢 ………………………………………………… 263

一、胆汁 ……………………………………………………………………… 263

二、胆汁酸 …………………………………………………………………… 263

第四节　胆色素的代谢 ……………………………………………………… 267

一、胆红素的生成与运输 …………………………………………………… 267

二、胆红素的转化 …………………………………………………………… 268

三、胆红素的肠肝循环 ……………………………………………………… 270

四、血清胆红素与黄疸 ……………………………………………………… 271

第十四章　水盐代谢与酸碱平衡 ………………………………………… 277

第一节　水和无机盐的生理功能 …………………………………………… 277

一、水的生理功能 …………………………………………………………… 277

二、主要无机盐的生理功能 ………………………………………………… 278

第二节　体液的含量与分布 ………………………………………………… 279

一、体液的分布 ……………………………………………………………… 279

二、体液电解质的含量及分布特点 ……………………………… 280

三、体液的交换 …………………………………………………… 281

第三节 体液的平衡及调节 ………………………………………… 282

一、水平衡 ………………………………………………………… 282

二、电解质平衡 …………………………………………………… 282

三、水、电解质平衡的调节 ……………………………………… 285

第四节 水盐代谢紊乱 ……………………………………………… 286

一、水的缺乏与过量 ……………………………………………… 286

二、钙磷代谢紊乱 ………………………………………………… 286

第五节 酸碱平衡 …………………………………………………… 288

一、体内酸碱物质的来源 ………………………………………… 288

二、酸碱平衡的调节 ……………………………………………… 288

三、酸碱平衡紊乱的基本类型 …………………………………… 292

四、酸碱平衡的主要生化诊断指标 ……………………………… 294

附 生物化学实验指导 …………………………………………… 300

参考文献 …………………………………………………………… 317

扫一扫，看课件

第 一 章

绪 论

【学习目标】

1. 掌握：生物化学的概念。
2. 熟悉：生物化学研究的主要内容及其与医药学的关系。
3. 了解：生物化学的发展史和重要发展方向。

生命体是由各种化学物质构成的，它们在体内的各种物理过程、化学代谢变化以及相互之间的作用构成了生命的基本特征——新陈代谢。生物化学是研究生物体的化学组成和生命过程中化学变化规律的科学。它主要采用化学以及物理学和免疫学等原理和方法，从分子水平来探讨生命现象的本质，故又称生命的化学。

生物化学研究的对象涵盖所有的生命领域，包括微生物、植物、动物、人体等。医学生物化学主要以人体为研究对象，充分利用微生物生化、动物生化研究成果，进而从分子水平上揭示人体生命现象本质和疾病发病机制，是一门重要的医学基础学科。

第一节 生物化学发展简史

生物化学是一门既古老又年轻的学科，始于18世纪下半叶法国化学家拉瓦锡对燃烧和呼吸的研究，1785年他第一个证明动物身体的发热是由于体内物质氧化所致。世界上第一个生物化学学报《生理化学学报》于1877年诞生，生物化学是生物学与化学不断融合的结果，1903年德国学者Carl Neuberg提出"生物化学"这一名称，标志着一个新的学科的产生，从此生物化学成为一门独立的学科开始发展。生物化学的发展大体可分为三个阶段。

一、静态生物化学阶段

大约从 19 世纪末到 20 世纪 30 年代，主要是静态的描述性阶段。发现了生物体主要由糖、脂类、蛋白质和核酸四大类有机物质组成，并对生物体各种组成成分进行分离、纯化、结构测定、合成及理化性质的研究。有如下几个标志性事件。

1. 其中 E. Fischer 测定了很多糖和氨基酸的结构，确定了糖的构型，并指出蛋白质分子中氨基酸是通过肽键连接的。1926 年，Sumner 从刀豆种子中提取出脲酶结晶，并证明它的化学本质是蛋白质。此后四五年间，Nothrop 等连续以结晶方式制得了几种水解蛋白质的酶，如胃蛋白酶、胰蛋白酶等，并指出它们都是蛋白质，确立了"酶是蛋白质"这一概念。

2. 通过食物分析和营养的研究发现了一系列维生素，并阐明了它们的结构。1911 年，Funk 结晶出治疗"脚气病"的复合维生素 B，提出"Vitamine"，意即生命胺。后来由于相继发现的许多维生素并非胺类，又将"Vitamine"改为"Vitamin"。与此同时，人们又认识到另一类数量少而作用重大的物质——激素。它和维生素不同，不依赖外界供给，而由动物自身产生并在自身中发挥作用。肾上腺素、胰岛素及肾上腺皮质所含的甾体激素都是在这一时期发现的。

3. 1929 年，德国化学家 Hans Fischer 发现了血红素是血红蛋白的一部分，但不属于氨基酸，进一步确定了分子中的每一个原子，获得 1930 年诺贝尔化学奖。

4. 中国生物化学家吴宪（1893—1959）在 1931 年提出了蛋白质变性的概念。吴宪堪称中国生物化学的奠基人，他在血液分析、蛋白质变性、食物营养和免疫化学等四个领域都作出了重要贡献，并培养了许多生物化学家。

虽然对生物体组成的鉴定是生物化学发展初期的特点，但直到今天，新物质仍不断被发现。如陆续发现的干扰素、环核苷磷酸、钙调蛋白、粘连蛋白、外源凝集素等，已成为重要的研究课题。早已熟知的化合物也会发现新的功能，20 世纪初发现的肉碱，50 年代才知道是一种生长因子，而到 60 年代又了解到其是生物氧化的一种载体；多年来被认为是分解产物的腐胺和尸胺，后来被发现与精胺、亚精胺等多胺有多种生理功能，如参与核酸和蛋白质合成的调节，对 DNA 超螺旋起稳定作用以及调节细胞分化等。

二、动态生物化学阶段

第二阶段在 20 世纪 30～50 年代，主要特点是研究生物体内物质的变化，即代谢途径，所以称动态生化阶段。在这一阶段，确定了糖酵解、三羧酸循环以及脂肪分解等重要的分解代谢途径，对呼吸、光合作用以及腺苷三磷酸（ATP）在能量转换中的关键位置有了较深入的认识。主要研究成果如下：

1. 1932 年，英国科学家 Krebs 在前人工作的基础上，用组织切片实验证明了尿素合成反应，提出了鸟氨酸循环。并进一步对生物体内被氧化的过程进行了研究，于 1937 年又提出了各种化学物质的中心环节——三羧酸循环的基本代谢途径。

2. 1940 年，德国科学家 Embden 和 Meyerhof 提出了糖酵解的代谢途径。

3. 1949 年，E. Kennedy 等证明 F. Knoop 提出的脂肪酸 β – 氧化过程是在线粒体中进行的，并指出氧化的产物是乙酰辅酶 A（CoA）。

当然，这种阶段的划分是相对的。对生物合成途径的认识要晚得多，在 20 世纪 50 ~ 60 年代才阐明了氨基酸、嘌呤、嘧啶及脂肪酸等的生物合成途径。

三、现代生物化学阶段

该阶段是从 20 世纪 50 年代开始，以提出 DNA 的双螺旋结构模型为标志，主要研究工作就是探讨各种生物大分子的结构与其功能之间的关系。生物化学在这一阶段的发展，以及物理学、微生物学、遗传学、细胞学等其他学科的渗透，产生了分子生物学，并成为生物化学的主体。

1. 1953 年，Watson 和 Crick 发表了"脱氧核糖核酸的结构"的著名论文，他们在 Wilkins 完成的 DNA X – 射线衍射结果的基础上，推导出 DNA 分子的双螺旋结构模型。核酸的结构与功能的研究为阐明基因的本质，对了解生物体遗传信息的传导做出了贡献。三人共获 1962 年诺贝尔生理学或医学奖。

2. F. Crick 于 1958 年提出分子遗传的中心法则，从而揭示了核酸和蛋白质之间的信息传递关系。又于 1961 年证明了遗传密码的通用性。1966 年，由 H. G. Khorana 和 Nirenberg 合作破译了遗传密码，这是生物学方面的另一杰出成就。至此，遗传信息在生物体中由 DNA 到蛋白质的传递过程已经弄清。

3. 1961 年，Jacob 和 Monod 阐明了基因通过控制酶的生物合成来调节细胞代谢的模式，提出了操纵子学说。同年，Brenner 获得信使 RNA 存在的证据，阐明其碱基序列与染色体中 DNA 互补，并假定 mRNA 将编码在碱基序列上的遗传信息带到蛋白质的合成场所——核糖体，在此翻译成氨基酸序列。以上三人共获 1965 年诺贝尔生理学或医学奖。

4. 1962 年，Arber 提出限制性核酸内切酶存在的第一个实验证据；1967 年，Gellert 发现了 DNA 连接酶；1972 年，Berg 和 Boyer 等创建了 DNA 重组技术。

5. 1977 年，桑格尔和吉尔伯特设计出测定 DNA 序列的方法，获 1980 年诺贝尔化学奖。

6. 1980 年，F. Sanger 设计出一种测定 DNA 内核苷酸排列顺序的方法，同年获诺贝尔化学奖。

7. 1981 ~ 1983 年，Cech 和 Altman 相继发现某些 RNA 具有酶的催化活性，改变了百余年来酶的化学本质都是蛋白质的传统观念，于 1989 年共获诺贝尔化学奖。

8. 1984 年，Simons 和 Kleckner 等发现了反义 RNA，从此揭开了人类向癌症开展分子水平研究的序幕。

9. 1985 年，美国 R. Sinsheimer 首次提出"人类基因组研究计划"，2003 年 4 月 14 日，美、中、日、德、法、英 6 国科学家宣布人类基因组图绘制成功，已完成的序列图覆盖人类基因组所含基因的 99%。

10. 1993 年，诺贝尔生理学或医学奖授予 Rechard J. Roberts（美国）等，表彰其发现断裂基因。1993 年诺贝尔化学奖授予 Karg B. Mullis（美国）以表彰其发明 PCR 方法，Michaet Smith（加拿大）以表彰其建立 DNA 合成作用与定点诱变研究。

11. 1994 年，诺贝尔生理学或医学奖授予 Alfred G. Gilman（美国），以表彰其发现 G 蛋白及其在细胞内信号转导中的作用。

12. 1997 年，Ian. Wilmut 成功获得体细胞克隆羊——多莉。这项成果震惊了世界，其潜在的意义难以估计。

13. 1997 年诺贝尔生理学或医学奖颁发给美国加利福尼亚州大学旧金山分校的 Stanley Prusiner。这项殊荣是肯定其在研究引起人类脑神经退化而成痴呆的古兹菲德 - 雅各病（Creutzfeldt - Jakob disease，CJD）病原体方面的贡献，其发现了朊蛋白，并在其致病机制的研究方面作出了杰出贡献。

14. 1999 年，Blobel 发现了细胞中有其内在的运输和定位信号，为此获该年度诺贝尔奖。

15. 2003 年，P. Agre 发现细胞膜上的水通道，证明了 19 世纪中期科学家的猜测——细胞膜有允许水分和盐分进入的孔道，同年获诺贝尔化学奖。

16. 2004 年，以色列学者 A. Ciechanover，A. Hershko 和 I. Rose 发现泛素调节的蛋白降解，同年获诺贝尔化学奖。

17. 2006 年，世界上第一个利用转基因动物乳腺生物反应器生产的基因工程蛋白药物——重组人抗凝血酶Ⅲ的上市许可申请获得了欧洲医药评价署人用医药产品委员会肯定批准。

四、我国生物化学学科的发展

我国古代劳动人民对生物化学的发展也作出了不少贡献：公元前 21 世纪，我国人民能用曲（酶）造酒；公元前 12 世纪，人们能利用豆、谷、麦等为原料，制成酱、饴和醋，饴是淀粉酶催化淀粉水解的产物；公元 7 世纪，孙思邈有用猪肝（富含维生素 A）治疗雀目的记载；北宋沈括采用皂角汁液沉淀等方法从尿液中提取性激素制剂，称"秋石阴炼法"；明末宋应星用石灰澄清法将甘蔗制糖等。

近代我国生物化学家吴宪创立了血滤液的制备和血糖测定方法，吴宪提出的蛋白质变性学说，至今仍为生物化学的经典理论。1965 年，我国首先人工化学合成了牛胰岛素，1981 年合成了酵母丙氨酰 tRNA，这都是对生命研究领域的重大贡献。近年来，我国在基因工程、蛋白质工程、新基因的克隆与功能、疾病相关基因的克隆及功能研究方面均已取得重要成果，特别是，人类基因组草图的完成也有我国科学家的一份贡献。

知 识 链 接

人类基因组计划

人类基因组计划（Human genome project，HGP）是由美国科学家于 1985 年率先提出，于 1990 年正式启动，由美国、英国、法国、德国、日本和中国科学家共同参与的预算达 30 亿美元的人类基因组计划。该计划被誉为生命科学的"登月计划"，其宗旨在于测定组成人类染色体中所包含的 30 亿个碱基对组成的核苷酸序列，从而绘制人类基因组图谱，并且辨识其载有的基因及其序列，达到破译人类遗传信息的最终目的。2005 年，人类基因组计划的测序工作已经完成。

第二节　生物化学研究的主要内容

生物化学研究的对象是整个生物界，人体生物化学的研究内容虽然十分广泛，但可归纳为以下几个主要方面。

1. 人体的物质组成　人体是以细胞为基本单位，由组织、器官所组成的，而细胞又由成千上万种化学物质所组成。构成人体的主要物质包括水（55%～67%）、蛋白质（15%～18%）、脂类（10%～15%）、无机盐（3%～4%）、糖类（1%～2%）等，此外，还有核酸、维生素、激素等多种化合物。由于蛋白质、核酸、多糖及复合脂类等都属于体内的大分子有机化合物，故简称生物分子。

2. 生物分子的结构与功能　人体是由生物分子按照一定的布局和严格的规律组合而成的。对生物分子的研究，重点是研究其空间结构及其与功能的关系。结构是功能的基础，功能是结构的体现。生物大分子的功能还可通过分子之间的相互识别和相互作用来实现。所以分子结构、分子识别和分子间的相互作用是执行生物信息分子功能的基本要素，这个领域是当今生物化学研究的热点之一。

3. 物质代谢及其调节　生命活动的基本特征是新陈代谢。正常的物质代谢是生命过程的必要条件，据推测，人的一生中与环境进行物质交换的水约 60000kg、糖类 10000kg、蛋白质 1600kg、脂类 1000kg。此外，还有其他小分子物质和无机盐类。

体内各种代谢途径之间存在着密切而复杂的关系，为使各种物质代谢途径按照一定规律有条不紊地进行，需要精确的调节来完成。若调节紊乱、物质代谢异常，则可引起疾病。物质代谢中的绝大部分化学反应由酶催化，酶结构和酶含量的变化对物质代谢的调节起着重要作用。此外，细胞信息传递参与多种物质代谢的调节。目前，生物体内的主要物质代谢途径已经基本确定，但仍有很多问题需要进一步研究。因此，探讨生物体的物质代谢及其调节，对于了解生命活动的本质规律、探索疾病的发生机制、寻求疾病诊断和防治的最佳途径，提高人类健康水平，具有重要的意义。

4. 基因信息传递及调控基因信息传递 涉及遗传、变异、生长、分化等生命过程，与遗传性疾病、恶性肿瘤、代谢异常性疾病、免疫缺陷性疾病、心血管疾病等多种疾病的发病机制有关。遗传的主要物质基础是 DNA，生物化学与分子生物学除进一步研究 DNA的结构与功能外，更重要的是研究 DNA 复制、RNA 转录、蛋白质生物合成等基因信息传递过程的机制及基因表达调控的规律。重组 DNA 技术、转基因动植物、基因敲除、新基因克隆、人类基因组计划及蛋白质组计划等将进一步推动生物化学的发展。

5. 重要人体系统、器官的生物化学 生物体是由细胞、组织、器官等构成的一个有机整体。细胞是生命的基本单元，每种细胞内的不同化学反应及代谢，致使各组织器官都有自身的代谢特点和规律，决定了他们行使不同的生理功能。例如肝脏不仅在蛋白质、氨基酸、糖类、脂类、维生素、激素等代谢中起着非常重要的作用，同时在非营养物质的转化、胆汁酸的分泌和排泄中发挥重要作用；体液既是细胞活动的环境，又是内外各类物质沟通、交流的媒介，在维持机体新陈代谢、渗透压、酸碱平衡和神经兴奋性等方面发挥着重要的作用。

第三节　生物化学与医药学的关系

生物化学与医药学的发展密切相关，相互促进，很多疾病发病机制的阐明，诊断手段、治疗方案、预防措施等的实施，都有赖于生物化学的理论和技术。如糖代谢紊乱导致的糖尿病，脂类代谢紊乱导致的动脉粥样硬化，氨代谢异常与肝性脑病，维生素 A 缺乏与夜盲症等的相互联系早已被公认。临床上的生化诊断在今天已成为一种不可缺少的诊断方法。各种疫苗、激素、血液制品、维生素、氨基酸、核苷酸、抗生素和抗代谢药物等已广泛应用于医药实践。近年来，新兴的基因疗法乃是当今医学上的热点，人们期待着它的推广应用，为疾病患者带来福音。生物化学乃是预防医学的重要基础，增进人体健康是预防疾病的一种积极因素，如何供给人体以适当营养，增进人体健康，是生物化学的一个重要内容。按照生长发育的需要配制合理的饮食，不仅可以预防而且可以治疗疾病，实践中许多食品添加剂、营养补剂等已得到广泛应用。

对一些常见病和严重危害人类健康的疾病的生物化学问题的研究，有助于疾病的预防、诊断和治疗。如血清中肌酸激酶同工酶的电泳图谱可用于诊断冠心病，转氨酶用于肝病诊断，淀粉酶用于胰腺炎诊断等。在治疗方面，磺胺药物的发现开辟了利用抗代谢物作为化疗药物的新领域，如氟尿嘧啶用于治疗肿瘤。青霉素的发现开创了抗生素治疗疾病的新时代，再加上各种疫苗的普遍应用，使很多严重危害人类健康的传染病得到控制或基本被消灭。

生物化学是研究生命过程中的化学变化规律及生命本质的基础科学。疾病的发生发展是致病因子对生命过程的干扰和破坏，药物防治是对病理过程的干预。通过生物化学的理论和方法研究生命现象、生命过程，探索干预和调整疾病发生发展的途径和机制，为新药发现提供必不可少的理论依据。

2017 年 8 月 30 日，美国食品药品监督管理局（FDA）批准了首例基因治疗药物 Kymriah，用于治疗 25 岁以下难治性或复发性 B 细胞急性淋巴细胞白血病。Kymriah 是一种基于遗传修饰的自体 T 细胞基因免疫治疗药物，每个剂量的 Kymriah 是使用患者自己的 T 细胞制备的定制治疗药物，收集患者 T 细胞并送到实验室进行遗传修饰，以表达含有特异性蛋白质（嵌合抗原受体或 CAR）的新基因，这种蛋白质可以指导 T 细胞靶向杀死表面上带有特异性抗原（CD_{19}）的白血病细胞，T 细胞被修饰后输回到患者体内杀死癌细胞达到治疗目的。

2017 年 12 月 19 日，美国食品药品监督管理局（FDA）又批准了一种新的基因治疗药物 Luxturna，用于治疗患有可能会导致失明的遗传性视力丧失的儿童和成人患者，Luxturna 是美国批准的第一个直接给药的基因疗法药物，靶向由特定基因突变引起的疾病，Luxturna 基因疗法旨在用于治疗 RPE65 基因突变导致的 Leber 先天性黑蒙（LCA），还能够治疗其他由 RPE65 基因突变引起的遗传性视网膜疾病，比如视网膜色素变性（RP）。

运用生物化学理论方法和技术以生物资源制取的生物活性物质，通常是氨基酸、蛋白质、多肽、核苷酸、酶及辅酶、维生素、激素等。

随着基因工程的蓬勃兴起，首先受益的产业领域就是制药工业。现在已经有些多肽或蛋白质药物，如人胰岛素、生长激素、干扰素等能够通过"工程菌"大量生产，更多的药物则正在开发之中。疫苗的研制正在极大地促进预防医学的发展，例如，乙型肝炎疫苗、非甲非乙肝炎疫苗、轮状病毒疫苗、疟疾疫苗等，有些已能付诸应用，有些尚在开发之中。通过蛋白质工程技术，采用定点突变的方法，有望制造出新型的蛋白质。

知 识 链 接

朊蛋白病

朊蛋白病是一组由变异朊蛋白引起的可传染的神经系统变性疾病。朊蛋白可导致散发性中枢神经系统变性。动物朊蛋白病包括羊瘙痒病、传染性水貂脑病、麋鹿和骡鹿慢性消耗病和牛海绵状脑病等。已知人类朊蛋白病主要有Creutzfeldt – Jakob病、Kuru病、Gerstmann – Straussler综合征、致死性家族性失眠症、无特征性病理改变的朊蛋白痴呆和朊蛋白痴呆伴痉挛性截瘫等。

朊蛋白是可传播性海绵状脑病病原体，是既有传染性又缺乏核酸的非病毒致病因子，高度耐受高压消毒或甲醛溶液（福尔马林）处理。

临床表现多样性，多以人格改变起病，进行性智力衰退，无发热。患者可有步态异常，肌阵挛和发展迅速的痴呆。99%患者的病情呈进行性发展，往往在起病后5个月至1年内死亡，病死率99.2%，远远高于癌症。

第四节 现代生物化学的重要发展领域

生命科学发展到今天，分子生物学在微观层次对生物大分子的结构和功能，特别是基因研究上取得突破后，正深入到在分子水平上对细胞活动、发育、遗传和进化进行探索。基因、蛋白质、细胞、发育和进化研究形成基础生物学研究的一条主线。另一方面，遗传、细胞学、免疫学等从分子、细胞到整体不同层次水平的研究，其他领域如数学、物理、信息科学等多学科向生命科学的交叉和相互渗透、复杂系统理论和非线性科学的发展，也使得基础生物学研究在思维和方法论上从分析走向综合，或者分析与综合结合，体现了整合生物学的思想。此外，新技术和新方法的建立和引入，如生物芯片技术、蛋白质组学方法、结构基因组方法、各种波谱方法、单分子技术、生物信息学等，在基础生物学研究中特别是功能基因组和蛋白质的研究中发挥了越来越重要的作用。

生物化学与分子生物学的研究对象是参与生命活动过程的生物大分子的结构与功能。研究蛋白质等生物大分子具有生物功能的结构基础以及生物大分子之间相互识别的结构是生物化学学科的重要研究领域；核酸特别是 non – coding RNA 的基因和功能、酶的催化和调节机制、膜蛋白和膜脂的相互作用、糖蛋白和糖复合物的结构功能等，也是生物化学学科所关注的重要课题。

人类基因组计划的实施及相关模式生物基因组研究的开展，对生命科学尤其是遗传学的发展产生了巨大的影响，极大地促进了遗传学研究及生命科学其他学科的发展。功能基因组学是遗传学研究的重要方面；另外涉及基因表达调控规律、多基因、多因素影响的遗传学问题等仍是遗传学研究的重要课题；针对基因组研究产生的海量数据，发展生物信息学方法也是遗传学面临的新课题。

蛋白质是生物功能的体现者，蛋白质结构与功能是生物化学领域的重要研究内容。人类基因组计划的实施，以及其后的功能基因组的研究，也对蛋白质的研究提出了新的课题，以蛋白质晶体学和 NMR 测定为特点的结构生物学，高通量、大规模研究蛋白质结构和功能，如结构基因组学、蛋白质组学等已经成为本学科的重要研究方面。

DNA、RNA 等作为遗传信息分子，研究其本身的结构及与蛋白质的相互作用是该领域更基础的课题；基因表达调控以及 RNA 选择性剪接、RNA 水平的编辑、特别是 non‑coding RNA，如 snRNA 在剪接体功能、snoRNA 在细胞核内参与转录调控等方面，仍有许多问题值得研究。

膜蛋白的结构与功能及膜蛋白与膜脂的相互作用也是今后研究的重点，多糖和糖复合物的研究也是当前生物化学与分子生物学研究的热点。

功能基因组学研究将是今后相当长时间内遗传学研究领域中的一个重点。定位并克隆控制生物学性状（质量性状和数量性状）或发挥重要生理作用的基因、基因的表达调控规律，特别是基因的调控网络机制，已越来越受到重视。一方面要研究顺式作用元件与反式作用因子（转录因子）之间的作用，另一方面也要研究表观遗传因素对基因表达调控的影响。对 RNA 基因的鉴定及调控功能研究也正在受到广泛关注。

伴随大量基因组序列的产生，已形成了一门基于基因组序列的学科——基因组信息学。如何从基因组中利用并提取具有生物学意义的信息是我们面临的一个难题，如基因的预测（含编码蛋白基因和非编码蛋白基因）、遗传信息在染色体上的组成方式、不同物种间基因组的比较、基因的产生与进化等。

复习思考

1. 什么是生物化学？其研究的对象和内容是什么？
2. 你已经学过的课程中哪些内容与生物化学有关？请举例说明几例。
3. 请列举生物化学发展史各阶段一二例重大事件。
4. 举例说明生物化学与医学的关系。

扫一扫，知答案

扫一扫，看课件

第 二 章

蛋白质化学

【学习目标】

1. 掌握蛋白质的元素组成、氨基酸的分类；肽键、多肽链、一级结构、空间结构的概念，相应结构类型及特点；蛋白质的理化性质，等电点、变性复性、沉淀概念及应用。

2. 熟悉蛋白质的生理功能、营养价值和互补作用。

3. 了解蛋白质结构与功能的关系。

蛋白质是生命的物质基础，普遍存在于生物界，是生物体内含量最丰富的有机化合物，约占人体固体成分的45%。蛋白质是组织结构的基础，广泛分布于机体几乎所有的组织器官中，同时也是组织功能的基础，组织结构与功能越复杂其蛋白质种类也越繁多。每种蛋白质都有其特定的结构和功能，生物体所有的生命活动都与蛋白质有着十分密切的关系。蛋白质的主要功能表现在：首先，蛋白质作为组成细胞最基本的成分，参与组织的生长、发育、更新与修复；其次，蛋白质具有特殊的生化功能参与体内代谢，如酶的催化作用、蛋白激素的调节功能、血红蛋白的运输作用、免疫球蛋白的防御功能、膜蛋白的转运与识别功能、凝血因子的凝血功能等；第三，蛋白质还具有氧化功能与营养作用。而这些功能的实现都是以蛋白质的结构为基础的。

第一节　蛋白质的化学组成

一、蛋白质的元素组成及特点

元素分析结果表明，蛋白质的元素组成主要有碳、氢、氧、氮以及少量硫。有些蛋白质还含有少量的铁、锌、锰、碘、铜等。其中氮的含量相对恒定，平均为 16%。体内含氮物质以蛋白质为主，因此通过测定含氮量即可大致推算出样本中蛋白质的含量。这是凯氏定氮法测定蛋白质含量的依据。

$$样本中蛋白质含量（\%）=氮量/样本量（g/g）\times 6.25 \times 100\%$$

二、氨基酸

蛋白质是高分子有机化合物，结构复杂、种类繁多，可用酸、碱或酶水解为氨基酸。氨基酸是蛋白质的基本组成单位。

（一）氨基酸的结构

存在于自然界中的氨基酸有 300 余种，但构成人体蛋白质的氨基酸只有 20 种，均有相应的遗传密码，被称为编码氨基酸或标准氨基酸。氨基酸的 α - 碳原子连有一个羧基和一个氨基，故又称为 α - 氨基酸（脯氨酸除外）。除甘氨酸外，其余氨基酸的 α - 碳原子都是手性碳原子，有 D、L 两种构型，存在于天然蛋白质中的氨基酸均为 L - α - 氨基酸。

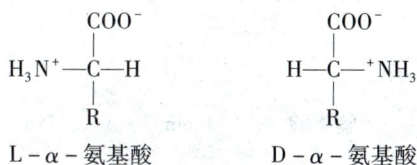

$$H_3N^+—\underset{\underset{R}{|}}{\overset{\overset{COO^-}{|}}{C}}—H \qquad H—\underset{\underset{R}{|}}{\overset{\overset{COO^-}{|}}{C}}—^+NH_3$$

L - α - 氨基酸 　　　　　D - α - 氨基酸

在自然界中还有许多非编码氨基酸，如鸟氨酸、瓜氨酸等，也有 D - 型氨基酸，大多存在于某些微生物产生的抗生素及个别植物的生物碱中。

（二）氨基酸的分类

氨基酸根据其 α - 碳原子上连接的 R 侧链理化性质的不同分为非极性疏水氨基酸、极性中性氨基酸、酸性氨基酸和碱性氨基酸四大类。

1. 非极性侧链氨基酸　这类氨基酸的特征是在水中的溶解度小。其侧链为脂肪烃基、芳香烃基、杂环等非极性疏水基团。

2. 极性中性侧链氨基酸　这类氨基酸的特征是比非极性侧链氨基酸易溶于水，但在中性水溶液中不电离。其侧链上有羟基、巯基、酰胺基等极性基团，具有亲水性。

3. 酸性氨基酸　这类氨基酸的特征是侧链上有羧基，在生理条件下能释放出质子（H^+）而带负电荷。

4. 碱性氨基酸　这类氨基酸的特征是侧链上有氨基、胍基和咪唑基，在生理条件下能接受质子（H^+）而带正电荷。

表 2-1 氨基酸的分类及其侧链结构

结构式	中文名	英文名	三字符号	一字符号	等电点（pI）
非极性疏水氨基酸					
H—CHCOO⁻ / ⁺NH₃	甘氨酸	Glycine	Gly	G	5.97
CH₃—CHCOO⁻ / ⁺NH₃	丙氨酸	Alanine	Ala	A	6.00
CH₃—CH—CHCOO⁻ / CH₃ ⁺NH₃	缬氨酸	Valine	Val	V	5.96
CH₃—CH—CH₂—CHCOO⁻ / CH₃ ⁺NH₃	亮氨酸	Leucine	Leu	L	5.98
CH₃—CH₂—CH—CHCOO⁻ / CH₃ ⁺NH₃	异亮氨酸	Isoleucine	Ile	I	6.02
C₆H₅—CH₂—CHCOO⁻ / ⁺NH₃	苯丙氨酸	Phenylalanine	Phe	F	5.48
脯氨酸环状结构 CHCOO⁻ / NH₂⁺	脯氨酸	Proline	Pro	P	6.30
吲哚环—CH₂—CHCOO⁻ / ⁺NH₃	色氨酸	Tryptophan	Trp	W	5.89
极性中性氨基酸					
HO—C₆H₄—CH₂—CHCOO⁻ / ⁺NH₃	酪氨酸	Tyrosine	Tyr	Y	5.66
HS—CH₂—CHCOO⁻ / ⁺NH₃	半胱氨酸	Cysteine	Cys	C	5.07
HO—CH₂—CHCOO⁻ / ⁺NH₃	丝氨酸	Serine	Ser	S	5.89
H₂N—C(=O)—CH₂—CHCOO⁻ / ⁺NH₃	天冬酰胺	Asparagine	Asn	N	5.41

$\overset{O}{\underset{H_2N}{\parallel}}CCH_2-CH_2-\overset{+NH_3}{\underset{}{CHCOO^-}}$	谷氨酰胺	Glutamine	Gln	Q	5.65
$HO-\overset{CH_3}{\underset{NH_3^+}{CH}}-CHCOO^-$	苏氨酸	threonine	Thr	T	5.60

酸性氨基酸

$HOOCCH_2-\overset{}{\underset{+NH_3}{CHCOO^-}}$	天冬氨酸	Aspartic acid	Asp	D	2.77
$HOOCCH_2CH_2-\overset{}{\underset{+NH_3}{CHCOO^-}}$	谷氨酸	Glutamic acid	Glu	E	3.22

碱性氨基酸

$NH_2CH_2CH_2CH_2CH_2-\overset{}{\underset{+NH_3}{CHCOO^-}}$	赖氨酸	Lysine	Lys	K	9.74
$\overset{NH}{\underset{}{\parallel}}NH_2CNHCH_2CH_2CH_2-\overset{}{\underset{+NH_3}{CHCOO^-}}$	精氨酸	Arginine	Arg	R	10.76
$HC=C-CH_2-\overset{}{\underset{+NH_3}{CHCOO^-}}$ (咪唑环)	组氨酸	Histidine	His	H	7.59

（三）氨基酸的理化性质

1. 两性电离与等电点 所有氨基酸都含有酸性的羧基（—COOH）和碱性的氨基（—NH₂），属于两性电解质。同一氨基酸分子在不同 pH 值的溶液中解离方式不同，可带正负两种性质的电荷。当处于某一 pH 值溶液中的氨基酸解离后所带的正负电荷相等时，成为兼性离子，呈电中性，此时溶液的 pH 值称为该氨基酸的等电点（Isoelectric point，pI）。不同的氨基酸由于 R 侧链结构及解离程度不同而具有不同的等电点。当溶液的 pH 值小于等电点时，氨基酸带正电荷；当溶液的 pH 值大于等电点时，氨基酸带负电荷。溶液的 pH 可改变氨基酸的带电性质及电荷数量。

$$R-CH-COOH$$
$$|$$
$$NH_2$$

$$R-CH-COOH \underset{H^+}{\overset{OH^-}{\rightleftharpoons}} R-CH-COO^- \underset{H^+}{\overset{OH^-}{\rightleftharpoons}} R-CH-COO^-$$
$$|\qquad\qquad\qquad\qquad|\qquad\qquad\qquad\qquad|$$
$$HN_3^+\qquad\qquad\qquad\quad NH_2$$

阳离子　　　　　　　　兼性离子　　　　　　　阴离子
（pH < pI）　　　　　　（pH = pI）　　　　　　（pH > pI）

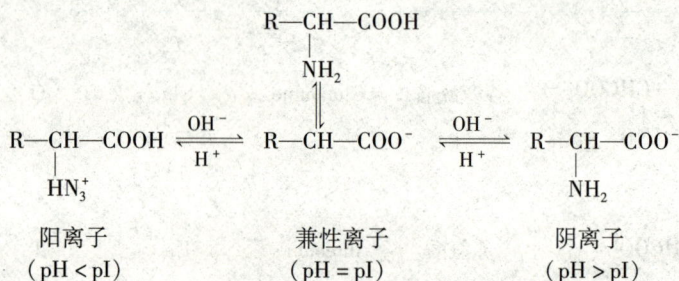

2. 氨基酸的紫外吸收特性　芳香族氨基酸因含苯环，具有共轭双键，可吸收一定波长的紫外线。其中酪氨酸和色氨酸在 280nm 波长附近有最强吸收峰，苯丙氨酸在 260nm 波长附近有最强吸收峰。大多数的蛋白质含有酪氨酸和色氨酸残基，所以蛋白质溶液的吸光度（A280）与蛋白质的含量在一定范围内成正比关系。

3. 茚三酮反应　氨基酸与茚三酮水合物共热时，氨基酸被氧化脱氨、脱羧，水合茚三酮被还原，其还原产物与氨及另一分子茚三酮缩合成为蓝紫色的化合物，最大吸收峰在 570nm 处。这一性质常被用于氨基酸的定性和定量测定。

第二节　蛋白质的分子结构

蛋白质是由许多氨基酸通过肽键连接形成的生物大分子。每种蛋白质都具有特定的生理功能和有序的三维空间结构。蛋白质的分子结构包括基本结构和空间结构，空间结构又称高级结构，包括二级、三级和四级结构等。基本结构又称一级结构，是蛋白质空间结构的基础。

一、蛋白质的基本结构

（一）肽键与肽

肽键是一个氨基酸的羧基和另一个氨基酸的氨基脱水缩合形成的化学键。

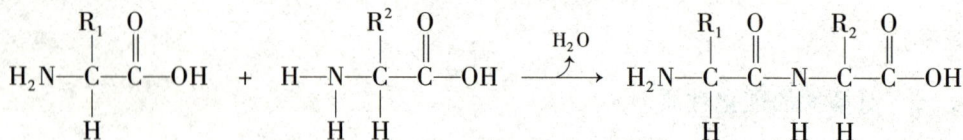

肽键具有特殊性质。C—N 键长（0.132nm）介于单键（0.146nm）和双键（0.124nm）之间，具有部分双键的性质，不能自由旋转。肽键相连的三个键与键之间的夹角均为 120°。因此，与肽键相连的 6 个原子（C_α、C、O、N、H、C_α）始终处在同一平面上，构成刚性的"肽键平面"，或称肽单元（图 2-1）。

氨基酸通过肽键相连形成的化合物称为肽。由 2 个氨基酸缩合形成二肽，3 个氨基酸缩合形成三肽。一般 10 个以下氨基酸形成寡肽，由 10 个以上氨基酸形成多肽。

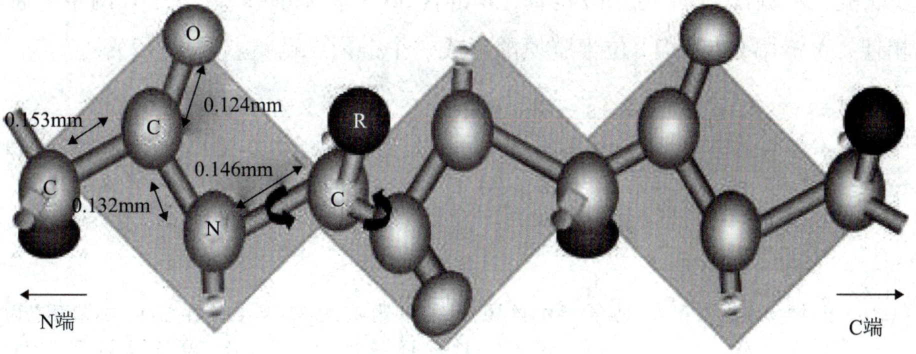

图 2 - 1 肽平面示意图

多个氨基酸通过肽键连接而形成的链状结构称为多肽链，多肽链中形成肽键的原子和 α - 碳原子交替重复排列构成主链骨架，伸展在主链两侧的 R 基被称为侧链。多肽链有两端，有自由 α - 氨基的一端称为氨基末端或 N 端；有自由 α - 羧基的一端称为羧基末端或 C 端。肽链中的氨基酸因形成肽键而分子不完整被称为氨基酸残基。

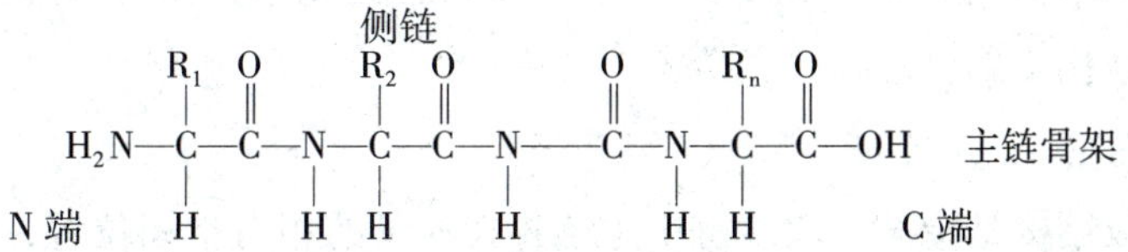

体内存在着许多具有生物活性的低分子量寡肽和多肽，如谷胱甘肽、抗利尿激素、血管紧张素 II、β - 内啡肽、催产素及表皮生长因子等。在代谢调节、神经传导等方面起着重要作用，统称为生物活性肽。

如谷胱甘肽（Glutathione，GSH）是由谷氨酸、半胱氨酸和甘氨酸组成的三肽。谷胱甘肽分子中的半胱氨酸的巯基（ - SH）是主要功能基团，可清除氧化剂，保护体内含巯基的蛋白质和酶不被氧化。此外，GSH 还具有嗜核特性，能与外源的致癌剂或药物结合，阻断这些化合物与 DNA、RNA 或蛋白质结合。结构式如下：

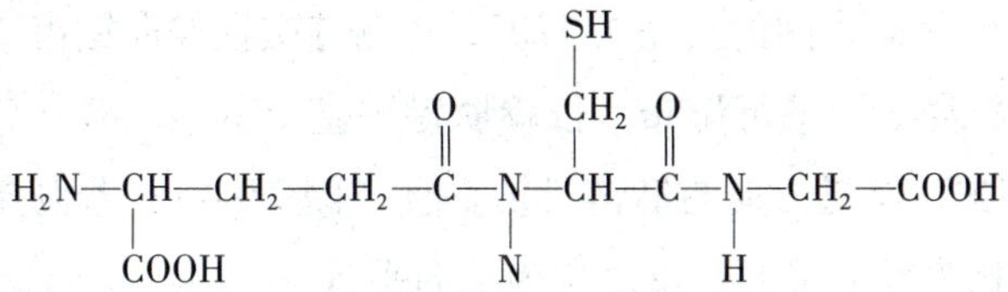

（二） 蛋白质的基本结构

蛋白质的基本结构即一级结构是指多肽链中氨基酸残基的组成和排列顺序。蛋白质分子一级结构是由遗传密码决定的，是空间结构和生物学功能多样性的基础。维持一级结构稳定的主要化学键是肽键，二硫键（—S—S—）也参与一级结构的形成。1953 年英国化学家 F. Sanger 完成了牛胰岛素一级结构的测定。胰岛素由 51 个氨基酸残基组成，分为 A、

B 两条多肽链，A 链含 21 个氨基酸残基，B 链含 30 个氨基酸残基。A、B 两条链通过两个二硫键相连，A 链第 6 与第 11 位半胱氨酸形成一个链内二硫键（图 2－2）。

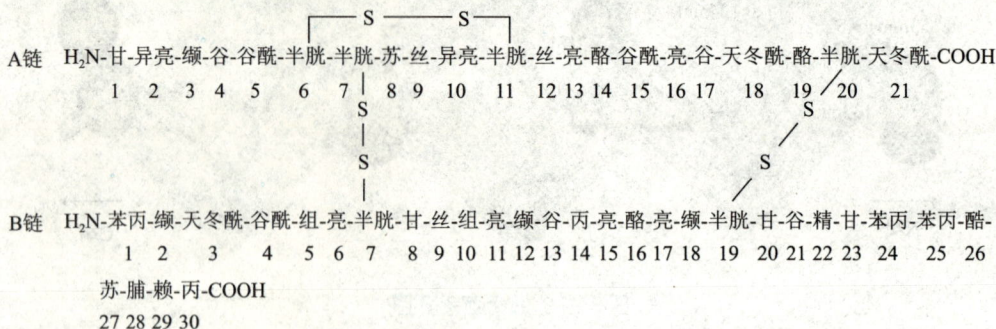

图 2－2　牛胰岛素一级结构示意图

二、蛋白质的空间结构

蛋白质的空间结构是指蛋白质分子中原子、基团在三维空间的相对位置，是决定蛋白质性质和功能的结构基础。

（一）蛋白质的二级结构

蛋白质的二级结构是指某一段肽链中主链骨架原子的相对空间位置，不涉及氨基酸残基侧链的构象。在蛋白质分子中，由于肽单元之间相对旋转的角度不同，构成了不同类型的二级结构，主要包括 α － 螺旋、β － 折叠、β － 转角和无规卷曲等类型。

1. α － 螺旋（α － helix）　肽单元以 α － 碳原子为折点，绕其分子长轴顺时针旋转盘绕形成右手螺旋，螺旋一圈含 3.6 个氨基酸残基，螺距为 0.54nm；螺旋之间每个肽键的羰基氧（C ＝O）与间隔第四个亚氨基的氢（N—H）形成氢键来维持二级结构的稳定性，氢键方向与 α － 螺旋长轴基本平行；氨基酸残基的 R 侧链伸向螺旋外侧（图 2－3）。

2. β － 折叠（β － pleated sheet）　肽单元以 α － 碳原子为转折点，折叠成相对伸展的锯齿或折纸状结构，两平面之间的夹角为 110°，R 侧链交错伸向锯齿或折纸状结构的上下方；两段以上的 β － 折叠结构平行排布，依赖肽键羰基上的氧（C ＝O）和亚氨基上的氢（N—H）形成氢键相连，氢键方向与肽链长轴垂直（图 2－4）；若两条肽链走向相同，即 N 端、C 端方向一致称为顺向平行，反之称为反向平行。

3. β － 转角（β － turn 或 β － bend）　在球状蛋白质分子中，多肽链主链常会出现 180° 回折，回折部分称为 β － 转角。β － 转角通常由 4 个连续的氨基酸残基构成，第 1 个氨基酸残基的羰基氧与第 4 个氨基酸残基的亚氨基氢形成氢键，以维持该构象的稳定（图 2－5）。β － 转角的第 2 个氨基酸残基常为脯氨酸。由于 β － 转角可使多肽链走向发生改变，故常出现在球状蛋白质分子的表面。

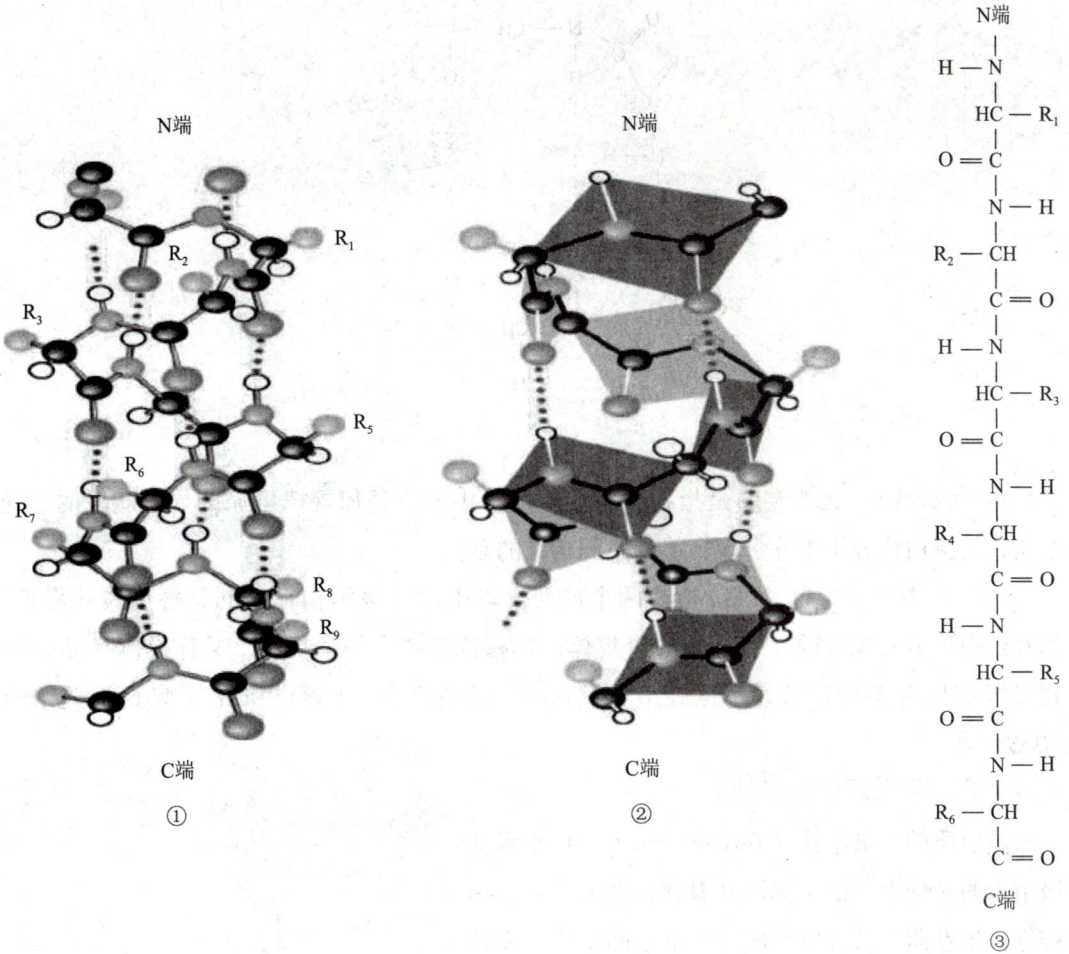

图 2-3 α-螺旋结构示意图

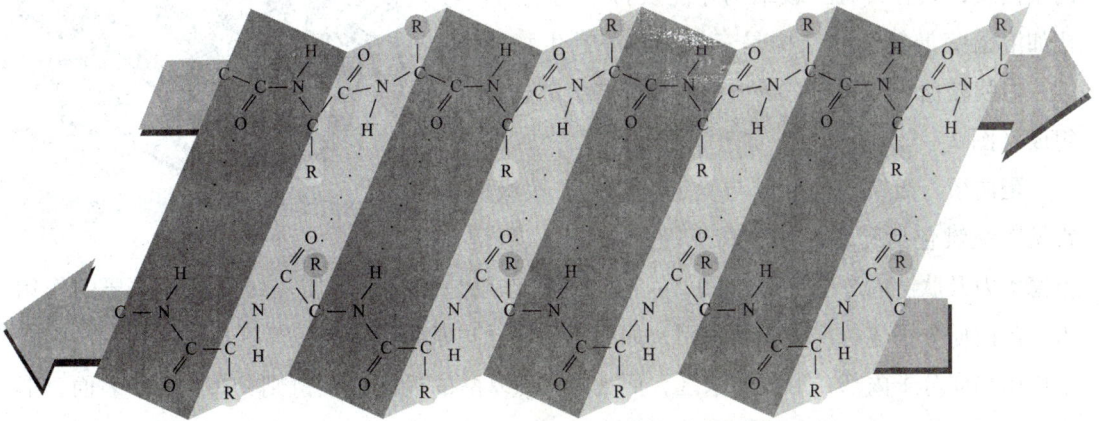

图 2-4 β-折叠结构示意图

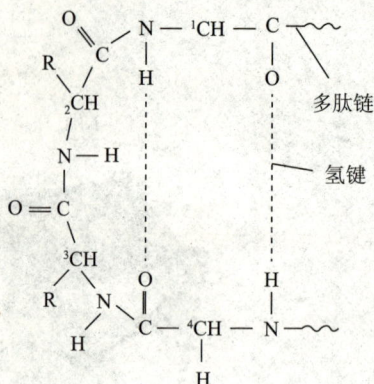

图 2 – 5　β – 转角结构示意图

4. 无规卷曲　无规卷曲是指各种蛋白质分子中没有任何规律可循的局部肽段的空间结构，是蛋白质分子中许多无规律的空间构象的总称。

5. 超二级结构　超二级结构是两个或两个以上的二级结构在空间折叠中彼此靠近，相互作用形成有规则的二级结构的聚集体，具有特定的生物学功能，又称模体（Motif）。超二级结构有多种形式，α 螺旋组合（αα）、折叠组合（βββ）和 α 螺旋 β 折叠组合（βαβ）等。

（二）蛋白质的三级结构

蛋白质的三级结构（Tertiary structure）是指在二级结构的基础上，由于侧链 R 基团的相互作用，多肽链进一步卷曲、折叠所形成的三维空间结构，即整条多肽链所有原子的空间排布位置。由一条多肽链构成的蛋白质，只有具有三级结构才能发挥生物学活性。比如溶菌酶最复杂的结构是三级结构，有生物学活性。牛胰核糖核酸酶的三级结构由多个二级结构单元组成（图 2 – 6）。

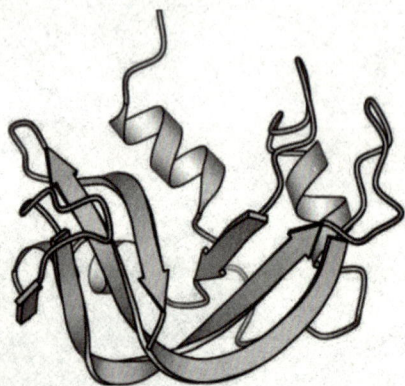

图 2 – 6　牛胰核糖核酸酶的三级结构

蛋白质三级结构的形成与稳定主要依靠次级键。常见次级键包括疏水作用、离子键（盐键）、氢键、范德华力及肽链内二硫键等（图 2 – 7）。疏水作用是维持蛋白质三级结构最主要的作用力，蛋白质分子含有许多疏水基团，如亮氨酸、异亮氨酸和缬氨酸等氨基酸的 R 侧链因疏水作用趋向分子内部，形成疏水区，而大多数氨基酸的极性 R 侧链则分布在分子表面，形成亲水区。有些球状蛋白质分子的亲水表面上常有一些疏水微区，在分子表面上形成内陷的"洞穴"或"裂缝"，某些辅基镶嵌其中，是蛋白质分子的活性部位。

图 2-7 维持蛋白质空间构象的各种化学键

一条多肽链构成的蛋白质形成的最高空间结构就是三级结构。如肌红蛋白是由 153 个氨基酸残基构成的单链球状蛋白质，含有一个血红素辅基。分子量较大的蛋白质分子在形成三级结构时，由于多肽链上相邻的超二级结构紧密联系，进一步折叠形成一个或多个球状或纤维状的区域，折叠较为紧密，称为结构域（Domain）。结构域一般由 100 ~ 200 个氨基酸残基组成，具有独特的空间构象，承担不同的生物学功能。较小蛋白质的短肽链如果仅有 1 个结构域，则此蛋白质的结构域和三级结构即为同一结构层次。较大的蛋白质为多结构域，它们可能是相似的，也可能是完全不同的。例如，纤连蛋白含有 6 个结构域，且各司其职，分别可与纤维蛋白、肝素、细胞、胶原蛋白、肌动蛋白等配体结合。

（三）蛋白质的四级结构

由两条或两条以上的具有独立三级结构的多肽链相互作用，经非共价键连接成特定空间构象，即为蛋白质的四级结构。在四级结构中，每条具有独立三级结构的多肽链称为一个亚基。各亚基之间主要以离子键、疏水键、氢键等非共价键缔合成寡聚体。具有四级结构的蛋白质，亚基单独存在时不具有生物学活性，只有完整的四级结构寡聚体才有生物学功能。多亚基构成的蛋白质，亚基可以相同也可以不同。如血红蛋白就是含有两个 α 亚基和两个 β 亚基并按特定方式接触排布形成的具有四级结构的四聚体蛋白质。

二级结构：α-螺旋结构和β-折叠结构

结构域

三级结构 四级结构

图 2-8 蛋白分子二级至四级结构关系示意图

α、β 两种亚基的三级结构极为相似，每个亚基都结合一个血红素辅基。

蛋白质分子二级至四级结构关系见图 2-8。

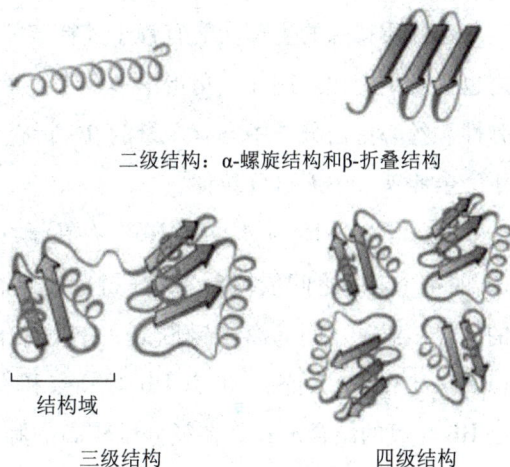

第三节　蛋白质结构与功能的关系

一、蛋白质一级结构与功能的关系

蛋白质一级结构是其空间结构、理化性质和生理功能的分子基础。一级结构相似的蛋白质往往具有相似的高级结构与功能，因此可通过比较蛋白质的一级结构来预测蛋白质的同源性。同源蛋白质是由同一基因进化而来的一类蛋白质，其一级结构、空间结构和生物学功能极为相似。这些同源蛋白质在进化过程中，构成活性部位的氨基酸残基的种类和空间排布相对保守。例如，不同哺乳类动物的胰岛素分子都是由 51 个氨基酸分 A 链和 B 链组成，除个别氨基酸有差异外，其二硫键的配对位置和空间结构极为相似，表明其关键的活性部位相对保守，因此，在细胞内都执行着调节糖代谢等生理功能。

但是如果蛋白质分子中关键的氨基酸残基发生变化，严重影响空间结构，导致功能发生改变，甚至引发疾病。例如，镰刀型细胞贫血症，其病因是血红蛋白基因中的一个核苷酸的突变导致该蛋白分子中 β - 链第 6 位亲水性的谷氨酸被疏水性的缬氨酸取代。就是因为一级结构上的细微差别使患者的血红蛋白分子运输氧的功能下降，水溶性显著降低，容易发生凝聚，导致红细胞变成镰刀状。红细胞的脆性增大，当其通过狭窄的毛细血管时容易破裂引起贫血。由于蛋白质分子变异或缺失导致的疾病，称为"分子病"。

二、蛋白质空间结构与功能的关系

蛋白质特殊的生理功能有赖于其特定的空间结构，当空间结构发生变化时，其功能随之也会发生变化。例如，角蛋白中含有大量的 α - 螺旋，这使富含角蛋白的组织坚韧且有弹性。丝心蛋白分子中含有大量的 β - 折叠，使蚕丝蛋白具有伸展和柔软的特性，肽链近于完全伸展，不能过度拉伸。

血红蛋白（Hemoglobin，Hb）存在于红细胞中，是运输 O_2 的主要物质，未结合 O_2 时，Hb 的 4 个亚基之间依赖 8 个离子键紧密结合，称为紧张态（Tense state，T 态）。随着 O_2 的结合，亚基之间的离子键断裂，空间结构发生变化，Hb 结构相对松弛，称为松弛态（Relaxed state，R 态）。T 态 Hb 对氧亲和力低，不易与氧结合，R 态 Hb 对氧亲和力高，是 Hb 与氧的结合形式。在氧分压较高的肺毛细血管，促使 T 态转变成 R 态，有利于 Hb 与氧的结合；在氧分压较低的组织毛细血管，促使 R 态转变成 T 态，有利于氧合 Hb 释放更多氧供组织细胞利用。

生物体内蛋白质合成及修饰加工极为复杂，多肽链的正确折叠对形成三维结构至关重要。若蛋白质一级结构不变但形成空间结构时折叠发生错误会导致其功能发生变化，严重时可引发疾病，称为蛋白质空间构象病。例如，哺乳动物脑组织细胞膜上的一种糖蛋白是朊病毒蛋白（图 2 – 9），由 208 个氨基酸构成，正常的朊病毒蛋白构象以 α – 螺旋为主，致病的朊病毒蛋白以 β – 折叠为主，错误折叠的蛋白质形成抗蛋白水解酶的淀粉样纤维沉淀而导致疾病。如疯牛病、老年痴呆症、人纹状体脊髓变性病等。

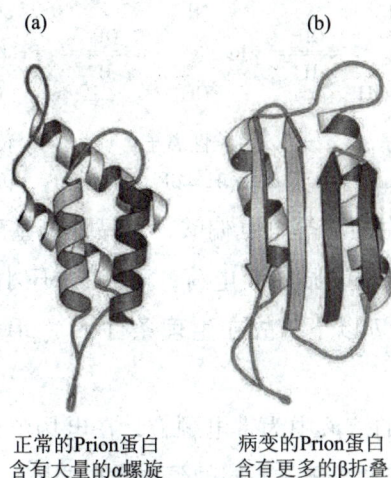

(a)　　　　　　　　　　(b)

正常的Prion蛋白　　病变的Prion蛋白
含有大量的α螺旋　　含有更多的β折叠

图 2 – 9　正常的和致病的朊病毒蛋白

知识链接

疯牛病

1985 年 4 月，医学家们在英国首先发现了牛患的一种新病，初期表现行为反常，烦躁不安，步态不稳，经常乱踢以致摔倒、抽搐等中枢神经系统错乱的变化。后期出现强直性痉挛，两耳对称性活动困难，体重下降，极度消瘦，痴呆，很快死亡。组织病理学检查，发现病牛中枢神经系统的脑灰质部分形成海绵状空泡，脑干灰质两侧呈对称性病变，神经纤维网有中等数量的不连续的卵形和球形空洞，神经细胞肿胀成气球状，还有明显的神经细胞变性、坏死和淀粉样沉积物。1986 年 11 月，科学家将此病定名为牛海绵状脑病，又称"疯牛病"。

第四节　蛋白质的理化性质

一、蛋白质的两性电离与等电点

蛋白质分子除两端的氨基和羧基可分别解离带电荷外，其侧链的某些基团如天冬氨酸的 β – 羧基、谷氨酸的 γ – 羧基，赖氨酸的 ε – 氨基，精氨酸的胍基和组氨酸的咪唑基，都可以解离。在一定 pH 条件下有的带正电荷，有的带负电荷。因此蛋白质分子也是两性电解质，在溶液中的解离状态以及带电状态受溶液 pH 值的影响。当溶液处于某一 pH 值时，蛋白质分子所带的正、负电荷相等，呈兼性离子状态，净电荷为零，此时溶液的 pH 值称为该蛋白质的等电点（pI）。蛋白质的解离状态可用下式表示：

$$
\begin{array}{ccccc}
\text{NH}_3^+ & & \text{NH}_3^+ & & \text{NH}_2 \\
| & \xrightleftharpoons[\text{H}^+]{\text{OH}^-} & | & \xrightleftharpoons[\text{H}^+]{\text{OH}^-} & | \\
\text{Pr} & & \text{Pr} & & \text{Pr} \\
| & & | & & | \\
\text{COOH} & & \text{COO}^- & & \text{COO}^-
\end{array}
$$

$$
\begin{array}{ccc}
\text{正离子} & \text{兼性离子} & \text{负离子} \\
\text{pH} < \text{pI} & \text{pH} = \text{pI} & \text{pH} > \text{pI}
\end{array}
$$

含酸性氨基酸较多的蛋白质，等电点偏酸；含碱性氨基酸较多的蛋白质，等电点偏碱。当溶液的 pH 大于 pI 时，蛋白质带负电荷；溶液的 pH 小于 pI 时，蛋白质带正电荷。体内多数蛋白质的等电点在 7 以下，故在生理条件下（pH 为 7.4），多以负离子形式存在。

蛋白质分子在偏离其 pI 的溶液中为带电颗粒，在电场中会向与其电性相反的电极泳动，这种通过荷电性质、数量和分子量不同的蛋白质在电场中泳动速度不同从而达到分离各种蛋白质的技术，称为蛋白电泳技术。蛋白质的两性解离与等电点的特性对蛋白质的分离、纯化和分析等具有重要的实用价值。

二、蛋白质的胶体性质

蛋白质是高分子化合物，分子量界于 10000 ~ 1000000kDa 之间，其分子大小达到胶体颗粒 1 ~ 100nm 范围之内，故蛋白质具有胶体性质。蛋白质分子黏度大，扩散速度慢，不易透过半透膜。血浆蛋白等大分子胶体物质不能通过毛细血管壁，是影响血管内外水平衡的重要因素。球状蛋白质的表面多为亲水基团，在溶液中具有强烈的吸引水分子作用，使蛋白质分子表面被多层水分子包围形成水化膜，从而将蛋白质分子相互隔开。同时，亲水 R 侧链的大多数基团可以解离，使蛋白质分子表面带有一定量的同种电荷，相互排斥以防止聚集，因而分散在水溶液中的蛋白质是非常稳定的胶体溶液。当破坏蛋白质胶体颗粒表面的水化膜、中和电荷时，蛋白质可从溶液中析出沉淀。

蛋白质分子大，不能透过半透膜。当蛋白质溶液中混杂有小分子物质时，可将此溶液放入半透膜做成的袋内，置于蒸馏水或适宜的缓冲液中，小分子杂质从袋中逸出，大分子蛋白质留于袋内，使蛋白质得以纯化。这种用半透膜来分离纯化蛋白质的方法称为透析。临床采用的血液透析就是运用以上原理。人体的细胞膜、线粒体膜、微血管壁等都具有半透膜性质，使各种蛋白质分布于细胞内外的不同部位。

知 识 链 接

肾衰竭与血液透析技术

血液透析，通俗的说法也称之为洗肾，是血液净化技术的一种。其利用半透膜原理，通过扩散，将血液内各种有害以及多余的代谢废物和过多的电解质移出，达到净化血液、纠正水电解质及酸碱失衡的目的。临床除主要应用于慢性肾衰竭替代治疗外，还广泛应用于急性肾衰竭、多器官功能衰竭、严重外伤、急性坏死性胰腺炎、高钾血症、高钠血症、急性酒精中毒等。对减轻患者症状，延长生存期均有一定意义。

三、蛋白质的变性和复性作用

在某些理化因素的作用下，蛋白质的空间结构遭受破坏，从而导致其理化性质的改变和生物学活性的丧失，这种现象称为蛋白质变性。导致蛋白质变性的因素有很多，常见的有高温、高压、紫外线、超声波、强酸、强碱、重金属离子、生物碱试剂等。蛋白质变性的实质是维系蛋白质空间结构的次级键断裂，使有序的空间结构变为无序的松散状态，分子内部的疏水基团暴露出来，使其在水中的溶解度降低并丧失生物学活性。蛋白质变性后，理化性质发生明显变化，如溶解度降低、黏度增加、结晶能力消失、易被蛋白酶水解，原有的生物学活性丧失。

临床上运用蛋白质变性理论指导消毒和灭菌，制备和保存疫苗、酶及血清等蛋白制剂的操作。

有些蛋白质的变性是可逆的。当变性程度较轻时，如果除去变性因素，蛋白质的构象和功能可以恢复或者部分恢复，这种现象称为蛋白质复性。例如核糖核酸酶在疏基乙醇和尿素作用下，发生变性，生物活性丧失；如果通过透析除去疏基乙醇和尿素，则构象和活性完全恢复（图2-10）。

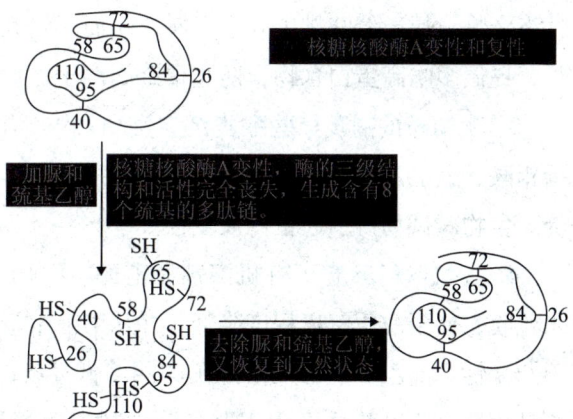

核糖核酸酶A变性和复性

核糖核酸酶A变性，酶的三级结构和活性完全丧失，生成含有8个疏基的多肽链。

加脲和疏基乙醇

去除脲和疏基乙醇，又恢复到天然状态

图2-10 蛋白质的变性和复性

四、蛋白质的沉淀与凝固

在一定条件下，蛋白质疏水侧链暴露在外，肽链相互缠绕聚集从溶液中析出的现象称为蛋白质沉淀（图2－11）。沉淀蛋白质的方法有以下几种：

1. 盐析 盐析是分离蛋白质的常用方法之一。即向蛋白质溶液中加入大量的中性盐以破坏蛋白质的胶体稳定性而使其析出。常用的中性盐有硫酸铵、硫酸钠、氯化钠等。各种蛋白质盐析时所需的盐浓度及 pH 值不同，故可用于对混和蛋白质组分的分离。例如，用半饱和的硫酸铵沉淀出血清中的球蛋白，饱和硫酸铵可以使血清中的清蛋白、球蛋白都沉淀出来。盐析沉淀的蛋白质，经透析除盐，仍保证蛋白质的活性。调节蛋白质溶液的 pH 至等电点后，再用盐析法则蛋白质沉淀的效果更好。

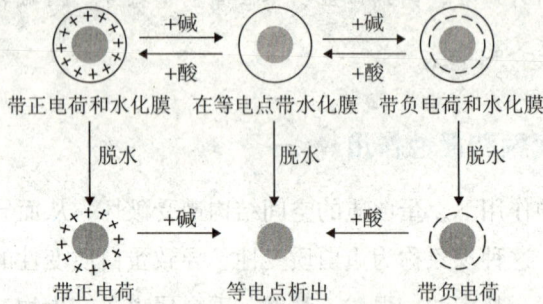

图 2－11 蛋白质沉淀

2. 重金属盐沉淀 当溶液 pH＞pI 时，重金属离子（如银、汞、铜、铅等）可与带负电荷的蛋白质结合成不溶性盐而沉淀。这种方法一般会使蛋白质变性。临床上，在抢救误服重金属盐的中毒患者时，常常灌服大量蛋白质如牛奶、豆浆等，与重金属离子形成不溶性络合物，便于催吐排出其重金属，从而减轻其对机体的损害。长期从事重金属作业的人员，提倡多吃高蛋白食物，防止重金属离子被机体吸收造成损害。

3. 生物碱试剂及某些酸类沉淀蛋白质 当溶液 pH＜pI 时，苦味酸、鞣酸、磷钨酸、磷钼酸、三氯乙酸等生物碱试剂的酸根离子可与带正电荷的蛋白质结合成不溶性盐而沉淀。生物碱试剂可引起蛋白质变性。

4. 有机溶剂沉淀 有机溶剂如乙醇、丙酮等都是脱水剂，能破坏蛋白质分子表面的水化膜，使蛋白质解离程度降低，并从溶液中析出。在常温下，有机溶剂沉淀蛋白质往往引起变性，如乙醇消毒灭菌。在 0～4℃低温条件下，用丙酮沉淀蛋白质，快速分离，一般不易变性。所以此法可用于制备蛋白质，适当调整溶剂的 pH 值和离子强度，分离效果更好。

5. 加热凝固 蛋白质经强酸、强碱作用发生变性后，仍能溶解于强酸或强碱中，若将 pH 调至等电点，则蛋白质立即结成絮状不溶物，但此絮状物仍可溶于强酸强碱中。若再加热使此絮状物变成坚固凝块，不再溶于强酸或强碱中的现象称为蛋白质的凝固作用。

五、蛋白质的紫外吸收与呈色反应

1. 蛋白质紫外吸收特性 大多数蛋白质分子中含有酪氨酸和色氨酸残基，因此，蛋白质在 280nm 波长处有特征性吸收峰。在一定范围内，蛋白质 A280 与其浓度成正比关系，利用此特性测定其在 280nm 处吸收度，可用于蛋白质的定量分析。

2. 茚三酮反应 蛋白质水解后的氨基酸可发生茚三酮反应生成蓝紫色化合物。

3. 双缩脲反应 含有两个或两个以上肽键的化合物在碱性溶液中加热可与硫酸铜反应生成紫红色的化合物。此反应可用于蛋白质和多肽的定量测定，因氨基酸不出现此反应，故还可用于检查蛋白质的水解程度。

4. 酚试剂反应 蛋白质分子中酪氨酸能与酚试剂（磷钼酸与磷钨酸）反应生成蓝色化合物。此反应的灵敏度比双缩脲反应高 100 倍。

第五节 蛋白质的营养作用

一、蛋白质的生理功能

蛋白质是生命活动的主要承担者，具有重要的生理功能，如体内的物质代谢几乎都是在酶的催化下进行的，酶的化学本质大多都是蛋白质。生物体的各种活动如肌肉收缩、血液凝固、机体防御、物质运输、细胞信号转导以及基因表达调控等功能都必须依赖蛋白质完成。蛋白质也是机体的能源物质。

二、蛋白质的营养价值

（一）氮平衡

氮平衡是指每日氮的摄入量与排出量之间的关系。蛋白质的含氮量平均约为 16%。食物中的含氮物质主要是蛋白质，主要用于体内蛋白质的合成。排出氮主要是粪便和尿液中的含氮化合物，是蛋白质在体内分解代谢的终产物。因此，测定摄入食物中的含氮量和排泄物中的含氮量可间接反映蛋白质合成代谢与分解代谢的状况。

1. 氮总平衡 摄入氮 = 排出氮，反映体内的蛋白质合成代谢与分解代谢处于动态平衡，见于正常成年人。

2. 氮正平衡 摄入氮 > 排出氮，反映体内蛋白质合成代谢大于分解代谢，见于生长发育期的儿童、孕妇、乳母和恢复期的病人。

3. 氮负平衡 摄入氮 < 排出氮，反映体内蛋白质合成代谢小于分解代谢，见于饥饿、严重烧伤或消耗性疾病患者。

（二）蛋白质生理需要量

根据氮平衡实验计算，当成人食用不含蛋白质的食物时，每天最低分解 20g 蛋白质。因食物蛋白来源广泛不可能完全被机体利用，故成人每天最低需要量为 30～50g，我国营养学会推荐成人每天蛋白质的需要量为 80g。

（三）必需氨基酸

人体内有 8 种氨基酸不能合成，必须由食物供给，称为必需氨基酸，包括赖氨酸、色氨酸、苯丙氨酸、蛋氨酸、苏氨酸、缬氨酸、异亮氨酸、亮氨酸。对于婴儿有 9 种，即加上组氨酸。其余氨基酸体内可以自我合成，不必由食物供给，称为非必需氨基酸。由于蛋氨酸可转换为半胱氨酸（半胱氨酸可取代 80%～90% 的蛋氨酸）、苯丙氨酸可转换为酪氨酸（酪氨酸可取代 70%～75% 的苯丙氨酸），所以，在膳食中半胱氨酸充裕时可节省蛋氨酸，酪氨酸充裕时可节省苯丙氨酸。如半胱氨酸和酪氨酸长期缺乏，可能引起蛋氨酸和苯丙氨酸消耗过多。所以，半胱氨酸和酪氨酸称为半必需氨基酸，也称为条件氨基酸。精氨酸和组氨酸能够在体内合成，但合成量不多，若长期缺乏也能造成负氮平衡，故有人也将其归为必需氨基酸。一般来说，蛋白质营养价值的高低主要取决于食物蛋白质中必需氨基酸的种类和比例。动物蛋白质所含必需氨基酸的种类、比例和人体需要相近，营养价值高。

三、蛋白质的互补作用

营养价值较低的蛋白质混合食用，必需氨基酸相互补充从而提高蛋白质的营养价值，称为食物蛋白质的互补作用。例如谷类蛋白质含赖氨酸较少而含色氨酸较多，豆类蛋白质含赖氨酸较多而含色氨酸较少，两者混合食用即可提高营养价值。某些疾病情况下，为保证病人需要，可进行混合氨基酸输液。

本章小结

蛋白质是含氮化合物，根据含氮量可以计算蛋白质的含量。蛋白质的基本组成单位是 $L-\alpha-$氨基酸，共有 20 种，可分为非极性疏水氨基酸、极性中性氨基酸、酸性氨基酸和碱性氨基酸四大类。氨基酸通过肽键连接形成肽类化合物。形成肽键的 6 个原子处于同一个平面，构成肽单元。氨基酸属于两性电解质，当溶液的 pH 等于 pI 时，呈兼性离子的状态。蛋白质是氨基酸构成的也属于两性电解质。

蛋白质的一级结构指多肽链中氨基酸残基的组成和排列顺序。维持稳定的化学键是肽键。空间结构包括二级、三级和四级结构。二级结构是指局部多肽链的主链骨架若干肽单元盘绕折叠形成的空间排布，不涉及氨基酸残基侧链的构象。主要包括 $\alpha-$螺旋、$\beta-$折叠、β-转角和无规卷曲等。维持其稳定的化学键是氢键。三级结构是指整条肽链中全部氨基酸残基的所有原子在三维空间的排布位置。维持其稳定主要靠次级键。四级结构指亚基之间的缔合，也主要靠次级键维持稳定。

体内蛋白质种类繁多，各有其特定的结构和特殊的生物学功能。一级结构是空间结构的基础，也是功能基础。一级结构相似的蛋白质，其空间结构及功能也相似。蛋白质的空间构象与功能关系密切。空间构象发生改变，可导致其理化性质和生物学活性的丧失。

考纲分析

根据历年考纲与真题分析，建议熟记肽键，等电点，蛋白质变性，沉淀，蛋白质一、二、三、四级结构等概念；认识蛋白质的分子结构特点及维系的主要化学键；重视蛋白质两性电离、胶体性质、变性、紫外吸收和某些呈色反应在临床和实际生活中的应用。

复习思考

一、单项选择题

1. 某一溶液中蛋白质的百分含量为55%，此溶液中氮的百分浓度为（　　）

    A. 8.8%　　　　　　B. 8.0%　　　　　　C. 8.4%

    D. 9.2%　　　　　　E. 9.6%

2. 天然蛋白质分子中的绝大多数氨基酸属于下列哪一项？（　　）

    A. L-β-氨基酸　　　　　　　　B. D-β-氨基酸

    C. L-α-氨基酸　　　　　　　　D. D-α-氨基酸

    E. L-D-α-氨基酸

3. 属于碱性氨基酸的是（　　）

    A. 天冬氨酸　　　　　B. 异亮氨酸　　　　　C. 组氨酸

    D. 苯丙氨酸　　　　　E. 半胱氨酸

4. 280nm波长处有吸收峰的氨基酸为（　　）

    A. 丝氨酸　　　　　　B. 谷氨酸　　　　　　C. 蛋氨酸

    D. 色氨酸　　　　　　E. 精氨酸

5. 维系蛋白质二级结构稳定的主要次级化学键是（　　）

    A. 盐键　　　　　　　B. 二硫键　　　　　　C. 肽键

    D. 疏水键　　　　　　E. 氢键

6. 下列有关蛋白质一级结构的叙述，错误的是（　　）

A. 多肽链中氨基酸的排列顺序

B. 氨基酸分子间通过去水缩合形成肽链

C. 从 N - 端至 C - 端氨基酸残基排列顺序

D. 蛋白质一级结构包括肽链的空间构象

E. 通过肽键形成的多肽链中氨基酸排列顺序

7. 有关肽键的叙述，错误的是（　　　）

A. 肽键属于一级结构内容

B. 肽键中 C - N 键所连的四个原子处于同一平面

C. 肽键具有部分双键性质

D. 肽键旋转而形成了 β - 折叠

E. 肽键中的 C - N 键长度比 N - C$_\alpha$ 单键短

8. 有关蛋白质三级结构描述，错误的是（　　　）

A. 没有四级结构时，三级结构的多肽链有生物学活性

B. 亲水基团多位于三级结构的表面

C. 三级结构的稳定性由次级键维系

D. 三级结构是由多个亚基组成的空间结构

E. 三级结构是各个单键旋转自由度受到各种限制的结果

9. 关于蛋白质亚基的描述，正确的是（　　　）

A. 一条多肽链卷曲成二级螺旋结构　　　B. 两条以上多肽链卷曲成二级结构

C. 两条以上多肽链与辅基结合成蛋白质　　D. 每个亚基都有各自的三级结构

E. 以上都不正确

10. 蛋白质 α - 螺旋的特点有（　　　）

A. 多为左手螺旋　　　　　　　　　　　B. 螺旋方向与长轴垂直

C. 氨基酸侧链伸向螺旋外侧　　　　　　D. 肽键平面充分伸展

E. 靠盐键维系稳定性

11. 蛋白质分子中的无规卷曲结构属于（　　　）

A. 二级结构　　　　B. 三级结构　　　　C. 四级结构

D. 结构域　　　　　E. 以上都不是

12. 有关蛋白质 β—折叠的描述，错误的是（　　　）

A. 主链骨架呈锯齿状

B. 氨基酸侧链交替位于扇面上下方

C. β—折叠的肽链之间不存在化学键

D. β—折叠有反平行式结构，也有平行式结构

E. 肽链充分伸展

13. 维系蛋白质三级四级结构稳定的主要化学键是（　　　）

    A. 肽键　　　　　　　　B. 氢键　　　　　　　　C. 二硫键

    D. 盐键　　　　　　　　E. 疏水作用

二、思考题

1. 什么是蛋白质的二级、三级、四级结构？各级结构分别有什么结构特点？

2. 何谓蛋白质变性？变性蛋白质的理化性质有何变化，联系生活举例说明。

扫一扫，知答案

扫一扫，看课件

第 三 章

核酸的化学

【学习目标】

1. 掌握核酸的分类和生物学功能；两种核酸（DNA 和 RNA）的分子组成；核酸的基本化学键；DNA 二级结构（双螺旋结构）的要点、碱基配对规律。

2. 熟悉常见核苷酸的缩写符号；体内重要的环化核苷酸（cAMP 和 cGMP）；DNA 的变性、复性及应用；tRNA 和 mRNA 的结构特点及功能。

3. 了解核酸的紫外吸收性质；DNA 的三级结构；基因与医学的关系等。

1869 年 F. Miescher 从脓细胞中提取到一种富含氮和磷元素的酸性化合物，因存在于细胞核中而命名为"核质"，20 年后才正式启用"核酸"这一名称。早期的研究仅将核酸看成是细胞中的一般化学成分，没有人注意到它在生物体内有什么功能。后续的研究才发现核酸是生命的基本物质之一，是遗传的物质基础，具有十分重要的功能，并广泛存在于所有动物、植物细胞和微生物体内。

第一节　核酸分子的化学组成

一、核酸的基本元素组成

核酸含有五种元素：C、H、O、N 和 P。其中 P 的含量比较稳定，通过测定 P 的含量来推算核酸的含量。RNA 的平均含磷量为 9.4%，DNA 的平均含磷量为 9.9%。

二、核苷酸

核苷酸是核酸的基本组成单位或构件分子。DNA 和 RNA 都是由一个一个核苷酸头尾相连而形成的。RNA 平均长度大约为 2000 个核苷酸，而人类单倍基因组序列含有 3.2 ×

10^9 个碱基对（base pairs，bp），即同等数量的核苷酸对。核酸彻底水解后的产物为戊糖、碱基和磷酸（图 3 - 1）。

核酸 $\xrightarrow{\text{水解}}$ 核苷酸 $\xrightarrow{\text{水解}}$ {核苷 $\xrightarrow{\text{水解}}$ {戊酸（核酸、脱氧核糖）| 碱基（嘌呤碱、嘧啶碱）| 磷酸

图 3 - 1 核酸水解及水解产物示意图

（一）戊糖

组成核酸的戊糖有两种。DNA 所含的糖为 β - D - 2 - 脱氧核糖；RNA 所含的糖则为 β - D - 核糖。

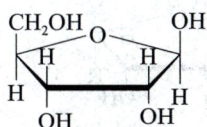

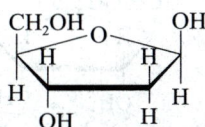

D-核糖

D-2-脱氧核糖

（二）碱基

核酸中的碱基分为两类：嘌呤碱和嘧啶碱。核酸中常见的嘌呤碱有两类：腺嘌呤及鸟嘌呤。嘌呤是由嘧啶环和咪唑环并合而成的。常见的嘧啶碱有三种：胞嘧啶、尿嘧啶和胸腺嘧啶。除上述五类基本碱基外，核酸中还有一些含量甚少的碱基，称为稀有碱基，稀有碱基种类极多，大多数都是甲基化碱基。tRNA 中含有较多的稀有碱基。

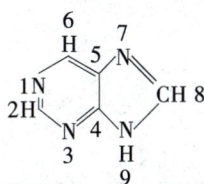

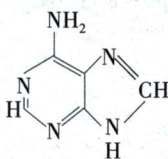

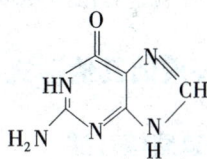

嘌呤

腺嘌呤

鸟嘌呤

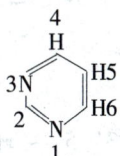

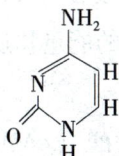

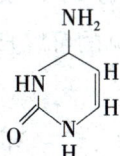

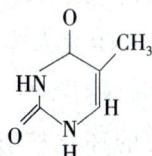

嘧啶

胞嘧啶

尿嘧啶

胸腺嘧啶

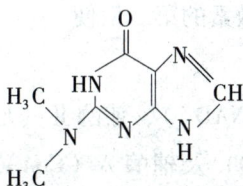

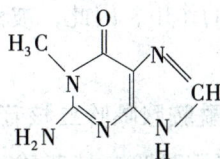

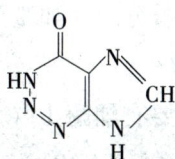

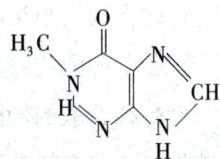

N，N - 二甲基鸟嘌呤

1 - 甲基鸟嘌呤

次黄嘌呤

1 - 甲基次黄嘌呤

（三）核苷

核苷是由戊糖或脱氧戊糖上半缩醛羟基和嘌呤碱基或嘧啶碱基脱水缩合而成并以 N－C 糖苷键相连而成的化合物。核苷分为核糖核苷和脱氧核苷两大类。RNA 中含有腺苷（A），鸟苷（G），胞苷（C），尿苷（U）。DNA 中含有脱氧腺苷（dA），脱氧鸟苷（dG），脱氧胞苷（dC），脱氧胸苷（dT）。

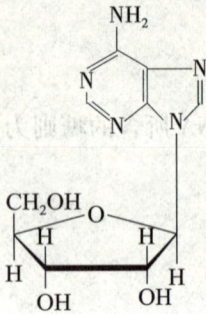
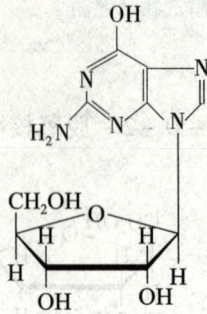
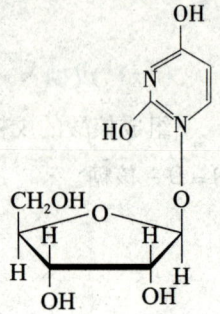

腺嘌呤核苷　　　　　　鸟嘌呤核苷　　　　　　胞嘧啶核苷　　　　　　尿嘧啶核苷

（四）核苷酸

核苷中的戊糖羟基被磷酸酯化，形成核苷酸。核糖上有 3 个自由羟基，可以酯化分别生成 2′,3′,5′－核苷酸。脱氧核糖上只有 2 个自由羟基，可以酯化分别生成 3′,5′－核苷酸。生物体中游离的核苷酸大多数都是 5′－核苷酸。RNA 中含有腺苷酸（AMP）、鸟苷酸（GMP）、胞苷酸（CMP）、尿苷酸（UMP）；DNA 中含有脱氧腺苷酸（dAMP）、脱氧鸟苷酸（dGMP）、脱氧胞苷酸（dCMP）和脱氧胸苷酸（dTMP）。

三、核苷酸的其他形式与功能

（一）多磷酸核苷酸

含有两个或两个以上磷酸基团的核苷酸，称为多磷酸核苷酸。5′－核苷酸的磷酸基还可进一步磷酸化生成二磷酸核苷（NDP）及三磷酸核苷（NTP），其中磷酸之间是以高能键相连。其中 ATP 是人体中最常见的可以直接利用的能量物质。

（二）环化核苷酸

体内重要的环化核苷酸有 3′,5′－环化腺苷酸（cAMP）和 3′,5′－环化鸟苷酸（cGMP）（图 3－2），它们不是核酸的组成成分，而是重要的调节物质。cAMP 和 cGMP 分别具有放大或缩小某些信号分子（如激素）的作用，因此，被称为激素的第二信使。

（三）辅酶类核苷酸

含有核苷酸的辅酶主要有辅酶Ⅰ（尼克酰胺腺嘌呤二核苷酸，NAD^+）、辅酶Ⅱ（尼克酰胺腺嘌呤二核苷酸磷酸，$NADP^+$）、黄素腺嘌呤二核苷酸（FAD）及辅酶 A（CoA）。NAD^+ 及 FAD 是生物氧化体系的重要组成成分，在传递氢原子或电子中有重要作用。CoA

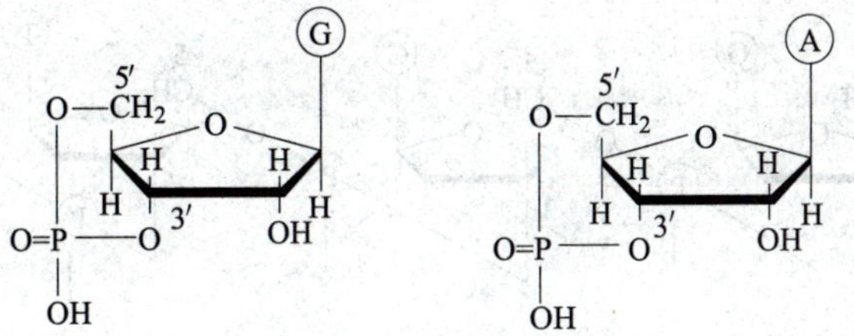

3′,5′–环化磷酸鸟苷（cGMP） 3′,5′–环化磷酸腺苷（cAMP）

图 3 – 2 cGMP 和 cAMP 结构示意图

作为有些酶的辅酶成分，参与糖有氧氧化及脂肪酸氧化作用。

第二节 DNA 的结构与功能

一、核酸的种类

核酸主要分为脱氧核糖核酸（DNA）和核糖核酸（RNA）。原核生物和真核生物共有的 3 种主要 RNA 是 mRNA（messenger，RNA）、tRNA（transfer，RNA）和 rRNA（ribosomal，RNA）。其中 tRNA 分子量最小，占总 RNA 10% ~15%，在蛋白质生物合成过程中携带活化的氨基酸。mRNA 半寿期最短，占总 RNA 5% ~10%，是蛋白质合成的模板。rRNA 含量最多，占总 RNA 75% ~80%，与蛋白质结合构成核糖体，是蛋白质合成的场所。

二、核酸中核苷酸的连接方式

核苷酸间的连接化学键是一个核苷酸 3′– OH 与另一个核苷酸 5′–磷酸脱水形成 3′,5′– 磷酸二酯键。

三、DNA 的一级结构

DNA 一级结构是指 DNA 分子中脱氧多核苷酸链中核苷酸的排列顺序或分子中碱基的顺序。DNA 的碱基顺序本身就是遗传信息存储的分子形式。生物界物种的多样性即寓于 DNA 分子中四种脱氧核苷酸千变万化的不同排列组合之中。多核苷酸链具有方向性，从 5′– 末端到 3′– 末端。

DNA 分子一级结构的表示方法有三种（见图 3 –3）：①结构式表示法：即写出所有元件。②线条式表示法：G、C、T、A 表示不同的碱基。③文字式表示法：5′pGpCpTpA3′或 5′pGCTA3′。

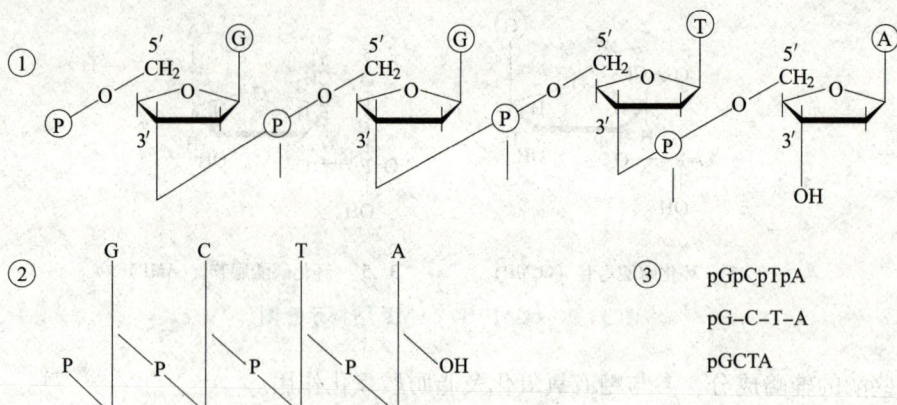

图 3-3　DNA 多核苷酸链的一个片段与缩写示意图
①多核苷酸链的一个小片段；②线条式缩写；③字母式缩写

四、DNA 的二级结构

　　在前人工作基础上，J. Watson 和 F. Crick 于 1953 年提出 DNA 的双螺旋结构模型（见图3-4）：①DNA 分子由两条反向平行的多核苷酸链构成右手双螺旋结构。螺旋表面有深沟和浅沟。②磷酸与脱氧核糖在外侧，彼此之间通过磷酸二酯键连接，形成 DNA 的骨架。嘌呤碱和嘧啶碱层叠于螺旋内侧，碱基平面与螺旋纵轴垂直，上下碱基平面之间的距离为 0.34nm。糖环平面与中轴平行。③两条链间借嘌呤与嘧啶之间的氢键相连，匹配成对。碱基配对遵守 A 与 T、G 与 C 配对原则。A 与 T 之间形成 2 个氢键；G 与 C 间形成 3 个氢键。④双螺旋的直径为 2nm，沿中心轴每旋转一圈有 10 个核苷酸，螺距为 3.4nm。⑤稳定双螺旋结构的主要作用力是氢键和碱基堆积力。横向作用力主要是碱基对之间的氢键，纵向作用力主要是碱基堆积力。

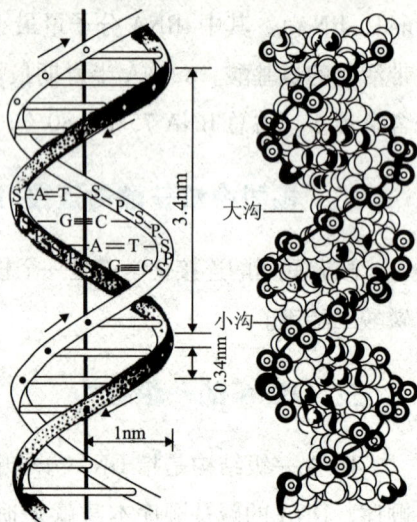

图 3-4　DNA 分子双螺旋结构模型

知 识 链 接

DNA 双螺旋结构的发现是学科交叉产生的重大科研成果

　　对 DNA 双螺旋结构的发现做出重大贡献的科学家有克里克（F. Crick）、沃森（J. Watson）、威尔金斯（M. Wilkins）和弗兰克林（R. Franklin）四位。此外，鲍林（L. Pauling）参与了竞争，多诺霍（J. Donohue）也提供了重要的参考意见。由于弗兰克林过早去世，1962 年诺贝尔生理和医学奖只授给了克里克、沃森和威尔金斯。这四位科学家中，沃森毕业于生物专业，克里克和威尔金斯毕业于物理专业，而弗兰克林则毕业于化学专业。他们具有不同的知识背景，在同一时间都致力于研究遗传物质的分子结构，在又合作又竞争，充满学术交流和争论的环境中，发挥了各自专业的特长，为双螺旋结构的发现做出了各自的贡献，这是科学史上由学科交叉产生的重大科研成果。

五、DNA 的三级结构

DNA 的三级结构是指 DNA 在双螺旋结构基础上进一步扭曲盘旋形成的空间构象。超螺旋是 DNA 三级结构的主要形式（见图 3–5）。有些 DNA 是以双链环状 DNA 形式存在，如细菌染色体 DNA、某些病毒 DNA、线粒体 DNA 和叶绿体 DNA 等；但多数 DNA 是以双链线状 DNA 形式存在的。不论是哪种形式都可形成超螺旋。根据螺旋的方向不同可分为正超螺旋和负超螺旋。天然 DNA 一般都是负超螺旋，是由右手螺旋的 DNA 进一步扭曲形成的左手螺旋。负超螺旋易于解链，因此负超螺旋有利于 DNA 的复制、重组和转录等过程的进行。

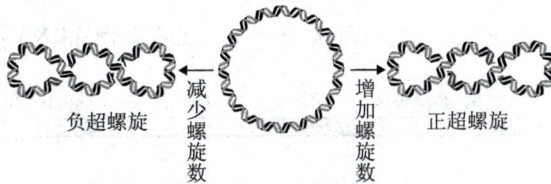

负超螺旋　减少螺旋数　增加螺旋数　正超螺旋

图 3–5　DNA 的超螺旋结构

真核生物的双链线状 DNA 通常与蛋白质结合，形成染色体。染色体的基本结构单位是核小体（nucleosome）。核小体是由 DNA 双螺旋缠绕在组蛋白八聚体上形成的。每个核小体分为核心颗粒和连接区两部分，核心颗粒是 146bp 长的双螺旋 DNA 以左手螺旋在组蛋白八聚体上缠绕 1.75 圈，其中组蛋白八聚体是由 H2A、H2B、H3 和 H4 各两分子组成；连接区是由约 60bp 双螺旋 DNA 和 1 分子组蛋白 H1 构成，平均每个核小体 DNA 约为 200bp。多个核小体形成串珠样结构，并进一步盘绕形成每圈六个核小体的染色质纤丝，其直径为 30nm，染色质纤丝再组装成螺旋圈，再由螺旋圈进一步卷曲组装成棒状染色单体。

在人体细胞中，双螺旋的 DNA 分子可以依次压缩组装成核小体、核小体纤维、染色体等结构层次。人类体细胞中 46 条染色体的 DNA 总长可达 1.68m，经过螺旋化压缩，实际总长只有 200μm，压缩了大约 8400 倍。

第三节　RNA 的结构与功能

RNA 分子量较小，种类繁多，功能具有多样性，主要包括 mRNA、tRNA 和 rRNA 三种。RNA 是单链线状分子，但是有的 RNA 分子中的某些区域可以自身回折形成局部双螺旋结构，RNA 双螺旋中的碱基配对并不严格，除了 A 与 U 配对和 G 与 C 配对外，G 也能与 U 配对。不能形成双螺旋的部分则形成突环，称为发夹结构，属 RNA 的二级结构。RNA 的二级结构还可以进一步折叠形成三级结构。

一、mRNA 的结构与功能

（一）mRNA 的结构

mRNA 含量较少，种类较多。mRNA 在体内代谢很快，其中原核生物的 mRNA 的半衰期 1～3 分钟，而真核生物 mRNA 的半衰期有数小时或几天。真核生物成熟 mRNA 是由核内不均一 RNA（heterogeneous nuclear RNA，hnRNA）经剪接和修饰后形成的，再作为模板指导蛋白质的合成，一个 mRNA 分子只包含一条多肽链的信息。真核生物成熟 mRNA 的结构都有共同的特点：在编码区的两端是非编码区，5′-末端有帽子结构，3′-末端有多聚腺苷酸尾巴（polyadenylate tail，polyA 尾巴）。真核生物 mRNA 的结构见图 3-6。

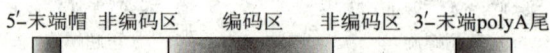

5′-末端帽　非编码区　　　编码区　　　非编码区　3′-末端polyA尾

图 3-6　真核生物 mRNA 结构示意图

5′-末端的帽子结构是由鸟苷酸转移酶在 5′-末端催化形成的 7-甲基鸟苷三磷酸（m7GpppN）。帽子结构可以与帽结合蛋白分子结合，有助于核糖体对 mRNA 的识别和结合，并保护 mRNA 不被核酸外切酶水解。

3′-末端的多聚腺苷酸（polyA）尾巴是由 polyA 转移酶于 3′-末端催化加上的由数十个到数百个腺苷酸连接而成的多聚腺苷酸结构。polyA 尾巴与 polyA 结合蛋白相结合形成复合物，与 mRNA 从细胞核到细胞质的运输有关；随着 mRNA 存在时间的延长，polyA 尾巴会慢慢变短，与 mRNA 稳定性有关。

（二）mRNA 的功能

mRNA 以 DNA 分子中的一条链为模板进行转录，并将遗传信息传递给蛋白质，指导蛋白质的合成。mRNA 中蕴藏遗传信息的碱基顺序称为遗传密码（genetic code）。mRNA

从 5′-末端的第一个 AUG 开始，每三个相邻的核苷酸构成一个密码子（codon）。因此，mRNA 从 5′-末端到 3′-末端的核苷酸排列顺序就决定了多肽链中氨基酸的排列顺序。

二、tRNA 的结构与功能

（一）tRNA 的结构

tRNA 是细胞内分子量较小的 RNA，一般由 74~95 个核苷酸组成。tRNA 链中含有大量的稀有碱基，如假尿嘧啶核苷（ψ）、二氢尿嘧啶（DHU）、胸腺嘧啶核苷（T）等，其 3′端是 - CCA - OH 结构。

tRNA 的二级结构呈三叶草型，是由氨基酸臂、二氢尿嘧啶环（DHU 环）、反密码环、额外环和 TψC 环等五部分组成的（如图 3-7）：①氨基酸臂是接受氨基酸的部位，含有 5~7 个碱基对和部分未配对的核苷酸，其末端是 CCA 结构；②二氢尿嘧啶环由 8~12 个核苷酸组成，环内有二氢尿嘧啶，环的一端有一个双螺旋区，即二氢尿嘧啶臂；③反密码环由 7 个核苷酸组成，环中间的三个核苷酸是反密码子（anticodon），在合成蛋白质过程中，可与 mRNA 上相应的密码子形成碱基互补配对，环的一端组成一个双螺旋区即反密码臂；④额外环又称为可变环，不同的 tRNA 额外环的大小是不同的，是 tRNA 分类的重要指标；⑤TψC 环由 7 个核苷酸组成，环中含有假尿嘧啶核苷（ψ）和胸腺嘧啶核苷（T）并且形成 TψC 序列，环的一端形成一个双螺旋区，即 TψC 臂。

tRNA 三级结构呈倒"L"型（图 3-8）。三级结构是 tRNA 的有效形式。倒"L"结构中一横的端点上是—CCA—OH3′—末端，是结合氨基酸的部位；一竖的端点上是反密码环。

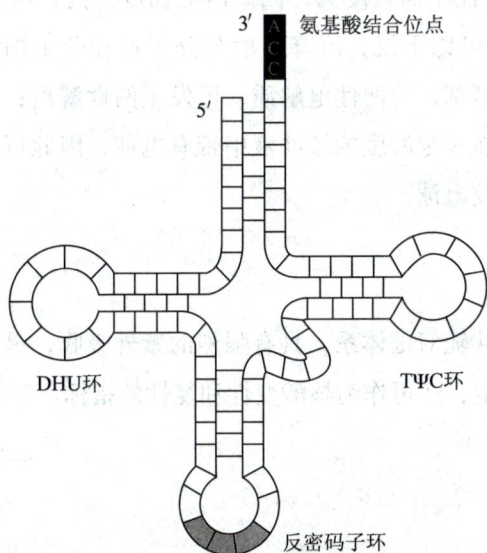

图 3-7 tRNA 三叶草型结构示意图　　图 3-8 tRNA 的倒 L 型三级结构

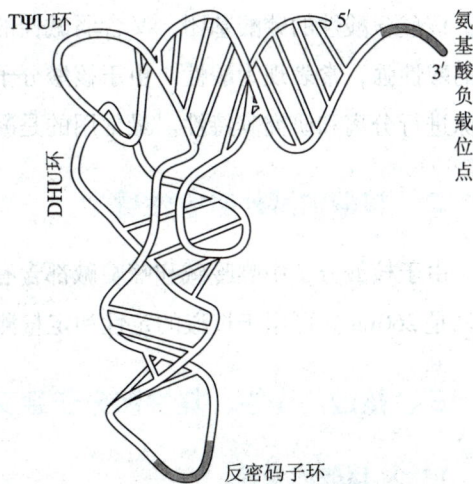

(二) tRNA 的功能

在蛋白质生物合成过程中 tRNA 主要有携带并转运氨基酸和识别密码子的作用。tRNA 是转运氨基酸的载体，每一个 tRNA 可通过 3′–末端携带一种氨基酸，并将氨基酸转运到核糖体上。tRNA 通过反密码子与密码子互补配对识别 mRNA 上的密码子。

三、rRNA 的结构与功能

rRNA 分子为单链，局部区域可折叠形成双螺旋结构或发卡结构。原核生物的 rRNA 有三种，分别为 5SrRNA、16SrRNA 和 23SrRNA，而真核生物有 4 种，分别为 5SrRNA、5.8SrRNA、18SrRNA 和 28SrRNA。这些 rRNA 分子与蛋白质结合组装成核糖体，是蛋白质合成的场所。核糖体有两个亚基，分别称为大亚基和小亚基。原核生物的大亚基和小亚基由 23S 和 16SrRNA 分别与多种蛋白质组装而成；真核生物的大亚基由 28S、5.8S 和 5SrRNA 及多种蛋白质组成，小亚基则由 18SrRNA 与多种蛋白质结合组成。rRNA 上有 tRNA 和 mRNA 的结合位点，在合成多肽链的过程中核糖体主要靠 rRNA 来发挥作用，核糖体中的蛋白质可维持 rRNA 的构象，起着辅助的作用。

第四节 核酸的理化性质

一、核酸的一般性质

DNA 是白色纤维状固体，RNA 是白色粉末状固体，两者都微溶于水，不溶于乙醇，因此常用乙醇来沉淀 DNA。DNA 分子由于直径小而长度大，因此溶液黏度极高，RNA 分子黏度则小得多。溶液中的核酸在引力场中可以下沉，沉降速度与分子量和分子构象有关。核酸含酸性的磷酸基团，又含弱碱性的碱基，为两性电解质，可发生两性解离；因磷酸的酸性强，常表现为酸性。由于核酸分子在一定酸度的缓冲液中带有电荷，因此可利用电泳进行分离和研究其特性。最常用的是凝胶电泳。

二、核酸的紫外吸收性质

由于核酸分子中嘌呤碱和嘧啶碱都含有共轭双键体系，具有强烈的紫外吸收，最大吸收峰是 260nm。可用于核酸的定性和定量测定，还可作为核酸变性和复性的指标。

三、核酸的变性、复性和分子杂交

(一) 核酸的变性

核酸的变性指核酸氢键断裂，螺旋松散，空间结构破坏，生物活性丧失的现象。变性因素包括加热、强酸、强碱、有机溶剂、尿素、射线等。加热变性时当双链 DNA 分子被解开一半时的温度，或者说达到最大吸收值一半时的温度称为熔解温度（melting temperature，Tm）。Tm 与下列因素有关：①Tm 值与核酸的均一程度有关。均一性愈高的样品，变性过程的温度范围愈小。②Tm 值与碱基组成有关。G—C 碱基对含量越多，Tm 值就越高；A—T 碱基对含量越多，Tm 值就越低。因为 G—C 之间有 3 个氢键，而 A—T 之间只有 2 个氢键。③Tm 值与介质离子强度成正比，溶液离子强度高时，Tm 值大。

（二）核酸的复性

变性 DNA 在适当的条件下，两条彼此分开的单链可以重新缔合成为双螺旋结构，这一过程称为复性。DNA 复性后，一系列性质将得到恢复，但是生物活性一般只能得到部分的恢复。DNA 复性的程度、速率与复性过程的条件有关。将热变性的 DNA 骤然冷却至低温时，DNA 不可能复性。但是将变性的 DNA 缓慢冷却时，可以复性。分子量越大复性越难。浓度越大，复性越容易。此外，DNA 的复性也与它本身的组成和结构有关。

（三）核酸的分子杂交

在 DNA 变性后的复性过程中，不同来源的 DNA 单链分子或 RNA 分子在同一溶液中，只要两种单链分子之间存在着一定程度的碱基配对关系，就可以在不同的分子间形成杂化双链，这种杂化双链可以在不同的 DNA 与 DNA 之间，也可以在 DNA 和 RNA，或 RNA 与 RNA 分子之间形成，这种现象称为分子杂交。分子杂交是核酸研究中的一个重要手段，在分子生物学和遗传学的研究中具有重要意义。可以用于分析样品中是否存在特定基因序列，基因序列是否存在变异，也可以用于研究基因的表达情况，因此广泛用于基因组研究、遗传病检测、刑事案件侦破及亲子鉴定、法医鉴定等领域，是分子生物学的核心技术。基因芯片等现代检测手段的最基本原理就是核酸分子杂交。

本章小结

核酸的基本元素组成是 C、H、O、N 和 P。核酸的基本单位是核苷酸。核苷酸由碱基、戊糖、磷酸三部分组成。核苷酸包括一磷酸核苷（NMP）、二磷酸核苷（NDP）、三磷酸核苷（NTP）、环化核苷酸和辅酶类核苷酸。核酸主要分为 DNA 和 RNA（mRNA、tRNA 和 rRNA），核苷酸间的连接化学键是 3′,5′- 磷酸二酯键。DNA 多核苷酸链中脱氧核苷酸的组成和排列顺序为 DNA 一级结构。DNA 的碱基组成符合 chargaff 规则。DNA 的二级结构是双螺旋结构，稳定双螺旋结构的主要作用力是氢键和碱基堆积力。DNA 的三级结构是指 DNA 双螺旋进一步扭曲或再螺旋形成的高级结构。tRNA 的一级结构为单链，二级结构为三叶草形结构，三级结构为倒 "L" 形结构。真核生物 mRNA 的结构有明显特征，比如 5′端有甲基化的帽子，3′末端有多聚腺苷酸尾巴等。rRNA 含量最多，主要与相应蛋白质一起构成蛋白质合成工厂——核糖体。核酸的一般性质是 DNA、RNA 都微溶于水，不溶于乙醇。核酸具有强烈的紫外吸收，而且最大吸收峰是 260nm。核酸的增色效应是当 DNA 分子从双螺旋结构变为单链状态时，在 260nm 处的紫外吸收值会增大。核酸变性指核酸氢键断裂，螺旋松散，空间结构破坏，生物活性丧失的现象。变性 DNA 在适当的条件下，两条彼此分开的单链可以重新缔合成为双螺旋结构，这一过程称为核酸复性。核酸分子杂交是不同来源的 DNA 分子放在一起热变性，然后慢慢冷却，让其复性，若这些异源 DNA 之间有互补或部分互补序列，则复性时会形成杂交分子。

考纲分析

根据历年考纲与真题分析，建议熟记核酸主要分为 DNA 和 RNA（mRNA、tRNA 和 rRNA），核苷酸间的连接化学键是 3′,5′-磷酸二酯键。DNA 一级结构。DNA 的碱基组成符合 chargaff 规则。DNA 的二级结构是双螺旋结构，稳定双螺旋结构的主要作用力是氢键和碱基堆积力。DNA 的三级结构。tRNA 的一级、二级、三级结构。核酸的增色效应、核酸变性、复性和分子杂交。

复习思考

一、A 型选择题

1. 核酸中核苷酸之间的连接方式是（　　）

   A. 2′,3′—磷酸二酯键　　　　　　　　　　B. 3′,5′—磷酸二酯键

   C. 2′,5′—磷酸二酯键　　　　　　　　　　D. 糖苷键

   E. 氢键

2. DNA 合成需要的原料是（　　）

   A. ATP、CTP、GTP、TTP　　　　　　　　B. ATP、CTP、GTP、UTP

   C. dATP、dGTP、dCTP、dUTP　　　　　　D. dATP、dGTP、dCTP、dTTP

   E. dAMP、dGMP、dCMP、dTMP

3. DNA 双螺旋结构模型的描述中哪一条不正确（　　）

   A. 腺嘌呤（A）的个数等于胸腺嘧啶（T）的个数

   B. 同种生物体不同组织细胞中的 DNA 碱基序列相同

   C. DNA 双螺旋中碱基对位于外侧

   D. 二股多核苷酸链通过 A 与 T 或 C 与 G 之间的氢键连接

   E. 维持双螺旋稳定的主要因素是碱基堆积力

4. RNA 和 DNA 彻底水解后的产物（　　　）

    A. 核糖相同，部分碱基不同　　　　　　B. 碱基相同，核糖不同

    C. 部分碱基不同，核糖不同　　　　　　D. 碱基不同，核糖相同

    E. 碱基相同，部分核糖不同

5. DNA 和 RNA 共有的成分是（　　　）

    A. D – 核糖　　　　　　　　　　　　　B. D – 2 – 脱氧核糖

    C. 鸟嘌呤　　　　　　　　　　　　　　D. 尿嘧啶

    E. 胸腺嘧啶

6. 核酸具有紫外吸收能力的原因是（　　　）

    A. 嘌呤和嘧啶环中有共轭双键　　　　　B. 嘌呤和嘧啶中有氮原子

    C. 嘌呤和嘧啶中有硫原子　　　　　　　D. 嘌呤和嘧啶连接了核糖

    E. 嘌呤和嘧啶连接了磷酸基团

7. 有关 DNA 双螺旋模型的叙述哪项不正确（　　　）

    A. 有大沟和小沟

    B. 维持双螺旋稳定的主要因素是碱基堆积力

    C. 两条链的碱基配对为 T＝G，A＝C

    D. 一条链是 $5'→3'$，另一条链是 $3'→5'$ 方向

    E. 二股多核苷酸链通过 A 与 T 或 C 与 G 之间的氢键连接

8. DNA 核小体结构中哪项正确（　　　）

    A. 核小体由 DNA 和非组蛋白共同构成

    B. 核小体由 RNA 和 H1、H2、H3、H4 各两分子构成

    C. 核小体组蛋白的类型包括 H1、H2A、H2B、H3 和 H4

    D. 核小体由 DNA 和 H1、H2、H3、H4 各两分子构成

    E. 组蛋白是由组氨酸构成的

9. 与 mRNA 中的 ACG 密码相对应的 tRNA 反密码子是（　　　）

    A. UGC　　　　　　　B. TGC　　　　　　　C. GCA

    D. CGU　　　　　　　E. TGC

10. 核苷酸分子中嘌呤 N9 与核糖哪一位碳原子之间以糖苷键连接？（　　　）

    A. $5'—C$　　　　　　B. $3'—C$　　　　　　C. $2'—C$

    D. $1'—C$　　　　　　E. $4'—C$

11. tRNA 的结构特点不包括（　　　）

    A. 含甲基化核苷酸　　　　　　　　　　B. $5'$ 末端具有特殊的帽子结构

    C. 三叶草形的二级结构　　　　　　　　D. 有局部的双链结构

E. 含有二氢尿嘧啶环

12. DNA 的解链温度指的是（　　　）

A. A260nm 达到最大值时的温度

B. A260nm 达到最大值的 50% 时的温度

C. DNA 开始解链时所需要的温度

D. DNA 完全解链时所需要的温度

E. A280nm 达到最大值的 50% 时的温度

13. 有关一个 DNA 分子的 Tm 值，下列哪种说法正确（　　　）

A. G+C 比例越高，Tm 值也越高　　　　B. A+T 比例越高，Tm 值也越高

C. Tm=（A+T）%+（G+C）%　　　　D. Tm 值越高，DNA 越易发生变性

E. Tm 值越高，双链 DNA 越容易与蛋白质结合

14. 有关核酸的变性与复性的正确叙述为（　　　）

A. 热变性后，DNA 经缓慢冷却后可复性，生物学活性也部分恢复

B. 不同的 DNA 分子变性后混合在一起，都可复性

C. 热变性的 DNA 迅速降温过程也称作退火

D. 热变性 DNA 迅速冷却后即可相互结合

15. 有关核酶的正确解释是（　　　）

A. 它一定是由 RNA 和蛋白质构成的　　　B. 它是 RNA 分子，但具有酶的功能

C. 它是专门水解核酸的蛋白质　　　　　D. 它是由 DNA 和蛋白质构成的

E. 位于细胞核内的蛋白酶

16. 有关 mRNA 的正确解释是（　　　）

A. 大多数真核生物的 mRNA 都有 5′末端的多聚腺苷酸结构

B. 所有生物的 mRNA 分子中都有较多的稀有碱基

C. 大多数真核生物 mRNA5′端为 m7GpppG 结构

D. 原核生物 mRNA 的 3′末端是 7-甲基鸟嘌呤

E. 原核生物帽子结构是 7-甲基腺嘌呤

17. 有关 tRNA 分子的正确解释是（　　　）

A. tRNA 分子是双螺旋结构

B. tRNA3′末端有氨基酸臂

C. tRNA 的功能主要在于结合蛋白质合成所需要的各种辅助因子

D. 反密码子的作用是结合 DNA 中相互补的碱基

E. tRNA 的 5′末端有多聚腺苷酸结构

二、思考题

1. 请总结 DNA、RNA 分子的化学组成。

2. 请总结 DNA、RNA 的一级结构和空间结构特点。

3. 请总结 DNA、RNA 有哪些重要的理化性质。

扫一扫，知答案

扫一扫，看课件

第 四 章

酶

【学习目标】

1. 掌握酶、酶原、同工酶、酶活性中心的概念及影响酶促反应速度的因素。
2. 熟悉酶的分类及命名、催化作用特点、分子组成、催化作用机制。
3. 了解酶的活力测定与分离纯化。运用酶学知识解决相关临床问题。

第一节　酶的化学本质和特性

一、酶的化学本质

物质代谢是生命活动的基本特征之一，也是一切生命活动的基础。尤其是作为高等生物的人类，其具有敏捷的思维、灵活的运动、良好的自然及社会适应能力，这些都依托于机体不同组织细胞内复杂高效的化学反应。生物体内几乎所有的化学反应都是在一类特异的生物催化剂作用下有条不紊地完成的，这就是酶。

☆考点提示

酶的化学本质，化学催化剂与生物催化剂的异同点，不同专一性的区别。

酶学知识来源于生产实践。酶的应用在我国夏商时代已经开始，如酿酒酿醋、制麦饴等技术早为人所知。春秋战国时期，神曲（酵母）用于治疗胃肠道疾病，至今仍为世界上通用的助消化药。19世纪初，人们就已经知道生物体内存在着能催化化学反应的热不稳定物质，但对其本质一直不甚了解。酶的系统研究始于19世纪中叶对发酵本质的探讨。1877年 Kuhne 正式使用"酶"（Enzyme，E）的名称。1897年，德国科学家 Hans Buchner

和 Eduard Buchner 首次成功地用无细胞的酵母提取液将蔗糖转变成乙醇，实现了生醇发酵。1926 年，Sumner 从刀豆中分离获得了脲酶结晶，并提出酶的化学本质是蛋白质，后来发现的很多酶都验证了这一点。直到 1982 年，Thomas Cech 从四膜虫 rRNA 前体的加工研究中首先发现 rRNA 前体具有自我催化作用，并提出核酶（Ribozyme）的概念。1995 年 Jack W. Szostak 研究室首先报道了具有 DNA 连接酶活性的 DNA 片段，从而扩充了的核酶的概念，为生物催化剂的发展作出了新的贡献。

综上所述，酶是由活细胞合成的生物催化剂。化学本质为蛋白质的酶是最主要的生物催化剂。化学本质为核酸的酶为数不多，是主要作用于核酸的生物催化剂，包括一些小 RNA 和某些 DNA 片段。迄今已经发现生物体内存在的酶有数千种，它们都具有生物大分子的化学性质。本章只讨论化学本质是蛋白质的酶。

酶催化的化学反应称为酶促反应。在酶促反应中被催化的物质称为底物（Substrate，S），反应生成的物质称为产物（Product，P）。酶促反应可用式子表示为：

$$S \xrightarrow{E} P$$

二、酶的特性

酶和一般的催化剂一样，仅能催化热力学上能够发生的化学反应。酶能使可逆的酶促反应加速达到平衡点（即缩短反应时间，加快反应速度，提高反应效率），而不能改变反应的平衡常数，反应前后酶没有质和量的变化。但作为生物催化剂，酶有自身的许多特点：

（一）高度的催化效率

酶的催化效率比相应的非酶促反应要高 $10^8 \sim 10^{20}$ 倍，比一般催化剂高 $10^7 \sim 10^{13}$。例如：每个碳酸酐酶分子每分钟可以催化 10^6 个 CO_2 分子转变成碳酸，比无催化剂时快 10^7 倍；脲酶水解尿素时，反应速度比用酸水解时快 7×10^{12} 倍，比无催化剂时快 10^{14} 倍。

（二）高度的专一性

酶对所催化底物的选择性，称为酶的专一性或特异性。酶的专一性要求底物具有特定的结构，既可以针对底物分子内部的化学键或针对催化反应的类型，也可以针对底物的立体结构。根据酶对底物选择的严格程度不同，酶的高度专一性分为以下三种类型：

1. 绝对专一性　有一些酶只能作用于特定结构的底物或进行一种特定的反应，产生一种特定结构的产物。这种专一性称为绝对专一性。例如：脲酶只能催化尿素水解为 NH_3 和 CO_2，而不能催化和尿素结构非常相似的衍生物；琥珀酸脱氢酶只能催化琥珀酸发生氧化还原反应，而不能催化结构非常相似的丙二酸；同分异构体中只催化其中之一。这类酶对催化的底物具有唯一性。

2. 相对专一性　有一些酶的特异性相对较差，其作用于一类化合物或同类化学键，这种对底物不太严格的选择性称为相对专一性。例如：脂肪酶不仅水解脂肪，也可水解简单的脂；磷酸酶对一般的磷酸酯键都有水解作用，也可水解甘油或酚与磷酸形成的酯键；蔗糖酶不仅水解蔗糖，也可水解棉子糖中的同一种糖苷键；同分异构体都能催化。这类酶所催化的底物具有相似性。

3. 立体异构专一性　有些酶作用的底物仅具有立体异构体，其只催化其中的一种构象或构型，这种选择性称为立体异构专一性。例如：淀粉酶只能水解淀粉中葡萄糖残基之间的"$\alpha-1,4-$糖苷键"，而不能水解纤维素中葡萄糖残基之间的"$\alpha-1,6-$糖苷键"；L－氨基酸氧化酶只能催化L－氨基酸，对D－氨基酸则无作用；延胡索酸酶只能作用于反丁烯二酸（延胡索酸），对顺丁烯二酸则无作用。

（三）高度的不稳定性

酶是蛋白质，凡能影响蛋白质结构稳定的因素（如酸、碱、金属离子等化学因素，射线、温度、振荡等物理因素）都可以影响酶的活性，甚至使酶变性失活。在生产、保存酶制剂和临床测定酶活性时都应避免上述因素的影响。

（四）酶的活性可调节性

生物体内，酶活性受多种因素（如底物、产物和激素等）的调控，以适应机体不断变化的内外环境和生命活动的需要。酶的调节方式很多，包括：变构调节、共价修饰调节、酶量的调节等。有的可提高酶的活性，有的抑制酶的活性，从而使体内各种化学反应有条不紊地进行。

人体的许多疾病与酶的异常有关，很多药物也通过对酶的作用来发挥治疗目的。日常生活中，用途广泛的含酶产品给我们带来很多的便利。由于酶的独特的催化功能，使它在工业、农业、医疗卫生及现代高科技研究等方面具有重大实际意义。

知识链接

消化酶的故事

1822 年，美国士兵圣马丁在一次爆炸中，左侧腹部被弹片击穿，伤愈后留下了一个直径2.5cm的"胃瘘"。波门特医生设计了一个有趣的实验：把一些食物用线拴住，通过瘘道送进圣马丁的胃里，过一段时间后把食物拉出来进行检查。结果发现，残存的淀粉类食物表面有许多葡萄糖，残存的脂肪表面有许多脂肪酸。直到1836 年，德国的科学家施万从胃里提取出了消化蛋白质的物质——胃蛋白酶，这才解开了食物消化之谜。

第二节 酶的分子组成与结构

一、酶的分子组成

酶是蛋白质，故跟蛋白质一样，其主要组成元素是 C、H、O、N、S 等，基本单位是氨基酸，同样具有一、二、三级乃至四级结构，也具有蛋白质全部的理化性质。根据酶的分子组成、结构与功能的不同，酶具有以下几类形式。

（一）单体酶、寡聚酶、多酶体系与多功能酶

根据酶蛋白分子的结构与功能特点，可将酶分为单体酶、寡聚酶、多酶体系与多功能酶。

1. 单体酶（Monomeric enzyme） 由一条多肽链所构成，分子量较小，通常在 13000～15000。具有完整的一、二、三级结构。例如：溶菌酶、胰蛋白酶等。

2. 寡聚酶（Oligomeric enzyme） 由若干个亚基组成，亚基可以相同，也可以不同，即具有四级结构的蛋白酶。一般来讲，单个亚基没有催化活性，聚合成完整四级结构的寡聚酶才具有催化活性。寡聚酶是酶活性变构调节的基础。

3. 多酶体系（Multienzyme system） 由催化功能密切相关的几种酶，通过非共价键相互作用彼此嵌合在一起而形成的复合体。其中的每一个酶都有特定的催化活性及其相应的辅助因子。它的特点是可以催化一个代谢途径中的一系列反应，使反应连续进行。前一个酶催化生成的产物，直接作为后一个酶的底物，起始物直到生成终产物才离开复合体，从而使得其在体内的催化效率更高。例如：线粒体中的丙酮酸脱氢酶复合体、α - 酮戊二酸脱氢酶复合体，都是由三个酶和五个辅助因子所组成的。

4. 多功能酶（Multifunctional enzyme）或串联酶（Tandem enzyme） 还有一些多酶体系进化过程中由于基因的融合，形成由一条多肽链组成却具有多种不同催化功能的酶，或者说一条多肽链上存在着几种酶的催化活性，进而使酶的催化效率进一步提高。例如：体内脂肪酸合成的多酶体系中的六个酶就存在于一条多肽链上，因此相关的连锁反应就都在一条多肽链上由众多酶活性中心催化进行，其优越性显而易见。

☆ **考点提示**

辅酶与辅基的概念，单纯酶与结合酶的特点，其组成成分及各自的作用。

（二）单纯酶和结合酶

根据酶的组成成分，又可将酶分为单纯酶和结合酶两类。

1. 单纯酶（Simple enzyme） 是基本组成单位只有氨基酸的一类酶，通常只有一条

多肽链。其催化活性仅决定于蛋白质结构。脲酶、消化道的蛋白酶、淀粉酶、酯酶、核糖核酸酶等均属此列。

2. 结合酶（Conjugated enzyme）　其结构中除含有蛋白质外，还含有非蛋白部分。蛋白质部分称为酶蛋白，非蛋白部分统称为辅助因子（Cofactor），两者结合成的复合物称作全酶（holoenzyme）。

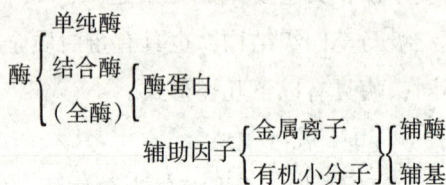

$$
\text{酶}\begin{cases}\text{单纯酶}\\[1ex]\text{结合酶}\\\text{（全酶）}\end{cases}\begin{cases}\text{酶蛋白}\\[1ex]\text{辅助因子}\begin{cases}\text{金属离子}\\\text{有机小分子}\end{cases}\begin{cases}\text{辅酶}\\\text{辅基}\end{cases}\end{cases}
$$

全酶只有成分齐全才具有催化活性，将酶蛋白和辅助因子分开后均无催化作用。

酶的辅助因子包括金属离子和小分子有机化合物。金属离子常见的有 Mg^{2+}、Cu^{2+}（或 Cu^+）、Zn^{2+}、Fe^{2+}（或 Fe^{3+}）、Ca^{2+} 等。它们或者是酶活性中心的组成部分，或者是连接底物和酶分子的桥梁，或者是中和阴离子的电荷从而降低反应中的静电斥力，或者是稳定酶蛋白分子构象所必需。小分子有机物最常见的是维生素及其衍生物，其主要作用是在反应中传递电子、原子或一些基团。辅助因子可按其与酶蛋白结合的紧密程度不同分成辅酶和辅基两大类。辅酶（Coenzyme）与酶蛋白结合疏松，可以用透析或超滤方法除去；辅基（Prosthetic group）与酶蛋白结合紧密，不易用透析或超滤方法除去。

体内结合酶的种类很多，而辅助因子的种类却较少。通常一种酶蛋白只能与一种辅助因子结合，成为一种特异的酶，但一种辅助因子往往能与不同的酶蛋白结合构成多种特异性酶。所以，酶促反应的特异性、高效性以及酶对一些理化因素的不稳定性均决定于酶蛋白部分，而辅助因子往往直接参与化学反应，决定反应的种类与性质。

☆考点提示

必需基团的种类及分布，酶活性中心的概念及意义，与酶活性有关的因素有哪些。

二、酶的分子结构

酶分子中存在着许多功能基团，例如，$-NH_2$、$-COOH$、$-SH$、$-OH$ 等。但并不是所有基团都与酶活性有关。一般将与酶活性密切有关的基团称为酶的必需基团。

有些必需基团虽然在一级结构上可能相距很远，但在形成特定空间结构时彼此靠近，集中在一起形成特定的空间构象，能与特异底物相结合并将底物转化为产物，这一区域称为酶的活性中心（图 4-1）。酶的活性中心在酶分子空间结构中，或为裂缝，或为凹陷，深入到酶分子内部，其环境多为疏水氨基酸残基聚集的区域，形成疏水"口袋"。辅酶或辅基上的一部分结构往往是结合酶活性中心的组成成分。

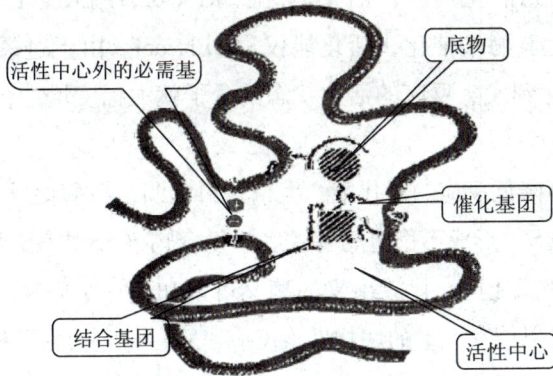

图4-1 酶活性中心示意图

构成酶活性中心的必需基团可分为两类：直接与底物结合的必需基团称为结合基团；影响底物中某些化学键的稳定性，促进底物转化为产物的基团称为催化基团。活性中心中有的必需基团可同时具有这两方面的功能。还有些必需基团虽然不参加酶的活性中心的组成，但是维持酶活性中心应有的空间构象所必需的基团，这些基团称为酶的活性中心以外的必需基团。不同的酶有不同的活性中心，故对底物有严格的选择。酶促反应的高度特异性及高效性均因活性中心的存在而产生。

第三节 酶作用的基本原理

一、酶作用的基本原理

酶之所以具有高度的催化效率，是因为酶能显著地降低反应的活化能（图4-2）。在化学反应体系中，参与反应的每个分子具有的能量状态不同。在反应发生的每一瞬间，只有那些具有较高能量，达到或超过一定能量水平的分子（即活化分子）才有可能发生化学反应。体系中活化分子越多，反应速度越快。把底物从"静态"非活化分子转变成可发生化学反应的活化分子所需的能量，称为活化能。反应所需活化能越高，相对活化分子就越少，反应速度就越慢。反之则越快。活化能的改变可以有

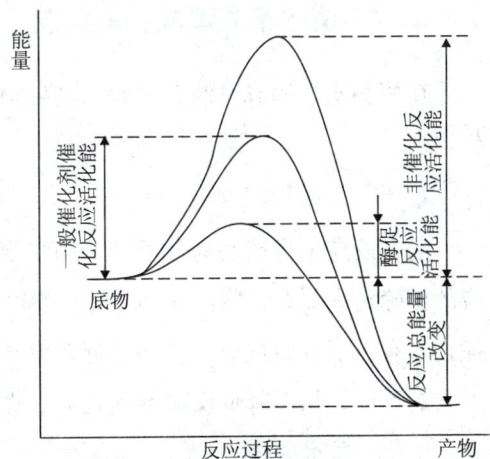

图4-2 催化剂对活化能的影响

两种方式，供给能量或降低需求。酶所起的作用就是降低底物分子对活化能的需求。例如 H_2O_2 的分解反应，在无催化剂时，活化能为 75kJ/mol，用胶态钯作催化剂，活化能为 50kJ/mol，而用过氧化氢酶来催化，活化能仅需 8kJ/mol。由于过氧化氢酶的催化，使活化能大幅度降低，能达到发生反应的活化状态的分子就大幅度增加，反应速度上升的幅度可达 10 亿倍以上。

为什么酶能大幅度降低反应的活化能？大量资料证明，在酶促反应中，酶（E）活性中心总是先与特异底物（S）形成不稳定的酶 – 底物复合物（ES 中间产物），再分解成酶和产物（P），即"中间产物学说"。释放出来的酶又可以和下一个底物结合，继续发挥催化作用，所以少量的酶就可以催化大量的底物发生反应。酶在与底物分子相互接近时，其结构相互诱导、相互变形和相互适应，进而相互结合。这一过程称为酶与底物结合的"相互诱导契合假说"（图 4 – 3）。酶构象的改变有利于与底物结合；底物分子在酶的诱导下某些化学键发生极化而呈现不稳定状态（也称过渡态），从而大幅降低了活化能，反应速度大大加快。

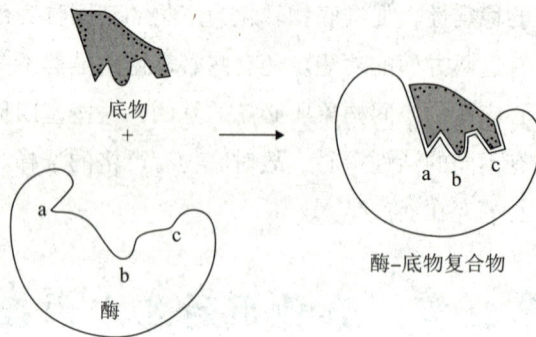

图 4 – 3　相互诱导契合假说示意图

二、与酶作用原理相关的机制

在酶和底物形成过渡态中间物过程中，不同的酶有不同的机制，也可有多种机制共同作用。

（一）邻近效应与定向排列

酶在反应中将诸底物分子"吸引"到酶的活性中心，使它们相互接近并形成有利于反应的正确定向关系。在两个以上底物参加的反应中，底物之间必须以正确的方向相互碰撞，才有可能发生反应。这种邻近效应与定向排列实际上是将分子间的反应变成类似于分子内的反应，从而降低反应的活化能，提高反应速度。（图 4 – 4）

（二）多元催化

一般化学催化剂通常只有一种解离状态，即只有酸催化或者碱催化。酶是两性电解

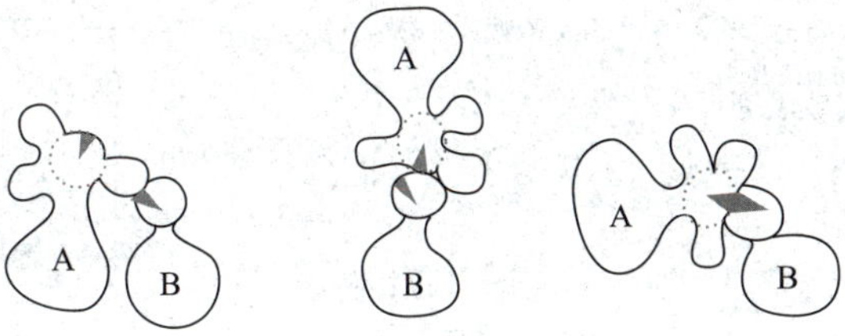

不适合的定位　　　适合的靠近　　　适合的靠近
不适合的靠近　　　不适合的定位　　　适合的定位

图 4-4　邻近效应与定向排列

质，所含的多种功能基团具有不同的解离常数。即使同一种功能基团，由于在不同的蛋白质分子中处于不同的微环境，解离度也有差异。同一种功能基团（如咪唑基）在一定的条件下既可以作为质子供体，又可以作为质子受体。因此，同一种酶常常兼有酸、碱双重催化作用。这种多功能基团（包括辅酶或辅基）的协同作用可极大地提高酶的催化剂效率。

（三）表面效应

酶的活性中心多为疏水环境，可排除水分子对酶和底物功能基团的干扰性吸引或排斥，防止在底物和酶之间形成水化膜，有利于酶与底物的密切接触。

三、酶的几种特殊形式

（一）酶原

某些酶在细胞内合成或初分泌时，只是酶的无活性前身，必须在某些因素参与下，水解掉一个或几个特殊的肽段，致使酶的构象发生改变而表现出酶的活性。这种无活性的酶前身，称为酶原（Zymogen）。无活性的酶原转化成有活性的酶的过程，称为酶原激活（Zymogen activation）。

☆考点提示

酶催化作用的实质，酶原及其激活概念、实质与意义，同工酶的定义及应用。

酶原激活的机制主要是分子内肽链的一处或多处断裂同时使分子构象发生改变从而形成酶活性中心所必须的构象，或者使原本被包裹的活性中心暴露。如胰蛋白酶原进入小肠后，在 Ca^{2+} 存在下受肠激酶激活，第六位赖氨酸残基与第七位异亮氨酸残基之间的肽键被切断，失去一个六肽。断裂后的 N 端其余部分解脱张力的束缚，像一个放松的弹簧一样卷起来，使酶蛋白的构象发生变化，并把与催化有关的组氨酸46、天冬氨酸90带至丝氨酸183附近，形成一个合适的排列，因而自动产生活性中心，成为了有催化活性的胰蛋白酶（图4-5）。酶原激活的实质就是酶的活性中心形成或暴露的过程。

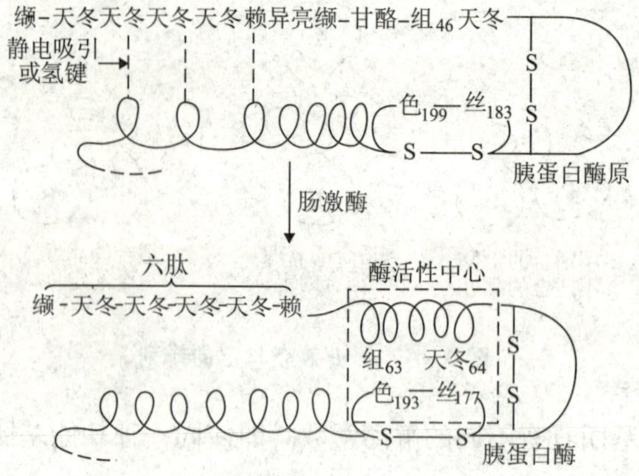

缬-天冬天冬天冬天冬赖异亮缬-甘酪-组₄₆天冬

静电吸引
或氢键

色₁₉₉——丝₁₈₃

胰蛋白酶原

肠激酶

六肽

缬-天冬-天冬-天冬-天冬-赖

酶活性中心

组₆₃ 天冬₆₄

色₁₉₃——丝₇₇

胰蛋白酶

图 4－5　胰蛋白酶原在肠道的激活过程

消化道的酶类、血液中起凝血作用及一些起补体作用的酶类都以酶原形式存在。酶原只有在特定的部位、环境和条件下被激活才表现出酶活性，有效地保护了自身组织不受其伤害，保证了体内代谢的正常进行。同时，酶原还可以视为酶的贮存形式。因而酶原及其激活具有重要的生理意义。例如，胰腺分泌的消化酶只能在肠道内被激活并对食物进行消化，如果由于某种原因使其在胰腺组织内提前激活，则将导致胰腺炎；血液中的凝血因子如果被提前激活，则会导致各种栓塞性疾病的发生。

（二）同工酶

同工酶（Isoenzyme）是指能催化相同的化学反应，但酶的分子结构、理化性质乃至免疫性质不同的一组酶（一同三不同）。同工酶不仅存在于同一机体的不同组织，也存在于同一细胞的不同亚细胞结构中，在代谢调节中起着重要作用。

同工酶由两个以上的亚基聚合而成，其分子结构的不同主要是所含亚基组合的不同。其非活性中心部分组成虽然不同，但它们与酶活性有关的结构部分均相同。

现已发现五百余种同工酶，其中研究最多的是乳酸脱氢酶（LDH）。该酶有五个同工酶，分子量都相近，每个酶都含有四个亚基，其亚基有两种类型：骨骼肌型（M 型）和心肌型（H 型）。LDH_1 的亚基组成为 H_4（心肌中以此为主），LDH_2 为 H_3M，LDH_3 为 H_2M_2，LDH_4 为 HM_3，LDH_5 为 M_4（骨骼肌中以此为主）。LDH 的五种同工酶在不同的器官的分布、含量和活性各不相同，在功能上也不完全相同。如 LDH_1 主要催化乳酸脱氢生成丙酮酸氧化供能，LDH_5 主要催化丙酮酸还原成乳酸，说明不同器官存在的同工酶是与各器官的代谢环境相适应的。

不同器官存在的同工酶随器官代谢环境的变化而改变。正因为一种酶的同工酶在各组织器官中分布与含量上的差异，从而使血清同工酶的测定成为现代医学中一种灵敏、可靠的诊断手段。临床上通过对患者血清同工酶电泳图谱的变化，作为某些器官组织病变诊断及鉴别的依据。例如，心肌梗死患者 LDH_1 含量明显升高，肺梗死患者 LDH_3 含量明显升高，而肝细胞受损患者 LDH_5 含量明显增高（图 4-6）。肌酸激酶（CK）是二聚体酶，其亚基有 M 型（肌型）和 B 型（脑型）两种。脑中含 CK_1（BB 型），骨骼肌中含 CK_3（MM 型），CK_2（MB 型）仅含于心肌中。因而 CK_2 对于心肌梗死的诊断具有很好的特异性。

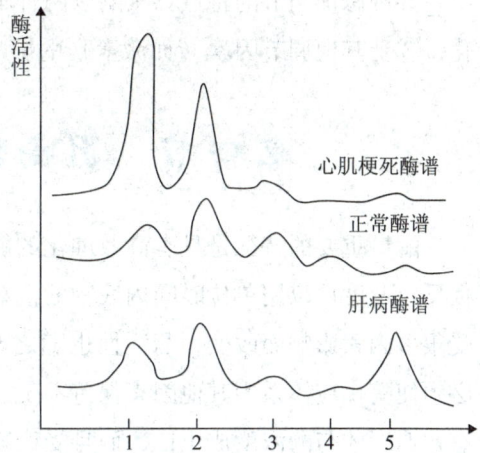

图 4-6 LDH 同工酶谱

（三）调节酶

1. 变构酶 体内一些代谢产物可以与某些酶分子活性中心外的一个或几个部位特异、可逆的结合，使酶发生构象改变并改变酶催化活性。此现象称为酶的变构效应或变构调节，具有这种特性的酶称为变构酶。变构调节是体内快速调节代谢活动的一种重要的方式。导致酶分子变构的物质称为变构剂，酶分子与变构剂结合的部位称为变构部位或调节部位。在酶与底物浓度不变的情况下，变构剂引起的变构效应使酶与底物的亲和力增加，使反应速度加快，此效应称为变构激活效应，该变构剂称为变构激活剂。反之，则降低反应速度，称为变构抑制效应，该变构剂称为变构抑制剂。

一般变构酶具有蛋白质的四级分子结构，含有多个（偶数）亚基，其亚基可以相同，也可以不同。酶分子的催化部位（活性中心）和调节部位有的在同一亚基内，也有的在不同的亚基中。与底物结合并发挥催化作用的亚基称为催化亚基，与变构剂结合的亚基称为调节亚基。变构剂可以引起酶在紧密构象与疏松构象之间的互变，或者是亚基的聚合与解聚的互变，影响了酶活性中心与底物的结合，从而改变了酶活性。变构剂可以是酶的底物、产物或其他小分子物质，其浓度的变化即可通过变构效应改变酶的活性，从而改变代谢的速度、代谢途径的方向。对机体适应各种生理活动的需要具有重要意义。

变构调节的特点：①酶活性的改变通过酶分子构象的改变而实现；②酶的变构仅涉及非共价键的变化；③调节酶活性的因素为代谢物；④为一非耗能过程；⑤无放大效应。

2. 共价修饰酶 酶蛋白分子中的某些基团可以在其他酶的催化下发生共价化学修饰，从而导致酶活性的改变，称为共价修饰调节。能够被共价修饰调节的酶即共价修饰酶。共价修饰调节也是体内快速调节代谢活动的一种重要的方式。共价修饰酶通常在两种不同酶的催化下发生共价修饰或去修饰，从而引起酶分子在有活性形式与无活性形式之间进行相互转变。包括磷酸化/去磷酸化，腺苷酰化/去腺苷酰化，乙酰化/去乙酰化，尿苷酰化/去尿苷酰化，甲基化/去甲基化等形式，其中以磷酸化/去磷酸化为最常见。

共价修饰调节的特点：①酶以两种不同修饰和不同活性的形式存在；②有共价键的变化；③受其他调节因素（如激素）的影响；④一般为耗能过程；⑤存在瀑布放大效应。

第四节 影响酶促反应速度的因素

酶最重要的特征是具有高效催化的能力，因而，酶促反应速度就代表了酶的活性。酶促反应速度可以用单位时间内底物的消耗量或产物的生成量来表示。酶蛋白的空间构象可受很多因素影响而改变，酶活性也随之改变。在研究某一因素对酶促反应速度的影响时，必须使酶反应体系中其他因素保持不变，并以反应的初速度来表示酶促反应速度。因为只有初速度才与酶浓度成正比，而且受产物及其他因素的影响也最小。了解影响酶促反应速度的因素及其影响，有利于阐明酶的结构和功能的关系；有利于优化酶促反应的条件，以最大限度发挥酶的催化效率；有利于了解酶在代谢中的作用和某些药物的作用机理，对于疾病的诊断和治疗都有指导意义。

☆考点提示

影响酶活性的因素有哪些？是如何影响的？

一、底物浓度对酶促反应速度的影响

在酶的浓度不变的情况下，底物浓度对酶促反应速度的影响呈矩形双曲线（图4－7）。

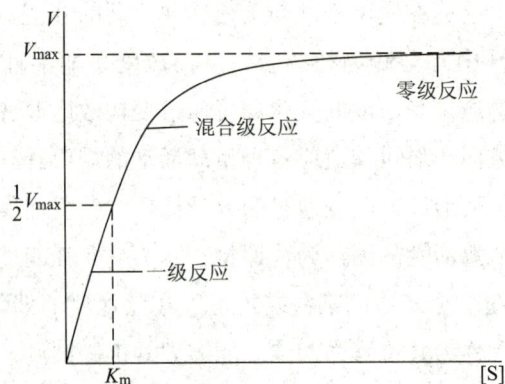

图4－7 底物浓度对反应初速度的影响

在底物浓度很低时，反应速度随底物浓度的增加而急骤加快，两者呈正比关系，表现为一级反应。随着底物浓度的升高，反应速度不再呈正比例加快，反应的加速度不断下降。如果继续加大底物浓度，反应速度不再增加，表现为 0 级反应。此时，无论底物浓度增加多大，反应速度也不再增加，说明酶已被底物所饱和。所有的酶都有饱和现象，只是达到饱和时所需底物浓度各不相同而已。解释酶促反应中底物浓度和反应速度关系的最合理学说是中间产物学说。

（一）米曼氏方程式

Michaelis 和 Menten 在前人工作的基础上，经过大量的实验，提出了反应速度和底物浓度关系的数学方程式，即著名的米–曼氏方程（简称米氏方程）：

$$V = \frac{V_{max}[S]}{K_m[S]}$$

V_{max} 指该酶促反应的最大速度，$[S]$ 为底物浓度，K_m 是米氏常数，V 是在某一底物浓度时相应的反应速度。当底物浓度很低时，$[S] < K_m$，反应速度与底物浓度呈正比。当底物浓度很高时，$[S] > K_m$，反应速度达最大速度，底物浓度再增高也不影响反应速度。

（二）米氏常数的意义

1. K_m 值等于酶反应速度为最大速度一半时对应的底物浓度。

当反应速度为最大速度一半时（$V = 1/2V_{max}$），米氏方程可变换如下：

$$1/2V_{max} = V_{max}[S]/(K_m + [S])$$

进一步整理可得到：$K_m = [S]$

2. K_m 值是酶的特征性常数，它的单位是 mol/L。K_m 值只与酶的性质、底物和酶促反应条件（如温度、pH 值、有无抑制剂等）有关，与酶的浓度无关。酶的种类不同，K_m 值不同，同一种酶与不同底物作用时，K_m 值也不同。各种酶的 K_m 值范围很广，大致在 $10^{-7} \sim 10^{-1}$ mol/L 之间。同一种酶如果有几种底物，就有几个 K_m 值，其中 K_m 值最小的底物为该酶的最适底物或天然底物。

3. 表示酶和底物亲和力的大小 K_m 值大，需要很高的底物浓度才能达到最大反应速度的一半，即酶与底物的亲和力小；反之，K_m 值愈小，酶与底物亲和力愈大，不需要很高的底物浓度，便可达到最大反应速度的一半。

4. 判断正逆两向反应的催化效率 催化可逆反应的酶，对正逆两向底物的 K_m 值往往不同，测定这些 K_m 值的差异以及细胞内正逆两向底物的浓度，可以大致推测该酶催化正逆两向反应的效率，这对了解酶在细胞内的主要催化方向及生理功能有重要意义。

5. 已知某个酶的 K_m 值，可计算出在某一底物浓度时，其反应速度相当于 V_{max} 的百分率。例如：当 $[S] = 3K_m$ 时，代入米氏方程得：

$$V = V_{max} \times 3K_m/(K_m + 3K_m) = 3/4V_{max} = 75\% V_{max}$$

必须指出米氏方程只适用于较为简单的单底物酶反应过程，对于比较复杂的酶促反应过程，如多酶体系、多底物、多产物、多中间物等，还不能全面地借此概括和说明，必须借助于复杂的计算过程。

二、酶浓度对酶促反应速度的影响

在底物浓度足够大的前提下，酶浓度与反应速度成正比。因为酶浓度越大，活性中心数量就越多，可结合的底物就越多，反应速度可呈正比增加（图4-8）。

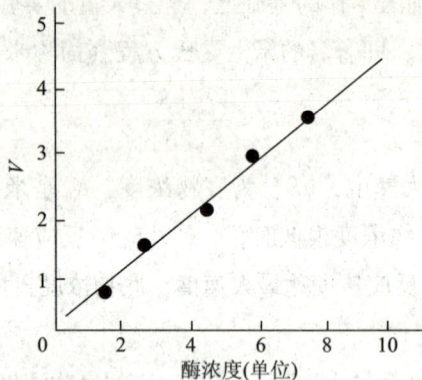

图4-8　酶浓度对反应初速度的影响

三、pH 值对酶促反应速度的影响

酶反应体系的 pH 值可影响酶分子中功能基团的解离度（特别是活性中心中必需基团的解离程度和催化基团中质子供体或质子受体所需的离子化状态），也可影响底物和辅酶的解离程度，从而影响酶与底物的结合。另外，过高或过低的 pH 值会改变酶活性中心的构象，甚至导致酶变性失活。只有在特定的 pH 值条件下，酶、底物和辅酶的解离情况最适宜于它们互相结合，并发生催化作用。使酶促反应速度达最大值时的 pH 值，称为酶的最适 pH 值。偏离最适 pH 值越远，酶活性越小，过酸或过碱可使酶变性失活。最适 pH 值和酶的 pI 值不一定相同。典型的最适 pH 曲线是钟罩形曲线（图4-9A），但也有一些例外（图4-9B）。

最适 pH 值不是酶的特征性常数，它受底物浓度、缓冲液的种类和浓度以及酶的纯度等因素的影响。不同的酶其分子组成中功能基团的种类、数量及比例不同，受 pH 值的影响不一样，因而具有不同的最适 pH 值。如胃蛋白酶的最适 pH 值约为1.8，血浆中大多数酶的最适 pH 值为7.35～7.45。因此，在有酶参与的化学反应中，要选择适当的缓冲液，控制酶的最适 pH 值，以保持酶的最佳活性。

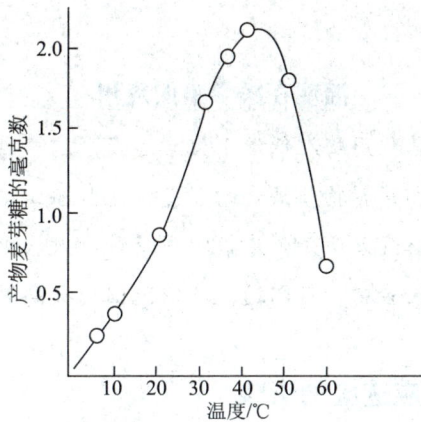

图 4 – 9　pH 值对酶促反应速度的影响

四、温度对酶促反应速度的影响

酶促反应的速度随温度增高而加快。但酶是蛋白质，可随温度的升高而变性。在温度较低时，反应速度随温度升高而加快。一般温度每升高 10℃，反应速度大约增加一倍。但温度超过一定数值后，酶受热变性的因素占优势，反应速度反而随温度上升而减缓，形成类似抛物线形曲线。在此曲线顶点时的反应速度最大，称为酶的最适温度（图 4 – 10）。

从动物组织提取的酶，其最适温度多在 35℃ ~ 40℃ 之间。人体内多数酶的最适温度为 37℃ ±。温度升高到 60℃ 以上时，大多数酶开始变性，80℃ 以上，多数酶的变性不可逆。低温一般不破坏酶的空间结构，温度回升后，酶又恢复活性。

酶的最适温度不是酶的特征性常数，这是因为它与反应所需时间有关，不是一个固定的值。酶可以在短时间内耐受较高的温度，相反，延长反应时间，最适温度便降低。在生化检验中，可以通过一定范围内提高温度而缩短反应时间。

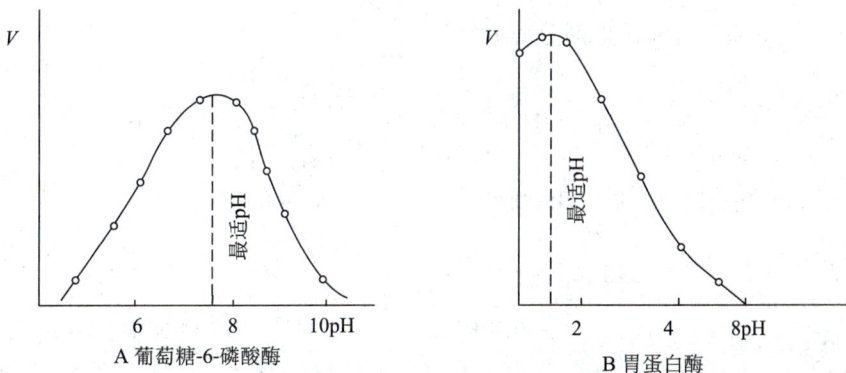

A 葡萄糖-6-磷酸酶　　　　B 胃蛋白酶

图 4 – 10　温度对唾液淀粉酶活性影响

知 识 链 接

温度在医学中的应用

临床上低温麻醉就是利用酶在低温下化学速度慢这一性质以减慢组织细胞代谢速度，提高机体对氧和营养物质缺乏的耐受，延长组织细胞的生命，有利于进行手术治疗。高温高压蒸汽灭菌是临床最常用及最有效的灭菌方法，低温则常用于保存酶制剂。在生化检验中，可以通过一定范围内提高温度而缩短反应时间。

五、抑制剂对酶促反应速度的影响

凡能使酶的活性下降而不引起酶蛋白变性的物质统称为酶的抑制剂（Inhibitor，I）。抑制剂多与酶的活性中心内、外必需基团结合，从而抑制酶的催化活性，通常对酶有选择性。除去抑制剂后酶的活性可以恢复。使酶变性失活的因素如强酸、强碱、高温等，其作用对酶没有选择性，不属于抑制剂。根据抑制剂与酶结合的紧密程度不同，把酶的抑制作用分为不可逆性抑制和可逆性抑制两类。

（一）不可逆性抑制

指抑制剂以共价键方式与酶的必需基团结合而使酶活性丧失，结合部位常位于酶的活性中心。不能用透析、超滤等物理方法除去抑制剂而恢复酶活性。用特殊的化学方法才有可能解除抑制。酶的不可逆抑制通常对人体是有毒的。

有机磷杀虫剂（敌百虫、敌敌畏、1059 等）能特异地与胆碱酯酶活性中心丝氨酸残基上的羟基共价结合，使其磷酰化而抑制酶的活性，所以此类抑制剂被称为专一性抑制剂。当胆碱酯酶被有机磷杀虫剂抑制后，胆碱能神经末梢分泌的乙酰胆碱不能及时分解，堆积的乙酰胆碱会导致机体胆碱能神经过度兴奋的症状，即有机磷农药中毒。这种只与活性中心必需基团结合的抑制剂常被称为专一性抑制剂。解磷定（PAM）等药物可与有机磷杀虫剂结合，使酶和有机磷杀虫剂分离而复活。

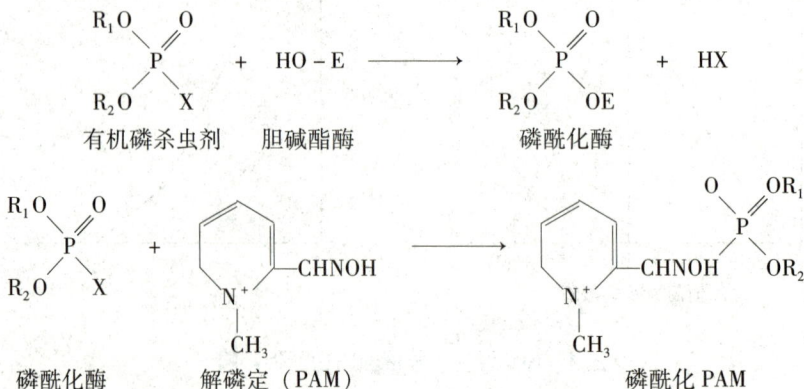

有机磷杀虫剂　　胆碱酯酶　　　　　　磷酰化酶

磷酰化酶　　　　解磷定（PAM）　　　　　　磷酰化 PAM

某些重金属（Pb^{2+}、Ag^{2+}、Hg^{2+} 等）及 As^{3+} 可与酶分子的巯基共价结合，使酶失去活性。这些抑制剂所结合的巯基不局限于活性中心的必需基团，所以此类抑制剂被称为非专一性抑制剂。化学毒气路易氏气是一种含砷的化合物，它能抑制体内的巯基酶而使人畜中毒。用二巯基丙醇或二巯基丁二酸钠等含巯基的化合物可使酶复活。

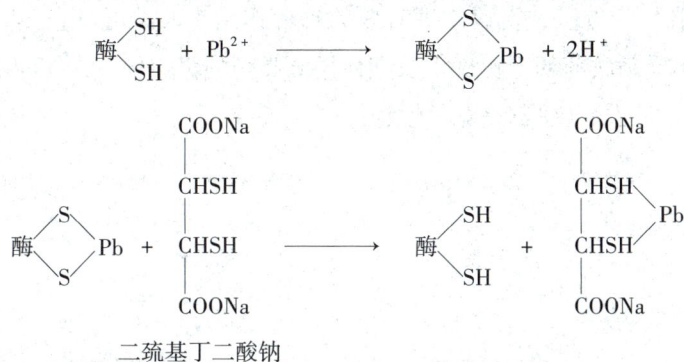

酶$\begin{array}{c}SH\\SH\end{array}$ + Pb^{2+} ⟶ 酶$\begin{array}{c}S\\S\end{array}$Pb + $2H^+$

酶$\begin{array}{c}S\\S\end{array}$Pb + $\begin{array}{c}COONa\\|\\CHSH\\|\\CHSH\\|\\COONa\end{array}$ ⟶ 酶$\begin{array}{c}SH\\SH\end{array}$ + $\begin{array}{c}COONa\\|\\CHSH\\\\CHSH\\|\\COONa\end{array}$Pb

二巯基丁二酸钠

（二）可逆性抑制

指抑制剂与酶以非共价键结合，引起酶活性的降低或丧失，因结合比较疏松，能用透析、超滤等物理方法除去抑制剂而使酶活性恢复。常见的可逆性抑制有以下三类。

1. 竞争性抑制 指抑制剂的构象与底物的构象相似，因而可以竞争同一个酶的活性中心，使底物与酶结合的几率下降，ES 生成减少，从而使酶促反应速度降低。如图 4-10 所示，I 和 S 对游离 E 的结合有竞争作用，互相排斥，已结合底物的 ES 复合体，不能再结合 I。同样已结合抑制剂的 EI 复合体，不能再结合 S。在竞争性抑制反应体系中，不可能生成 EIS 三元复合物。同时，这种抑制作用又是可逆的：增加底物的浓度，平衡会向解除抑制的方向移动；增加抑制剂的浓度，平衡会向增强抑制的方向移动（图 4-11）。因此，抑制作用大小取决于抑制剂与底物的相对亲和力及与底物浓度的相对比例，加大底物浓度，可使抑制作用减弱。

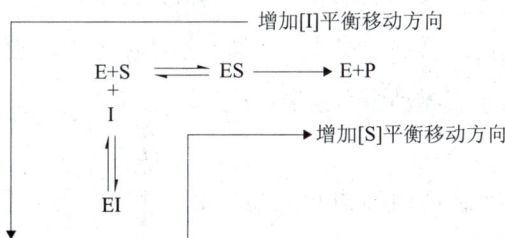

图 4-11　竞争性抑制

很多药物都是酶的竞争性抑制剂。例如磺胺药与对氨基苯甲酸具有类似的结构，而对氨基苯甲酸、二氢蝶呤及谷氨酸是某些细菌合成二氢叶酸的原料，后者可被继续还原为四氢叶酸（FH_4）。FH_4 是一碳单位转移酶的辅酶，与嘌呤与嘧啶的合成密切相关（详见蛋白质代谢及核酸代谢章）。由于磺胺药是二氢叶酸合成酶的竞争性抑制剂，进而减少菌体内四氢叶酸的合成，使核酸合成障碍，抑制细菌的生长、繁殖。抗菌增效剂——甲氧苄氨嘧啶（TMP）能特异地抑制细菌的二氢叶酸还原为四氢叶酸，故能增强磺胺药的抑菌作用。根据竞争性抑制的特点，服用磺胺类药物时，必须达到血液中药物的有效浓度，因此可采取"首剂加倍"的方法，迅速发挥有效的抑菌作用。人类可以直接利用食物中的叶酸，故核酸合成不受磺胺药的干扰（但长期使用该类药物仍会导致人体叶酸来源的缺乏）。许多抗代谢物和抗癌药物几乎都是竞争性抑制剂。

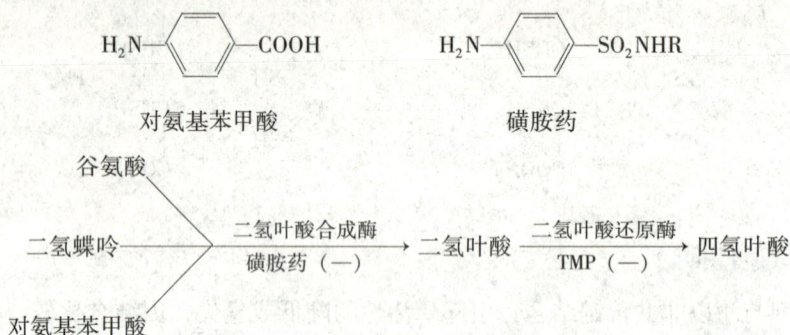

$$H_2N\text{—}\bigcirc\text{—COOH} \qquad\qquad H_2N\text{—}\bigcirc\text{—}SO_2NHR$$

对氨基苯甲酸   磺胺药

竞争性抑制典型的例子还有丙二酸对琥珀酸脱氢酶的抑制。丙二酸的结构与该酶的底物琥珀酸（丁二酸）非常相似，丙二酸与酶的亲和力远远超过琥珀酸与酶的亲和力。当丙二酸与琥珀酸的浓度比为 1：50 时，琥珀酸脱氢酶的活性被抑制 50%，当琥珀酸浓度不变时增加丙二酸浓度，抑制作用增强；当丙二酸浓度不变，增加琥珀酸浓度，则抑制减弱。

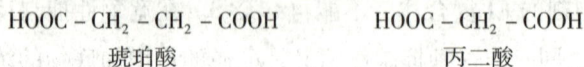

$$HOOC - CH_2 - CH_2 - COOH \qquad\qquad HOOC - CH_2 - COOH$$

琥珀酸   丙二酸

在酶浓度不变的条件下，假设底物浓度足够大时，底物可结合到全部酶的活性中心，因此竞争性抑制时 V_{max} 不变。当抑制剂与底物竞争结合酶的活性中心时，酶与底物的亲和力减小，故 K_m 值增大。

竞争性抑制的特点：①竞争性抑制剂往往是酶的底物类似物或反应产物；②抑制剂与酶的结合部位与底物与酶的结合部位相同；③抑制剂浓度越大，则抑制作用越大，但增加底物浓度可使抑制程度减小；④动力学参数：K_m 值增大，V_{max} 值不变。

2. 非竞争性抑制 抑制剂的结构和底物不相似，不与底物竞争酶的活性中心，而是与活性中心外的必需基团结合，从而抑制酶活性。如图 4－12 所示，抑制剂 I 和底物 S 与酶 E 的结合完全互不相关，既不排斥，也不促进结合，I 可以和 E 结合生成 EI，也可以和 ES 复合物结合生成 ESI。S 和 E 结

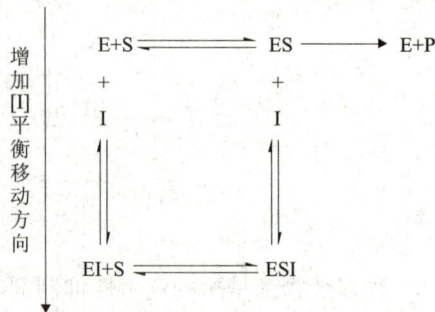

图 4－12 非竞争性抑制

合成 ES 后，仍可与 I 结合生成 ESI。但一旦形成 ESI 复合物，不能进一步将底物释放形成产物，故酶促反应速度降低。EIS 复合物被形象地称为"死端"。

由于 I 是与 E 活性中心以外的必需基团结合，这种结合并不影响底物和酶的结合，故 K_m 值不变。而由于"EIS"死端的生成，使有效酶浓度减少，故 V_{max} 下降。在酶浓度不变的条件下，其抑制强弱只取决于抑制剂浓度的大小，增加底物浓度不能改变抑制剂对酶的抑制程度。

非竞争性抑制的特点：①非竞争性抑制剂的化学结构不一定与底物的分子结构类似；②底物和抑制剂分别独立地与酶的不同部位相结合；③抑制剂对酶与底物的结合无影响，故底物浓度的改变对抑制程度无影响；④动力学参数：K_m 值不变，V_{max} 值降低。

3. 反竞争性抑制 反竞争性抑制剂的结构和底物不相似，且不与酶直接结合，而是当底物与酶形成 ES 后再与 ES 结合，生成 ESI 复合物，此时的 ESI 同样不能将底物释放形成产物，也形成所谓"死端"产生抑制（图 4-13）。因此，该反应体系中的有效酶浓度下降，V_{max} 下降；而当 I 与 ES 结合后，又会使更多的 S 加速向 ESI 趋近，故 S 与 E 的亲和力增加，K_m 值减小。

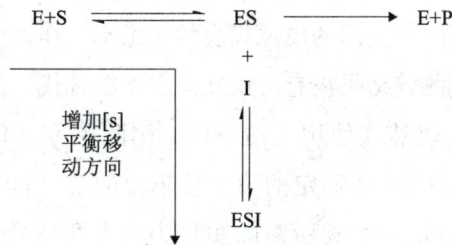

$$\text{E+S} \rightleftharpoons \text{ES} \longrightarrow \text{E+P}$$

增加[s]
平衡移
动方向

I

ESI

图 4-13 反竞争性抑制

反竞争性抑制的特点：①反竞争性抑制剂的化学结构不一定与底物的分子结构类似；②抑制剂与底物可同时与酶的不同部位结合；③必须有底物存在，抑制剂才能对酶产生抑制作用，抑制程度随底物浓度的增加而增加；④动力学参数：K_m 减小，V_{max} 降低。

三种可逆性抑制作用的特点总结于下表（表 4-1）：

表 4-1 三种可逆性抑制作用的特点

抑制作用	可与 I 结合的成分	V_{max} 变化	K_m 变化	增加 S 后抑制作用
竞争性抑制	E	不变	增大	降低
非竞争性抑制	E 及 ES	降低	不变	不变
反竞争性抑制	ES	降低	降低	增大

六、激活剂对酶促反应速度的影响

使酶从无活性变为有活性或使酶活性增加的物质，都称为酶的激活剂（Activator）。根据酶对激活剂的依赖程度，可将激活剂分为必需激活剂与非必需激活剂。必需激活剂对酶促反应是不可少的，否则酶促反应不能进行。必需激活剂大多为金属离子，如 Mg^{2+}、K^+、Na^+、Mn^{2+} 等。非必需激活剂可使酶活性增加，但没有时酶活性仍然存在。如 Cl^- 能增强唾液淀粉酶的活性，胆汁酸盐能增强胰淀粉酶的活性等。

第五节　酶的活力测定与分离纯化

一、酶活力的测定

酶活性的高低用酶活性单位（U）来表示。酶活性单位是指在适宜的反应条件下，单位时间内酶促反应过程中消耗一定量的底物或生成一定量的产物所需的酶量，有习惯单位和国际单位两种表示方法。习惯单位是根据不同的实验方法定义出来的酶活性单位，不同的酶由于测定原理方法的不同其使用的单位代表的含意不一样；同一种酶其测定方法不同表示的活性单位也不同，其测定结果没有可比性，更不能替代。但是，由于习惯单位使用的便利性，我国目前临床上仍然在使用习惯单位。国际单位（International unit，IU）是国际酶学委员会（IEC）于 1976 年制定的酶活性单位的统一标准：在最适宜的条件下，每分钟催化 $1\mu mol/L$ 底物转化为产物所需的酶量为一个酶活性单位，即 1IU；1979 年，IEC 又推荐了一个新的酶活性单位——催量（Kat），其规定在最适宜的条件下，每秒钟催化 $1mol/L$ 底物转化为产物所需的酶量为 1Kat。催量与国际单位之间的换算关系为：$1Kat = 6 \times 10^7 IU$；$1IU = 16.67 \times 10^{-9} Kat$。在进行科学研究及发表学术论文时必须使用国际单位。

二、酶的分离纯化

酶类制剂的来源原则上选取酶含量高的材料，可以是天然的动植物，也可以是人工培养的微生物、动植物细胞等。由于从动物内脏或植物果实中提取酶制剂受到原料限制，成本又高，因此，目前工业上大多采用培养微生物的方法来获得大量的酶制剂。另外，从理论上讲，酶也可以通过化学合成法获得，但由于试剂、设备和经济条件等诸多因素的限制，人工合成法生产酶，还需相当长的时间。

酶的制备一般包括四个基本步骤，即预处理、提取、纯化和结晶（或制剂）。首先将所需要的酶从原料中引入溶液，此时不可避免地要夹带着一些杂质，而后再将酶从溶液中选择性地分离出来，或者从酶溶液中选择性地除去杂质，最后制成纯净的酶制剂。

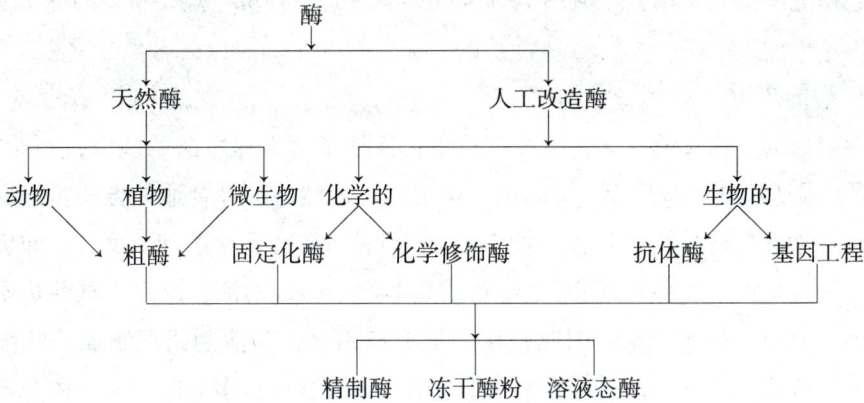

```
                              酶
                              │
               ┌──────────────┴──────────────┐
            天然酶                        人工改造酶
               │                              │
        ┌──────┼──────┐         ┌─────────────┴─────────────┐
      动物   植物   微生物    化学的                      生物的
        │                        │                          │
        └──→ 粗酶    固定化酶   化学修饰酶         抗体酶      基因工程
               └──────┴──────────┼──────────────┴───────────┘
                                 │
                    ┌────────────┼────────────┐
                 精制酶      冻干酶粉      溶液态酶
```

（一）生物材料的预处理

生物细胞产生的酶有两类：细胞外酶和细胞内酶。细胞外酶只需用水或缓冲液浸泡，滤去不溶物，就可得到粗提液。细胞内游离存在的"离酶"以及与亚细胞结构（如细胞核、线粒体、微粒体、质膜）结合的"结酶"都要先破碎细胞才能使酶释放出来，然后再进行抽提。

对酶类的提取可采用多种方法，现将常用的细胞破碎法简介如下（原则上要求在不影响或较少影响酶活性的情况下，达到较好的破碎效果）：

1. 机械法　如绞碎、研磨、组织匀浆、高压匀浆、超声波法等。

2. 化学法　用盐、碱、表面活性剂、EDTA、丙酮和正丁醇等可使细胞破碎、亚细胞结构解体，从而把酶释放出来。例如常将胰脏用数倍量丙酮处理 2～3 次，制成丙酮粉供多种酶的提取用；用胆汁酸盐处理膜结构上的脂蛋白和"结酶"，使两者形成复合物，并带上静电荷，由于电荷之间的排斥作用，使膜破裂，达到溶解。

3. 酶解法　用组织自溶或溶菌酶、脱氧核糖核酸酶、磷脂酶等降解细胞壁、膜结构，然后再进行提取。但组织自溶对某些酶的提取是不利的，如胰蛋白酶是以酶原形式纯化后再激活成胰蛋白酶的，若用自溶法提取，酶原已转成酶，纯化就很困难。而用纯工具酶降解法虽无此缺点，但成本较高。

4. 冻融法　采用反复冷冻与融化交替进行。由于细胞中形成了冰晶及剩余液体中盐浓度的增高可以使细胞破裂。

5. 干燥法　干燥方法很多，常见有空气干燥、真空干燥和冷冻干燥三种。获得的酶质量最高的是冷冻干燥。空气干燥法特别适用于酵母。样品过筛（10 目）后，在 25℃～30℃条件下吹风干燥，干燥后酵母已部分自溶，用水将其悬浮，搅拌提取 2～3h。喷雾干燥法由于温度较高，对热稳定较差的酶不适用。真空干燥法对细菌特别适用。菌体经真空干燥过夜后，已产生自溶，干菌结成硬块，需磨碎再用水提取。对敏感性强的酶，如巯基酶，有时需加少量还原剂，如谷胱甘肽、巯基乙醇、半胱氨酸、亚硫酸钠等进行保护。冷冻干燥对较敏感的酶较实用，一般用 10%～40% 悬液进行冷冻干燥，得到的冻干粉可较长时间保存。

（二）酶的提取

一般在提取前，通过调查研究、文献检索，详细了解欲提取酶的性质，例如等电点、最适 pH 值、最适温度、激活剂、抑制剂、稳定性等，然后选择合适的方法。根据酶的结构和溶解特性来选择适当的提取液。通常极性物质易溶解于极性溶剂，反之，非极性溶液易溶解于非极性溶液（相似相溶）；酸性物质易溶解于碱性溶液，反之，碱性物质易溶解于酸性溶液。酶通常都溶于水，因此常用的提取液用水作为溶剂或配制成一定浓度的稀酸、稀碱、稀盐溶液进行抽提。有些酶与脂质结合或者含有较多的非极性基团，则可用有机溶剂抽提，如丙酮粉有助于将酶与脂肪或磷脂膜分离；高离子强度（0.1～0.5 mol/L）有助于将酶从结合的膜上解析下来。

提取方法主要有水溶液法、有机溶剂法和表面活性剂法三种。

1. 水溶液法　常用稀盐溶液或缓冲溶液提取。经过预处理的原料，包括组织糜、匀浆、细胞颗粒以及丙酮粉等，都可用水溶液抽提。为了防止提取过程中酶活力降低，一般在低温下操作。但对温度耐受性较高的酶如超氧化物歧化酶，却应提高温度，使杂质蛋白变性，以利于酶的提取和纯化。pH 值的选择对提取也很重要，应考虑酶的稳定性、酶的溶解度及酶与其他物质结合的性质。选 pH 值的总原则是：在酶稳定的 pH 值范围内，选择偏离等电点的适当 pH 值。一般来说，碱性蛋白酶用酸性溶液提取，酸性蛋白酶用碱性溶液提取。

许多酶在蒸馏水中不溶解，而在低盐浓度下易溶解，所以提取时加入少量盐可提高酶的溶解度。盐浓度一般以等渗为好，相当于 0.15mol/L NaCl 的离子强度是最适宜于酶的提取。

2. 有机溶剂法　某些结酶如微粒体和线粒体膜的酶，由于和脂质牢固结合，用水溶液很难提取，为此必须除去结合的脂质，且不能使酶变性。最常用的有机溶剂是丁醇，因其具有下述性能：①亲脂性强，特别是亲磷脂的能力；②兼具亲水性，在 0℃ 水中的溶解度为 10.5%；③在脂与水分子间能起类似去垢剂的桥梁作用。

丁醇提取法有两种：①均相法：加少量丁醇，搅拌成均相，长时间抽提后离心取下层液相层。但许多酶在与脂质分离后极不稳定，需加注意。②二相法，适用于易在水溶液中变性的材料，在每克组织或菌体的干粉中加 5mL 丁醇，搅拌 20 分钟，离心后取沉淀，然后用丙酮洗去沉淀上的丁醇，再在真空中除去溶剂，所得干粉可进一步水提取。

总而言之，酶的提取溶剂可以用水、一定浓度的乙醇、乙二醇、丁醇和稀盐溶液、缓冲溶液等，也可以用稀碱或稀酸溶液。如用稀硫酸提取胰蛋白酶，用稀盐酸提取胃蛋白酶。溶剂用量一般为原料重量的 1～5 倍。搅拌可加速提取，但转速不宜太快，否则会产生泡沫而难以过滤或可能使酶变性。多数酶的提取要在低温下操作，一般在 -5℃ ～+40℃ 间适当选择。但有的酶在较高温度下提取更好，如胃蛋白酶在 45℃ 时提取率较高。提取液的 pH 值应在酶的稳定 pH 值范围内，并应远离其等电点为宜。如蛋白酶选用的 pH 值为 2.5～3.0，胰蛋白酶和 α - 糜蛋白酶则用 0.125 mol/L 硫酸提取。若用中性或碱性液提取时，最常用的是 0.15 mol/L 氯化钠、0.02～0.05mol/L 磷酸缓冲液、0.02～0.05mol/L 焦磷酸缓冲液。正丁醇的亲脂性强，能透入酶的脂质结合物中，又兼有亲水性，有类似表面活性剂的作用，适用于提取"结酶"。

提取的酶液为减少纯化操作容积，通常先进行浓缩。工业上可用真空减压浓缩、薄膜浓缩、冷冻浓缩和逆向渗透作用进行浓缩。对于少量酶液可用葡聚糖凝胶（分子筛）或聚乙二醇吸水浓缩，也可根据酶的分子量选择合适的超滤膜进行超滤法浓缩。

（三）酶的纯化

酶是蛋白质，因此凡用于蛋白质的纯化手段均适用于酶的纯化。如离心法、盐析法、聚乙二醇沉淀法、有机溶剂分级沉淀法、等电点法、选择性沉淀法、各种柱层析法（吸附层析、离子交换层析、凝胶过滤）、各种电泳法及亲和层析等。不同之处是酶的纯化过程尚需选用迅速简便的活力测定方法，以追踪酶的去向。在建立活力测定法之后，再根据各单元纯化步骤及活力分布情况，用列表形式表达。

一个典型的酶纯化过程常包括多个单元操作，各单元操作如何串联，需靠实践摸索。每经过一个步骤一般可提高酶纯度 2～3 倍，总纯度可提高数千倍，而总产率常仅百分之几或十几。总的原则是，选用最少的步骤而能取得最好的纯化效果。增加步骤势必增加酶的丢失。通常对于含盐浓度高的粗提取液一般不宜采用吸附法而多用盐析法；对于低离子强度的酶溶液则可用吸附法或离子交换法。交替使用不同分级沉淀法常比单独重复同一类型方法更能奏效。所以常将吸附法、盐析法和有机溶剂分级沉淀法串联起来进行纯化。当这些方法仍达不到要求时，还可以采用一些包括电泳、层析法在内的其他类型纯化方法。

1. 杂质的去除 酶提取液中常含有杂质蛋白、多糖、脂类及核酸等杂质，可用下述方法去除：

（1）pH 和加热法 利用蛋白质对酸、碱和热变性等性质的差异，可去除非活性杂质蛋白。如制备脂肪酶时，在 pH 值 3.4、40℃ 温度加热 150 分钟，淀粉酶活力可丧失 90% 而被除去，而脂肪酶活力仍保持 80% 以上。

（2）蛋白质表面变性法 蛋白质表面变性后其性质有所不同，借以去除杂质蛋白。如制备过氧化氢酶时，加入氯仿和乙醇进行振荡可以将杂蛋白变性而去除。

（3）蛋白质沉淀剂法 利用醋酸铝、利凡诺、单宁酸、离子型表面活性剂等蛋白质沉淀剂可以去除杂质蛋白及黏多糖类杂质。使用时要注意这类试剂常可引起酶变性失活，因此应迅速除去。

（4）选择性变性法　各种蛋白质对变性剂的稳定性不同，可以用选择性变性剂去除杂蛋白。如细胞色素 C 对三氯醋酸较稳定，所以在制备时可用 2.5% 三氯醋酸使其他杂质蛋白变性沉淀除去。

（5）加保护剂热变性法　酶与底物或竞争性抑制剂结合后，其稳定性常显著增加。所以常用它们为保护剂，再用高温等手段破坏杂蛋白。如用 D - 甲基苯甲酸为 D - 氨基酸氧化酶的保护剂，经加热除去杂蛋白，使该酶得到很好的提纯。

（6）核酸沉淀剂法　酶液中的核酸类杂质，可以用氯化锰、鱼精蛋白硫酸盐等沉淀剂使其沉淀而除去。必要时，也可用核糖核酸酶将核酸降解后除去。

2. 脱盐　在酶的提纯以及酶的性质研究中，常常需要脱盐。最常用的脱盐方法是透析和凝胶过滤。

（1）透析　最广泛使用的是玻璃纸袋。它有固定的尺寸、稳定的孔径，有商品出售。由于透析主要是扩散过程，如果袋内外的盐浓度相等，扩散就会停止，因此要经常更换透析液，一般一天换 2 ~ 3 次。如在低温下透析，则溶剂也要预冷，避免样品变性。透析是否完成，可用化学试剂或电导仪来检查。

（2）凝胶过滤　这是目前最常用的方法，不仅可以除去小分子的盐，而且可除去其他的小分子量的有机物。用于脱盐的凝胶主要有 Sephadex G - 10，Sephadex G - 15，Sephadex G - 25 以及 Bio - Gel P - 2，Bio - Gel P - 4，Bio - Gel P - 6 及 Bio - Gel P - 10 等。

（四）酶的结晶

当酶达到一定纯度和浓度后，加入晶种，在一定条件下，经缓慢的过程，使酶的溶解度降低，酶慢慢结晶出来。时间可以从几小时，几天，几个月，甚至几年。结晶也是纯化酶的有效手段之一。但药用酶有些并不需要结晶。

1. 盐析法　在适当的 pH 值、温度等条件下，保持酶的稳定，慢慢改变盐浓度进行结晶。常用的盐有硫酸铵、柠檬酸钠、乙酸铵、硫酸镁和甲酸钠等。利用硫酸铵结晶时，操作要在低温下进行（低温时酶在硫酸铵溶液中溶解度高，温度升高溶解度降低），且缓冲液的 pH 值要接近酶的 pI。一般是把盐加入到一个比较浓的酶溶液中，使溶液呈轻微浑浊然后放置，并且非常缓慢地增加盐浓度。我国利用此法已得到羊胰蛋白酶原、羊胰蛋白酶和猪胰蛋白酶的结晶。当把酶的抽提液放置在室温时，蛋白质会逐渐析出，多数酶就可以形成结晶。有时也可交替放置在 4℃ 冰箱中和室温下来形成结晶。

2. 有机溶剂法　酶液中滴加有机溶剂，有时也能使酶形成结晶。这种方法的优点是结晶悬液中含盐少。常用的有机溶剂有：乙醇、丙醇、丁醇、乙腈、异丙醇、二噁烷、二甲亚砜、二氧杂环己烷等。与盐析法相比，有机溶剂法易使酶失活。一般在含少量无机盐的情况下，选择使酶稳定的 pH 值，缓慢地滴加有机溶剂，并不断搅拌，当酶液呈微混浊时，在冰箱中放置 1~2h，然后离心，取上清液在冰箱中放置使其结晶。加有机溶剂时，必须不使酶液中所含的盐析出。所使用的缓冲液一般不用磷酸盐，而用氯化物或乙酸盐。用这种方法已获得不少酶结晶，如 L-天冬酰胺酶。

此外，还有复合结晶法、透析平衡法、等电点法等。酶的结晶方法主要是缓慢地改变酶蛋白的溶解度，使其略处于过饱和状态，一般新样品往往要使用几种方法才能得到结晶。

结晶成功的关键因素：①一定的浓度：通常浓度越高，越易结晶；但浓度过高后会致结晶不容易长大，浓度要在 1%~5% 为宜。②纯度要高：至少 50% 以上；纯度越高越易结晶。③酶要有活性。

酶分离纯化的基本原则：①切记多数酶是蛋白质，防止酶失活变性。a. 低温；b. 一般中性，pH <4 或 >10 不稳定；c. 防重金属、有机溶剂、微生物及蛋白酶污染。②追踪酶分离每一步的总活力和比活力，判别每步方法的可行性。

选择纯化方法时注意事项：①样品的体积、酶和杂质的数量、pH 值及离子强度。②酶的物理化学性质：大小、等电点、溶解度、亲水性。③需要纯化的酶的生物学性质：稳定性、辅助因子等。

分离方法的顺序选择：样品量由大到小，分辨率由低到高，酶的回收率由低到高。

（五）酶的纯度与鉴定

酶的纯度（酶蛋白的均一性），可用多种方法相互验证。酶可作研究对象、药用、实验或生产用试剂。不同的用途要求的纯度不同。作为静脉注射用酶就不能有热源。作为工具酶，无杂酶，否则不可能有准确无误的切点，以供基因工程工作。作氨基酸顺序分析用酶，需构象测定、理化性质测定，要求很高。

酶的纯度问题是一个很复杂的问题。首先，对酶纯度的要求因工作需要各异。其次，酶均一性纯度，看起来似乎是一个很明确的概念，但它是指不含杂质而言。其实它只是一个相对的指标，要受所用检测方法分辨力的限制，并且世界上没有绝对纯的物质，所以对具体问题要具体分析，避免简单化。

（六）酶的保存

最后一步纯化过程得到的酶液，需经浓缩或结晶以及其他处理，将酶液过滤除菌，以减少微生物降解作用，以便于保存。在合适的条件下，酶一般可保存较长的时间。在 4℃下，可将酶悬浮在浓硫酸铵或 PEG 溶液中保存。浓酶液可加入 25%~50% 甘油保存。丝氨酸转羟甲基酶结合于 Cibacron blue F3G-A 染料配体亲和柱上，于 4℃ 保存，非常稳定。类似的方法可用于其他酶的保存。需还原性巯基维持催化活性的酶，可与 1mmol/L 的 ED-

TA 及还原性巯基试剂一起在液氮中保存。许多酶在冰冻状态下保存得很好。

（七）酶类药物生产流程（以 L－天门冬酰胺酶为例）

1. 生产工艺

（1）工艺流程（图 4－14）

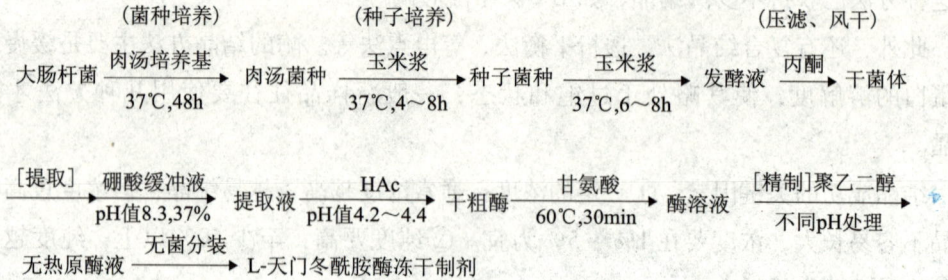

图 4－14　L－天门冬酰胺酶生产流程示意图

（2）操作过程

①菌种培养　菌种为大肠杆菌 A. S. I. 375，普通牛肉培养基，接种后于 37℃ 培养 24 小时。

②种子培养　16% 玉米浆，接种量 1% ~ 1.5%，37℃ 温度，通气搅拌培养 4 ~ 8h。

③发酵罐培养　玉米浆培养基，接种量 8%，37℃ 通气搅拌培养 6 ~ 8h，离心分离发酵液，得菌体，加 2 倍量丙酮搅拌，压滤，滤饼过筛，自然风干成菌体干粉。

④提取、沉淀、热处理　每千克菌体干粉加入 0.01mol/L、pH8 的硼酸缓冲液 10L，37℃ 保温搅拌 1.5h，降温到 30℃ 以后，用 5mol/L 的醋酸调节 pH 值为 4.2 ~ 4.4，进行压滤，滤液中加入 2 倍体积的丙酮，放置 3 ~ 4h，过滤，收集沉淀，自然风干，得干粗酶。

取干粗酶，加入 0.3% 甘氨酸溶液，调节 pH 值为 8.8，搅拌 1.5h，离心，收集上清液，加热到 60℃ 并保持 30 分钟。离心弃去沉淀，上清液加 2 倍体积的丙酮，析出沉淀，离心，收集酶沉淀，用 0.01mol/L、pH 值 8 磷酸缓冲液溶解，再离心弃去沉淀，得上清酶溶液。

⑤精制、冻干　上述酶溶液调节 pH 值为 8.8，离心弃去沉淀，上清液再调 pH 值为 7.7，加入 50% 聚乙二醇，使浓度达到 16%。在 2 ~ 5℃ 放置 4 ~ 5 天，离心得沉淀。用蒸馏水溶解，加四倍量的丙酮，沉淀，同法反复一次。沉淀用 pH 值 6.4、0.05mol/L 磷酸缓冲液溶解，50% 聚乙二醇再处理一次，即得无热原的 L－天门冬酰胺酶。将其溶于 0.5mol/L 磷酸缓冲液，在无菌条件下用 6 号垂熔漏斗过滤，分装，冷冻干燥制得注射用 L－天门冬酰胺酶成品。

2. 活力测定方法　L－天门冬酰胺酶催化天门冬酰胺水解释放游离氨，奈斯勒试剂与氨反应后形成红色络合物，用比色法进行定量测定。

取 1mL0.04mol/L 的 L–天门冬酰胺、0.5mol/LpH 值 8.4 的硼酸缓冲液、0.5mL 细胞悬液或酶液，于 37℃水浴中保温 15 分钟后加 0.5mL15% 三氯乙酸以终止反应，沉淀细胞或酶蛋白，离心取上清液 1mL，加入 2mL 奈斯勒试剂和 7mL 蒸馏水，15 分钟后，于 500nm 波长处比色测定产生的氨。

活力单位定义：每分钟催化天门冬酰胺水解产生 $1\mu mol$ 氨的酶量为一个活力单位。

3. 用途　L–天门冬酰胺酶临床上主要用于治疗白血病。

第六节　酶的分类和命名

一、酶的命名

（一）习惯命名法

一般采用底物加反应类型来命名，如：乳酸脱氢酶、磷酸己糖异构酶等。对水解酶类，一般只用底物名称，如：蛋白酶、淀粉酶等。有时为了区别作用相同、来源不同的酶，在底物名称前冠以酶的来源，如：唾液淀粉酶、胰淀粉酶等。

习惯命名法简单方便、通俗易懂，因此沿用至今。但习惯命名法缺乏系统性，有时出现一名多酶或一酶多名的现象；有时完全不同的酶名称相似，易引起混淆。

（二）系统命名法

鉴于已发现的酶达数千种，随着新酶的不断发现，为了避免酶名称的重复，国际酶学委员会（IEC）于 1961 年制定了系统命名法。其规定每一个酶均有一个系统名称，需标明酶催化的所有底物与反应性质，底物名称之间以 "：" 分隔。由于许多酶促反应是双底物或多底物反应，且许多底物的化学名称太长，这就使得许多酶的系统名称过长和过于复杂。为了使用方便，IEC 又从每种酶的数个习惯名称中选定了一个简便实用的推荐名称。如催化下面反应的酶：

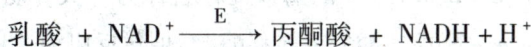

$$乳酸 + NAD^+ \xrightarrow{E} 丙酮酸 + NADH + H^+$$

系统名称为：乳酸：NAD^+ 氧化还原酶，其推荐名为乳酸脱氢酶。

二、酶的分类

IEC 提出的酶的系统分类法原则是：根据酶催化反应的类型，将酶分为六大类，分别用 1，2，3，4，5，6 数字编号来表示。即：

1. 氧化还原酶类（Oxidoreductases）　催化底物进行氧化还原反应的酶类。反应通式：$AH_2 + B \rightarrow A + BH_2$，例如：乳酸脱氢酶、羟化酶、过氧化物酶、过氧化氢酶、琥珀酸脱氢酶、细胞色素氧化酶等。该类酶的辅酶是：NAD^+ 或 $NADP^+$，FMN 或 FAD。

2. 转移酶类（Transferases） 催化底物之间进行某些基团的交换和转移的酶类。反应通式：$AR + C \rightarrow A + CR$，例如：氨基转氨酶、甲基转移酶、己糖激酶、磷酸化酶等。该类酶含有 8 个亚类，每一亚类表示被转移基团的类型。如：转移氨基、一碳单位；转移酮基、醛基；转移酰基；等等。

3. 水解酶类（Hydrolases） 催化底物发生水解反应的酶类。反应通式：$AB + H_2O \rightarrow AH + B - OH$，例如：蛋白酶、磷酸酶、淀粉酶、脂肪酶等。该酶类含有 9 个亚类，每一亚类表示被水解键的类型。如：水解酯键；水解糖苷键；水解肽键；等等。

4. 裂合酶类或裂解酶类（Lyases） 催化从底物移动一个基团并留下双键的反应或其逆反应的酶类。反应通式：$AB \rightarrow A + B$，如：碳酸酐酶、醛缩酶、柠檬酸合酶等。该类酶含有 5 个亚类，每一亚类表示被裂解键的类型。如：C—C 键的断裂；C—O 键的断裂；C—N 键的断裂；等等。

5. 异构酶类（Isomerases） 催化各种同分异构体之间相互转化的酶类。反应通式：$A \longleftrightarrow B$，如：磷酸己糖异构酶、磷酸丙糖异构酶、消旋酶等。该类酶含有 6 个亚类，每一亚类表示异构作用的类型。

6. 合成酶类或连接酶类（ligases） 催化两分子底物合成为一分子产物，同时偶联有 ATP 的磷酸键断裂释放能量的酶类。反应通式：$A + B + ATP \rightarrow AB + ADP + Pi$，如：谷氨酰胺合成酶、谷胱甘肽合成酶等。该类酶含有 4 个亚类，每一亚类表示所形成键的类型。

IEC 据此又提出酶的分类编号：EC 加上四组数字。酶编号的四组数字中，第一组数字表示该酶属于六大类中的哪一类，第二组数字表示该酶属于哪一亚类，第三组数字表示亚 – 亚类，第四组数字是该酶在亚 – 亚类中的排序。从而使一种酶只有一个名字。例如：编号为"EC 1.4.1.3"的酶，推荐名称为"谷氨酸脱氢酶"，系统名称"L – 谷氨酸：NAD^+ 氧化还原酶"，催化的反应为"L – 谷氨酸 + H_2O + NAD^+ $\rightarrow$ α – 酮戊二酸 + NH_3 + $NADH + H^+$"；编号为"EC 2.6.1.1"的酶，推荐名称为"天冬氨酸氨基转移酶"，系统名称为"L – 天冬氨酸：α – 酮戊二酸氨基转移酶"，催化反应为"L – 天冬氨酸 + α – 酮戊二酸 $\rightarrow$ 草酰乙酸 + L – 谷氨酸"。

为方便使用的同时又确保正确，IEC 规定，在以酶作为主要论题的文章中，应该把酶的编号、系统命名和来源在第一次叙述时写出，以后可采用习惯名称。

第七节　酶在医学上的应用

一、酶与疾病的关系

（一）酶与疾病的发生

1. 先天性或遗传性疾病　因蛋白质先天性缺陷引起的疾病称为遗传性疾病。由于遗传性基因缺陷或妊娠早期基因突变，导致某些酶质或量的异常，引起组织细胞代谢紊乱或缺陷，进一步导致机体功能紊乱或缺陷的疾病叫作酶遗传性缺陷病。例如，当酪氨酸酶遗传性发生缺陷时，由于酶的缺乏使酪氨酸不能转化为黑色素，导致皮肤、毛发缺乏黑色素而患白化病。表4-2列出了部分酶遗传性缺陷病及其缺陷的酶。

表4-2　遗传性酶缺陷所致疾病

缺陷酶	相应疾病
酪氨酸酶	白化病
6-磷酸葡萄糖脱氢酶	蚕豆病
葡萄糖-6-磷酸酶	糖原累积症
苯丙氨酸羟化酶	苯丙酮酸尿症
尿黑酸氧化酶	尿黑酸症
高铁血红蛋白还原酶	高铁血红蛋白血症
谷胱甘肽过氧化物酶	新生儿黄疸
1-磷酸半乳糖尿苷转移酶	半乳糖血症

2. 中毒性疾病　某些酶受到不可逆抑制剂等因素的作用而丧失活性导致的疾病。例如，有机磷杀虫剂中毒就是由于其抑制了胆碱酯酶活性所导致的；氰化物中毒是其抑制了细胞色素氧化酶所引起的；重金属中毒是其抑制了巯基酶活性等。

（二）酶与疾病的诊断

根据酶的合成、分泌及发挥作用的部位的不同，可将酶分成血清（浆）内酶、细胞内酶和外分泌酶三部分。其中，细胞内酶和外分泌酶又称血清（浆）非功能性酶，血清（浆）内酶又称血清（浆）酶功能性酶。正常情况下，血清（浆）非功能性酶在血清（浆）中的活性很低，只有血清（浆）功能性酶活性保持在一定的水平。血液与全身各组织细胞相沟通，组织细胞损伤造成细胞破坏或细胞膜通透性增高，导致血清（浆）非功能性酶进入血液，使血液中某些酶的活性升高，并且酶活性的升高与相应组织细胞的损伤程度呈正比。因此，测定血清（血浆）酶活性对于疾病的诊断、治疗及预后的判断具有重要的意义。

1. 血清（浆）功能性酶活性的测定　此类酶是血浆蛋白质的固有成分，在血浆中发挥其特异催化作用，故称血清（浆）功能性酶活性。例如，与血液凝固和纤维蛋白溶解有关的酶类、血浆脂蛋白代谢的酶类等。这些酶主要由肝细胞合成后分泌入血，正常情况下在血清（浆）中的含量较为恒定。测定这些酶在血清（浆）中的活性，有助于了解肝脏功能。

2. 血清（浆）非功能性酶活性的测定　这些酶在血清（浆）中没有实际的功能，来自于全身各组织细胞，正常情况下酶活性很低，故称血清（浆）非功能性酶活性。测定血浆中这些酶的活性，能反映产生该酶的组织器官的功能状态，实现对疾病辅助诊断的目的。常见以下几种：①组织细胞损伤或细胞膜通透性变大，进入血液的酶量增加使酶活性增加。例如，急性肝炎、心肌梗塞时血清（浆）丙氨酸氨基转移酶（ALT）、天冬氨酸氨基转移酶（AST）活性增高，急性胰腺炎时血清（浆）淀粉酶活性升高。②酶在细胞内合成障碍时，血清（浆）中酶活性降低。例如，肝脏病变时，血清（浆）中凝血酶原和某些凝血因子明显降低。③体内某些物质代谢发生障碍时，细胞中某些酶合成增多，进入血中的酶量增加。例如，佝偻病或成骨肉瘤时，成骨细胞中碱性磷酸酶合成增多，血清（浆）中碱性磷酸酶活性增加，前列腺癌时血清（浆）酸性磷酸酶活性增高。④酶活性受到抑制，如有机磷酸酯化合物中毒时，血清（浆）胆碱酯酶活性显著降低。

3. 同工酶测定　详见本章第三节相关内容。

（三）酶与疾病的治疗

1. 治疗肿瘤　天门冬酰胺可促进血细胞恶性生长，故可用天门冬酰胺酶分解天门冬酰胺以达到治疗白血病的目的。5-氟尿嘧啶、6-巯基嘌呤、氮杂丝氨酸、甲氨蝶呤等药物，可通过竞争性抑制肿瘤细胞核苷酸代谢途径中相关酶的活性，从而抑制肿瘤细胞的生长。

2. 防治血栓　链激酶、尿激酶及蝮蛇溶栓酶等可促进纤维蛋白溶解，用于脑血栓、心肌梗塞及下肢深部静脉栓塞等疾病的防治，也应用于术后肠粘连的防治。

3. 消炎清创　糜蛋白酶、胰蛋白酶、溶菌酶、木瓜蛋白酶等可用于外科复杂伤口的清创，促进久治不愈皮肤溃疡的伤口净化及愈合，重度烧伤患者皮肤护理，浆膜粘连的防治等。人工合成的磺胺类抗菌药通过对细菌二氢叶酸合成酶的竞争性抑制，进一步抑制其DNA、RNA的合成，从而抑制细菌的生长。

4. 助消化　胃蛋白酶、胰蛋白酶、胰脂肪酶、胰淀粉酶等可用于帮助消化。多酶片、胃酶合剂等药品中就是以这些消化酶为主要成分。

二、酶在其他领域的应用

（一）酶作为试剂在疾病诊断中的应用

医学检验中酶类试剂已广泛应用许多检测项目。例如，血糖测定、隐血试验等检测项目，自动生化分析仪、尿液干化学分析仪、酶标仪等自动化检测仪器，所用试剂均含有各种各样的酶。

（二）酶作为工具在科学研究中的应用

在分子生物学研究领域中，利用酶的高度特异性，以限制性核酸内切酶、连接酶及聚合酶等为工具，对某些生物大分子进行定向的分割与连接。

（三）其他应用

生化制药过程中，使用特定的酶可合成许多不同的抗生素；洗衣粉中加酶可增强去除衣物上的油渍与污渍的能力。

本章小结

酶是由活细胞合成的生物催化剂。化学本质为蛋白质的酶是最主要的生物催化剂。酶促反应的主要特点有：高度的催化效率、高度的特异性、高度的不稳定性及酶活性的可调节性。酶按分子组成可分为单纯酶与结合酶。结合酶只有成分齐全才具有催化活性。结合酶中的辅助因子包括辅酶与辅基。酶促反应的特异性、高效性以及酶对一些理化因素的不稳定性均取决于酶蛋白部分，而辅助因子决定反应的种类与性质。酶的活性中心是酶分子中的一些必需基团在空间结构上彼此靠近，形成特定的构象，能与特异的底物结合并催化其生成产物的部位。酶催化作用的机制是酶活性中心与特异底物结合形成中间产物时，降低了底物的活性能，使底物迅速转变成产物。酶催化机制理论包括"中间产物学说""诱导契合假说"。催化过程中涉及"邻近效应与定向排列""多元催化""表面效应"等因素。酶原是一些细胞刚合成或分泌时无活性的酶的前体。酶原激活的实质是活性中心的形成或暴露过程。同工酶是指催化功能相同而分子结构不同的一组酶。影响酶促反应速度的因素有底物浓度、酶浓度、温度、酸碱度、激活剂与抑制剂等。酶浓度与酶促反应速度呈正比；底物浓度与酶促反应速度的关系在两相坐标图中呈矩形双曲线，K_m 值有其特殊的意义；偏离最适温度及最适酸碱度酶促反应速度下降；激活剂可使酶促反应速度加快；抑制剂的作用分为不可逆抑制和可逆抑制，可逆抑制包括竞争性抑制、非竞争性抑制和反竞争性抑制。酶的制备一般包括四个基本步骤，即预处理、提取、纯化和结晶（或制剂）。

考纲分析

根据历年考纲与真题分析，建议熟记酶、辅酶与辅基、酶的活性中心、酶原及其激活、同工酶等概念；理解酶的化学本质、酶促反应的特性、酶作用的基本原理；重视影响酶促反应的因素在临床和实际生活中的应用。

复习思考

一、名词解释

酶、辅酶或辅基、必需基团、酶的活性中心、酶原、同工酶、抑制剂。

二、填空题

1. 全酶的组成包括_____部分与_____部分。

2. 酶促反应特点有_____、_____、_____、_____。

3. 酶的必需基团包括_____、_____、_____。

4. 影响酶促反应的因素有_____、_____、_____、_____、_____、_____等。

三、选择题

A 型题

1. 酶的化学本质主要是（　　）

    A. 蛋白质   B. 金属离子   C. 糖

    D. 脂类   E. 核酸

2. 酶的活性中心不能（　　）

    A. 与底物结合   B. 催化底物

    C. 与竞争性抑制剂结合   D. 与非竞争性抑制剂结合

    E. 辅助因子

3. 酶原之所以没有活性是因为（　　）

    A. 酶原是失去活性的酶   B. 酶原的活性中心未形成或暴露

    C. 酶原不是蛋白质   D. 酶原与抑制剂结合

    E. 酶原没有结合辅助因子

4. 关于酶的活性中心的描述下列哪项是正确的（　　）

    A. 所有的酶都有活性中心   B. 所有酶的活性中心都含有辅酶

    C. 酶的必需基团都位于活性中心内   D. 所有抑制剂都作用于酶的活性中心

    E. 酶的活性中心形成需要四级结构

5. 酶促反应中决定酶专一性的部分是（　　）

    A. 酶蛋白   B. 辅酶或辅基   C. 金属离子

    D. 底物   E. 抑制剂

6. 酶的竞争性抑制作用具有下列哪种特点（　　）

    A. K_m 值增大，V_{max} 不变   B. K_m 值降低，V_{max} 不变

    C. V_{max} 和 K_m 均降低   D. V_{max} 降低，K_m 不变

E. V_{max} 和 K_m 均增大

7. 下列关于酶蛋白和辅助因子的叙述，哪一点不正确？（　　　）

 A. 酶蛋白或辅助因子单独存在时均无催化作用

 B. 一种酶蛋白只与一种辅助因子结合成一种全酶

 C. 一种辅助因子只能与一种酶蛋白结合成一种全酶

 D. 酶蛋白决定结合酶蛋白反应的专一性

 E. 不是所有酶都有辅助因子

8. 有机磷杀虫剂对胆碱酯酶的抑制作用属于（　　　）

 A. 可逆性抑制作用　　　　　　　　　B. 竞争性抑制作用

 C. 非竞争性抑制作用　　　　　　　　D. 不可逆性抑制作用

 E. 使胆碱酯酶发生变性

9. 关于 pH 值对酶活性的影响，以下哪项不对？（　　　）

 A. 影响必需基团解离状态　　　　　　B. 也能影响底物的解离状态

 C. 酶在一定的 pH 值范围内发挥最高活性　　D. 破坏酶蛋白的一级结构

 E. 不同的酶常需要不同的 pH

10. K_m 值的含意正确的是（　　　）

 A. 与酶对底物的亲和力无关　　　　　B. 是达到 V_{max} 所必须的底物浓度

 C. 同一种酶的各种同工酶的 K_m 值相同　　D. 是达到 $1/2\ V_{max}$ 时的底物浓度

 E. 是达到 $1/2\ V_{max}$ 时的酶浓度

B 型题

 A. 丙二酸　　　　　D. 对氨基苯甲酸　　　B. 二巯基丙醇

 E. 以上都不是　　　C. FMN

11. 磺胺类药物的抑制剂是（　　　）

12. 琥珀酸脱氢酶的竞争性抑制剂是（　　　）

13. 能保护酶的必需基团 –SH 基的物质是（　　　）

14. 酶的不可逆抑制剂是（　　　）

15. 可作为酶的辅助因子的是（　　　）

C 型题

 A. 竞争性抑制　　　C. 二者都是　　　B. 非竞争性抑制　　　D. 二者都不是

16. 抑制剂与酶可逆结合的是（　　　）

17. 能使酶促反应 K_m 值降低的是（　　　）

18. 可使酶促反应 V_{max} 降低的是（　　　）

X 型题

19. 有关酶的活性中心叙述正确有（　　　）

    A. 是由必需基团组成的具有一定空间构象的区域

    B. 是指结合底物，并将其转变成产物的区域

    C. 是变构剂直接作用的区域

    D. 是重金属盐沉淀酶的结合区域

    E. 活性中心内包括催化基团与结合基团

20. 影响酶促反应的因素有（　　　）

    A. 温度　　　　　　　　B. 底物浓度　　　　　C. 激活剂与抑制剂

    D. 酶本身的浓度　　　　E. pH 值

21. 酶与一般催化剂的不同点，在于酶具有：

    A. 酶可改变反应平衡常数　　　　　　B. 极高催化效率

    C. 对反应环境的高度不稳定　　　　　D. 高度专一性

    E. 酶活性可调节

22. 关于同工酶，哪些说法是正确的？（　　　）

    A. 是由不同的亚基组成的多聚复合物　　B. 对同一底物具有不同的 K_m 值

    C. 在电泳分离时它们的迁移率相同　　　D. 免疫学性质相同

    E. 空间结构相同

23. 关于酶的竞争性抑制作用的说法哪些是正确的？（　　　）

    A. 抑制剂结构一般与底物结构相似　　　B. V_{max} 不变

    C. 增加底物浓度可减弱抑制剂的影响　　D. 使 K_m 值增大

    E. 抑制剂结构一般与酶结构相似

24. 关于酶的非竞争性抑制作用的说法哪些是正确的？（　　　）

    A. 增加底物浓度能减少抑制剂的影响　　B. V_{max} 降低

    C. 抑制剂结构与底物无相似之处　　　　D. K_m 值不变

    E. 增加底物浓度能增大抑制作用

四、简答题

1. 试述维生素与辅酶、辅基的关系，维生素缺乏症的机理是什么？

2. 什么是米氏方程，米氏常数 K_m 的意义是什么？试求酶反应速度达到最大反应速度的99％时，所需求的底物浓度（用 K_m 表示）。

3. 什么是同工酶？为什么可以用电泳法对同工酶进行分离？同工酶在科学研究和实践中有何应用？

扫一扫，知答案

扫一扫，看课件

第 五 章

维生素与微量元素

【学习目标】

1. 掌握 B 族维生素的种类、活性形式及主要生理功能，钙磷的吸收与排泄及其影响因素。

2. 熟悉各种维生素的功能及缺乏症，钙磷代谢的调节，各种微量元素的主要生理功能。

3. 了解各种维生素的性质和来源，钙磷的含量、分布及微量元素代谢。

维生素又称维他命，是维持机体正常生命活动所必需的一类小分子有机化合物，通常情况下，人体内不能合成或合成量很少，必须由食物提供，维生素既不是机体组织和细胞的组成成分，也不是供能物质，主要是参与机体内的酶促反应，在调节人体物质代谢，维持正常生理功能及促进生长发育等方面发挥着极其重要的作用，长期缺乏某种维生素可导致物质代谢障碍，并出现相应的维生素缺乏症。此外，微量元素在维持人体健康中具有重要作用，缺乏时，可使机体代谢过程及生理功能改变而发生疾病。

知 识 链 接

维生素的发现与命名

维生素的发现是 19 世纪的伟大发现之一。

1897 年，艾克曼在爪哇发现只吃精磨的白米即可患脚气病，未经碾磨的糙米能治疗这种病。并发现可治脚气病的物质能用水或酒精提取，当时称这种物质为"水溶性维生素 B"。

1906 年证明食物中含有除蛋白质、脂类、碳水化合物、无机盐和水以外的

"辅助因素"，其量很小，但为动物生长所必需。

1911 年卡西米尔·冯克鉴定出在糙米中能对抗脚气病的物质是胺类（一类含氮的化合物），它是维持生命所必需的，所以建议命名为"Vitamine"，即 Vital（生命的）amine（胺）。以后陆续发现的维生素化学结构与性质各有不同，生理功能各异。许多维生素根本不含胺，不含氮，因此将最后字母"e"去掉即为 Vitamin。

第一节　脂溶性维生素

脂溶性维生素包括维生素 A、维生素 D、维生素 E、维生素 K 四种。它们的主要特点如下：①难溶于水，易溶于脂类及脂肪性溶剂；②当脂类吸收发生障碍时，常导致脂溶性维生素缺乏；体内储存量较多，主要在肝脏，长期过量摄入可蓄积引起中毒。

一、维生素 A

（一）化学结构与性质

维生素 A（图 5-1）又叫抗干眼病维生素，是由 β-白芷酮环和两分子异戊二烯构成的多烯化合物，呈淡黄色。天然的维生素 A 有 A_1（视黄醇）和 A_2（3-脱氢视黄醇）两种形式。维生素 A 在体内的活性形式有视黄醇、视黄醛和视黄酸三种。其分子结构主要有全反式和 11-顺式两种异构体。维生素 A 的化学性质活泼，在空气中易被氧化，或受紫外线照射而破坏，故维生素 A 制剂应在棕色瓶内避光保存。

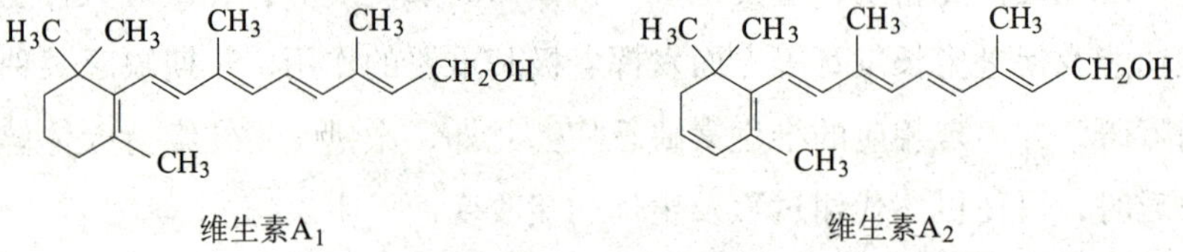

维生素A_1　　　　　　　　　维生素A_2

图 5-1　维生素 A_1 和维生素 A_2 的分子结构

（二）来源

维生素 A 主要来源于动物性食物，如鱼类、肝、肉类、蛋黄、乳制品、鱼肝油等。其中，维生素 A_1 主要存在于动物肝脏、血液和眼球的视网膜中，是天然维生素 A 的主要存在形式；维生素 A_2 主要存在于淡水鱼的肝脏中。植物性食物不含维生素 A，但红色、橙色、深绿色植物中含有丰富的 β-胡萝卜素（图 5-2），能在动物体内肠壁及肝中转变成维生素 A，称为维生素 A 原。在小肠黏膜细胞的 β-胡萝卜素加氧酶的作用下，1 分子 β-胡萝卜素加氧断裂，可生成 2 分子维生素 A_1。

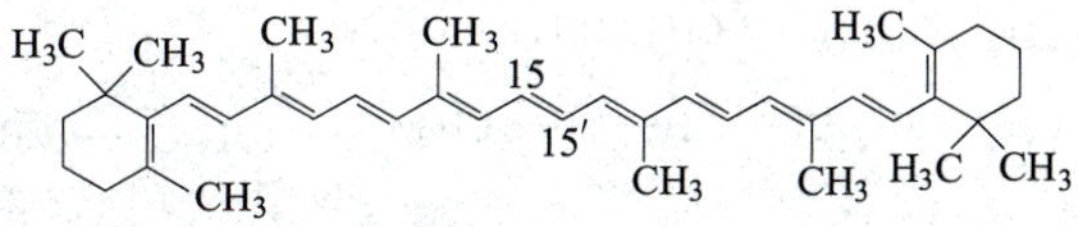

图 5 - 2　β - 胡萝卜素的分子结构

（三）生理功能与缺乏症

1. 构成视觉细胞内感光物质　维生素 A 是视杆细胞的感光物质视紫红质的组成成分，视紫红质由视蛋白和 11 - 顺 - 视黄醛组成，可保证视杆细胞持续感光，出现暗视觉。维生素 A 缺乏时，可导致 11 - 顺 - 视黄醛补充不足，视杆细胞中视紫红质合成减少，感受弱光困难，使暗适应时间延长，严重时会出现夜盲症。

2. 维持上皮组织结构的完整和健全　维生素 A 能促进组织发育和分化所必需的糖蛋白的合成。维生素 A 缺乏可引起上皮组织干燥、增生和角化等，主要以眼、呼吸道、消化道等的黏膜上皮受影响最为显著。眼部病变表现为泪腺上皮角化，泪液分泌受阻，以致角膜、结合膜干燥产生干眼病、结膜干燥斑（毕脱斑）、角膜软化症、失明。皮脂腺及汗腺角化时，皮肤干燥、脱屑，毛囊周围角化过度，发生毛囊丘疹与毛发脱落。

3. 促进生长、发育及繁殖　维生素 A 参与类固醇合成，影响细胞分化，从而影响生长发育。维生素 A 缺乏可造成儿童生长发育迟缓，骨骼生长不良，生殖功能减退，味觉、嗅觉下降，食欲不振。

4. 防癌作用　实验证明，缺乏维生素 A 的动物对化学致癌物更敏感，易诱发肿瘤。此外，β - 胡萝卜素能直接消灭自由基，是机体有效的抗氧化剂，对于防止脂质过氧化、预防心血管疾病、肿瘤及延缓衰老等方面均有重要意义。

过多摄入维生素 A 会导致中毒，临床表现为毛发易脱、皮肤干燥、瘙痒、烦躁、厌食、肝大及易出血等。

二、维生素 D

（一）化学结构与性质

维生素 D 又叫抗佝偻病维生素或钙化醇，是类固醇的衍生物。主要包括维生素 D_2（麦角钙化醇）和维生素 D_3（胆钙化醇）两种，其中以 D_3 最为重要，其化学结构如图 5 - 3 所示。

维生素 D 为无色针状结晶，除对光敏感外，性质稳定，不易被热、酸、碱和氧破坏，故通常烹调方法不会使其损失。含维生素 D 的药剂均应保存在棕色瓶中。

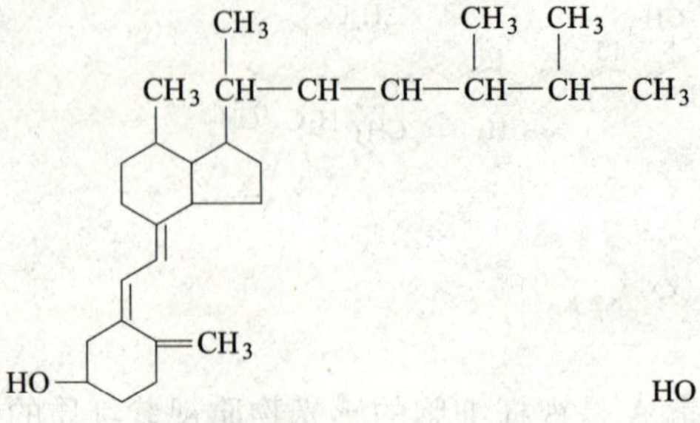

图 5-3 维生素 D_2 与维生素 D_3 分子结构

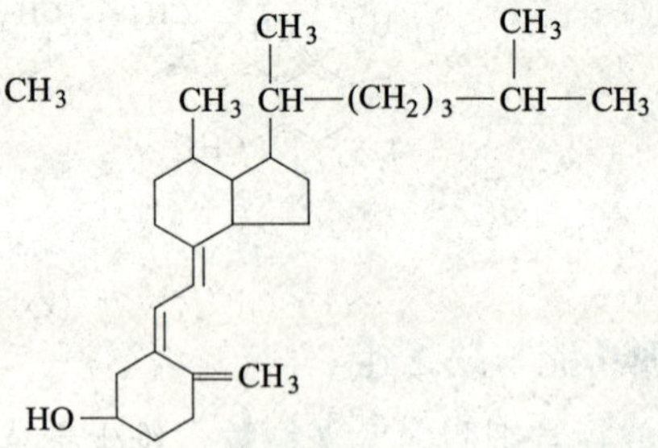

（二）来源

维生素 D_2 来自于植物性食物，植物油和酵母中含有的麦角固醇经日光或紫外线照射，转变为可被人体吸收的维生素 D_2，因此麦角固醇被称为维生素 D_2 原。人体皮肤中的 7-脱氢胆固醇经日光或紫外线照射后可转化为维生素 D_3，被称为维生素 D_3 原。一般情况下，成年人暴露于日光下的面部和手臂皮肤经光照 10min，所合成的维生素 D_3 足够维持机体需要，因此多晒太阳是预防维生素 D 缺乏的主要方法之一。

（三）生理功能与缺乏症

1. 维生素 D 的生理功能 维生素 D 自身没有生物活性，食物中的维生素 D 进入人体后，先以乳糜微粒的形式入血，在血液中与其特殊的载体蛋白结合后被运输到肝脏，经 25-羟化酶催化生成 $25-(OH)_2-D_3$，然后在肾脏 1-羟化酶的催化下，转化成 $1,25-(OH)_2-D_3$（骨化三醇）才具有生物活性，$1,25-(OH)_2-D_3$ 的靶组织主要是小肠黏膜、肾小管和骨骼，主要功能是调节钙、磷代谢，促进肾小管对钙、磷的重吸收；促进骨骼的钙化，可健全骨骼及牙齿，有效地预防佝偻病和骨质疏松的发生。

2. 维生素 D 缺乏症 婴幼儿、儿童、青少年体内维生素 D 不足，肠道钙和磷吸收不足，使血液中钙、磷含量下降，骨骼、牙齿不能正常发育，临床表现为手足抽搐，严重时可导致佝偻病；成人缺乏维生素 D 可引起骨质软化症（亦称软骨病），长期缺乏户外活动、日照不足及周围环境污染严重的工业城市居民中的本病反而多见，女性高于男性；血钙水平降低时可引起骨质疏松症，临床表现为肌肉痉挛、小腿抽筋、惊厥等。

三、维生素 E

（一）化学结构与性质

维生素 E 包括生育酚和生育三烯酚两大类（图 5-4），都是 6-羟基苯骈二氢吡喃的衍生物。根据环上甲基的数目和位置不同，每一类又分为 α、β、γ、δ 四种。自然界中以

α-生育酚活性最强、分布最广。维生素 E 为微带黏性的淡黄色油状物，无氧条件下对热稳定，加热至 200℃ 也不被破坏，但在空气中极易被氧化，可保护其他物质不被氧化，具有抗氧化作用。

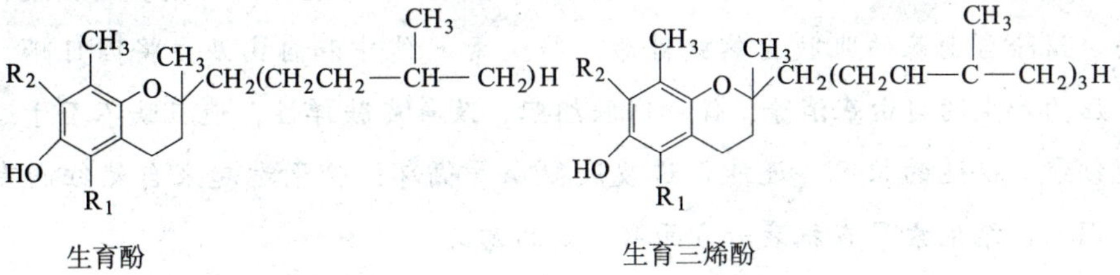

图 5-4 维生素 E 的分子结构

（二）来源

维生素 E 主要存在于植物油、油性种子、水果、蔬菜及麦芽中，以植物种子油中含量最为丰富。冷冻储存的食物中生育酚会大量丢失。

（三）生理功能与缺乏症

1. 抗氧化作用 维生素 E 具有强还原性，是体内抗过氧化物的第一道防线，能捕捉体内的自由基如超氧离子、过氧化物等，防止机体生物膜的不饱和脂肪酸被氧化产生脂质过氧化物，保护生物膜的结构与功能。缺乏维生素 E 时红细胞膜的不饱和脂肪酸被氧化破坏，容易发生溶血。临床上常用于防治心肌梗死、动脉硬化、巨幼红细胞贫血等。

2. 与动物生殖功能有关 缺乏维生素 E 的动物可导致生殖器官受损而不育。雌性动物因胚胎和胎盘萎缩引起流产，雄性动物睾丸萎缩不产生精子。维生素 E 对人类生殖功能的影响尚不明确，至今未发现因维生素 E 缺乏导致的不育症，但临床上常用于防治先兆流产和习惯性流产。

3. 促进血红素合成 维生素 E 能提高血红素合成过程中的关键酶 δ-氨基-γ-酮戊酸（ALA）合酶和 ALA 脱水酶的活性，从而促进血红素的合成。新生儿缺乏维生素 E 可引起贫血，可能与血红蛋白合成减少及红细胞寿命缩短有关。

4. 抗衰老作用 动物实验发现，在衰老组织的细胞内会出现色素颗粒，且随着年龄增长色素颗粒增加。这种颗粒是不饱和脂肪酸氧化生成的过氧化物与蛋白质结合的复合物，不易受酶分解或排出而在细胞内蓄积的结果。给予维生素 E 治疗后，既可以减少衰老细胞中的色素颗粒，还可以减轻性腺萎缩，改善皮肤弹性等。因此维生素 E 在抗衰老方面具有重要意义。

人类尚未发现维生素 E 缺乏症，与维生素 A 和维生素 D 不同，即使一次性服用高出常用剂量 50 倍的维生素 E，也未发现中毒现象。

知 识 链 接

维生素E的抗衰老及美容作用

近年来，维生素E多被用来抗衰老，这与维生素E能防止不饱和脂肪酸氧化有关。清除自由基的肌肤自然就健康。维生素E能中和自由基，将因日晒、污染、压力产生的自由基消除，保护肌肤组织，改善皮肤弹性，使肌肤不至于过早出现细纹、松弛的状况。还能促进皮肤微血管循环，脸色看起来自然红润有活力。因而，维生素E在抗衰老方面有重要的意义。

四、维生素K

（一）化学结构与性质

维生素K又叫凝血维生素，天然维生素K有维生素K_1和维生素K_2两种（图4-5）都是2-甲基-1,4-萘醌的衍生物；维生素K_3、维生素K_4是人工合成的，能溶于水，可口服及注射，已应用于临床。维生素K_1是黄色油状物，维生素K_2是淡黄色结晶，化学性质较稳定，不溶于水，能溶于醚等有机溶剂，耐热和酸，但易被紫外线和碱分解，故应保存在棕色瓶内。

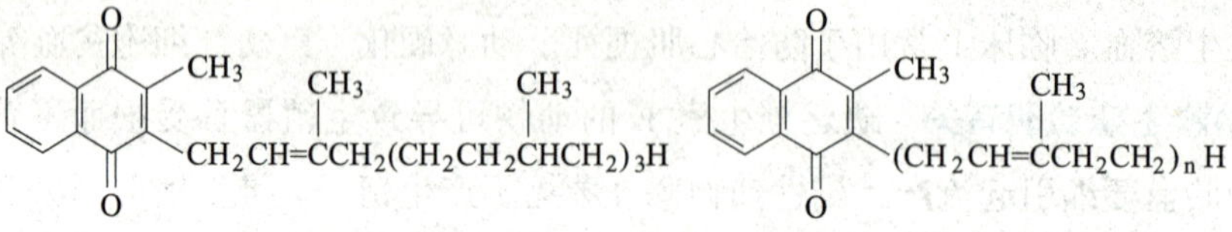

维生素K_1 维生素K_2

图5-5 维生素K_1和维生素K_2的分子结构

（二）来源

维生素K分布较广，深绿色蔬菜及优酪乳是日常饮食中容易获得的维生素K补给品。维生素K_1又叫绿醌，最初是从苜蓿中得到的，主要存在于深绿色蔬菜（如甘蓝、菠菜、莴苣、花椰菜等）和植物油中。动物性来源的维生素K_2是从细菌和鱼粉中分离得到的，生理状况下由人体肠道正常菌群合成（占50%~60%），是人体维生素K的主要来源。

（三）生理功能与缺乏症

1. 促进凝血因子从无活性到有活性的转化 凝血因子Ⅱ、Ⅶ、Ⅸ、Ⅹ在肝中初合成时是无活性的前体，这些无活性的前体需要在γ-谷氨酰羧化酶的催化下才能转变为活性形式，而维生素K是γ-谷氨酰羧化酶的辅酶，能促进这些凝血因子的合成而加速血液凝固，是目前常用的止血剂之一。

2. 促进骨代谢及减少动脉硬化 骨中的骨钙蛋白和骨基质 γ - 羧基谷氨酸蛋白（骨 Gla 蛋白，骨钙素）都是维生素 K 依赖蛋白。研究表明，服用低剂量维生素 K 的妇女，其骨盐密度明显低于服用大剂量维生素 K 时的骨盐密度。此外，大剂量的维生素 K 可以降低动脉硬化的危险。

维生素 K 广泛分布于动植物组织中，体内肠道细菌也能合成，一般不易缺乏。由于维生素 K 不能通过胎盘，新生儿出生时肠道内又无细菌，故新生儿特别是早产儿有可能因维生素 K 缺乏而具有出血倾向，尤其是颅内出血，应当注意补充；胰腺疾病、肠道疾病、小肠黏膜萎缩、脂肪便、长期服用抗生素及肠道灭菌药均可能引起维生素 K 缺乏。维生素 K 缺乏时，可引起凝血因子合成障碍，导致凝血迟缓，易引起皮下、肌肉、胃肠道出血。

第二节　水溶性维生素

水溶性维生素包括 B 族维生素和维生素 C，其主要特点：①都有较好的水溶性；②都能迅速被机体吸收；③除维生素 B_{12} 和大部分叶酸与蛋白质结合转运外，其余的水溶性维生素都可在体液中自由转运；④多数体内储存不多，机体摄入过多可由尿中排出，必须经常补充（维生素 B_{12} 除外，维生素 C 更易储存于体内），不会因体内蓄积而中毒。

B 族维生素的主要生理功能是构成酶的辅助因子直接影响某些催化反应；维生素 C 既作为某些酶的辅助因子，又是体内重要的还原剂，参与体内的催化反应和氧化还原反应。

一、维生素 B_1

（一）化学性质及来源

维生素 B_1 也叫抗脚气病维生素，分子由含硫的噻唑环和含氨基的嘧啶环通过甲烯基连接而成，属于胺类，故称为硫胺素。纯品为白色结晶，极易溶于水，耐酸，在中性或碱性环境中不稳定，遇光和热效价下降，故应置于避光、阴凉处保存，不宜久贮。维生素 B_1 易被小肠吸收，入血后主要在肝及脑组织中经硫胺素焦磷酸激酶催化生成焦磷酸硫胺素（TPP）才能发挥作用，TPP 是维生素 B_1 在体内的活性形式（图 5 - 6）。

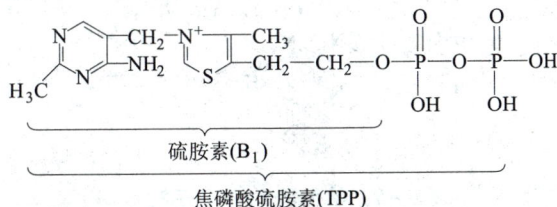

图 5 - 6　维生素 B_1 的活性形式

维生素 B_1 的来源广泛，在种子的外皮、胚芽、黄豆、酵母、瘦肉及新鲜蔬菜中都含有丰富的维生素 B_1。人体所需的维生素 B_1 需要全部从食物中摄取。当硫胺素进入体内后主要由小肠吸收，然后入血在硫胺素焦磷酸激酶的作用下生成硫胺素焦磷酸（TPP）。

（二）生理功能及缺乏症

1. 参与糖代谢 维生素 B_1 是羧化辅酶的主要成分，可参与丙酮酸及 α - 酮戊二酸的氧化脱羧基作用。当体内维生素 B_1 缺乏时，神经及心脏组织中的糖类代谢出现障碍，丙酮酸的氧化脱羧反应不能正常进行，导致多发性神经炎和脚气病。因此，维生素 B_1 是维持心脏及神经系统正常功能所必需的物质。每日的膳食中应含有丰富维生素 B_1 的物质，如新鲜玉米、豆类、瘦肉和动物内脏等。对于多发性神经炎和脚气病的患者，可根据患者的具体病情，适量给予维生素 B_1 药物制剂的补充。

2. 增强消化系统的功能 维生素 B_1 对于维持消化系统的正常功能具有重要作用。维生素 B_1 可通过抑制胆碱酯酶的活性，增加消化液分泌，维持胃肠道的正常蠕动。尤其是对糖的消化有明显的增强效果。所以，人体缺乏维生素 B_1 时，就会引起胃肠蠕动减慢、消化液分泌减少、食欲缺乏等消化系统症状。

二、维生素 B_2

（一）化学性质及来源

维生素 B_2 又名"核黄素"，是核醇与 7,8 - 二甲基异咯嗪的缩合物（图 5 - 7）。维生素 B_2 因异咯而呈橙黄色晶体物质，能溶于水，但溶解度低，易溶于碱性溶液。耐酸、耐热，但对光和紫外线极为敏感，容易被分解破坏。维生素 B_2 来源广泛，在奶类、蛋类、肉类、谷类、根茎类植物及蔬菜水果中都有较多含量。维生素 B_2 在体内的活化形式有两种：黄素单核苷酸（FMN）和黄素腺嘌呤二核苷酸（FAD）。人体从食物中摄取维生素 B_2 后，在小肠黏膜黄素激酶的作用下可转变为黄素单核苷酸（FMN）；然后在组织细胞内焦磷酸化酶的进一步催化作用下生成黄素腺嘌呤二核苷酸（FAD）。

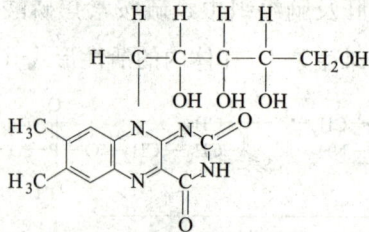

图 5 - 7 维生素 B_2 的分子结构

（二）生理功能及缺乏症

1. 参与激素与维生素的代谢　黄素单核苷酸（FMN）和黄素腺嘌呤二核苷酸（FAD）是许多氧化酶系统中的构成成分，它们参与体内的多种氧化还原反应。在氨基酸氧化酶、黄嘌呤氧化酶、琥珀酸脱氢酶复合体等多种酶系统中，主要作为氢传递体，参与激素与维生素的代谢过程。

2. 促进营养的代谢　维生素 B_2 是参与物质代谢过程中多种酶的辅酶的必要组成成分。这些脱氢酶系统与氧化酶系统能促进蛋白质、脂肪和糖类的物质代谢，同时参与能量的释放，在组织细胞的呼吸链上起着非常重要的作用。当体内缺乏维生素 B_2 时，就会影响生物氧化过程，引起物质代谢紊乱，阻碍细胞的正常呼吸作用；再进一步影响脂类代谢，破坏皮肤和黏膜组织的完整性。常见的症状有嘴角发炎、舌炎、口唇出血、眼结膜炎、阴囊炎等。

三、维生素 PP

（一）化学性质及来源

维生素 PP 又称"抗癞皮病维生素"，是一类吡啶的衍生物，包括尼克酸（烟酸）和尼克酰胺（烟酰胺）两大类（图 5 – 8）。烟酸的化学本质是吡啶 – 3 – 羧酸，在体内可转变为具有生物活性的烟酸酰胺。烟酸性质稳定，在受光照、空气、加热和碱的作用时不易被分解破坏。维生素 PP 在植物中主要以烟酸的形式存在，在动物中则常以烟酰胺形式存在。

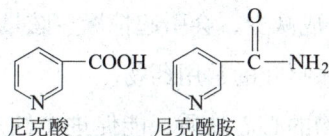

图 5 – 8　尼克酸和尼克酰胺的分子结构

维生素 PP 主要来源于肉类、动物肝脏、奶类、谷类、酵母以及各种蔬菜。人体肝脏能将体内的色氨酸转变为维生素 PP，但合成量很少。维生素 PP 进入人体后，会转变为尼克酰胺腺嘌呤二核苷酸（NAD^+）和尼克酰胺腺嘌呤二核苷酸磷酸（$NADP^+$），两者分别又称为辅酶 Ⅰ 和辅酶 Ⅱ。辅酶 Ⅰ 和辅酶 Ⅱ 能参与体内的许多氧化还原反应，对维持机体正常的新陈代谢具有不容忽视的作用。

（二）生理功能及缺乏症

维生素 PP 是人体需要量最多的 B 族维生素，可作为不需氧脱氢酶的辅酶 NAD^+ 和 $NADP^+$ 的组成成分，参与机体物质代谢过程中的氧化脱氢反应。人体缺乏维生素 PP 时，

体内 NAD^+、$NADP^+$ 也相应减少，使皮肤、消化道和神经系统中的代谢物不能被正常氧化，导致癞皮病。癞皮病的主要表现为对称性皮炎、腹泻及痴呆等。另外，维生素 PP 还可参与性激素的合成。

四、维生素 B_6

（一）化学性质及来源

维生素 B_6 又称吡哆素，包括吡哆醇、吡哆醛和吡哆胺（图 5-9）。它们的化学结构和理化性质相似，在体内可相互转化，均为活化型。维生素 B_6 为白色板状结晶物质，易溶于水，在空气和紫外线作用下易被分解破坏。鱼类、动物组织和酵母中维生素 B_6 的含量较高，植物性食物如蔬菜、水果等含量较低。人体从食物中获取的维生素 B_6，进入肝转变为磷酸吡哆醛和磷酸吡哆胺而发挥作用。

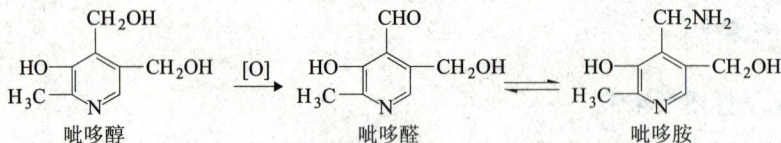

图 5-9 维生素 B_6 各形式的相互转化

（二）生理功能与缺乏病

维生素 B_6 是氨基酸转氨酶和脱羧酶的辅酶，参与氨基酸的脱氨基和脱羧基作用。维生素 B_6 与脑内所有神经递质的合成有密切关系，尤其是促进 γ-羟基丁酸的生成。当缺乏维生素 B_6 时，γ-羟基丁酸的合成减少，会引起惊厥、眩晕、恶心、呕吐。因此，临床上维生素 B_6 是治疗小儿惊厥和妊娠呕吐的常用药物。

维生素 B_6 是合成卟啉化合物的必需物质，能促进血红素的合成。人体缺乏维生素 B_6 时可能会出现低血色素小细胞性贫血及血清铁的增高。

维生素 B_6 还可参与不饱和脂肪酸的代谢作用，促进亚油酸转化为花生四烯酸。当体内缺乏维生素 B_6 时，会引起脂类代谢障碍，导致动脉粥样硬化病变。所以临床常用维生素 B_6 预防脂肪肝以及降低血清胆固醇含量。

五、泛酸

（一）化学性质及来源

泛酸又称遍多酸、维生素 B_3（图 5-10），因在动植物中分布广泛而得名。泛酸由 2,4-二羟基-3,3-二甲基丁酸与 β-丙氨酸通过酰胺键连接而成。浅黄色黏稠油状物，易溶于水，在热酸或碱中易分解。泛酸几乎存在于所有食物中，进入人体在肠道吸收，经磷酸化并获得巯基乙胺而生成 4 - 磷酸泛酰巯基乙胺。4 - 磷酸泛酰巯基乙胺是辅酶 A（CoA）及酰基载体蛋白（ACP）的主要组成成分。所以泛酸在体内的活性形式是辅酶 A（CoA）和酰基载体蛋白（ACP）。

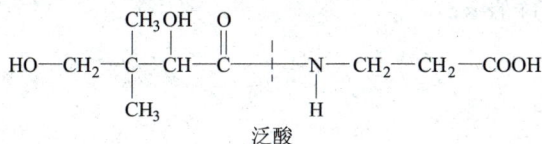

图 5 - 10　泛酸的分子结构

（二）生理功能及缺乏症

体内 CoA、ACP 是构成酰基转移酶的辅酶，具有转移酰基的作用，参与糖、脂类、蛋白质代谢及肝的生物转化；具有制造及更新身体组织，辅助毛发形成，帮助伤口愈合，制造抗体抵抗传染病，防止疲劳，帮助抗压等作用。

泛酸在食物中含量充足，人类很少出现泛酸缺乏症。缺乏者主要症状为低血糖症、血液及皮肤异常、疲倦、忧郁、失眠、食欲不振、消化不良，易患十二指肠溃疡。

六、生物素

（一）化学性质及来源

生物素又称维生素 H、维生素 B_7（图 5 - 11），为无色针状的结晶物。在常温下性质比较稳定，耐酸不耐碱，受热和氧化剂的作用会失去活性。生物素广泛存在于动物性和植物性食品中，如动物肝、瘦肉、鸡蛋、奶类、酵母、鱼类、蔬菜水果等。

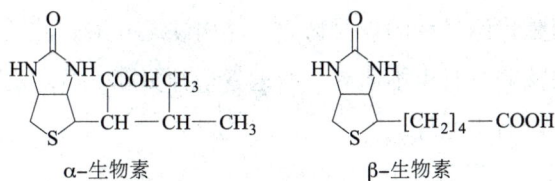

图 5 - 11　生物素的分子结构

（二）生理功能及缺乏症

生物素是体内多种羧化酶的辅酶，参与蛋白质、脂肪和糖类代谢中 CO_2 的固定和羧化反应。生物素是合成维生素 C 的必要物质，同时也是维持人体生长发育、皮肤和骨髓健康所不可缺少的营养素。

由于生物素来源广泛，体内肠道细菌也能自身合成，所以正常情况下人体不会出现生物素缺乏症。但在大量生食鸡蛋，有胃肠道吸收障碍，或服用某些抵抗生物素的药物（如苯巴比妥、苯妥英、酰胺咪嗪等）后，则会引起生物素的缺乏。主要表现为毛发变细、失去光泽、皮肤鳞片状和红色皮疹等，严重缺乏者皮疹可蔓延至眼睛、鼻子和嘴唇周围；多数患者会有食欲缺乏、精神沮丧、肌痛、抑郁、嗜睡及脑电图异常等症状。在及时补充生物素后这些症状则会自行消失。

七、叶酸

（一）化学性质及来源

叶酸又称维生素 B_{11}，在植物绿叶中含量相当丰富，因此而得名。它主要由蝶酸和谷氨酸结合而成，为淡黄色结晶状粉末，无味无臭，可溶于水，对酸和碱敏感。绿叶蔬菜、动物肝脏及肾脏、酵母、水果和蛋类等都是叶酸的主要食物来源。进入人体的叶酸在小肠和肝脏等组织中被二氢叶酸还原酶还原为二氢叶酸（FH_2），二氢叶酸再还原为四氢叶酸（FH_4）而发挥作用。

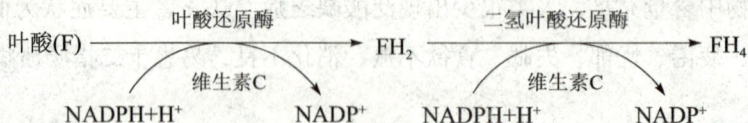

$$\text{叶酸(F)} \xrightarrow[\substack{\text{维生素C} \\ NADPH+H^+ \quad NADP^+}]{\text{叶酸还原酶}} FH_2 \xrightarrow[\substack{\text{维生素C} \\ NADPH+H^+ \quad NADP^+}]{\text{二氢叶酸还原酶}} FH_4$$

（二）生理功能与缺乏病

叶酸参与一碳单位转移酶的辅酶 FH_4 的组成，在嘧啶、嘌呤、蛋氨酸、胆碱以及激素等重要物质的生物合成中起着传递一碳单位的作用。体内缺乏叶酸时，一碳单位代谢障碍，嘌呤和嘧啶的合成减少，影响幼红细胞 DNA 的合成，使红细胞发育成熟障碍，导致巨幼细胞贫血。

叶酸是参与人体新陈代谢过程的重要物质，体内缺乏叶酸，除了会导致贫血外，还会引起发育迟缓、抵抗力减弱、肠胃不适等，严重者精神萎靡、智力退化，孕产妇则可能会出现早产、妊娠中毒、产后出血等。

知 识 链 接

叶酸与巨幼红细胞性贫血

对于怀孕中的准妈妈而言，叶酸是一种重要的维生素。一方面，叶酸缺乏将导致准妈妈发生巨幼红细胞性贫血，影响胎儿的发育；另一方面，在怀孕早期补充叶酸还能预防胎儿的脑神经管畸形。

1983 年 7 月至 1991 年 4 月，英国医学理事会，完成一项世界范围的研究计划，肯定了孕妇补充叶酸对预防胎儿神经管缺陷的效果。美国和中国也有相似的研究结果。

怀孕早期是补充叶酸的关键时期，为了减少出生缺陷，很多国家建议从计划怀孕起即开始补充每日 0.4mg 的叶酸。我们每天吃的食物中叶酸的含量为 200~400μg，但不是所有的叶酸都能被利用，如食物烹调不当，其损失量可达到 50%~90%，因而，为了预防巨幼细胞性贫血，准妈妈在怀孕期间可以适量地补充一些叶酸。

八、维生素 B_{12}

（一）化学性质及来源

维生素 B_{12} 又称抗恶性贫血维生素或钴胺素，是唯一含有金属元素的维生素。深红色针状结晶物，具有吸湿性，易溶于水和乙醇，但不溶于丙酮、氯仿等有机溶剂。在中性及微酸条件下对热稳定，但对光照、强酸和碱溶液敏感。天然维生素 B_{12} 有羟钴胺素、甲基钴胺素和 5′–脱氧腺苷钴胺素三种形式，后两者是维生素 B_{12} 的活性型。维生素 B_{12} 的来源主要是动物性食品，包括鱼类、禽类与蛋类等。

（二）生理功能与缺乏病

维生素 B_{12} 是甲基转移酶的辅酶，能促进 FH_4 的再利用，参与一碳单位的合成、分解与转运。人体内蛋白质的合成、脂肪及糖类的代谢都与维生素 B_{12} 密切相关。维生素 B_{12} 参与骨髓的造血，是合成细胞的重要原料。当人体缺乏维生素 B_{12} 时，会影响红细胞成熟，导致巨幼细胞性贫血。主要表现为脸色蜡黄，舌炎，厌食，体重下降，腹部不适，呼吸困难，出血时间延长，神经系统功能紊乱等。

九、维生素 C

（一）化学性质及来源

维生素 C 又称 L–抗坏血酸（图 5–12），为酸性己糖衍生物，是 L–己糖酸内酯。维生素 C 为白色无味晶体粉末，性质稳定。但液态维生素 C 在暴露于空气、加热、光照、碱性和氧化酶作用下极易被氧化破坏。维生素 C 广泛存在于各种新鲜蔬菜和水果中，尤其在各种绿色蔬菜和柑橘属水果中含量相当丰富。但植物中的抗坏血酸氧化酶能将维生素 C 氧化失活，所以储存过久的蔬菜水果其维生素 C 含量会明显减少。

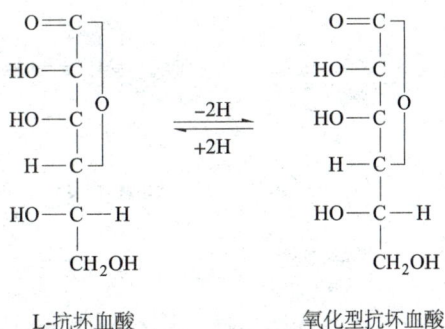

图 5–12　维生素 C 分子结构

（二）生理功能与缺乏病

1. 促进胶原蛋白的合成 维生素 C 是维持胶原脯氨酸羟化酶和胶原赖氨酸羟化酶活性所必需的辅助因子，参与羟化反应，促进胶原蛋白的合成。当体内缺乏维生素 C 时，会影响羟化酶活性，使胶原蛋白合成障碍，引起毛细血管脆性增加，牙齿松动，皮下、黏膜易出血，伤口不易愈合等症状。人体长期缺乏维生素 C 时会导致坏血病。

2. 参与芳香族氨基酸的代谢 维生素 C 可参与苯丙氨酸、酪氨酸及色氨酸的羧基化反应。机体缺乏维生素 C 时，苯丙氨酸会出现大量堆积，此时苯丙氨酸的转氨基作用增强，在患者尿中会出现大量的对羟苯丙酮酸代谢产物。

3. 参与胆固醇的转化 维生素 C 是胆汁酸合成反应中 7α - 羟化酶的辅酶。胆固醇可在 7α - 羟化酶的催化作用下转变成胆汁酸，所以维生素 C 可促进胆固醇的羟化作用。维生素 C 缺乏会直接影响体内的胆固醇转化，进一步则会影响脂类代谢的正常进行。

4. 参与体内氧化还原反应 维生素 C 可作为还原剂中和体内许多氧化性物质，保护蛋白质及疏基酶不被氧化，维持其生物活性。维生素 C 能促使谷胱甘肽还原生成还原型谷胱甘肽（图 5 - 13），其具有保护疏基酶不被重金属离子氧化的作用，所以维生素 C 具有解除重金属中毒的作用（图 5 - 14）。维生素 C 可参与红细胞内高铁血红蛋白还原酶系统，促使高铁血红蛋白还原为血红蛋白，恢复其运输氧气的能力。维生素 C 还能促使肠道内 Fe^{3+} 还原为易溶解易吸收的 Fe^{2+}，使食物中的铁更易于吸收，从而增强造血功能。

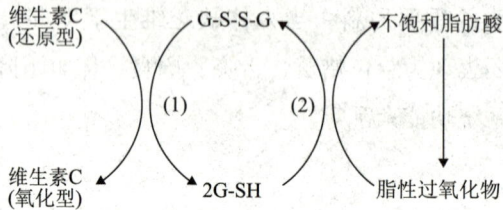

图 5 - 13　维生素 C 与谷胱甘肽还原反应的关系

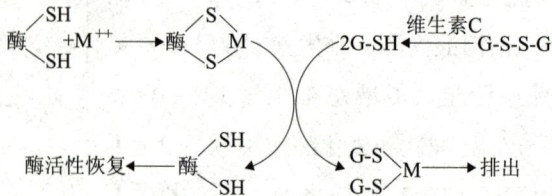

图 5 - 14　维生素 C 解毒示意图

另外，维生素 C 被认为是一种重要的抗氧化剂，可以保护维生素 A、E 和多种不饱和脂肪酸免受过多氧化的作用。维生素 C 还可作为供氢体，促使叶酸转变为有生理活性的四氢叶酸。

5. 增强免疫功能与抗肿瘤作用　研究表明维生素 C 一方面能促进淋巴细胞的生成，增强吞噬细胞的吞噬能力，有助于提高机体的免疫力；另一方面它能促使体内干扰素的大量生成，从而增强免疫功能，预防各种感染性疾病的发生。此外，维生素 C 参与体内多种氧化还原反应，具有预防癌症的作用。

第三节　钙磷代谢

一、钙磷在体内的含量、分布

钙、磷主要以无机盐形式存在于体内。成年人体内钙占体重的 1.5% ~ 2.2%，总量 700 ~ 1400g，99% 以上的钙以骨盐形式存在于骨骼中，其余存在于软组织中，细胞外液中的钙仅占总钙量的 0.1% 约为 1g；成人体内的磷占体重的 0.8% ~ 1.2%，总量为，400 ~ 800g，约 85% 以上的磷存在于骨盐中，其余主要以有机磷酸酯形式存在于软组织中，细胞外液中的磷仅为 2g，以磷脂和无机磷酸盐形式存在，骨盐占骨总重量的 60% ~ 65%，主要以非晶体的磷酸氢钙和晶体的羟磷石灰两种形式存在，其组成和物化性状随人体生理或病理情况而变化。骨钙与血液循环中的钙不断进行着缓慢的交换，每天可达 250 ~ 1000mg，是维持血钙恒定的重要机制之一，同时也是骨的不断更新过程。

二、钙磷的吸收与排泄

（一）钙的吸收与排泄

1. 钙的吸收　正常成人日摄入钙量在 0.6 ~ 1.0g 之间。食物中的钙多以络合物形式存在。经消化道吸收时，胃部的强酸环境增加该络合物的溶解度，并在适宜的 pH 值下由消化酶将钙从络合物中释放出来，后在十二指肠和近端空肠部位经钙结合蛋白转运吸收。小肠的十二指肠存在钙结合蛋白，该部位吸收钙最多。胆盐能增加钙的溶解度而促进其吸收。

膳食中的乳糖被乳糖酶水解成葡萄糖和半乳糖能增强钙的扩散转运，改善钙吸收；植物成分中的植酸盐、纤维素、糖醛酸、藻酸钠和草酸通过络合沉降可降低钙的吸收；乳糖、蔗糖、果糖等糖类经肠菌进一步的发酵，降低肠腔 pH 值，抑制细胞的有氧代谢，通过形成酸钙复合物而增加钙吸收；蛋白质消化产物如赖氨酸、色氨酸、精氨酸、亮氨酸、组氨酸等氨基酸，与钙形成可溶性钙盐，促进钙吸收；而膳食中的磷、维生素 C、果胶可影响钙的吸收和排出，但体钙平衡不变，对钙的利用影响很小。

2. 钙的排泄　正常膳食时，机体每日钙的摄入量与粪钙和尿钙的排出总量处于平衡状态。每日肠道中的总钙量包括膳食钙和消化液钙，共约1800mg，其中约600mg经肠道重吸收，剩余900mg由粪排出，150mg由尿排出，其余由汗排出。尿钙的排出量受血钙浓度影响，血钙低于2.4mmol/L（7.5mg/dL）时尿中无钙排出。哺乳期妇女经乳汁排出的钙量为150~300mg/d。高温作业者汗多，钙在汗中的浓度增加，损失钙增加。

（二）磷的吸收与排泄

1. 磷的吸收　成人每日进食磷1.0~1.5g，以磷酸根离子的形式在小肠内吸收，主要吸收部位在十二指肠远端处的小肠上部。小肠对磷的吸收为主动吸收，需要钠和钙离子的同时存在及能量，受肠管pH值、钠浓度和膳食成分的影响。

肠管环境偏碱时引起$Ca_3(PO_4)_2$的生成，因而降低磷的吸收；乳酸、氨基酸及胃酸等酸性物质有利于$Ca_3(PO_4)_2$的形成，因此能促进磷的吸收；当肠管相对pH值一定而钠浓度增高时，磷的吸收增加；钙、镁、铁、铝等金属离子与磷酸形成难溶性盐而降低磷的吸收；维生素D通过调节肾脏磷的重吸收促进磷的吸收，机体钠、葡萄糖、血清磷低于8mg/L以下时，刺激维生素D的合成，促进小肠对磷的吸收；高脂肪食物或脂肪消化与吸收不良时，肠中磷的吸收增加；而药源性的含铝制酸剂能降低肠对磷的吸收。

2. 磷的排泄　磷主要经肾以可溶性磷酸盐形式排出，未经肠道吸收的磷和包括胆汁在内的消化液内源磷从粪便排出，少量也可由汗液排出。肾小球滤出的磷在肾小管（主要是近曲小管）重吸收。受肾上腺调控，早晨尿磷/肌酐比值高，睡眠后低。禁食、雌激素、糖皮质激素、PTH、甲状腺素、高血钙等因素均会降低肾小管对磷的重吸收，造成尿磷排出增加。此外，血磷水平、酸碱平衡和糖原异生作用等对细胞调节磷酸盐的排泄都有影响。

三、钙磷在体内的生理功能

1. 钙的生理作用　① Ca^{2+}可降低神经肌肉的应激性，当血浆Ca^{2+}浓度降低时，可造成神经肌肉的应激性增高，以致发生抽搐；② Ca^{2+}能降低毛细血管及细胞膜的通透性，临床上常用钙制剂治疗荨麻疹等过敏性疾病以减轻组织的渗出性病变；③ Ca^{2+}能增强心肌收缩力，与促进心肌舒张的K^+相拮抗，维持心肌的正常收缩与舒张；④ Ca^{2+}是凝血因子之一，参与血液凝固过程；⑤ Ca^{2+}是体内许多酶（如脂肪酶、ATP酶等）的激活剂，同时也是体内某些酶如$2,5-OH-VD_3-1\alpha$-羟化酶等的抑制剂，对物质代谢起调节作用。⑥ Ca^{2+}作为激素的第二信使，在细胞的信息传递中起重要作用。

2. 磷的生理作用　① 磷是体内许多重要化合物如核苷酸、核酸、磷蛋白、磷脂及多种辅酶如NAD^+、$NADP^+$等的重要组成成分；② 磷以磷酸基的形式参与体内糖、脂类、蛋白质、核酸等物质代谢及能量代谢；③ 参与物质代谢的调节，蛋白质磷酸化和脱磷酸化是酶共价修饰调节最重要、最普遍的调节方式，以此改变酶的活性对物质代谢进行调节；④ 血液中的 HPO_4^{2-} 与 $H_2PO_4^-$ 是血液缓冲体系的重要组成成分，参与体内酸碱平衡的调节。

四、血钙与血磷

（一）血钙

血钙指血浆或血清中的钙。正常成人血钙平均含量为 $22 \sim 27mmol/L$（$9 \sim 11mg/dL$），血钙可分为可扩散钙和非扩散钙两部分。非扩散钙是指与血浆蛋白质（主要是清蛋白）结合的钙，它不易透过毛细血管壁，也不易从肾小球滤过丢失，约占血钙总量的 45%。可扩散钙是指能透过毛细血管壁的钙，其中大部分是游离状态的离子钙，约占血钙总量的 50%，还有一部分是与柠檬酸或其他小分子化合物结合的钙，约占血钙总量的 5%。

血浆中只有离子钙才能直接发挥生理作用，但血浆中离子钙与蛋白质结合钙之间能相互转变，两者之间存在着动态平衡关系：

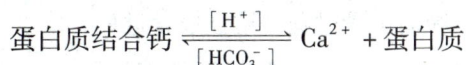

$$蛋白质结合钙 \underset{[HCO_3^-]}{\overset{[H^+]}{\rightleftharpoons}} Ca^{2+} + 蛋白质$$

这种平衡受血浆 pH 值的影响。pH 值下降时，血浆清蛋白带负电荷减少，与之结合的钙游离出来，使 Ca^{2+} 增加；相反，当 pH 值升高时，血浆中 Ca^{2+} 与蛋白质结合加强，此时即使血清钙总量不变，但 Ca^{2+} 浓度下降，故会出现低钙症状。临床上碱中毒时产生的抽搐就是这个原因。

$$[Ca^{2+}] = K\frac{[H^+]}{[HCO_3^-]} \quad （式中 K 为常数）$$

（二）血磷

血磷指血浆无机磷酸盐中的磷。正常成人血浆无机磷量为 $0.8 \sim 1.6mmol/L$（$3 \sim 5mg/dL$），初生婴幼儿较高。血清无机磷酸盐约 80% 以 HPO_4^{2-} 形式存在，约 20% 以 $H_2PO_4^-$ 形式存在，PO_4^{3-} 含量极微。

血浆中钙磷含量之间关系密切，正常成人每 100mL 血浆中钙磷浓度以 mg/dL 表示时，它们的乘积为 $35 \sim 40$。当 $[Ca] \times [P] > 40$，则提示钙和磷以骨盐的形式沉积于骨组织，骨的钙化正常；若两者乘积小于 35，则提示骨的钙化将发生障碍，甚至促使骨盐溶解，影响成骨作用，引起佝偻病（软骨病）或骨质疏松。

五、钙磷代谢的调节

体内钙磷代谢主要受甲状旁腺素、降钙素和 $1,25-(OH)_2-D_3$ 的调节，它们主要通过影响小肠对钙磷的吸收、钙磷在骨组织与体液间的平衡以及肾脏对钙磷的排泄，从而维持体内钙磷代谢的正常进行。

（一）甲状旁腺素

甲状旁腺素（PTH）是甲状旁腺主细胞合成分泌的由 84 个氨基酸残基组成的单链多肽激素。它的分泌受血液钙离子浓度的调节，血钙浓度与 PTH 的分泌呈负相关。PTH 的主要靶器官为骨和肾，其次是小肠。甲状旁腺素（PTH）的基本功能为动员骨钙；促进肾对钙的重吸收，从而抑制磷的重吸收，尿磷排出增加；维持血钙水平，并通过激活肾 $1-\alpha-$ 羟化酶活性，促进 $1,25-(OH)-D_3$ 转化为有活性的 $1,25-(OH)_2-D_3$，进一步影响钙磷的代谢。甲状旁腺素的分泌受血清游离钙的反馈调节。PTH 的总体作用是使血钙升高，血磷降低。

（二）降钙素

降钙素（CT）是甲状腺滤泡旁细胞（C 细胞）分泌的一种单链 32 肽激素，它的分泌直接受血钙浓度控制，随着血钙浓度的升高，分泌增加，两者呈正相关。CT 的靶器官是骨和肾。降钙素（CT）的基本作用为降低血钙和血磷浓度，其分泌受血 Ca^{2+} 的反馈调节。降钙素抑制破骨细胞活动，减弱溶骨过程，增强成骨过程，使骨组织释放的钙磷减少，钙磷沉积增加，因而血钙与血磷含量下降。降钙素能抑制肾小管对钙、磷、钠及氯的重吸收，使这些离子从尿中排出增多。

（三）$1,25-(OH)_2-D_3$

人和动物除了从食物中得到维生素 D_3 外，在体内还可由胆固醇转化为维生素 D_3。D_3 经血液运至肝，在肝羟化形成 $25-(OH)-D_3$，然后再经肾皮质 $\alpha-1-$ 羟化酶催化进行第二次羟化，形成 $1,25-(OH)_2-D_3$，它是维生素 D_3 的活化形式。$1,25-(OH)_2-D_3$ 的主要靶器官为小肠和骨，其次是肾。$1,25-(OH)_2-D_3$ 的最主要作用是促进小肠黏膜细胞吸收钙和磷，维持血钙和血磷的正常浓度；$1,25-(OH)_2-D_3$ 对骨组织兼有溶骨和成骨双重作用。其主要作用是增强破骨细胞的活性，加速间叶细胞形成新的破骨细胞，从而促进骨的吸收，动员骨质中钙和磷释放入血。由于溶骨作用以及促进肠道钙和磷的吸收，其结果是使血中的钙和磷增高，故又促进了钙化；$1,25-(OH)_2-D_3$ 可直接促进肾近曲小管对钙和磷的重吸收。其总结果是使血钙升高，血磷升高，有利于骨的生长和钙化。

总之，体内钙磷代谢受到 PTH、CT 和 $1,25-(OH)_2-D_3$ 三者的严格调节控制，从而维持血钙、血磷浓度的动态平衡。任何一种激素或一个器官（骨、肾、小肠）功能发生失衡，均可引起血钙、血磷浓度变化，乃至影响骨质结构。

知 识 链 接

小儿维生素 D 缺乏性佝偻病

维生素 D 缺乏性佝偻病（Vitamin D deficiency rickets）是以维生素 D 缺乏，

导致钙、磷代谢紊乱和临床以骨骼的钙化障碍为主要特征的疾病。维生素D是维持高等动物生命所必需的营养素，它是钙代谢最重要的生物调节因子之一。本病是小儿时期四种防治疾病之一。维生素D一直被认为时时刻刻都在参与体内钙和矿物质平衡的调节，维生素D不足导致的佝偻病，是一种慢性营养缺乏病，它发病缓慢，不容易引起家长的重视，但影响小儿生长发育。因此，必须积极防治。

第四节　微量元素的代谢

人体的元素组成约有60种，其中有30种左右是组成人体所必需的元素。一般将含量占体重万分之一以上，每天需要量都大于100mg（总量5g左右）的元素称为常量元素（或宏量元素），体内有碳、氢、氧、氮、硫、磷、钠、钾、氯、钙、镁共11种。体内含量占体重万分之一以下，每天需要量在100mg以下的元素称为微量元素。在体内具有比较重要的特殊生理功能的微量元素包括铁、铜、锌、碘、锰、硒、氟、钼、钴、铬等，绝大部分为金属元素。它们广泛分布于各组织，含量较恒定，其来源主要为食物。微量元素有十分重要的生理功能和生化作用。

一、铁

1. 体内铁的概况　正常成人体内含铁3~5g，平均4.5g。女性稍低，与月经失血丢失铁、怀孕期和哺乳期铁的消耗量增加有关。体内铁的65%左右存在于血红蛋白，10%存在于肌红蛋白。此外，25%的铁以铁蛋白和含铁血黄素形式储存于肝、脾及骨髓组织中，这部分铁称为储存铁。人体铁的主要来源为食物铁和体内血红蛋白降解时释放铁的再利用。因此，正常成人每天需铁量很少，约1mg，而儿童、妊娠期、哺乳期和月经期妇女需铁量增加。铁的吸收部位在十二指肠和空肠上段。溶解状态的铁易于吸收，二价铁比三价铁溶解度大而易于吸收。人体内铁的排泄主要经肠道和肾，大部分铁随粪便排出，还有部分铁自尿液排出。

2. 铁的生理功能　铁是血红蛋白和肌红蛋白的组成成分，参与O_2和CO_2的运输；也是细胞色素体系、铁硫蛋白、过氧化物酶以及过氧化氢酶的组成成分，在生物氧化及氧的代谢中起重要作用。

知 识 链 接

缺铁性贫血

缺铁性贫血是指体内可用来制造血红蛋白的贮存铁已被用尽，红细胞生成障碍所致的贫血，特点是骨髓、肝、脾及其他组织中缺乏可染色铁，血清铁蛋白浓度降低，血清铁浓度和血清转铁蛋白饱和度亦均降低，为小细胞低色素性贫血。临床表现一般有疲乏、烦躁、心悸、气短、头晕、头疼。儿童表现为生长发育迟缓，注意力不集中。部分病人有厌食、胃灼热、胀气、恶心及便秘等胃肠道症状。少数严重病人可出现吞咽困难、口角炎和舌炎。主要原因是铁的需要量增加而摄入不足，铁的吸收不良，失血等。

二、铜

1. 体内铜的概况　正常成人体内含铜量为 100～150mg，在心、肝、肾和脑组织中含量较高。成人每天需从食物中吸收 2mg 铜。食物中的铜主要在十二指肠吸收，吸收率约为 10%。铜大部分以复合物的形式被吸收，入血后运至肝，参与铜蓝蛋白合成。铜蛋白是各组织储存铜的主要形式。80% 左右的铜随胆汁排出，5% 左右由肾排出，10% 左右经脱落肠黏膜细胞排出。

2. 铜的生理功能

（1）铜是细胞色素氧化酶的组成成分，参与生物氧化，起电子传递体的作用。

（2）参与铁的代谢。铜可以促进无机铁转变成有机铁，促进三价铁转变为二价铁，有利于铁在小肠的消化吸收。血浆铜蓝蛋白具有铁氧化酶活性，能使二价铁氧化成三价铁，加速运铁蛋白的形成，促进组织中铁蛋白的转移和利用。

（3）构成胺氧化酶、抗坏血酸氧化酶。

（4）参与 SOD 的作用，铜是 SOD 活性中心的必需金属离子，为催化活性所必需。

（5）参与毛发和皮肤的色素代谢。铜也是酪氨酸酶的组成成分，与毛发和皮肤的颜色有关，缺铜常引起毛发脱色，如酪氨酸酶缺乏则导致白化症。

三、锌

1. 体内锌的概况　正常成人体内含锌 2～3g，广泛分布于各组织中，以视网膜、胰岛、前列腺等组织含锌量为最高。正常成人每天需锌量为 15～20mg。锌在小肠中吸收，肝、鱼、蛋、瘦肉、海产品、母乳等食物锌含量丰富，植物中的锌较动物组织的锌难以吸收和利用。人体中的锌约 25% 储存在皮肤和骨骼内。头发中锌含量常作为人体内锌含量的指标。锌主要随胰液和胆汁经肠道排出，部分锌可从尿和汗液排出。

2. 锌的生理功能

（1）参与酶的组成　锌是许多酶的组成成分或激活剂，因此，锌的生理功能主要是通过含锌酶发挥作用。例如，锌参与 DNA 聚合酶组成，与 DNA 复制、细胞增殖等功能有关。锌参与碳酸酐酶组成，对转运 CO_2、调节酸碱平衡、胃酸分泌等起重要作用。锌还参与乳酸脱氢酶、谷氨酸脱氢酶、羧肽酶等组成，故锌对糖酵解、氨基酸代谢和蛋白质的消化吸收等方面都起作用。

（2）对激素的作用　锌在体内易与胰岛素结合，使其活性增加并延长胰岛素作用时间。锌缺乏者糖耐量降低，胰岛素释放迟缓，糖尿病患者尿锌显著增加。

（3）对大脑功能的影响　脑组织锌中的含量很高，锌能抑制 γ－氨基丁酸合成酶活性，从而减少抑制性中枢神经递质 γ－氨基丁酸的合成。

（4）锌与味觉、嗅觉有关　唾液中的味觉素就是一种含锌的多肽。

知 识 链 接

锌与伊朗乡村病

伊朗乡村病就是由于缺锌引起的，以贫血、生长发育缓慢为主要症状的疾病。该病由于首先在伊朗乡村被发现，所以称之为"伊朗乡村病"；又因为患者的身材矮小，故又称"伊朗侏儒症"或"营养性侏儒症"。后经研究表明，该病是由于某些地区的谷物中含有较多的 6－磷酸肌醇，能与锌形成不溶性复合物而影响其吸收所致。

四、硒

1. 体内硒的概况　正常成人体内含硒 4～10mg，主要分布在肝、胰和肾。成人每天的需要量为 30～50μg。食物硒主要在肠道吸收，吸收入血的硒主要与血浆球蛋白结合，转运至各组织被利用。体内硒主要经肠道排泄，小部分由肾、肺及汗排出。

2. 硒的生理功能

（1）抗氧化作用　硒是谷胱甘肽过氧化物酶的成分，对细胞膜的结构和功能有保护作用。

（2）参与体内多种代谢活动　硒可激活酮戊二酸脱氢酶，硒也参与辅酶 A、辅酶 Q 的生物合成，故硒与三羧酸循环和呼吸链的电子传递有关。

（3）其他　硒在体内可拮抗和降低多种金属离子的毒性作用，与视觉有关，有抗癌作用，是肌肉的组成成分。

五、锰

1. 体内锰的概况　正常成人体内锰含量为 10～20mg。其分布广泛但不均匀，以脑含量为最高，其次为肝、肾和胰腺。细胞内锰比较集中地分布在线粒体内。正常成人每天需锰量为 2.5~7.0mg，食物中的锰主要在小肠中吸收，以十二指肠吸收率最高。体内的锰由胆汁和尿液排泄。

2. 锰的生理功能

（1）是某些酶的组成成分或激活剂　锰是丙酮酸羧化酶、RNA 聚合酶、精氨酸酶等不可缺少的组成成分，与糖、脂肪、蛋白质代谢相关。锰也是 DNA 聚合酶的激活剂，参与 DNA 合成过程。

（2）参与骨骼的生长发育和造血过程　锰可激活多糖聚合酶和半乳糖转移酶活性，还能促进机体利用铜，锰与铁卟啉的合成有关，贫血病人常伴有血锰降低。

（3）维持正常的生殖功能　锰与性激素的合成作用有一定关联，缺锰时，可引起曲精细管退行性变化以及睾丸退化，使精子减少而出现不育症。

六、碘

1. 体内碘的概况　成人体内含碘量为 25~50mg，大部分集中于甲状腺中，成人每天需碘量为 100~300μg。食物中碘在消化道吸收快且完全。吸收入血的碘与蛋白质结合而运输。血浆的碘 70%~80% 被甲状腺滤泡上皮细胞摄取和浓聚。碘主要以碘化物的形式经肾排出，成人每天尿碘量约为 170μg。

2. 碘的生理功能　碘主要通过合成甲状腺激素（T_3、T_4）而发挥作用。甲状腺激素在调节物质代谢及生长发育中均起重要作用。它具有促进糖、脂类氧化分解，促进蛋白质合成并调节能量代谢，还促进骨骼的生长发育，维持中枢神经系统的正常功能。当成人缺碘时，可引起单纯性甲状腺肿；胎儿和新生儿发生缺碘时，可影响个体和智力发育，引起呆小症。

本章小结

根据溶解性不同，维生素分为脂溶性维生素和水溶性维生素两大类。脂溶性维生素包括维生素 A、维生素 D、维生素 E、维生素 K；水溶性维生素包括 B 族维生素和维生素 C。维生素 A 与视蛋白结合成感光物质——视紫红质，维持上皮组织的健全与分化，缺乏时会引起夜盲症和干眼病；维生素 D 参与钙、磷代谢，儿童缺乏引起佝偻病，成人引起骨软化症；维生素 E 有抗氧化作用；维生素 K 促进血液凝固，缺乏时会引起凝血障碍。B 族维生素多以辅酶因子的形式参与酶促反应，维生素 B_1 又称硫胺素，缺乏时易产生脚气病；维生素 B_2 又称核黄素，缺乏时可产生舌炎、口角炎及眼结膜炎等皮肤与黏膜的炎症和溃疡；维生素 PP 又称抗癞皮病维生素，缺乏时产生癞皮病；维生素 B_{12} 及叶酸缺乏时出现巨幼红细胞性贫血；维生素 C 则参与羟化反应与氧化还原反应，缺乏时产生坏血病。钙和磷是体内含量最多的无机元素。钙的主要生理功能是成骨作用，Ca^{2+} 作为第二信使参与细胞间信号转导等。磷的主要生理功能是参与构成骨、牙齿，维持体液的酸碱平衡，组成含磷的有机化合物等。体内钙磷代谢主要受甲状旁腺素、$1,25-(OH)_2-D_3$、降钙素三者的调节。体内微量元素主要是铁、铜、锌、碘、锰、硒、氟、钼、钴、铬等。微量元素在维持人体健康中具有重要作用。

复习思考

一、A 型选择题

1. 有关维生素 A 的叙述错误的是（　　　）

   A. 维生素 A 缺乏可引起夜盲症

   B. 维生素 A 可由 β 胡萝卜素转变而来

   C. 维生素 A 是水溶性维生素

   D. 维生素 A 参与视紫红质的形成

   E. 对紫外线不稳定，易被空气中的氧所氧化

2. 下述维生素可用于油溶性药物抗氧化剂的是（　　　）

   A. 维生素 A　　　　　　B. B 族维生素　　　　C. 维生素 C

   D. 维生素 E　　　　　　E. 维生素 K

3. 儿童缺乏维生素 D 时易患（　　　）

   A. 佝偻病　　　　　　　B. 脚气病　　　　　　C. 坏血病

   D. 恶性贫血　　　　　　E. 口角炎

4. 临床治疗习惯性流产、先兆流产常选用下列哪种维生素（　　　）

   A. 维生素 B_1　　　　　B. 维生素 E　　　　　C. 维生素 B_{12}

   D. 维生素 B_6　　　　　E. 维生素 PP

5. 关于脂溶性维生素的叙述错误的是（　　　）

   A. 溶于脂肪和脂溶剂

   B. 不溶于水

   C. 在肠道中与脂肪共同吸收

   D. 长期摄入量过多可引起相应的中毒

   E. 可随尿排出体外

6. 维生素 B_6 不具有下列哪个性质（　　　）

   A. 为白色或类白色结晶性粉末　　　　　　B. 含有酚羟基，遇三氯化铁呈红色

C. 水溶液易被空气氧化而变色   D. 水溶液显碱性

E. 易溶于水

7. 含有维生素 B_2 的辅基或辅酶是 （　　　）

     A. NAD^+ B. FAD   C. $NADP^+$

     D. TPP   E. FMN

8. 可构成转氨酶辅酶的维生素是 （　　　）

     A. 维生素 B_1 B. 维生素 B_2 C. 维生素 C

     D. 维生素 B_6 E. 维生素 B_{12}

9. 坏血病是由于缺乏哪种维生素引起的 （　　　）

     A. 维生素 C   B. 维生素 D   C. 维生素 K

     D. 维生素 E   E. 维生素 A

10. 缺乏时引起巨幼红细胞贫血的维生素是 （　　　）

     A. 维生素 B_2 B. 维生素 B_6 C. 维生素 PP

     D. 叶酸   E. 维生素 B_1

11. 下列对维生素 C 描述错误的是 （　　　）

     A. 水溶液中主要以酮式存在   B. 可与 $NaHCO_3$ 形成盐

     C. 其酸性来自 C_3 位上的羟基   D. 可被 $FeCl_3$ 等氧化剂氧化

     E. 在空气、光和热的作用下变色

12. 影响钙吸收的主要因素是 （　　　）

     A. 维生素 A   B. $1,25-(OH)_2-D_3$

     C. $25-$羟维生素 D_3 D. $1,24-(OH)_2-D_3$

     E. 肾上腺素

13. 血钙增高可引起 （　　　）

     A. 心率减慢   B. 抽搐

     C. 心肌兴奋性增强   D. 骨骼肌兴奋性增强

     E. 以上都不对

14. 非扩散钙是指 （　　　）

     A. 柠檬酸钙   B. 碳酸氢钙   C. 络合钙

     D. 钙离子   E. 血浆蛋白结合钙

15. 下列哪种不是调节钙磷代谢的因素 （　　　）

     A. $1,25-(OH)_2-D_3$ B. ADH

     C. PTH   D. CT

     E. 以上都不是

二、简答题

1. 当维生素 A 缺乏时为什么会患夜盲症？

2. 叶酸和维生素 B_{12} 缺乏时会导致什么疾病？为什么？

3. 维生素 B_1 注射液能否与碳酸氢钠注射液配伍使用？为什么？

4. 试描述钙和磷在体内的生理功用？

5. 调节钙、磷代谢的因素有哪些，它们是如何发挥调节作用的，其调节结果如何？

扫一扫，知答案

扫一扫，看课件

第 六 章

生物氧化

【学习目标】

1. 掌握生物氧化的概念和特点；呼吸链的概念、组成及排列顺序；底物水平磷酸化和氧化磷酸化的概念。

2. 熟悉 CO_2 的生成方式；氧化磷酸化的影响因素；ATP 的利用和储存。

3. 了解参与生物氧化的酶类；线粒体外 NADH 的氧化；非线粒体氧化体系。学会运用影响氧化磷酸化因素的知识解释临床相关疾病发生的机制。

生命活动中，糖、脂和蛋白质等营养物质在生物体内彻底氧化分解生成 CO_2 和 H_2O，并逐步释放能量的过程称为生物氧化。由于生物氧化过程中伴有氧的利用和二氧化碳的产生，所以也称细胞呼吸或组织呼吸。生物氧化所释放的能量中相当一部分可使 ADP 磷酸化生成 ATP，供生命活动所需，其余能量主要以热能形式释放，可用于维持体温。生物氧化的重要意义在于为生物体提供生命活动所需的能量。

生物氧化过程主要在线粒体内进行，但线粒体外也有其他的氧化体系，其中以微粒体和过氧化物酶体最为重要。这些氧化体系与体内许多重要生理活性物质的合成以及某些药物和毒物的生物转化有关，如微粒体氧化体系中加单氧酶可参与体内吗啡等药物的解毒转化和代谢清除反应，过氧化物酶体系中谷胱甘肽过氧化物酶保护膜脂和使细胞免受氧化等。

本章重点讲解线粒体氧化体系中营养物质如何氧化生成 CO_2 和 H_2O，以及机体如何对氧化过程中所释放的能量进行转移、储存和利用，为后续学习糖、脂、蛋白质的代谢过程奠定基础。

第一节 概　述

一、生物氧化的方式

生物氧化遵循氧化还原反应的一般规律，氧化的方式包括加氧、脱氢和失电子，其中脱氢是主要方式。

1. 加氧反应　向底物分子中直接加入氧原子或氧分子的反应，如烷氧化为醇类。

$$CH_3CH_3 + 1/2O_2 \longrightarrow CH_3CH_2OH$$

2. 脱氢反应　生物氧化中最常见的氧化方式，可分为两种类型，一是直接脱氢反应，即从底物分子上脱下一对氢原子（一对 H^+ 和一对 e），如苹果酸氧化为草酰乙酸。另一类型是加水脱氢反应，即向底物分子中加入 H_2O，同时脱去一对氢原子，其总结果是底物分子中加入了一个来自水分子的氧原子，实际上是脱氢反应，如乙醛氧化为乙酸。

$$HOOC—CH_2—CH（OH）COOH \longrightarrow HOOC—CH_2—COCOOH + 2H$$

$$CH_3—CHO + H_2O \longrightarrow CH_3—COOH + 2H$$

3. 失电子反应　底物原子或离子在反应中失去电子被氧化。例如，细胞色素中 Fe^{2+} 氧化为 Fe^{3+}。

$$Fe^{2+} \longrightarrow Fe^{3+} + e$$

实际上脱氢过程也包括电子转移，因为一个氢原子是由一个质子（H^+）和一个电子（e）组成，脱去一个氢原子也就是失去一个电子和一个质子。

二、生物氧化的酶类

体内参与生物氧化的酶类可分为氧化酶类、需氧脱氢酶类、不需氧脱氢酶类及其他酶类等。这些酶的辅酶在反应中既可以接受氢被还原，又可以释放出氢被氧化，起到递氢和递电子的作用，称为递氢体和递电子体。

1. 氧化酶类　氧化酶催化底物脱下的氢直接交给氧生成 H_2O。该类酶的亚基常含有铁、铜等金属离子，如细胞色素氧化酶、抗坏血酸氧化酶等，其作用方式如图 6 – 1 所示。

2. 需氧脱氢酶类　需氧脱氢酶可催化底物脱氢，直接将氢传递给氧生成产物 H_2O_2。该酶的辅基为黄素单核苷酸（FMN）和黄素腺嘌呤二核苷酸（FAD），故又被称为黄素酶。如黄嘌呤氧化酶、L – 氨基酸氧化酶等，其作用方式如图 6 –2 所示。

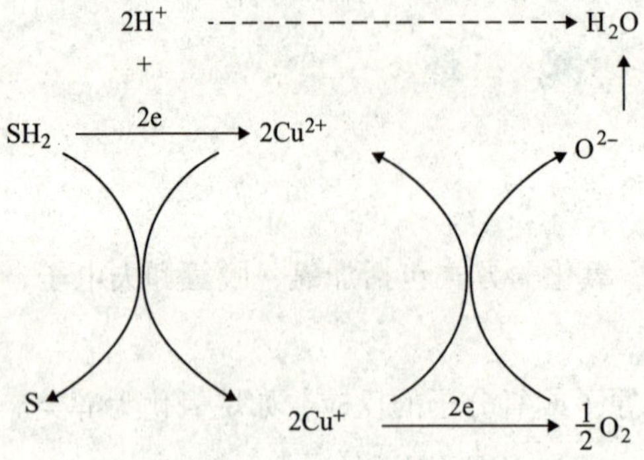

图 6-1　氧化酶的作用方式
（SH_2：底物；S：底物）

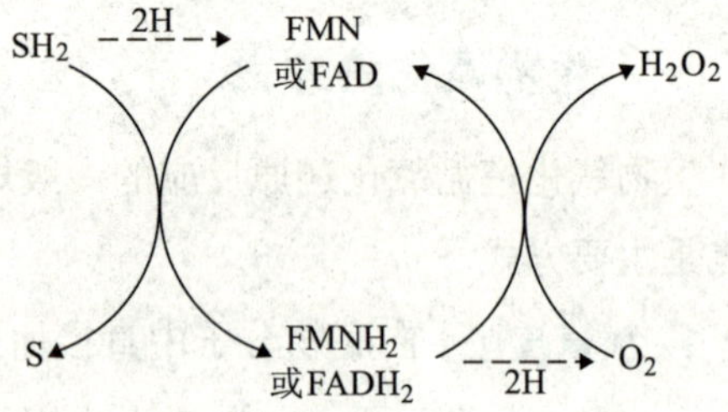

图 6-2　需氧脱氢酶类的作用方式
（SH_2：底物；S：底物）

3. 不需氧脱氢酶类　不需氧脱氢酶是体内最重要的脱氢酶，催化底物脱下的成对氢原子首先被辅酶或辅基接受，再经一系列传递体的传递最终将氢交给氧生成 H_2O。依据辅助因子不同可分为两类：一是以 NAD^+ 或 $NADP^+$ 为辅酶的不需氧脱氢酶，如苹果酸脱氢酶、异柠檬酸脱氢酶等；二是以 FAD 或 FMN 为辅基的不需氧脱氢酶，如琥珀酸脱氢酶、脂酰 COA 脱氢酶等。其作用方式如图 6-3 所示。

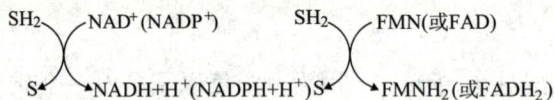

图 6-3　不需氧脱氢酶类的作用方式（SH_2：底物；S：底物）

4. 其他酶类　除上述酶外，体内还有一些氧化还原酶类，如加单氧酶、加双氧酶、超氧化物歧化酶、过氧化物酶等。

三、生物氧化的特点

生物氧化与物质在体外的氧化方式在化学本质上是相同的，都是消耗 O_2、生成 CO_2 和 H_2O 并释放能量的过程，但与营养物质体外氧化过程（如燃烧）相比，生物氧化又有其特点：①反应条件温和：生物氧化过程是在体温 37℃、pH 值近中性的体液中，经过一系列酶催化下进行的；②逐步释放能量：生物氧化的能量逐步释放，其中一部分以化学能的形式使 ADP 磷酸化成 ATP，为机体各种生理活动需要提供直接能源，另一部分则以热能的形式散发维持体温，能量利用率高；③生物氧化的方式是以脱氢（失电子）为主，代谢物脱下的氢主要通过氧化呼吸链传递给 O_2 生成 H_2O，CO_2 是通过有机酸的脱羧基反应产生；④生物氧化的速率受到体内多种因素的调节。

第二节 线粒体内生物氧化体系

糖、脂类、蛋白质三大营养物质的主要氧化过程均是在线粒体中进行，在生物氧化过程中，线粒体具有特殊的重要性。

一、呼吸链的组成

在线粒体内膜上排列着一系列由许多酶和辅酶组成的递氢体和递电子体，能将代谢物上脱下的两个氢原子（2H）通过一个连续进行的链式反应逐步传递给 O_2 生成 H_2O。这种按一定顺序排列在线粒体内膜上的递氢体和递电子体构成的链式反应体系称为呼吸链，又称为电子传递链。呼吸链与细胞对 O_2 的利用、生物体内 H_2O 和能量的生成密切相关。

（一）呼吸链的组成成分和作用

线粒体中呼吸链的组成成分基本上分为 5 大类。

1. 尼克酰胺腺嘌呤二核苷酸（NAD$^+$） 又称辅酶 I（CoI），是维生素 PP 参与构成的辅酶类核苷酸，分子中尼克酰胺的五价氮接受 1 个电子及双键共轭后成为三价氮。其对侧的碳原子也比较活泼，能进行加氢反应，此反应是可逆的。尼克酰胺在加氢反应时只能接受 1 个氢原子和 1 个电子，另将一个 H^+ 游离出来。因此，将还原型的 CoI 写成 $NADH + H^+$。故 NAD^+ 是递氢体（图 6-4）。

除了 NAD^+ 外，维生素 PP 在体内转化的另一个辅酶类核苷酸是 $NADP^+$，又称辅酶 II，也能接受并传递氢原子，作用机理与 NAD^+ 相同，在体内的生物转化、合成等反应中也有重要的作用。

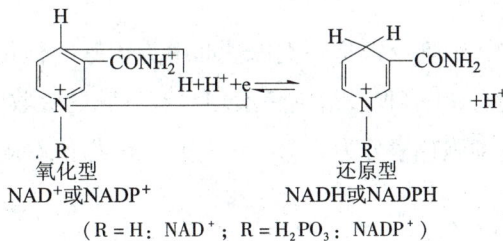

$$\text{（R = H：NAD}^+\text{；R = H}_2\text{PO}_3\text{：NADP}^+\text{）}$$

图 6-4 NAD$^+$ 和 NADP$^+$ 的递氢机制

2. 黄素蛋白类 线粒体内的黄素蛋白有两类，分别以黄素单核苷酸（FMN）和黄素腺嘌呤二核苷酸（FAD）为辅基。FMN 和 FAD 都是由核黄素（维生素 B_2）参与构成的辅酶类核苷酸，其结构中的异咯嗪环上的第一位及第十位两个氮原子能进行可逆的加氢和脱氢反应，是重要的递氢体（图 6-5）。

3. 铁硫蛋白（Fe-S） 铁硫蛋白分子中含有非血红素铁和对酸不稳定的硫，通常简

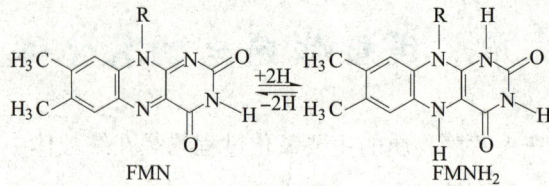

式中 R 代表黄素酶分子结构中异咯嗪以外的部分

图 6 – 5　FMN 及 FAD 的递氢机制

写为 Fe – S，也被称为铁硫中心。铁硫蛋白中的 Fe^{2+}（还原型）失去一个电子转变为 Fe^{3+}（氧化型）；Fe^{3+} 接受一个电子又转变成 Fe^{2+}。在呼吸链中发挥传递电子的作用，其功能是将 $FMNH_2$ 的电子传递给泛醌。在呼吸链中铁硫蛋白一般与黄素蛋白或细胞色素 b 结合成复合物而存在。

4. 辅酶 Q　辅酶 Q（CoQ）是一种广泛分布于生物界的脂溶性醌类衍生物，又称泛醌。其分子中的苯醌结构能接受两个氢原子还原成二氢泛醌（$CoQH_2$）（图 6 – 6），然后迅速将 2 个电子传递给细胞色素，并把 $2H^+$ 释放入线粒体膜间隙。

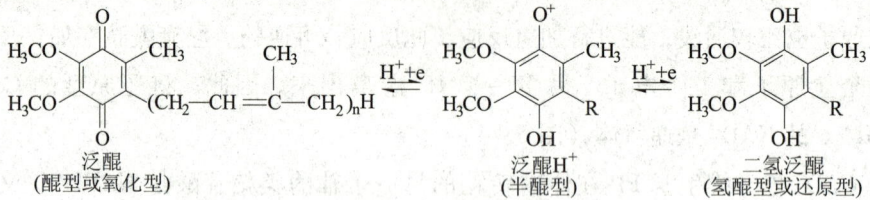

动物组织中辅酶 Q 侧链上的异戊二烯单位的 n 值为 10

图 6 – 6　辅酶 Q 递氢作用机理

5. 细胞色素（Cyt）　　细胞色素是一类以铁卟啉为辅基的催化电子传递的酶类体系，在动、植物细胞内已发现有 30 多种。细胞色素均具有特殊的吸收光谱而呈现颜色，根据它们吸收光谱不同，可将细胞色素分为 a、b、c 三类，三类下又根据最大吸收峰的微小差别分为不同亚类。

☆**考点提示**

呼吸链中细胞色素传递电子的顺序

线粒体内膜上参与呼吸链组成的有细胞色素 a、a_3、b、c、c_1，其中细胞色素 a_3 是唯一能将电子传递给氧分子的细胞色素，它和细胞色素 a 很难分开，两者结合在一起形成酶复合体，又称为细胞色素氧化酶。在呼吸链中细胞色素依靠铁卟啉中的铁原子进行 Fe^{2+} ↔

$Fe^{3+} + e$ 反应而传递电子，传递顺序是 Cyt（$b \to c_1 \to c \to aa_3$）$\to O_2$。

（二）呼吸链酶复合体

构成呼吸链的递氢体和递电子体的成分主要以复合体的形式存在于线粒体内膜上。用胆酸和脱氧胆酸等反复处理线粒体内膜，可将呼吸链分离得到四种仍具有传递电子功能的蛋白质 – 酶复合体，各含有不同的组分。酶复合体是线粒体内膜氧化呼吸链的天然存在形式，由其所含的各组分具体完成电子传递过程。线粒体内膜氧化呼吸链上主要有 4 种复合体，复合体的名称和主要作用见（表 6 – 1）。

表 6 – 1 呼吸链复合体及其作用

复合体	复合体名称	辅基	主要作用
复合体 I	NADH – CoQ 还原酶	FMN、Fe – S	将 NADH 的氢原子传递给泛醌
复合体 II	琥珀酸 – CoQ 还原酶	FAD、Fe – S	将琥珀酸中的氢原子传递给泛醌
复合体 III	细胞色素 c 还原酶	铁卟啉、Fe – S	将电子从还原性泛醌传递给细胞色素 c
复合体 IV	细胞色素 c 氧化酶	铁卟啉、Cu	将电子从细胞色素 c 传递给氧

（三）呼吸链中氢和电子的传递

呼吸链各组分的排列顺序是根据研究各组分标准氧化还原电位高低、体外呼吸链组分拆开和重组、抑制剂阻断氧化还原过程和各组分特有吸收光谱情况实验来确定的。根据排列顺序得知，线粒体内有两条氧化呼吸链，即 NADH 氧化呼吸链和琥珀酸氧化呼吸链（$FADH_2$ 氧化呼吸链）。

☆考点提示

两条呼吸链各组分的排列顺序

1. NADH 氧化呼吸链　NADH 氧化呼吸链是线粒体中的主要呼吸链。生物氧化中大多数代谢物（如丙酮酸、苹果酸、异柠檬酸、α – 酮戊二酸等）被以 NAD^+ 为辅酶的脱氢酶催化时，脱下的 2H 由 NAD^+ 接受生成 NADH + H^+，后者再将 2H 传给 FMN 生成 $FMNH_2$。接着 $FMNH_2$ 又将 2H 传给 CoQ 生成 $CoQH_2$。$CoQH_2$ 在细胞色素体系催化下脱氢，脱下的 2H 分解成 $2H^+$ 和 2e，$2H^+$ 游离于介质中，2e 先由细胞色素 b 接受，然后通过 $c_1 \to c \to aa_3$ 的顺序传递，最后交给分子氧，氧原子被还原生成负 2 价的氧离子，后者迅速与基质中的 $2H^+$ 结合生成 H_2O（图 6 – 7）。

2. 琥珀酸氧化呼吸链（$FADH_2$ 氧化呼吸链）　生物氧化中少数代谢物（如琥珀酸、脂肪酰 CoA 等）被以 FAD 为辅基的脱氢酶催化时，代谢物脱下 2H，由 FAD 接受生成 $FADH_2$，然后将 2H 传递给 CoQ 生成 $CoQH_2$，再往下的传递过程和 NADH 氧化呼吸链完全相同（图6-8）。即两条呼吸链的汇合点是 CoQ。此呼吸链要比 NADH 氧化呼吸链稍短一些。

图 6-7 NADH 氧化呼吸链

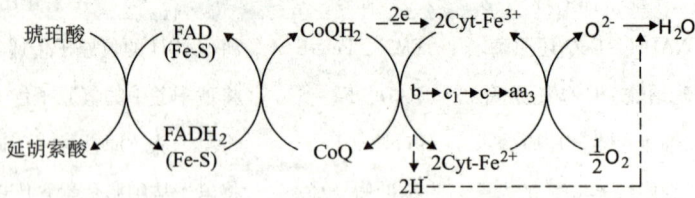

图 6-8 琥珀酸（$FADNH_2$）氧化呼吸链

二、胞液中 NADH 的氧化

物质氧化分解过程中，线粒体内生成的 NADH 可直接进入呼吸链进行生物氧化过程；由于线粒体内膜对物质的通过有严格的选择性，有不少反应是在线粒体外细胞液中进行的，在胞液中生成的 $NADH + H^+$ 必须先通过特定的转运机制才能将 2H 转运至线粒体内，再进行生物氧化过程。这种转运机制主要有 α-磷酸甘油穿梭和苹果酸-天冬氨酸穿梭。

（一）α-磷酸甘油穿梭

细胞液中的 NADH 在 α-磷酸甘油脱氢酶催化下，将 2H 传递给磷酸二羟丙酮生成 α-磷酸甘油。后者可通过线粒体外膜，再经位于线粒体内膜表面的 α-磷酸甘油脱氢酶（辅基为 FAD）催化，生成磷酸二羟丙酮和 $FADH_2$。磷酸二羟丙酮返回细胞液继续进行下一轮穿梭，$FADH_2$ 则进入 $FADH_2$ 氧化呼吸链进行氧化磷酸化，可产生 1.5 分子 ATP。此穿梭机制主要存在于脑和骨骼肌中。

（二）苹果酸-天冬氨酸穿梭

细胞液中的 NADH 在苹果酸脱氢酶催化下，将 2H 传递给草酰乙酸生成苹果酸。苹果酸借助线粒体内膜上的 α-酮戊二酸转运蛋白进入线粒体，在线粒体内苹果酸脱氢酶（辅酶为 NAD^+）的作用下，脱氢氧化生成草酰乙酸和 $NADH + H^+$，$NADH + H^+$ 进入 NADH 氧化呼吸链，可产生 2.5 分子 ATP。草酰乙酸不能透过线粒体内膜，经谷草转氨酶作用生成天冬氨酸，后者经酸性氨基酸载体运出线粒体再转变成草酰乙酸，继续重复穿梭。此穿梭机制主要存在于肝、肾和心肌中。

第三节 高能化合物的生成与利用

一、高能化合物

机体在生物氧化过程中释放的能量，除用于生命活动和维持体温外，大约有 40% 以化学能的形式储存于高能化合物中。在生物体内，水解时释放的能量大于 20.9kJ/mol 的化学键称为高能键，常用"～"表示。最常见的高能键有高能磷酸键（～P），存在于多磷酸核苷酸的第二和第三个磷酸键中；其次是高能硫酯键（～S）。含高能键的化合物称为高能化合物。常见的高能磷酸化合物有 ATP、ADP、GTP、GDP 等；常见的高能硫酯化合物有乙酰 CoA、琥珀酰 CoA 等。常见的高能化合物见表 6-2。

表 6-2 常见的高能化合物

通式	举例	释放能量（pH7.0，25℃）/（kJ/mol）
$R{-}\overset{\overset{NH}{\|\|}}{C}{-}NH\sim\text{\textcircled{P}}$	磷酸肌酸	-43.9
$R{-}\overset{\overset{CH_2}{\|\|}}{C}{-}O\sim\text{\textcircled{P}}$	磷酸烯醇式丙酮酸	-61.9
$H_3C{-}\overset{\overset{O}{\|\|}}{C}{-}O\sim\text{\textcircled{P}}$	乙酰磷酸	-41.8
$R{-}O{-}\text{\textcircled{P}}\sim\text{\textcircled{P}}\sim\text{\textcircled{P}}$	ATP, GTP, UTP, CTP	-30.5
$R{-}O{-}\text{\textcircled{P}}\sim\text{\textcircled{P}}$	ADP, GDP, UDP, CDP	-30.5
$H_3C{-}\overset{\overset{O}{\|\|}}{C}{-}O\sim SCoA$	乙酰 CoA	-31.4

在体内所有的高能化合物中，以 ATP 最为重要，生物体内能量的储存、利用和转移都以 ATP 为中心。ATP 是生物界普遍存在的直接供能物质，最大释放的能量可达 52.3kJ/mol。

知 识 链 接

ATP 的临床应用

在临床上，ATP 作为一种药品，有提供能量和改善机体代谢的作用，常用于进行性肌肉萎缩、脑出血后遗症、心功能不全、心肌炎及肝炎等疾病的辅助治疗。纯净的 ATP 呈白色粉末状，能溶于水。ATP 片剂可以口服，注射液可肌内注射或静脉滴注。但 ATP 并非万能药，若用药指征掌握不严而滥用，可导致不良反应甚至致命。

二、ATP 的生成

ATP 是人体能量的直接供应者，体内 ATP 是由 ADP 磷酸化生成的，根据反应所需的能量来源不同，可将 ATP 的生成方式分为两种：底物水平磷酸化和氧化磷酸化。

☆考点提示 ....

ATP 的生成方式

....

（一）底物水平磷酸化

代谢物由于脱氢或脱水引起的分子内部能量重新分配形成高能键，所形成的高能磷酸键在酶的作用下直接转移给 ADP（或 GDP）生成 ATP（或 GTP）的方式称为底物水平磷酸化。

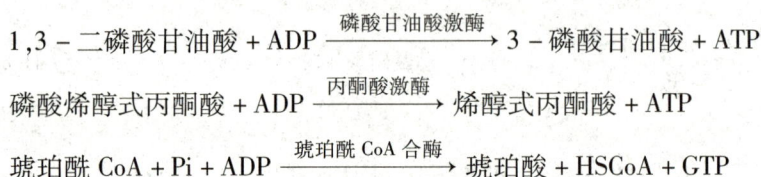

$$1,3-二磷酸甘油酸 + ADP \xrightarrow{\text{磷酸甘油酸激酶}} 3-磷酸甘油酸 + ATP$$

$$磷酸烯醇式丙酮酸 + ADP \xrightarrow{\text{丙酮酸激酶}} 烯醇式丙酮酸 + ATP$$

$$琥珀酰 CoA + Pi + ADP \xrightarrow{\text{琥珀酰 CoA 合酶}} 琥珀酸 + HSCoA + GTP$$

（二）氧化磷酸化

氧化磷酸化是体内生成 ATP 的主要方式。代谢物脱下的氢经呼吸链传递给氧生成水的同时释放出能量使 ADP 磷酸化生成 ATP 的过程称为氧化磷酸化（见图 7-14）。

经实验证明，当氢和电子从 NADH 开始通过呼吸链传递给氧生成水时，有 3 个部位释放的能量大于 30.5KJ/mol，可使 ADP 磷酸化生成 ATP。这种在呼吸链上氧化释放较高的能量，能使 ADP 磷酸化生成 ATP 的部位称为氧化磷酸化偶联部位。代谢物脱下的氢经过 NADH 氧化呼吸链传递给氧的过程中，有三个偶联部位，生成 2.5 分子 ATP；而经过 $FADH_2$ 氧化呼吸链传递过程中只有两个偶联部位，生成 1.5 分子 ATP（图 6-9）。

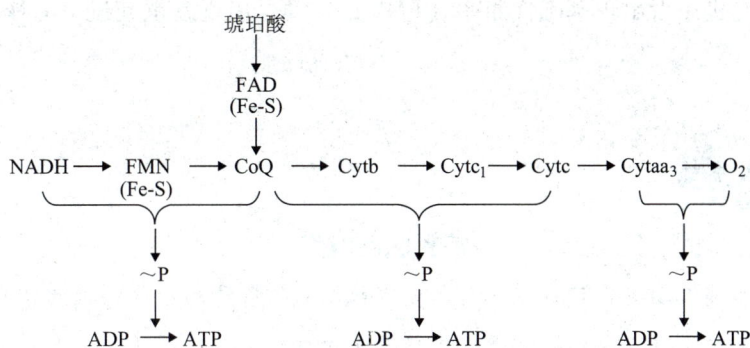

图 6-9 氧化磷酸化偶联部位示意图

知 识 链 接

氧化磷酸化的偶联机制

1961 年，英国学者 P. Mitchell 提出的化学渗透假说阐明了氧化磷酸化的偶联机制。他提出电子传递能量驱动质子从线粒体基质转移到内膜外，形成跨内膜质子梯度，储存能量，质子通过 ATP 合成酶内流释放能量催化 ATP 合成。这一理论是解决该生物能学难题的重大突破，并更新人们对涉及生命现象的生物能储存、生物合成、代谢物转运、膜结构功能等多种问题的认识。

(三) 调节氧化磷酸化的因素

氧化磷酸化作用受多种因素的影响，主要有 ATP/ADP 值、甲状腺激素、各种抑制剂等。

☆ 考点提示 ⋯⋯⋯⋯⋯⋯⋯⋯⋯⋯⋯⋯⋯⋯⋯⋯⋯⋯⋯⋯⋯⋯⋯⋯⋯⋯⋯⋯⋯⋯⋯⋯⋯⋯⋯⋯⋯

调节氧化磷酸化的因素

⋯⋯⋯

1. ATP/ADP 的调节作用 当机体的运动量增加使 ATP 的消耗增多时，导致线粒体内 ATP/ADP 值降低，促使氧化磷酸化速度加快，生成 ATP 增多；反之，氧化磷酸化速度则减慢。此外，比值增高会抑制体内许多的关键酶，如磷酸果糖激酶、丙酮酸激酶等，通过直接反馈作用抑制相关代谢过程。这种调节作用可改变体内物质氧化的速度，使体内 ATP 的生成速度适应生理需要，这对机体合理地利用能源、避免能源的浪费具有重要的意义。

2. 甲状腺素的调节作用 甲状腺素是调节机体能量代谢的重要激素，它可以诱导许多组织、细胞膜 $Na^+ - K^+ - ATP$ 酶的生成，使 ATP 水解生成 ADP 和 Pi 的速度加快，从而促进氧化磷酸化的进行。由于 ATP 的合成和分解都加快，机体耗氧量、产热量都增加。所以甲状腺功能亢进患者出现基础代谢率（BMR）增高，出现食欲亢进、心悸、喜冷怕热、易出汗等症状。

知 识 链 接

棕色脂肪组织

人体和哺乳动物中都存在含有大量线粒体的棕色脂肪组织，该组织存在丰富的解偶联蛋白，可以通过氧化磷酸化解偶联释放热量，从而达到御寒的效果。新生儿如缺乏棕色脂肪组织，则可能会因为不能维持正常体温使皮下脂肪凝固，同时低温时毛细血管扩张，渗透性增加，导致硬肿症。

3. 抑制剂的作用 某些药物或毒物对氧化磷酸化有抑制作用，根据其作用机制可分为电子传递抑制剂和解偶联剂。①电子传递抑制剂：指阻断呼吸链上某部位电子传递的物质，也称为呼吸链抑制剂。如粉蝶霉素 A、鱼藤酮、异戊巴比妥、抗霉素 A、CO 和氰化物等。这类物质使呼吸链中氢和电子传递中断，细胞内的呼吸作用受阻，此时，即使氧的供应充足，细胞也不能利用，造成组织严重缺氧，能源断绝，甚至危及生命。常见电子传递抑制剂的抑制部位如图所示（图 7 – 16）。②解偶联剂：能使氧化和磷酸化生成 ATP 的偶联过程分离的物质。这类物质不影响呼吸链电子的传递，但使氧化过程中产生的能量不能使 ADP 磷酸化生成 ATP，而以热能的形式散发。2,4 – 二硝基苯酚（DNP）是最早发现的偶联剂，某些药物如双香豆素、水杨酸、苯丙咪唑等都有解偶联作用。在解偶联状态下，线粒体内 ADP 不能生成 ATP，以致体内 ADP 堆积，刺激细胞呼吸，氧化过程加速，细胞耗氧量增加，氧化时释放的能量大部分以热能的形式损失，机体得不到可利用的能量。冬眠动物棕色脂肪组织的解偶联作用可有助于其保持体温。少量的解偶联剂如阿司匹林在体内分解后产生的水杨酸可通过增加体内产热使机体大量排汗而加速散热，达到降温的目的。患感冒和传染性疾病时，病毒或细菌可产生一种解偶联物质，使患者体温升高。③ATP 合成酶抑制剂：这类抑制剂对电子的传递和 ATP 的合成都有抑制作用，如寡霉素。

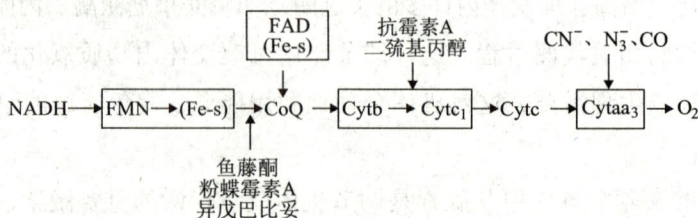

图 6 – 10　呼吸链抑制剂的作用部位

知 识 链 接

氰化物中毒

氰化物是一种剧毒物质，其致死量小，死亡速度快，抢救困难。如果是以口服大量的氰化物或通过静脉注射、吸入高浓度氢氰酸气体的形式中毒，1~2分钟后就会出现意识丧失、心跳骤停并导致死亡，被称为"闪电式"骤死。

实际上，氰化物离我们并不遥远，甚至在日常的食物中也有它的身影，如苦杏仁、桃仁、白果、木薯。不过，含有氰化物的食物并非完全不能食用，只要处理得当，摄入的氰化物控制在一定限量内，对人体并不会造成严重伤害。而一旦氰化物中毒也有方法进行急救，临床上常采用注射亚硝酸钠和吸入亚硝酸异戊酯的方法进行抢救。

三、ATP 的利用

ATP 几乎是细胞能直接利用的唯一能源物质，但体内 ATP 的数量不多，在正常生理情况下，能量的转移和利用主要通过 ATP 与 ADP 的相互转变来实现。在机体活动需要时，ATP 水解为 ADP 和 Pi，释放的能量可以满足各种生理活动的需要，如肌肉收缩、神经传导等。ADP 又可以通过磷酸化获得高能磷酸键再生成 ATP。ATP 和 ADP 两者的相互转换非常迅速，是体内能量转换的基本方式。

除了 ATP 外，体内还有其他类型的高能化合物，例如，UTP、GTP 和 CTP。这些物质也可为合成代谢直接提供能量，但这些高能化合物分子中的高能磷酸键又来自于 ATP。

$$ATP + UDP \rightleftharpoons ADP + UTP$$

$$ATP + CDP \rightleftharpoons ADP + CTP$$

$$ATP + GDP \rightleftharpoons ADP + GTP$$

体内另一个重要的高能化合物是磷酸肌酸（C~P），其分子中所含的高能键不能直接利用，当体内 ATP 消耗时（如肌肉运动、精神紧张、兴奋等），磷酸肌酸可在肌酸激酶（CK）催化下，迅速将 ~P 转移给 ADP 生成 ATP，再由 ATP 直接提供能量。在临床上，给心肌梗死的患者补充 ATP，对保护心肌具有一定意义。同时，可利用 CK 同工酶协助心肌梗死的早期诊断。

综上所述，生物体内能量的生成和利用都以 ATP 为中心。ATP 作为能量载体分子，在分解代谢过程中产生，又在合成代谢等耗能过程中被利用。ATP 分子性质稳定，但细胞中储存量少，通过不断进行 ADP－ATP 的再循环，伴随自由能的释放和获得，完成不同生命过程间能量的穿梭和转换。

第四节　其他氧化体系

生物氧化过程主要在细胞的线粒体内进行，但线粒体外也有其他的氧化体系，其中以微粒体和过氧化物酶最为重要。其特点是水的生成不经过呼吸链电子传递，氧化过程中也不伴有 ADP 的磷酸化，因此不是产生 ATP 的方式。这些氧化体系与体内许多重要生理活性物质的合成以及某些药物和毒物的生物转化有关。

一、微粒体氧化体系

微粒体氧化体系存在于细胞的光滑内质网上，其组成成分复杂，根据催化底物氧化反应情况不同，可分为两种类型。

（一）加单氧酶

此类酶可催化氧分子中的 1 个氧原子加到底物分子上，使底物羟化，而另一氧原子与NADPH + H$^+$ 上的 2 个质子化合成水。因催化作用具有双重功能，又称为混合功能氧化酶；又因催化底物发生羟化反应，也称为羟化酶。

$$RH + NADPH + H^+ + O_2 \longrightarrow ROH + NADP^+ + H_2O$$

加单氧酶的主要功能是参与体内正常的物质代谢，如肾上腺皮质激素的羟化、类固醇激素的合成、维生素 D$_3$ 的羟化以及胆汁酸、胆色素的形成反应等，另外加单氧酶也可参与到某些毒物（如苯胺）和药物（如吗啡）的解毒转化和代谢清除反应中。

（二）加双氧酶

加双氧酶又称转化酶，催化氧分子的 2 个氧原子直接加到底物分子特定的双键上，使该底物分子分解成两部分。如 β - 胡萝卜素加双氧酶可催化 β - 胡萝卜素加双氧而转变为视黄醛。

二、过氧化物酶体氧化体系

过氧化氢主要在细胞内的过氧化物酶体中产生。过氧化物酶体中含较多的需氧脱氢酶，它们可分别催化 L - 氨基酸、D - 氨基酸、黄嘌呤等物质脱氢氧化，产生过氧化氢。过氧化氢有极强的氧化性，可以氧化蛋白分子上的巯基，使以巯基为必需基团的酶蛋白失去活性，使不饱和脂肪酸氧化造成磷脂结构异常，使生物膜受损害而失去正常功能，如红细胞膜易破裂而发生溶血，线粒体氧化磷酸化不能正常进行。所以过氧化氢对人体有毒性。但过氧化氢在一定条件下也具有生理作用，如在中性粒细胞中产生的过氧化氢可消灭吞噬的细菌；在甲状腺细胞内过氧化氢使 I$^-$ 氧化成 I$_2$，后者能使酪氨酸碘化以合成甲状腺激素。

人体的肝、肾、中性粒细胞及小肠黏膜细胞等的过氧化物酶体含有丰富的过氧化氢酶和过氧化物酶，是细胞内过氧化氢代谢的场所。

（一）过氧化氢酶

过氧化氢酶是一种含铁血红素辅基的结合酶，能催化 H_2O_2 分解为 H_2O 和 O_2，过氧化氢酶的催化效率极高，所以在正常情况下，人体内不会有 H_2O_2 的蓄积。

$$H_2O_2 + H_2O_2 \xrightarrow{\text{过氧化氢酶}} 2H_2O + O_2$$

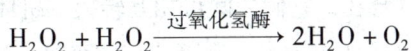

（二）过氧化物酶

过氧化物酶催化 H_2O_2 分解生成 H_2O 并放出氧原子直接氧化酚类、胺类、抗坏血酸等物质，从而既消除了过氧化氢，又可使体内对人体有害的酚类等化合物易于排出。临床上检查粪及消化液等有无隐血时，就是利用血液白细胞中含有过氧化物酶，可将无色联苯胺氧化成蓝色联苯胺蓝。

三、超氧化物歧化酶（SOD）

呼吸链电子传递过程可产生反应活性氧类（ROS），包括氧自由基及其活性衍生物。其化学性质活泼，氧化性强，能催化磷脂分子中不饱和脂肪酸氧化生成过氧化脂质。后者可损伤生物膜，与肿瘤、心血管疾病及组织老化等密切相关。超氧化物歧化酶（SOD）是一种体内普遍存在的金属酶，可催化超氧离子（$O_2^{\overline{\cdot}}$）发生歧化反应生成 O_2 和 H_2O_2，生成的 H_2O_2 可继续被过氧化氢酶分解。SOD 是人体防御内外环境中超氧离子损伤的重要酶，对（$O_2^{\overline{\cdot}}$）的清除有助于防止其他活性氧的生成。

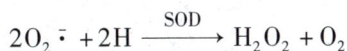

$$2O_2^{\overline{\cdot}} + 2H \xrightarrow{\text{SOD}} H_2O_2 + O_2$$

体内其他自由基清除剂有维生素 C、维生素 E、β - 胡萝卜素、泛醌等，这些自由基清除剂共同组成人体的抗氧化体系。

知 识 链 接

SOD 测定的临床意义

在国外，SOD 常用于对缺血、出血性心脑等重要脏器病伤（或手术治疗后）引发的继发性（自由基）过氧化损伤及其自由基清除药物治疗效果的监测，以指导临床制定相应的自由基清除干预对策及最佳治疗时间窗的确立，它对自由基继发损伤病情的诊断、自由基清除治疗疗效跟踪和预后判断与评估等具有重要参考价值。

本章小结

生物氧化主要是指糖、脂肪、蛋白质等营养物质在体内彻底氧化生成二氧化碳和水并释放能量的过程，又称为细胞呼吸。将水解释放大量能量的化合物称为高能化合物，机体内主要的高能化合物是高能磷酸化合物，它们之间可相互转换。机体内能量的释放、转换、存储和利用的核心是 ATP。磷酸肌酸是 ATP 的储存形式，在肌肉、脑组织中含量丰富。

ATP 的生成方式主要有底物水平磷酸化和氧化磷酸化两种，前者代谢物分子中能量直接转移生成 ATP；后者是代谢物脱氢经呼吸链氧化传递给氧生成水的同时，所释放的能量用于将 ADP 磷酸化生成 ATP，是需氧生物产生 ATP 的主要来源。生物氧化过程中产生的 CO_2 是通过有机酸的脱羧基作用产生的。

呼吸链又称为电子传递链，是按一定顺序排列在线粒体内膜上的递氢体和递电子体构成的链式反应体系，包含五种组成成分。递氢体和递电子体的化学本质是结合蛋白质，在线粒体内膜上主要以酶复合体的形式天然存在。线粒体内膜氧化呼吸链上主要有 4 种复合体。线粒体内重要的呼吸链有两条：NADH 氧化呼吸链和琥珀酸氧化呼吸链。前者有三个偶联部位，生成 2.5ATP；后者有两个偶联部位，生成 1.5ATP。氧化磷酸化受到 ADP/ATP 比值、甲状腺激素的调控和某些化合物的抑制。

体内除了线粒体氧化体系外，其他氧化体系主要包括微粒体和过氧化物酶体。其特点是不伴有磷酸化，不能生成 ATP，主要与某些生理活性物质的合成及体内代谢物、药物、毒物等生物转化密切相关。

考纲分析

根据历年考纲与真题分析，建议熟记生物氧化、呼吸链、氧化磷酸化、底物水平磷酸化等概念；掌握呼吸链的组成及排列顺序，氧化磷酸化的影响因素，ATP 的利用和储存；能够运用影响氧化磷酸化因素的知识解释临床相关疾病发生的机制。

复习思考

一、A 型选择题

1. 生物氧化的特点不包括（　　）

    A. 能量逐步释放 　　　　　　　　B. 有酶催化

    C. 常温常压下进行 　　　　　　　D. 能量全部以热能形式释放

    E. 可产生 ATP

2. 生物氧化 CO_2 的产生是（　　　）

　　A. 呼吸链的氧化还原过程中产生　　　　B. 有机酸脱羧

　　C. 糖原的合成　　　　　　　　　　　　D. 碳原子被氧原子氧化

　　E. 以上都不是

3. 下列代谢物脱下的 2H，不能经过 NADH 呼吸链氧化的是（　　　）

　　A. 苹果酸　　　　　　B. 异柠檬酸　　　　C. 琥珀酸

　　D. 丙酮酸　　　　　　E. α - 酮戊二酸

4. 各种细胞色素在呼吸链中传递电子的顺序是（　　　）

　　A. $b\rightarrow c\rightarrow c_1\rightarrow aa_3\rightarrow 1/2\ O_2$　　　　　　B. $c\rightarrow b\rightarrow c_1\rightarrow aa_3\rightarrow 1/2\ O_2$

　　C. $c_1\rightarrow c\rightarrow b\rightarrow aa_3\rightarrow 1/2\ O_2$　　　　　　D. $b\rightarrow c_1\rightarrow c\rightarrow aa_3\rightarrow 1/2\ O_2$

　　E. $c\rightarrow c_1\rightarrow b\rightarrow aa_3\rightarrow 1/2\ O_2$

5. 调节氧化磷酸化作用最主要的因素是（　　　）

　　A. $FADH_2$　　　　　B. O_2　　　　　　C. Cyt aa_3

　　D. ATP/ADP　　　　E. NADH

6. 脑和肌肉能量的主要储存形式是（　　　）

　　A. 磷酸烯醇式丙酮酸　　B. 磷脂酰肌醇　　　C. 肌酸

　　D. 磷酸肌酸　　　　　　E. 以上均不是

7. 人体活动主要的直接供能物质是（　　　）

　　A. 葡萄糖　　　　　　B. 脂肪酸　　　　　C. 磷酸肌酸

　　D. GTP　　　　　　　E. ATP

8. ATP 生成的主要方式是（　　　）

　　A. 肌酸磷酸化　　　　B. 氧化磷酸化　　　C. 糖的磷酸化

　　D. 底物水平磷酸化　　E. 有机酸脱羧

9. 解偶联物质是（　　　）

　　A. 一氧化碳　　　　　B. 二硝基苯酚　　　C. 鱼藤酮

　　D. 氰化物　　　　　　E. ATP

10. 阻断 Cyt $aa_3\rightarrow O_2$ 的电子传递的物质不包括：（　　　）

　　A. CN^-　　　　　　B. H_2S　　　　　C. CO

　　D. 阿米妥　　　　　　E. 以上均不是

二、思考题

1. 简述两条呼吸链的组成及电子传递过程。

2. 影响氧化磷酸化的因素有哪些？

3. 氰化物为什么能引起细胞窒息死亡？

扫一扫，知答案

117

第 七 章

糖代谢

扫一扫，看课件

【学习目标】

1. 掌握糖在体内氧化的三种主要途径及其生理意义；糖异生作用的主要过程及生理意义；血糖的来源、去路。

2. 熟悉糖原合成与分解的基本过程、生理意义及其调节；激素对血糖浓度的调节；糖蛋白和蛋白聚糖。

3. 了解糖代谢异常的几种情况。结合糖尿病的发生、发展等讲解糖代谢的重要性，为脂代谢、氨基酸代谢做好铺垫。

  糖是一类化学本质为多羟醛或多羟酮及其衍生物的有机化合物。在人体内糖的主要形式是葡萄糖（glucose，Glc）及糖原（glycogen，Gn）。葡萄糖是糖在血液中的运输形式，在机体糖代谢中占据主要地位；糖原是葡萄糖的多聚体，包括肝糖原、肌糖原和肾糖原等，是糖在体内的储存形式。葡萄糖与糖原都能在体内氧化提供能量。

  食物中的糖是机体中糖的主要来源，被人体摄入经消化成单糖吸收后，经血液运输到各组织细胞进行合成代谢和分解代谢。机体内糖的代谢途径主要有葡萄糖的无氧氧化、有氧氧化、磷酸戊糖途径、糖原合成与糖原分解、糖异生以及其他己糖代谢等。本章重点介绍葡萄糖在机体中血糖浓度动态平衡的维持和前五种主要代谢途径、生理意义及其调节。

第一节 概 述

一、糖的分类

根据其水解产物的情况，糖主要可分为以下四大类。

1. 单糖 葡萄糖、果糖、半乳糖；

2. 寡糖 麦芽糖（葡萄糖—葡萄糖）、蔗糖（葡萄糖—果糖）、乳糖（葡萄糖—半乳糖）；

3. 多糖 淀粉、糖原、纤维素；

4. 结合糖 糖与非糖物质的结合物。糖脂是糖与脂类的结合物。糖蛋白是糖与蛋白质的结合物。

二、糖的功能

（一）氧化供能

人体所需能量的 50% ~ 70% 来自糖的氧化分解。1mol 葡萄糖彻底氧化可释放 2840kJ 的能量，这些能量一部分以热能形式散发，一部分用于完成机体的各种做功。

（二）维持血糖水平

糖在体内可以糖原的形式进行储存，当机体需要时，糖原分解，释放入血，可有效地维持正常血糖浓度，保证重要生命器官的能量供应。

（三）提供合成原料

糖分解代谢的中间产物可作为合成其他化合物的原料。如可转变为脂肪酸和甘油，进而合成脂肪；可转变为某些氨基酸以供机体合成蛋白质所需；可转变为葡萄糖醛酸，参与机体的生物转化反应等。

（四）参与构造组织细胞

糖是细胞的重要成分，如核糖、脱氧核糖是核酸的组成成分；杂多糖和结合糖是构造细胞膜、神经组织、结缔组织、细胞间质的主要成分；糖蛋白和糖脂不仅是生物膜的重要组成成分，而且其糖链部分，还参与细胞间的识别、黏着以及信息传递等过程。

（五）其他功能

糖能参与构成体内某些具有特殊功能的物质，如免疫球蛋白、血型物质、部分激素及大部分凝血因子等。

三、糖的消化吸收

食物中的糖一般以淀粉为主。唾液和胰液中都有 α - 淀粉酶，可水解淀粉分子内的 α - 1,4 糖苷键。淀粉消化主要在小肠内进行。在胰淀粉酶作用下，淀粉被水解成葡萄糖。糖被消化成单糖后才能在小肠被吸收，再经门静脉进入肝。小肠黏膜细胞对葡萄糖的摄入是一个依赖于特定载体转运的、主动耗能的过程，在吸收过程中同时伴有 Na^+ 的转运。

四、糖的代谢概况

在供氧充足时，葡萄糖进行有氧氧化彻底氧化成 CO_2 和 H_2O；在缺氧时，则进行糖酵解生成乳酸。此外，葡萄糖也可进入磷酸戊糖途径等进行代谢，以发挥不同的生理作用。

葡萄糖也可经合成代谢聚合成糖原，储存于肝或肌组织。有些非糖物质如乳酸、丙氨酸等还可经糖异生途径转变成葡萄糖或糖原。以下将介绍糖的主要代谢途径、生理意义及其调控机制。糖代谢概况图解如图7-1：

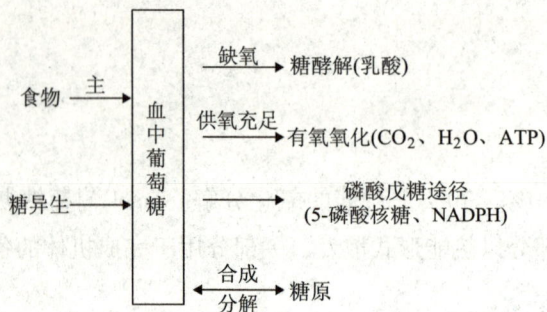

图7-1 糖代谢概况

知 识 链 接

麦芽糖的功效与作用

麦芽糖是用大米与大麦芽一起制作而成的，它虽然甜味不大，但能增加食品的色泽和香味。麦芽糖不仅可供食用，也有一定的药用功效。麦芽糖有软硬两种，软者为黄褐色浓稠液体，黏性很大，称胶饴；硬者系软糖经搅拌，混入空气后凝固而成，为多孔之黄白色糖饼，称白饴糖。药用以胶饴为佳。麦芽糖味甘，性温，无毒。入肺、胃经。有补虚健脾、润肺止咳、滋养强壮之功效。主治胃寒腹痛，气虚咳嗽等症。纯麦芽糖是很滋补的食品，它是由糯米配麦芽熬制而成。真正的麦芽糖略带黑色，刚入口时并不甜，半分钟后，因淀粉酶消化其中的糯米成分，才会感觉出甜味。市面卖的麦芽糖有些用淀粉熬成，颜色偏黄，也太甜，购买时请仔细辨识。麦芽糖与水溶解后会化作葡萄糖，作为医学上的营养料，可用作养颜、补脾益气、润肺止咳、缓急止痛、滋润内脏、开胃除烦、通便秘等，主治脾胃虚弱、气短乏力、纳食减少、虚寒腹痛、肺燥咳嗽、干咳少痰、咽痛。但中气弱、消化力不足、体内有湿热、体胖多病则要慎用，因麦芽糖会助湿生热，令人易于腹胀。

第二节 糖的分解代谢

生物体内糖的主要分解代谢途径包括糖的无氧氧化、有氧氧化和磷酸戊糖途径。无氧氧化和有氧氧化过程中可逐步释放能量，以满足机体生命活动的需要。

一、糖的无氧氧化（糖酵解）

体内组织在缺氧情况下，葡萄糖或糖原生成乳酸并合成少量 ATP 的过程称之为糖酵解。

（一）糖酵解的反应过程

糖酵解的全部反应在胞液中进行，可分为三个阶段：

1. 第一阶段 葡萄糖生成 2 分子磷酸丙糖（耗能过程）。

①葡萄糖在己糖激酶（肝脏中此酶称葡萄糖激酶）作用下，由 ATP 提供磷酸基，转化成 6 - 磷酸葡萄糖（G - 6 - P），此反应释出较多自由能故为不可逆反应。催化此反应的己糖激酶，是糖酵解反应的第一个关键酶。

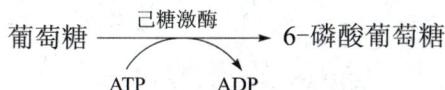

$$葡萄糖 \xrightarrow[\text{ATP} \quad \text{ADP}]{\text{己糖激酶}} 6\text{-磷酸葡萄糖}$$

② G - 6 - P 转变为 6 - 磷酸果糖，后者在 6 - 磷酸果糖激酶 - 1 催化下，再消耗一分子 ATP，磷酸化为 1,6 - 双磷酸果糖（F - 1,6 - BP），这也是一个不可逆反应。6 磷酸果糖激酶 - 1 是糖酵解第二个关键酶。

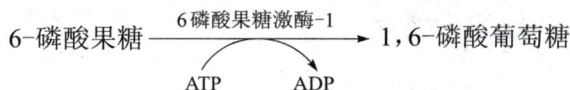

$$6\text{-磷酸果糖} \xrightarrow[\text{ATP} \quad \text{ADP}]{\text{6磷酸果糖激酶-1}} 1,6\text{-磷酸葡萄糖}$$

③ 1,6 - 双磷酸果糖在醛缩酶催化下分解为 2 分子磷酸丙糖，而磷酸二羟丙酮经异构酶作用可变成 3 - 磷酸甘油醛。相当于一分子葡萄糖生成 2 分子 3 - 磷酸甘油醛。

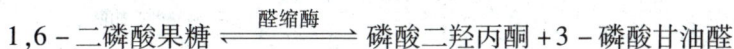

$$1,6 - 二磷酸果糖 \underset{}{\overset{\text{醛缩酶}}{\rightleftharpoons}} 磷酸二羟丙酮 + 3 - 磷酸甘油醛$$

2. 第二阶段 磷酸丙糖转变为丙酮酸（产能过程）。

①在 3 - 磷酸甘油醛脱氢酶作用下，3 - 磷酸甘油醛氧化成 1,3 - 二磷酸甘油酸，并使 NAD $^+$ 变成 NADH + H $^+$ 。

$$3 - 磷酸甘油醛 \underset{}{\overset{\text{磷酸甘油酸脱氢酶}}{\rightleftharpoons}} 1,3 - 二磷酸甘油酸$$

② 1,3 - 二磷酸甘油酸含高能磷酸键，可经底物水平磷酸化使 ADP 转变为 ATP，并产生 3 - 磷酸甘油酸。

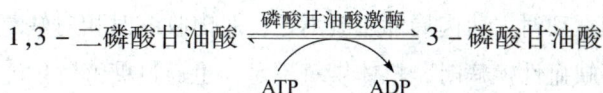

$$1,3 - 二磷酸甘油酸 \xrightarrow[\text{ATP} \quad \text{ADP}]{\text{磷酸甘油酸激酶}} 3 - 磷酸甘油酸$$

③ 3 - 磷酸甘油酸转变成 2 - 磷酸甘油酸。

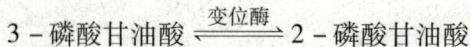

$$3 - 磷酸甘油酸 \xrightleftharpoons{变位酶} 2 - 磷酸甘油酸$$

④ 2 - 磷酸甘油酸由烯醇化酶催化脱水生成磷酸烯醇型丙酮酸，含有一高能磷酸键。

$$2 - 磷酸甘油酸 \xrightleftharpoons{烯醇化酶} 磷酸烯醇式丙酮酸$$

⑤ 磷酸烯醇型丙酮酸（PEP）在丙酮酸激酶催化下，转变为丙酮酸，并经第二次底物水平磷酸化使 ADP 磷酸化为 ATP。

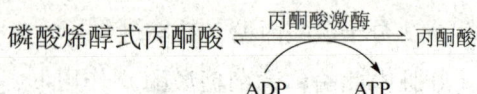

$$磷酸烯醇式丙酮酸 \xrightleftharpoons[\substack{ADP \quad ATP}]{丙酮酸激酶} 丙酮酸$$

3. 第三阶段　丙酮酸转变成乳酸。

氧供应不足时，糖酵解途径生成的丙酮酸在乳酸脱氢酶催化下，由 NADH + H$^+$ 提供氢，还原成乳酸。

$$丙酮酸 \xrightleftharpoons{乳酸脱氢酶} 乳酸$$

反应产生的氧化型 NAD$^+$ 为上游的 3 - 磷酸甘油醛脱氢酶催化的反应提供辅酶，使整个途径能在无氧条件下不断运转。1mol 葡萄糖经糖酵解途径氧化成 2mol 乳酸，净生成 2molATP。除葡萄糖外，其他己糖也可转变成磷酸己糖而进入糖酵解途径（图 7 - 2）。

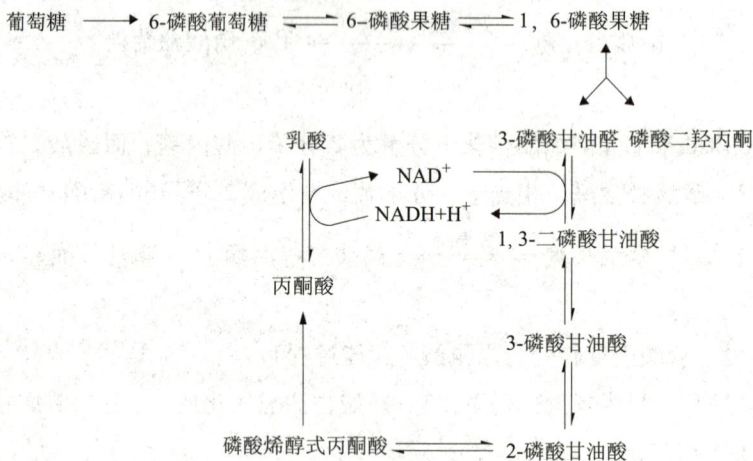

图 7 - 2　糖酵解反应全过程

（二）糖酵解的生理意义

1. 糖酵解是机体在缺氧情况下供应能量的重要方式。缺氧状态下能为机体迅速提供能量，例如：在剧烈运动时，肌肉局部血流不足，肌肉收缩时相对缺氧，可由糖酵解迅速提供能量。在缺氧、缺血性疾病时，机体供氧不足，也通过糖酵解供能。

2. 成熟红细胞没有线粒体，不能进行有氧氧化，糖酵解是红细胞供能的主要方式。

3. 某些组织细胞如视网膜、睾丸、神经、白细胞等，即使不缺氧也由糖酵解提供部分能量。

4. 为体内其他物质的合成提供原料，如磷酸二羟丙酮可转变为磷酸甘油，用于脂肪的合成；丙酮酸可经氨基化转变为丙氨酸而参与蛋白质的合成。

5. 体内生长的肿瘤细胞也主要通过糖酵解获取能量。这是因为癌细胞的生长分裂速度快于血管的生长和供氧能力，使癌细胞处于缺氧状态，糖酵解就成为其获得能量主要来源。癌细胞这种对缺氧环境的适应，使得它能够生存下来，直到新血管的增生。

知 识 链 接

癌细胞与无氧呼吸

有一健康人，他身上全是正常细胞。有一天，由于某种原因，他身上的一部分细胞被阻隔起来，不再能够接收氧气。没有氧气的细胞生存困难。于是，其中一部分细胞开始变异，并逐渐学会了一种新的生存技能——无氧呼吸——不需要氧气也能存活，其代价就是周围的健康细胞。这就是癌细胞的创造过程。久而久之，癌细胞不断发展壮大，并开始向身体其他部分扩散。扩散过程中的癌细胞，接触到大量的氧气，他们会因此而恢复正常吗？有一部分癌细胞是会恢复正常的，但大部分的癌细胞因为喜欢上了无氧呼吸——习惯了直接从其他健康细胞身上获取能量，所以他们不愿改变，只想扩张，扩散。终于有一天，人体病入膏肓，全身再没有健康细胞供人体运动、呼吸；再也没有新的氧气和能量可以供应。最终，所有癌细胞也一同灭亡。

二、糖的有氧氧化

葡萄糖在有氧条件下彻底氧化分解生成 CO_2 和 H_2O 并释放能量的过程，称为糖的有氧氧化。有氧氧化是糖分解代谢的主要方式，大多数组织从有氧氧化获得能量。

（一）有氧氧化的反应过程

糖的有氧氧化可分为 3 个阶段。第一阶段为葡萄糖至丙酮酸（糖酵解过程），反应在细胞液中进行；第二阶段是丙酮酸进入线粒体，然后氧化脱酸成乙酰辅酶 A；第三阶段是乙酰辅酶 A 进入三羧酸循环生成 CO_2 和水，如图 7-3。

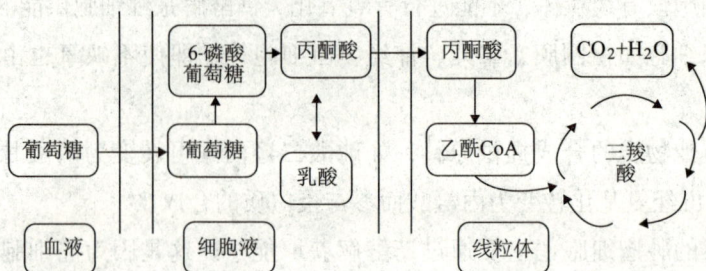

图7-3 有氧氧化各阶段的反应部位

1. 第一阶段 糖酵解途径葡萄糖转变成2分子丙酮酸 在胞液中进行。但3-磷酸甘油醛脱氢产生的NADH+H⁺不再用于将丙酮酸还原成乳酸，而是进入线粒体经呼吸链氧化成H_2O并产生ATP。

2. 第二阶段 丙酮酸氧化脱羧，生成乙酰辅酶A（乙酰CoA） 丙酮酸进入线粒体，由丙酮酸脱氢酶复合体催化，经氧化脱羧基转化成乙酰CoA。丙酮酸脱氧酶复合体由3个酶和5个辅酶组成，三个酶是丙酮酸脱氢酶、转乙酰化酶、二氢硫辛酸脱氢酶。5种辅酶是TPP、CoASH、硫辛酸、FAD及NAD⁺。反应结果，丙酮酸脱氢并脱羧，生成CO_2、NADH+H⁺和乙酰CoA。

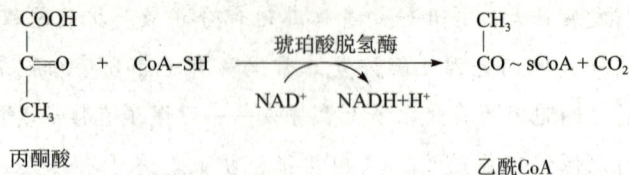

3. 第三阶段 三羧酸循环 三羧酸循环的生理作用是氧化分解乙酰辅酶A，产生NADH+H⁺和$FADH_2$，再经呼吸链氧化磷酸化产生ATP。每次三羧酸循环氧化1分子乙酰CoA，同时生成12molATP。三羧酸循环的基本过程是：

①乙酰CoA与草酰乙酸经柠檬酸合酶催化生成柠檬酸；

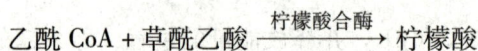

②柠檬酸经异构酶催化生成异柠檬酸；

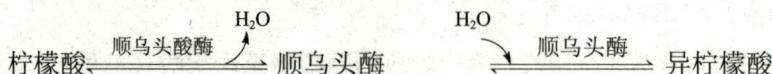

③在异柠檬酸脱氧酶作用下，NAD⁺为辅酶，异柠檬酸脱氢、脱羧生成 α-酮戊二酸、NADH+H⁺和CO_2；

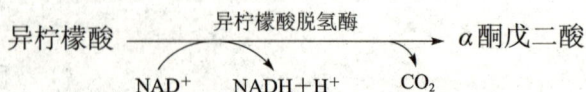

④ α - 酮戊二酸与 NAD^+、HS - CoA 反应，脱氢、脱羧生成琥珀酰 CoA，$NADH + H^+$ 和 CO_2；

$$\alpha\text{酮戊二酸} \xrightarrow[NAD^+ \quad NADH+H^+ \quad CO_2]{\alpha\text{-酮戊二酸脱氢酶复合体}} \text{琥珀酰CoA}$$

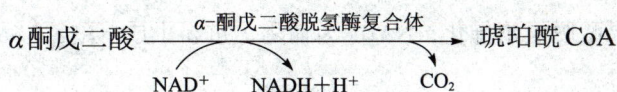

⑤琥珀酰 CoA 的高能硫酯键水解，使 GDP 磷酸化为 GTP，并生成琥珀酸，发生底物水平磷酸化；

$$\text{琥珀酰CoA} \xrightarrow[GDP+Pi \quad GTP]{\text{琥珀酰CoA合成酶}} \text{琥珀酸}$$

⑥琥珀酸脱氢生成延胡索酸及 $FADH_2$；由琥珀酸脱氢酶催化，FAD 为辅基；

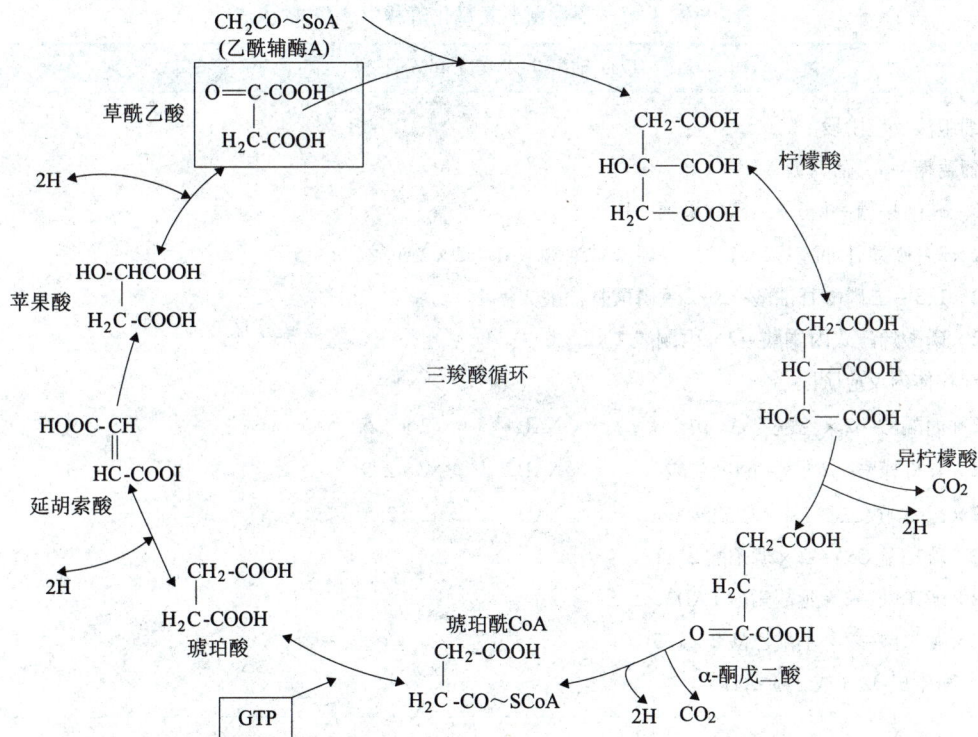

$$\text{琥珀酸} \xrightarrow[FAD \quad FAD2H]{\text{琥珀酸脱氢酶}} \text{延胡索酸}$$

图 7 - 4　三羧酸循环反应全过程

⑦延胡索酸加水生成苹果酸；

$$延胡索酸 \underset{延胡索酸酶}{\overset{H_2O}{\rightleftharpoons}} 苹果酸$$

⑧苹果酸由苹果酸脱氢酶催化，NAD^+为辅酶，重新生成草酰乙酸及 $NADH + H^+$。

$$苹果酸 \xrightarrow[NAD^+ \quad NADH+H^+]{苹果酸脱氢酶} 草酰乙酸$$

（二）有氧氧化的生理意义

1. 糖的有氧氧化是机体获得能量的主要方式，1 分子葡萄糖经有氧氧化完全分解生成 CO_2 和 H_2O，可净生成 32 或 30 分子 ATP（表 7 – 1）。不同的组织中，1 分子葡萄糖氧化分解，净生成 ATP 分子数稍有差别。一般认为脑、骨骼肌净生成 30 分子 ATP，而心、肝、肾组织中则生成 32 分子 ATP。

2. 三羧酸循环是体内三大营养物质彻底氧化分解的共同通路。

3. 三羧酸循环是体内三大营养物质代谢相互联系的枢纽。

表 7 – 1　1 分子葡萄糖有氧氧化过程中 ATP 的生成

反应	辅酶	生成 ATP 的分子数
细胞液反应阶段		
葡萄糖→6 – 葡萄糖		– 1
6 – 磷酸果糖→1,6 – 二磷酸果糖		– 1
2×3 – 磷酸甘油醛→2×1,3 – 二磷酸甘油酸	NAD^+	2×2.5 或 2×1.5
2×1,3 – 二磷酸甘油酸→2×3 – 磷酸甘油酸		2×1
2×磷酸烯醇式丙酮酸→2×丙酮酸		2×1
线粒体内反应阶段		
2×丙酮酸→2×乙酰 CoA	NAD^+	2×2.5
2×异柠檬酸→2×α – 酮戊二酸	NAD^+	2×2.5
2×α – 酮戊二酸→2×琥珀酸 CoA	NAD^+	2×2.5
2×琥珀酰 CoA→2×琥珀酸		2×1
2×琥珀酸→2×延胡索酸	FAD	2×1.5
2×苹果酸→2×草酰乙酸		2×2.5
净生成 32（或 30）ATP		

＊$NADH + H^+$ 经苹果酸穿梭进入线粒体产生 2.5 个 ATP；如果经磷酸甘油穿梭进入线粒体，则产生 1.5 个 ATP。

知 识 链 接

巴斯德效应

法国科学家巴斯德发现酵母菌在无氧时进行生醇发酵，将其转移至有氧环境生醇发酵即被抑制，这种有氧氧化抑制生醇发酵的现象称为巴斯德效应，此效应也存在于人体组织中（例：肌肉组织）。现在，人们将在厌氧型和需氧型能量代谢之间的转换过程总结为巴斯德效。巴斯德效应用于指导酒精发酵：在酒精发酵初期，通氧使细胞生长，在发酵后期，转移至无氧环境下，使其糖酵解反应加快，大量累积发酵产物，使酒精产量增高。

三、磷酸戊糖途径

磷酸戊糖途径是葡萄糖氧化分解的另一条重要途径，它的功能不是产生 ATP，而是产生细胞所需的具有重要生理作用的特殊物质，如 NADPH 和 5 - 磷酸核糖。这条途径存在于肝脏、脂肪组织、甲状腺、肾上腺皮质、性腺、红细胞等组织中。代谢相关的酶存在于细胞质中。

（一）磷酸戊糖途径的反应过程

磷酸戊糖途径是一个比较复杂的代谢途径，反应在胞质中进行。磷酸戊糖途径的反应过程可分为两个阶段：第一阶段产生 NADPH 及 5 - 磷酸核糖，是氧化反应；第二阶段为一系列基团的转移过程，是非氧化反应。6 分子葡萄糖经磷酸戊糖途径可以使 1 分子葡萄糖转变为 6 分子 CO_2。

1. 第一阶段为氧化反应 6 - 磷酸葡萄糖由 6 - 磷酸葡萄糖脱氢酶催化脱氢生成 6 - 磷酸葡萄糖酸内脂，反应过程中 $NADP^+$ 为电子体受体；6 - 磷酸葡萄糖酸内脂在内脂酶作用下水解为 6 - 磷酸葡萄糖酸。后者在 6 - 磷酸葡萄糖酸脱氢酶的作用下，于第一位碳原子上脱氢脱羧而转变为 5 - 磷酸核酮糖，同时生成 2 分子 $NADPH + H^+$ 及 1 分子 CO_2。此反应需要 Mg^{2+} 参与。5 - 磷酸核酮糖在异构酶的作用下成为 5 - 磷酸核糖；在差向异构酶作用下转变为 5 - 磷酸木酮糖。在这一阶段中产生了 $NADPH + H^+$ 和 5 - 磷酸核糖这两个重要的代谢产物。

2. 第二阶段为非氧化反应 磷酸戊糖在此阶段继续代谢，3 分子磷酸戊糖通过多次基团转移反应转变成 2 分子磷酸己糖和 1 分子磷酸丙糖。其间经历了四碳糖磷酸酯和七碳糖磷酸酯阶段。图 7 - 5 为磷酸戊糖的反应途径。

（二）磷酸戊糖途径的生理意义

1. 提供核糖 核糖是核酸和游离核苷酸的组成成分。体内的核糖并不依赖从食物摄

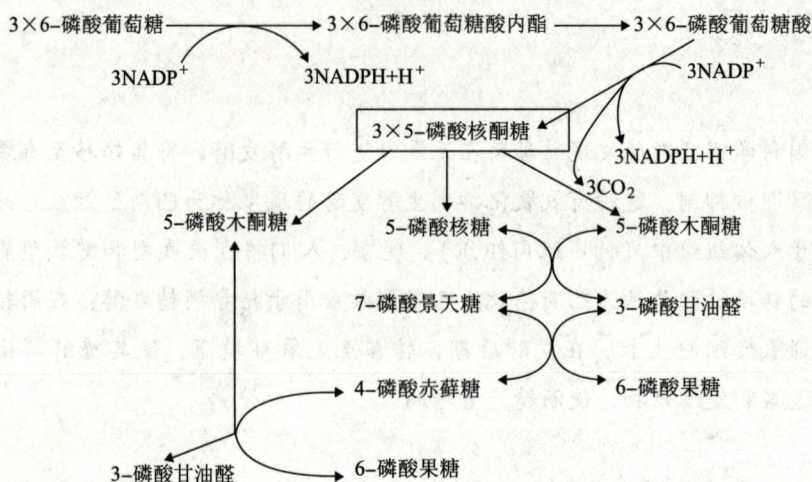

图 7-5 磷酸戊糖的反应途径

入，而是通过磷酸戊糖途径生成。葡萄糖既可经 6 - 磷酸葡萄糖脱氢、脱羧的氧化反应产生磷酸核糖，也可通过糖酵解途径的中间产物 3 - 磷酸甘油醛和 6 - 磷酸果糖经过前述的基团转移反应而生成磷酸核糖。这两种方式的相对重要性因物种而异。人类主要通过氧化反应生成核糖。肌组织内缺乏 6 - 磷酸葡萄糖脱氢酶，磷酸核糖主要通过基团转移反应而生成。

2. 提供 NADPH + H[+]

（1）NADPH 是体内许多合成代谢的供氢体，如脂肪酸、胆固醇的合成；又如机体合成非必须脂肪酸时，先由 α - 酮戊二酸与 NADPH 及 NH_3 生成谷氨酸；谷氨酸可与其他 α - 酮酸进行转氨基反应而生成相应的氨基酸。

（2）NADPH 参与体内的生物转化，NADPH 是加单氧酶体系的组成成分，参与激素、药物、毒物的生物转化。

（3）NADPH 还用于维持谷胱甘肽的还原状态。2 分子 GSH 可以脱氢氧化生成 GS - SG，后者可在谷胱甘肽还原酶作用下，被 NADPH + H[+] 重新还原为还原型谷胱甘肽。

知 识 链 接

蚕豆病发病的生化机制

蚕豆病是在遗传性 6 - 磷酸葡萄糖脱氢酶（G - 6 - PD）缺陷的情况下，食用新鲜蚕豆后突然发生的急性血管内溶血。该病通过性连锁不全显性遗传。G - 6 - PD 基因在 X 染色体上，病人大多为男性，男女之比约为 7∶1。G - 6 - PD 是磷酸戊糖途径中的关键酶，该反应中生成的 NADPH + H[+] 具有维持细胞中还原型谷胱甘肽（GSH）正常含量的作用。红细胞中的 GSH 可保护细胞膜上的巯基酶和巯基蛋白质免受氧化剂的破坏，从而维持红细胞膜的结构和功能的完整性。患者因红细胞中缺乏 G-6-PD，磷酸戊糖途径不能正常进行，导致 NADPH + H$^+$缺乏，GSH 减少而失去对红细胞膜的保护作用，造成红细胞膜对氧化剂的抵抗能力减弱。此时，若食入新鲜蚕豆，受新鲜蚕豆中的蚕豆素的氧化攻击，数小时至数天（1~3 天）内即可引起红细胞大量破裂而发病。

第三节　糖原的合成与分解

糖原是动物体内糖的储存形式。糖原在人体内的储存总量为 400g 左右，其中肝糖原总量约 70g，肌糖原总量约 250g。肝糖原的合成与分解主要是为了维持血糖浓度的相对恒定；肌糖原是肌肉糖酵解的主要来源。糖原是以葡萄糖为基本单位通过 α-1,4-糖苷键（直链）及 α-1,6-糖苷键（分支）相连聚合而成带有分支的多糖，存在于细胞质中。与植物淀粉相比，糖原具有更多的分枝。1 分子的糖原只有 1 个还原性末端，而有多个非还原性末端。糖原每形成 1 个新的分枝，就增加 1 个非还原性末端。糖原的合成与分解都是从非还原性末端开始的，非还原性末端越多，合成与分解的速度越快。糖原合成与分解的酶类均存在于细胞液中，所以，糖原的合成与分解在细胞液中进行，糖原的结构见图7-6。

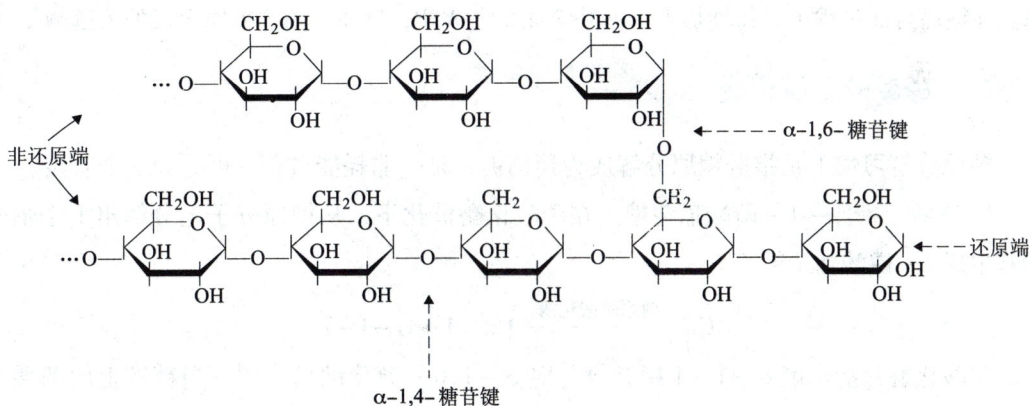

图 7-6　糖原的分子结构图

一、糖原的合成代谢

糖原合成的反应过程可分为三个阶段：

1. **活化**　由葡萄糖生成尿苷二磷酸葡萄糖（UDPG）。葡萄糖→6-磷酸葡萄糖→1-

磷酸葡萄糖→UDPG。葡萄糖进入肝脏或其他组织后，在 ATP、Mg^{2+} 存在下，经已糖激酶或葡萄糖激酶（肝脏）的催化，生成6—磷酸葡萄糖。

$$葡萄糖 \xrightarrow{\text{已糖激酶}} 6-磷酸葡萄糖$$

在磷酸葡萄糖变位酶的催化下，6-磷酸葡萄糖转变成1-磷酸葡萄糖，这是一个可逆反应。

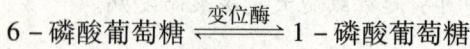

$$6-磷酸葡萄糖 \xrightleftharpoons{\text{变位酶}} 1-磷酸葡萄糖$$

1-磷酸葡萄糖在 UDPG—焦磷酸化酶的催化下，与三磷酸尿苷（UTP）作用释放出焦磷酸（PPi），生成二磷酸尿苷葡萄糖（UDPG）。此阶段需使用 UTP，并消耗相当于两分子的 ATP。

$$UTP + G-1-P \xrightarrow{\text{UDPG 焦磷酸化酶}} UDPG + PPI$$

2. 缩合　在糖原合酶催化下，UDPG 所带的葡萄糖残基通过 $\alpha-1,4-$ 糖苷键与原有糖原分子（Gn）的糖链末端相连，使糖链延长形成 $a-1,4$ 糖苷键。在糖原合酶的作用下，糖链只能延长，不能形成分支。

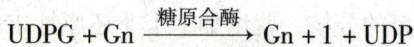

$$UDPG + Gn \xrightarrow{\text{糖原合酶}} Gn+1 + UDP$$

3. 分支　当糖原直链长度达到 $12 \sim 18$ 个葡萄糖残基时，在分支酶的催化下将一段糖链，$6 \sim 7$ 个葡萄糖基转移到邻近的糖链上，以 $a-1,6$ 糖苷键相接，从而形成分支。分支的形成不仅可增加糖原的水溶性，更重要的是可增加非还原端数目，以使磷酸化酶能迅速分解糖原。在糖原合成过程中，每增加 1 个糖基消耗 2 个 ATP，糖原合酶为糖原合成的关键酶。

二、糖原的分解代谢

糖原分解习惯上是指肝糖原分解成为葡萄糖，是一非耗能过程，可分为三个阶段。

1. 水解　糖原→1-磷酸葡萄糖。在磷酸化酶催化下，从糖原分子上分解出 1 个葡萄糖基生成1-磷酸葡萄糖。

$$Gn \xrightarrow{\text{糖原磷酸化酶}} Gn-1 + G-1-P$$

磷酸化酶只能水解 $\alpha-1-4$ 糖苷键，对 $\alpha-1,6-$ 糖苷键无作用。当糖链上的葡萄糖基逐个磷酸解至离分支点约 4 个葡萄糖基时，在脱枝酶作用下进一步水解剩余糖基成葡萄糖。此阶段的关键酶是糖原磷酸化酶，并需脱支酶协助。

2. 异构　1-磷酸葡萄糖→6-磷酸葡萄糖。1-磷酸葡萄糖由变位酶催化成6-磷酸葡萄糖。

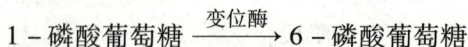

$$1-磷酸葡萄糖 \xrightarrow{\text{变位酶}} 6-磷酸葡萄糖$$

3. 脱磷酸　6-磷酸葡萄糖→葡萄糖。糖原分解生成的6-磷酸葡萄糖在葡萄糖-6-

磷酸酶作用下脱磷酸生成葡萄糖。

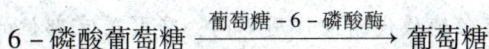

$$6-磷酸葡萄糖 \xrightarrow{\text{葡萄糖}-6-磷酸酶} 葡萄糖$$

葡萄糖-6-磷酸酶只存在于肝、肾中，因此只有肝糖原可直接分解为葡萄糖以补充血糖，肌糖原只能经糖酵解成乳酸，后者再间接转变成葡萄糖。

三、糖原合成与分解的生理意义

1. 贮存能量 葡萄糖可以糖原的形式贮存。

2. 调节血糖浓度 血糖浓度高时可合成糖原，浓度低时可分解糖原来补充血糖。

3. 利用乳酸 肝中可经糖异生途径利用糖无氧酵解产生的乳酸来合成糖原。这就是肝糖原合成的三碳途径或间接途径。

四、糖原合成与分解的调节

糖原合成途径中的关键酶是糖原合酶，糖原分解途径中的关键酶是磷酸化酶。两种酶的快速调节有共价修饰和变构调节两种方式

1. 磷酸化酶和糖原合酶的共价修饰调节 升血糖激素通过 cAMP 依赖的蛋白激酶（PKA）使磷酸化酶 b 激酶磷酸化激活，后者再使低活性的磷酸化酶 b 磷酸化激活为磷酸化酶 a，使磷蛋白磷酸的抑制物磷酸化为有活性的抑制物抑制磷蛋白磷酸酶-1，阻止已被磷酸化的酶蛋白脱磷酸，促进糖原分解。糖原分解增强，升高血糖水平。糖原合酶为糖原合成的关键酶，可被共价修饰调节，cAMP 依赖的蛋白激酶使活性的糖原合酶 a 磷酸化为无活性的糖原合酶 b，减少糖原合酶。

2. 磷酸化酶和糖原合酶的变构修饰调节 磷酸化酶活性还受变构调节，如葡萄糖增加可使肝磷酸化酶变构失活。糖原合酶也可受变构调节。肝糖原生理功能是补充血糖，主要受胰高血糖素调节；肌糖原生理功能是为肌肉提供能量，主要受肾上腺素调节。能量分子 AMP/ATP 调节时，AMP、Ca^{2+} 激活磷酸化酶 b，ATP、6-磷酸葡萄糖抑制磷酸化酶 a，并激活糖原合酶。葡萄糖是磷酸化酶的变构调节剂。

3. 糖原合成与分解的生理性调节主要靠胰岛素和胰高血糖素 胰岛素抑制糖原分解，促进糖原合成，胰高血糖素促进糖原分解。肾上腺素也可促进糖原分解，但可能仅在应激状态发挥作用。

知 识 链 接

糖原累积症

糖原累积症是一类遗传性代谢病，其特点为体内某些组织器官中有大量糖原

堆积，造成组织器官功能损害。引起该病的原因是患者先天性缺乏与糖原代谢相关的酶类。因缺陷酶在糖原代谢中作用不同、受累器官部位的不同、糖原结构差异等，对健康及生命的影响程度也不相同。可出现肝肾肿大、肝硬化、低血糖、心肺功能障碍等症状。

第四节　糖异生

一、糖异生概念

糖异生作用是指在动物体内由非糖物质转变为葡萄糖或糖原的过程。

主要原料：乳酸、甘油、丙酮酸、生糖氨基酸等。

部位：机体内进行糖异生补充血糖的主要器官是肝，长期饥饿或酸中毒时，肾的糖异生作用可大大加强。

二、糖异生途径

从丙酮酸生成葡萄糖的具体反应过程称为糖异生途径。在肝脏、肾脏中，糖异生的途径基本上是糖酵解途径的逆行过程。酵解途径与糖异生途径的多数反应是共有的、可逆的，但酵解途径中有3个不可逆反应，即分别由己糖激酶、磷酸果糖激酶－1及丙酮酸激酶催化的单向反应，构成所谓"能障"。实现糖异生必须绕过这三个"能障"。在糖异生途径中须由另外的反应和酶代替。

1. 丙酮酸转变成磷酸烯醇式丙酮酸　经由丙酮酸羧化支路完成，即丙酮酸进入线粒体，先由丙酮酸羧化酶催化，消耗 ATP，丙酮酸与 CO_2 缩合羧化为草酰乙酸，草酰乙酸加氢还原成苹果酸，苹果酸透出线粒体后再脱氢氧化成草酰乙酸。在胞浆中，草酰乙酸由磷酸烯醇酸型丙酮酸羧激酶催化，由 GTP 供应磷酸基，脱去 CO_2，转变成磷酸烯醇型丙酮酸，后者经糖酵解途径逆行，转变为1,6－双磷酸果糖。

磷酸烯醇式丙酮酸
$+$
PEP羧激酶
草酰乙酸　←──丙酮酸羧化酶──　丙酮酸

2. 1,6－双磷酸果糖转变为6－磷酸果糖　由果糖二磷酸酶－1催化1,6－双磷酸果糖脱磷酸生成 6 – 磷酸果糖，再变为 6 – 磷酸葡萄糖。

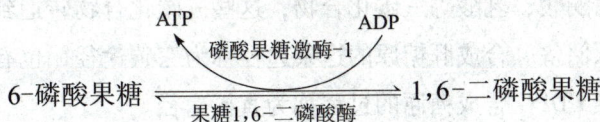

$$6-磷酸果糖 \underset{果糖1,6-二磷酸酶}{\overset{磷酸果糖激酶-1}{\rightleftharpoons}} 1,6-二磷酸果糖$$

（ATP → ADP，磷酸果糖激酶-1）

3. 6 – 磷酸葡萄糖水解为葡萄糖　由葡萄糖 – 6 – 磷酸酶催化 6 – 磷酸葡萄糖水解，生成葡萄糖。葡萄糖 – 6 – 磷酸酶存在于肝、肾细胞中，肌肉组织中不含此酶。故肌肉组织不能生成自由葡萄糖。

$$葡萄糖 \underset{葡萄糖6-磷酸酶}{\overset{己糖激酶}{\rightleftharpoons}} 6-磷酸葡萄糖$$

（ATP → ADP，己糖激酶）

三、糖异生的调节

糖酵解途径与糖异生途径是方向相反的两条代谢途径。如从丙酮酸进行有效的糖异生，就必须抑制酵解途径，以防止葡萄糖又重新分解成丙酮酸；反之亦然。这种协调主要依赖于对这两条途径中的 2 个底物循环和激素进行调节。第一个底物循环在 6 – 磷酸果糖与 1,6 – 双磷酸果糖之间；第二个底物循环在磷酸烯醇式丙酮酸和丙酮酸之间。机体通过代谢物和激素，对糖异生和糖酵解途径中两个底物循环进行调节，如 1,6 – 双磷酸果糖、AMP 可别构激活 6 – 磷酸果糖激酶促进糖酵解过程；又别构抑制果糖二磷酸酶 – 1 降低糖异生。而胰高血糖素、肾上腺素、肾上腺皮质激素等促进糖异生。胰高血糖素通过蛋白激酶可直接使丙酮酸激酶磷酸化失活，促进糖异生而抑制糖分解，胰岛素则相反。丙酮酸羧化酶需乙酰 CoA 作为激活剂，胰高血糖素通过蛋白激酶诱导磷酸烯醇式丙酮酸羧激酶基因表达促进糖异生。可以调节、控制糖代谢的反应方向，以维持血糖浓度的恒定。

四、糖异生的生理意义

1. 维持血糖浓度的相对恒定　在较长时间饥饿的情况下，机体需要靠糖异生作用生成葡萄以维持血糖浓度的相对恒定。糖异生的功用是补充及维持血糖水平，特别在肝糖原接近耗竭时更为重要。饥饿时糖异生的原料主要是氨基酸和甘油。在空腹或饥饿时，脂肪动员增加，生成的甘油运输至肝异生成葡萄糖；组织蛋白分解加强，以丙氨酸、谷氨酰胺的形式运送到肝异生成葡萄糖。由于糖异生原料增多，糖异生增加，使血糖水平维持恒定。这对依赖葡萄糖供能的大脑等组织的正常活动有重要意义。

2. 补充肝糖原　糖异生是肝补充或恢复糖原储备的重要途径，这在饥饿后进食更为重要。当饥饿后再进食时，肝糖原仍可迅速合成。因为一部分摄入的葡萄糖先在小肠、肝、肌肉中分解成丙酮酸、乳酸等三碳化合物，这些三碳化合物转运到肝中可以异生成糖原，优先增加肝糖原储备。合成肝糖原的这条途径称为三碳途径，也有学者称之为间接途径。相应地葡萄糖经 UDPG 合成糖原的过程称为直接途径。

3. 调节酸碱平衡　长期饥饿或禁食后，肾的糖异生作用增强，有利于维持酸碱平衡。发生这一变化的原因可能是饥饿造成的代谢性酸中毒造成的。此时，体液 pH 值降低，促进肾小管中磷酸烯醇式丙酮酸羧化激酶的合成，从而使糖异生作用增强。另外，当肾中 α - 酮戊二酸因糖异生生成糖而减少时，可促进谷氨酰胺脱氨生成谷氨酸以及谷氨酸的脱氨反应，肾小管细胞将 NH_3 分泌入管腔中，与原尿中 H^+ 结合，降低原尿 H^+ 的浓度，有利于排氢保钠作用的进行，对于防止酸中毒有重要作用。

4. 有利于乳酸的再利用　乳酸是糖异生的重要原料。肌肉组织中肌糖原可经无氧酵解产生乳酸，乳酸通过血液运到肝脏，在肝内乳酸经糖异生转化成葡萄糖，葡萄糖进入血液又可被肌肉摄取利用，此过程称乳酸循环。乳酸循环的意义是一方面使机体可利用乳酸分子的能量，避免乳酸的损失；另一方面，通过乳酸循环，促进乳酸的再利用。因乳酸是酸性物质，乳酸循环能及时转化乳酸，防止乳酸在组织堆积引起酸中毒。

知　识　链　接

果糖代谢异常

果糖主要来自水果、蔬菜、蔗糖和蜂蜜等食物，随食物消化吸收。当肝中果糖激酶缺乏时，果糖不能磷酸化分解而被机体利用，患儿出现特发性果糖尿，无症状，可因尿糖阳性而被误诊为糖尿病；当肝中缺乏醛缩酶 B（F - 1 - P 醛缩酶）时，1 - 磷酸果糖不能进一步代谢，结果在组织中堆积，造成肝和肾小管功能受损，此为遗传性果糖不耐；如果缺乏果糖 1,6 - 二磷酸酶，血液中果糖含量增加，可出现低血糖。

第五节　血糖及其调节

血糖指血液中的葡萄糖，正常空腹静脉血糖浓度为 3.89 ~ 6.1mmol/L。

一、血糖的来源与去路

正常情况下，血糖浓度的相对恒定是由其来源与去路两方面的动态平衡所决定的。

1. 血糖的来源　食物中的糖经肠道的消化、吸收，肝糖原的分解，肝、肾内由非糖物质糖异生作用。

2. 血糖的去路 糖主要经各氧化途径氧化分解为机体供能，在肝、肌肉等组织合成糖原，转化成脂肪或氨基酸及其他糖类物质等。

血糖的来源和去路图解如下：

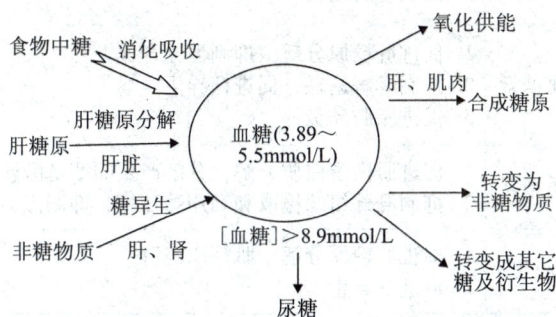

图 7 - 7　血糖的来源与去路示意图

二、血糖水平的调节

调节血糖浓度相对恒定的机制有：

（一）组织器官的调节

1. 肝脏对血糖的调节 肝脏储存糖原。血糖升高时，通过加快将血中的葡萄糖转运入肝细胞，加强合成糖原储存。血糖降低时，肝糖原迅速分解成葡萄糖补充血糖。肝脏是糖异生的主要器官，不断将非糖物质转变为葡萄糖，补充血糖。肝是其他单糖（果糖、半乳糖等）代谢和转变为葡萄糖的主要部位。在维持血糖水平稳定方面有重要作用。

2. 肌肉等外周组织的调节 肌肉等外周组织通过促进其对葡萄糖的氧化利用以降低血糖浓度。

（二）激素对血糖的调节

1. 降低血糖浓度的激素——胰岛素 胰岛素由胰岛 β 细胞合成，为含 51 个氨基酸残基含氮类激素，有降低血糖作用。胰岛素（Insulin）是体内唯一的降低血糖的激素，也是唯一同时促进糖原、脂肪、蛋白质合成的激素。胰岛素的分泌受血糖控制，血糖升高时胰岛素分泌增加；血糖降低，分泌即减少。

2. 升高血糖的激素 升高血糖的激素有糖皮质激素、胰高血糖素、肾上腺素等。

激素对糖代谢的调节见表 7 - 2。

表7-2 激素对血糖浓度的调节

降低血糖激素	胰岛素	1. 促进葡萄糖转运进入肝外细胞 2. 加速糖原合成，抑制糖原分解 3. 加快糖的有氧氧化 4. 抑制肝内糖异生 5. 减少脂肪动员
升高血糖激素	胰高血糖素	1. 促进肝糖原分解，抑制糖原合成 2. 抑制酵解途径，促进糖异生 3. 促进脂肪动员
	糖皮质激素	1. 促进肌肉蛋白质分解，分解产生的氨基酸转移到肝进行糖异生 2. 抑制肝外组织摄取和利用葡萄糖，抑制点为丙酮酸的氧化脱羧
	肾上腺素	1. 促进肝糖原分解，肌糖原酵解 2. 促进糖异生

三、糖代谢异常

（一）高血糖及糖尿病

空腹血浆葡萄糖水平高于或等于≥7.0mmol/L（126mg/dL）。酶法，可诊断为糖尿病。如果血糖值高于肾糖阈值（8.89mmol/L）时，超过了肾小管对糖的最大重吸收能力，多余葡萄糖从尿中排出，则尿中会出现糖，此现象称为糖尿。引起糖尿的原因有两种情况：

1. 生理性糖尿 一次摄食糖过多（200g以上）或输入大量葡萄糖或情绪紧张、激动致肾上腺素分泌增加，使血糖升高超过肾阈值，出现暂时性糖尿，为生理性糖尿。

2. 病理性糖尿 病理性糖尿多见于糖尿病。糖尿病是一组内分泌代谢紊乱以血糖水平升高为特征的代谢性疾病群。主要是由于胰岛素分泌绝对或相对不足，或胰岛素受体敏感性降低或胰岛素受体缺乏而导致葡萄糖、脂类和蛋白质代谢紊乱，并继发动脉粥样硬化、心血管、肾、视网膜等组织发生的病变，严重时出现酮症酸中毒。临床表现为持续性高血糖和糖尿，出现"三多一少"，即多食、多饮、多尿、体重减少等症状。

由于肾脏疾病导致的肾小管对糖重吸收障碍，肾糖阈值降低也可导致糖尿，称为肾性糖尿，此时糖尿与血糖水平无关。

（二）低血糖

空腹血糖水平低于3.9mmol/L称为低血糖。低血糖严重影响脑的正常功能。低血糖的常见原因有：

（1）长期饥饿、禁食致糖摄入不足或吸收不良；

（2）严重肝脏疾病；

（3）肾上腺或脑垂体功能减退；

（4）胰岛 β-细胞增生或肿瘤致功能亢进等。

低血糖时表现为头晕、饥饿感、四肢无力、面色苍白和出冷汗、手颤等。脑组织正常能量供应主要依赖血液供给葡萄糖，当血糖浓度过低时（低于 2.5mmol/L）可发生低血糖昏迷，此时立即给患者输入葡萄糖溶液，症状就可缓解。

案例导入

某甲，空腹血糖 4.5mmol/L，吃了大量的糖果，1 小时后血清检查，血糖浓度为 14.9mmol/L，尿糖（＋＋＋＋）；某乙，空腹血糖 12.9mmol/L，吃了 1 个馒头，1 小时后血清检查，血糖浓度为 23.8mmol/L，尿糖（＋＋＋＋）。随后的 2 次血清检查，甲的空腹血糖正常，乙的空腹血糖均在 10.0mmol/L 以上。

思考：**1. 甲乙二人是否都是糖尿病患者？**

2. 诊断依据是什么？

本章小结

糖的主要生理功能是为机体提供生命活动所需的能量，它也是构成组织的基本成分，还能转变成核糖、脂肪等物质。

糖在体内的分解代谢途径主要有糖酵解、糖的有氧氧化及磷酸戊糖途径。

糖酵解是指机体缺氧情况下，葡萄糖经一系列的酶促反应生成丙酮酸进而还原成乳酸的过程。主要分为两个阶段：第一阶段是由葡萄糖分解为丙酮酸的反应过程，称为酵解途径。由己糖转变为磷酸丙糖的反应过程需要消耗 ATP；而由 3-磷酸甘油醛转变为丙酮酸的反应过程则生成 ATP。第二个阶段为丙酮酸加氢还原为乳酸。6-磷酸果糖激酶-1、丙酮酸激酶、己糖激酶是调节糖酵解的关键酶，全部反应在胞质中进行。其生理意义在于迅速提供能量和为一些特殊组织细胞提供能量，一分子葡萄糖经糖酵解可净生成两分子 ATP。

糖的有氧氧化是指葡萄糖在有氧条件下彻底氧化生成水和 CO_2 的反应过程，是糖氧化供能的主要方式。其反应过程分为三个阶段：第一个阶段为葡萄糖糖酵解途径转化为丙酮酸；第二阶段为丙酮酸进入线粒体在丙酮酸脱氢酶复合体催化下氧化脱羧生成乙酰 CoA、$NADH + H^+$ 和 CO_2；第三阶段为三羧酸循环和氧化磷酸化。6-磷酸果糖激酶-1、丙酮酸激酶、己糖激酶、丙酮酸脱氢酶复合体、异柠檬酸脱氢酶、α-酮戊二酸脱氢酶和柠檬酸合酶。葡萄糖通过磷酸戊糖途径代谢可产生磷酸核糖和 NADPH。磷酸核糖是合成核苷酸的重要原料。NADPH 作为供氢体参与多种代谢反应。磷酸戊糖代谢途径的关键酶是 6-磷酸葡萄糖脱氢酶，在胞质中进行。

糖原主要储存在肝和肌肉中，是体内糖的储存形式。肝糖原的合成途径有：由葡萄糖经 UDPG 介入途径合成糖原；由三碳化合物经糖异生合成糖原。糖原分解习惯上是指肝糖原分解成葡萄糖，是血糖的重要来源。肌糖原的合成是由葡萄糖经 UDPG 介入途径合成的。由于肌组织缺乏葡萄糖 - 6 - 磷酸酶，只能进行糖酵解或有氧氧化，不能分解成葡萄糖。糖原合酶及磷酸化酶是糖原合成与分解的关键酶。

糖异生是指由乳酸、甘油和生糖氨基酸等非糖化合物转变为葡萄糖或糖原的过程。糖异生的主要器官是肝脏。糖异生的生理意义在于维持血糖水平的恒定，是补充或恢复肝糖原储备的重要途径。

血糖是指血液中的葡萄糖，维持在 $3.89 \sim 6.11 \text{mmol/L}$。血糖水平受多种激素的调控。胰岛素能降低血糖；而胰高血糖素、肾上腺素、糖皮质激素有升高血糖的作用。当人体糖代谢发生障碍时可导致糖尿病、低血糖、糖原累积症等疾病。

考纲分析

根据历年考纲与真题分析，建议熟记糖的生理功能、糖酵解、有氧氧化、糖原的合成与分解、糖异生、血糖概念；认识糖酵解、有氧氧化和糖异生的反应特点和生理意义；理解血糖的来源和去路、血糖水平的激素调节机制；重视高血糖、低血糖、糖尿病的浓度范围以及在临床和实际生活中的诊断、症状和急救措施。

复习思考

一、A 型选择题

1. 饥饿时肝的主要代谢途径是（　　　）

    A. 蛋白质的合成　　　B. 糖的有氧氧化　　　C. 脂肪的合成

    D. 糖异生作用　　　E. 糖原分解

2. 下列关于三羧酸循环的叙述中，错误的是（　　　）

    A. 是三大营养素分解的共同途径

    B. 乙酰 CoA 进入三羧酸循环后只能被氧化

    C. 乙酰 CoA 经三羧酸循环氧化时，可提供 $3NADH + H^+ + 1FADH_2$

    D. 三羧酸循环还有合成功能，可为其他代谢提供小分子原料

    E. 乙酰 CoA 全部进入彻底的能量分解代谢途径

3. 1 分子乙酰 CoA 彻底氧化分解是产生多少分子 ATP（　　　）

    A. 2　　　　　　　　B. 8　　　　　　　　C. 10

D. 14　　　　　　　E. 18

4. 下列不是糖异生途径的关键酶有（　　　）

　　A. 己糖激酶　　　　　　　　　　　B. 丙酮酸羧化酶

　　C. 果糖双磷酸酶 – 1　　　　　　　D. 磷酸烯醇式丙酮酸羧激酶

　　E. 葡萄糖激酶

5. 能进行糖异生的器官有（　　　）

　　A. 大脑　　　　　　　B. 心脏　　　　　　C. 肝脏

　　D. 肌肉　　　　　　　E. 血液

6. 关于血糖的描述，不正确的是（　　　）

　　A. 正常人安静时空腹血糖相当稳定

　　B. 血糖的正常水平为 3.9 ~ 6.1mmol/L

　　C. 血糖可转化为脂肪储存

　　D. 血糖是脑组织惟一可利用的能源

　　E. 空腹和饥饿时，糖异生维持血糖稳定

7. 磷酸戊糖途径的生理意义为（　　　）

　　A. 补充血糖　　　　　　　　　　　B. 供给机体能量

　　C. 供给人体 NADPH　　　　　　　D. 供给人体 NADPH 和磷酸戊糖

　　E. 提供代谢中间物质

8. 肌糖原分解不能直接分解为葡萄糖的原因（　　　）

　　A. 肌肉组织缺乏己糖激酶

　　B. 肌肉组织缺乏葡萄糖激酶

　　C. 肌肉组织缺乏糖原合酶

　　D. 肌肉组织缺乏葡萄糖 – 6 – 磷酸酶

　　E. 肌糖原含量低

9. 合成糖原时葡萄糖残基的直接供体是（　　　）

　　A. 1 – 磷酸葡萄糖　　　B. CDPG　　　　　　C. 6 – 磷酸葡萄糖

　　D. UDPG　　　　　　　E. UDPGA

10. 关于糖的有氧氧化，下列哪一项是错误的（　　　）

　　A. 糖有氧氧化的产物是 CO_2 及 H_2O

　　B. 糖有氧氧化是红细胞获得能量的主要方式

　　C. 三羧酸循环是三大营养素相互转变的途径

　　D. 有氧氧化可抑制糖酵解

　　E. 有氧氧化主要在细胞液中进行

二、思考题

1. 什么是糖的有氧氧化？生理意义是什么？

2. 简述血糖的来源和去路。

3. 在百米短跑时，肌肉收缩产生大量的乳酸，试述该乳酸的主要代谢去向。

4. 某女，25岁，去西藏拉萨后出现头晕、呕吐、肌肉酸痛和走路乏力等现象。试述 a. 判断患者出现症状的原因？b. 如何预防与治疗？

扫一扫，知答案

第 八 章

脂类代谢

扫一扫，看课件

【学习目标】

1. 掌握脂肪动员的概念；甘油的代谢；脂肪酸氧化的过程及能量的释放和利用，酮体的生成和利用；胆固醇合成的部位、原料、关键酶及胆固醇在体内的转变；血浆脂蛋白的概念、分类、组成特点和生理功能。

2. 熟悉脂类的生理功能；脂酸合成的原料、部位、产物及关键酶；3－磷酸甘油的生成；甘油三酯的合成；载脂蛋白。

3. 了解脂类的含量与分布；磷脂代谢；胆固醇的合成过程和调节；血浆脂蛋白代谢异常。能通过血脂检查结果作出正确的分析，能运用脂类代谢知识为血脂异常人群作饮食营养指导。

第一节 概 述

一、脂类概况

脂类不溶于水而溶于有机溶剂，是生物体内重要的有机化合物，具有重要的生理功能。脂类是脂肪和类脂的总称，脂肪又称为三脂酰甘油或甘油三酯（Triglyceride，TG），类脂包括磷脂（Phospholipid，PL）、糖脂（Glycolipid，GL）、胆固醇（Cholesterol，Ch）及胆固醇酯（Cholesterol ester，CE）等。

（一）脂类的含量与分布

成年男性脂肪的含量占体重的10%～20%，女性稍高。体内脂肪含量受营养状况和能量消耗等情况的影响而变化很大，故称为可变脂。脂肪主要分布在脂肪组织，以皮下、大网膜、肠系膜和肾周围储存最多，称储存脂或脂库。

☆考点提示
脂类的分类

类脂约占体重的5%，含量恒定，一般受个体营养状况和能量消耗情况影响较小，故又称为固定脂或基本脂。类脂是生物膜的主要成分，广泛分布在各组织中，尤其是神经组织含量最多。

（二）脂类的生理功能

1. 脂肪的生理功能

（1）储能与供能：甘油三酯主要的生理功能是储存能量及氧化供能。1g脂肪彻底氧化可释放38.9kJ的能量，是1g糖或蛋白质氧化所释放能量（17.7kJ）的2倍以上。脂肪储存时不伴有水的储存，所占体积（1.2cm^3/g）是糖原的1/4，故脂肪是便于储存的供能物质。人体每天所需能量的20%～30%由脂肪提供，空腹时体内所需能量的50%以上由脂肪氧化供给，而禁食1～3天约85%的能量来自脂肪，因此脂肪是空腹和饥饿时能量的主要来源。

☆考点提示
脂类的生理功能

（2）提供营养必需脂肪酸：营养必需脂肪酸是指那些人体健康所必需，但机体自身不能合成而必须从食物中摄取的脂肪酸，如亚油酸、亚麻酸、花生四烯酸等多不饱和脂肪酸。营养必需脂肪酸是维持生长发育和皮肤正常所必需的，若食物中缺乏，可出现生长缓慢、皮肤鳞屑多、毛发稀疏等症状。花生四烯酸在体内还可转变为前列腺素、血栓烷及白三烯等重要生理活性物质。

（3）保温、保护作用：皮下脂肪可防止热量散失，有保持体温作用。内脏周围的脂肪能减少脏器间的摩擦，缓冲撞击，固定支持内脏。

（4）促进脂溶性维生素的吸收。

2. 类脂的生理功能

（1）构成生物膜：磷脂和胆固醇是细胞质膜、核膜、线粒体膜、内质网膜及神经髓鞘等生物膜的主要成分。膜上的某些脂类还参与细胞间的识别与信息转导功能。

（2）转变为多种具有重要生物活性的物质：胆固醇在体内可转变为胆汁酸、维生素D$_3$和类固醇激素。

（3）参与脂蛋白的形成：磷脂和胆固醇是各种血浆脂蛋白的组成成分，参与脂肪的运输。

二、脂类的消化与吸收

（一）脂类的消化

食物中的脂类主要是脂肪，另还有少量的磷脂、胆固醇等。脂类难溶于水，必须在小肠经胆汁酸盐的作用，乳化并分散成细小的微团后，才能被消化酶消化。胰液及胆汁均分泌入十二指肠，小肠上段是脂类消化的主要场所。胆汁酸盐是较强的乳化剂，能降低油和水之间的表面张力，使脂肪及胆固醇等疏水的脂质乳化成细小的微团，增加消化酶对脂质的接触面积，有利于脂类的消化及吸收。胰液中消化脂类的酶有胰脂酶、磷脂酶 A_2、胆固醇脂酶及辅脂酶。胰脂酶特异催化甘油三酯的 1 及 3 位酯键水解，生成 2 - 甘油一酯及两分子的脂肪酸。胰磷脂酶 A_2 催化磷脂 2 位酯键水解，生成脂肪酸及溶血磷脂；胆固醇脂酶促进胆固醇脂水解生成胆固醇及脂肪酸。脂肪及类脂的消化产物包括甘油一酯、脂肪酸、胆固醇及溶血磷脂等可以与胆汁酸盐乳化成直径约为 20nm 的混合微团，这种小的微团极性大，易于穿过小肠黏膜细胞表面的水屏障，进入肠黏膜细胞。

（二）脂类的吸收

脂类消化产物主要在十二指肠下段及空肠上段吸收。中链脂酸及短链脂酸构成的甘油三酯经胆汁酸盐乳化后即可被吸收，然后在肠黏膜细胞内脂肪酶作用下，水解为脂肪酸及甘油，通过门静脉进入血液循环。长链脂酸及甘油一酯吸收入肠黏膜细胞后，在光面内质网脂酰 CoA 转移酶催化下，再合成甘油三酯。后者再与载脂蛋白、磷脂、胆固醇等在粗面内质网合成乳糜微粒，经淋巴进入血液循环。

第二节 脂肪的分解代谢

脂肪是由一分子甘油和三分子脂肪酸脱水缩合形成的酯。

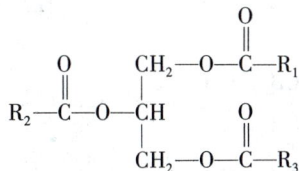

$$
\begin{array}{c}
 \overset{\displaystyle O}{} \\
 CH_2-O-\overset{\displaystyle \|}{C}-R_1 \\
\overset{\displaystyle O}{}   \\
R_2-\overset{\displaystyle \|}{C}-O-CH \overset{\displaystyle O}{} \\
 CH_2-O-\overset{\displaystyle \|}{C}-R_3
\end{array}
$$

甘油三酯分子内的三个脂酰基可以相同，也可以不同。天然脂肪中所含的脂肪酸大多数是含偶数碳原子的长链脂肪酸。脂肪酸按其分子中是否含有双键分为饱和脂肪酸和不饱和脂肪酸两类。饱和脂肪酸中以十六碳脂酸（软脂酸）和十八碳脂酸（硬脂酸）最为常见；不饱和脂肪酸中以软油酸（16：1，Δ^9）、油酸（18：1，Δ^9）和亚油酸（18：2，$\Delta^{9,12}$）为常见。不饱和脂肪酸在植物油和鱼油中含量较多，而饱和脂肪酸在动物脂肪中含量较多。

知识链接

DHA

DHA，二十二碳六烯酸，俗称脑黄金，是人体一种非常重要的多不饱和脂肪酸，是神经系统细胞生长及维持的一种主要元素，是大脑和视网膜的重要构成成分，在人体大脑皮质中含量高达 20%，在眼睛视网膜中所占比例最大，约占 50%，对胎儿、婴儿智力和视力发育至关重要。

DHA 主要来自深海鱼及藻类，母乳尤其是初乳中含量丰富。必需脂肪酸 α-亚麻酸 ω3 在人体内可以转化为 DHA，各种食用植物油如橄榄油、核桃油、麻油等中含 α-亚麻酸 ω3 较多，可作为人们获取 DHA 的主要来源。

一、脂肪动员

储存在脂肪细胞中的脂肪，被脂肪酶逐步水解为甘油及游离脂肪酸（Free fatty acid，FFA）并释放入血以供其他组织氧化利用的过程称为脂肪的动员。

☆考点提示
────────────────────────────
脂肪的动员
────────────────────────────

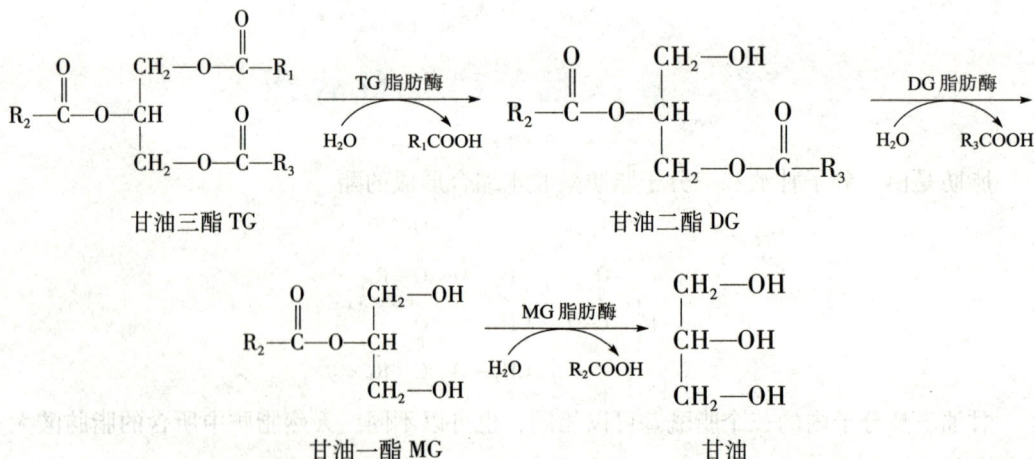

甘油三酯 TG → TG 脂肪酶 (H₂O, R₁COOH) → 甘油二酯 DG → DG 脂肪酶 (H₂O, R₃COOH) → 甘油一酯 MG → MG 脂肪酶 (H₂O, R₂COOH) → 甘油

甘油三酯脂肪酶是脂肪分解的限速酶，受多种激素的调控，故又称激素敏感性脂肪酶（Hormone sensitive triglyceride lipase，HSL）。肾上腺素、去甲肾上腺素、胰高血糖素、促肾上腺皮质激素、甲状腺素等能使甘油三酯脂肪酶活化，使脂肪动员加强，所以这些激素又称为脂解激素。胰岛素、前列腺素 E_2 等能使甘油三酯脂肪酶活性降低，抑制脂肪动员，

对抗脂解激素的作用，故称为抗脂解激素。脂肪动员使储存在脂肪组织中的脂肪分解成游离脂肪酸及甘油，然后释放入血。血浆中游离脂肪酸与清蛋白结合成脂肪酸－清蛋白复合物，随血液循环运送到全身，供心脏、肝、骨骼肌等组织摄取利用。

二、甘油的代谢

脂肪动员产生的甘油直接由血液运输至肝、肾、肠、心脏等组织，在甘油激酶催化下，生成 3－磷酸甘油，然后脱氢生成磷酸二羟丙酮，后者沿糖代谢途径进行氧化分解或经糖异生途径转变为糖。脂肪细胞及骨骼肌等组织的甘油激酶活性很低，故不能很好地利用甘油，要运到肝脏等组织中进一步代谢分解。

☆ 考点提示

甘油的氧化分解

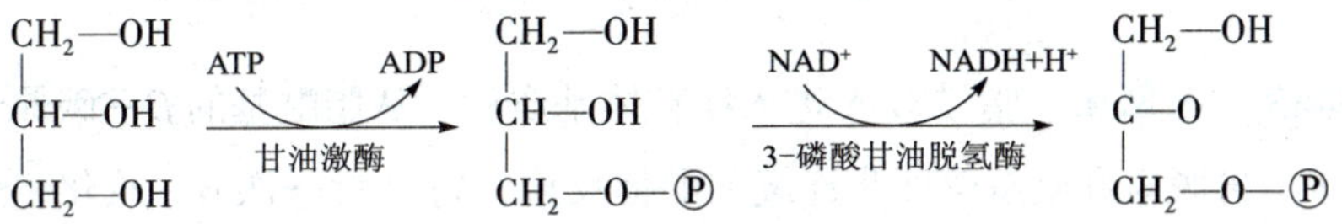

三、脂肪酸的氧化

除脑组织外，机体大多数组织均能通过直接氧化脂肪酸来获得能量，以肝脏和肌肉组织最活跃。在氧气供给充足的条件下，脂肪酸可以在体内分解成 H_2O 和 CO_2 并释放出大量的能量。

☆ 考点提示

脂肪酸的 β－氧化

1. 脂肪酸的活化 脂肪酸的活化在胞液中进行，脂肪酸在脂酰 CoA 合成酶的催化下，活化生成脂酰 CoA。

$$RCOOH + HSCoA + ATP \xrightarrow[\text{Mg}^{+2}]{\text{脂酰 CoA 合成酶}} RCO \sim SCoA + AMP + PPi$$

脂肪酸　　　　　　　　　　　　　　酯酰辅酶 A

2. 脂酰 CoA 进入线粒体 脂肪酸的活化在胞液中进行，而催化脂肪酸氧化的酶系存在于线粒体的基质内，因此活化的脂酰 CoA 必须进入线粒体才能分解。脂酰 CoA 不能直接透过线粒体内膜，其脂酰基需经肉毒碱转运才能进入基质（图 8－1）。脂酰 CoA 进入线

粒体是脂肪酸 β - 氧化的主要限速步骤，肉毒碱脂酰转移酶 I 是脂肪酸氧化的限速酶。当饥饿、高脂低糖膳食或糖尿病时，体内糖利用发生障碍，需要脂肪酸的供能时，肉毒碱脂酰转移酶 I 活性增加，脂肪酸氧化增强。

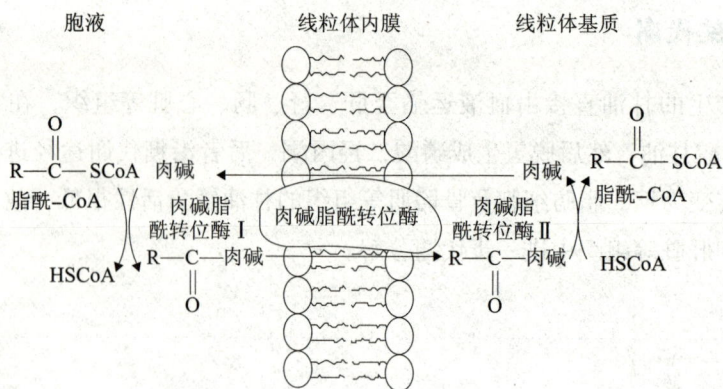

图 8-1　长链脂酰辅酶 A 进入线粒体的机制

3. 脂肪酸的 β - 氧化　脂酰 CoA 进入线粒体基质后，从脂酰基的 β - 碳原子开始，经过脱氢、加水、再脱氢和硫解等四步连续的酶促反应，每进行一次 β - 氧化，生成 1 分子乙酰 CoA 和 1 分子比原来少 2 个碳原子的脂酰 CoA。由于此氧化过程发生在脂酰基的 β - 碳原子上，故称脂肪酸的 β - 氧化。

脂肪酸 β - 氧化的过程如下：①脱氢：脂酰 CoA 由脂酰 CoA 脱氢酶催化，在 α、β 碳原子上脱氢，生成反 Δ^2 - 烯脂酰 CoA。脱下的 2H 由 FAD 接受生成 $FADH_2$。②加水：反 Δ^2 - 烯脂酰 CoA 在 Δ^2 - 烯脂酰 CoA 水化酶催化下，加水生成 L（+）- β - 羟脂酰 CoA。③再脱氢：L（+）- β - 羟脂酰 CoA 在 β - 羟脂酰 CoA 脱氢酶的催化下，再脱下 2H，生成 β - 酮脂酰 CoA。脱下的 2H 由 NAD^+ 接受，生成 $NADH + H^+$。④硫解：β - 酮脂酰 CoA 经 β - 酮脂酰 CoA 硫解酶催化，裂解生成 1 分子乙酰 CoA 和比原来少 2 个碳原子的脂酰 CoA。

新生成的比原来少 2 个碳原子的脂酰 CoA，可再重复进行脱氢、加水、再脱氢和硫解反应，使脂酰 CoA 完全分解为乙酰 CoA，即完成脂肪酸的 β - 氧化。

4. 乙酰 CoA 的彻底氧化　脂肪酸经 β - 氧化生成的乙酰 CoA 在线粒体中经三羧酸循环彻底氧化生成 H_2O 和 CO_2，并释放能量。

脂肪酸氧化是体内能量的重要来源。以 16C 的饱和脂肪酸软脂酸为例，1 分子软脂酰 CoA 分解为 8 分子乙酰 CoA，经 7 次 β - 氧化，生成 7 分子 $FADH_2$、7 分子 $NADH + H^+$。每分子 $FADH_2$ 和 $NADH + H^+$ 经呼吸链氧化分别生成 1.5 分子和 2.5 分子 ATP，每分子乙酰 CoA 通过三羧酸循环氧化可产生 10 分子 ATP。因此，1 分子软脂酸彻底氧化共生成

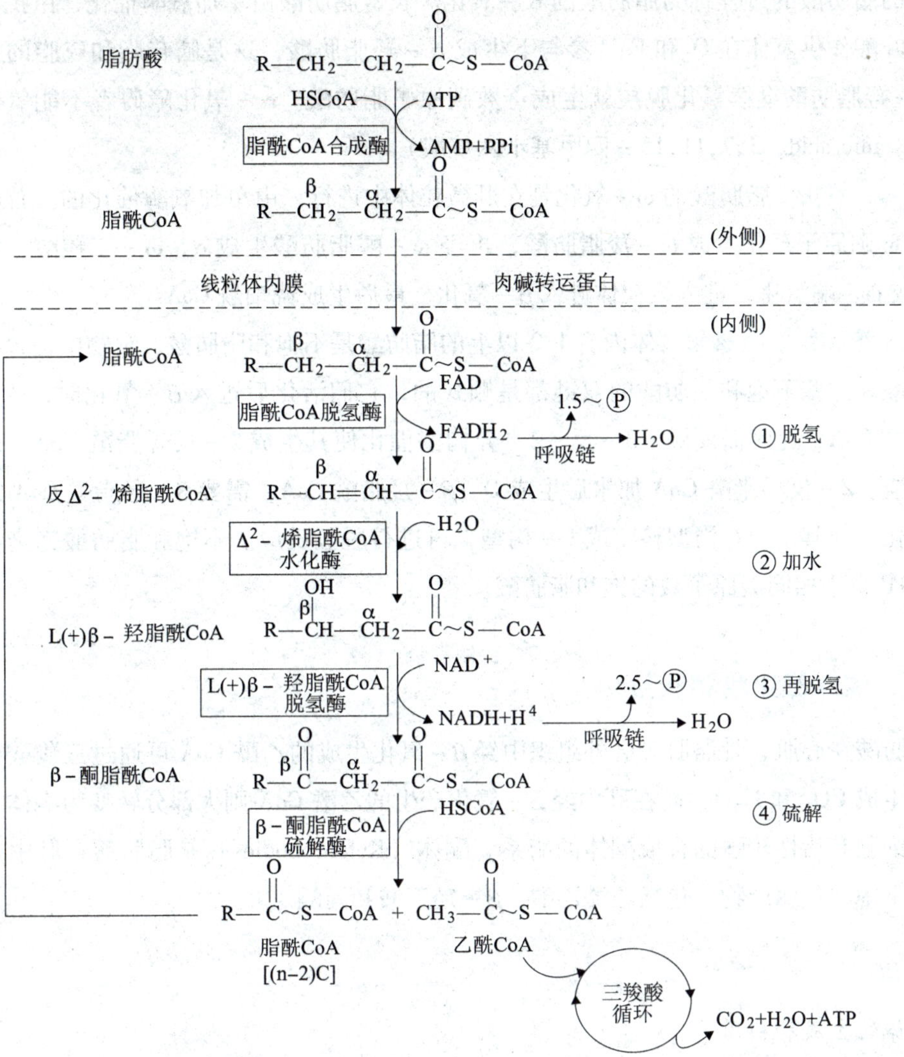

$$
\begin{array}{c}
\text{脂肪酸} \quad R-CH_2-CH_2-\overset{\overset{O}{\|}}{C}\sim S-CoA \\
\end{array}
$$

脂酰CoA合成酶 HSCoA、ATP、AMP+PPi

脂酰CoA $R-CH_2-\underset{\alpha}{CH_2}-\overset{\overset{O}{\|}}{C}\sim S-CoA$ （外侧）

线粒体内膜 —— 肉碱转运蛋白 （内侧）

脂酰CoA $R-\underset{\beta}{CH_2}-\underset{\alpha}{CH_2}-\overset{\overset{O}{\|}}{C}\sim S-CoA$

脂酰CoA脱氢酶 FAD、$FADH_2$ 呼吸链 $1.5\sim ℗$ H_2O ① 脱氢

反Δ^2-烯脂酰CoA $R-\underset{\beta}{CH}=\underset{\alpha}{CH}-\overset{\overset{O}{\|}}{C}\sim S-CoA$

Δ^2-烯脂酰CoA水化酶 H_2O ② 加水

$L(+)\beta-$羟脂酰CoA $R-\underset{\beta}{\overset{\overset{OH}{|}}{CH}}-\underset{\alpha}{CH_2}-\overset{\overset{O}{\|}}{C}\sim S-CoA$

$L(+)\beta-$羟脂酰CoA脱氢酶 NAD^+、$NADH+H^4$ 呼吸链 $2.5\sim ℗$ H_2O ③ 再脱氢

$\beta-$酮脂酰CoA $R-\underset{\beta}{\overset{\overset{O}{\|}}{C}}-\underset{\alpha}{CH_2}-\overset{\overset{O}{\|}}{C}\sim S-CoA$

$\beta-$酮脂酰CoA硫解酶 HSCoA ④ 硫解

$R-\overset{\overset{O}{\|}}{C}\sim S-CoA + CH_3-\overset{\overset{O}{\|}}{C}\sim S-CoA$
脂酰CoA [(n-2)C] 乙酰CoA

三羧酸循环 → CO_2+H_2O+ATP

图 8－2 脂肪酸 $\beta-$氧化

$(7\times1.5)+(7\times2.5)+(8\times10)=108$ 分子 ATP。减去活化时消耗的 2 个高能磷酸键，相当于 2 分子 ATP，净生成 106 分子 ATP。

四、脂肪酸的其他氧化方式

1. 丙酸氧化 奇数碳原子脂肪酸，经过 $\beta-$氧化除生成乙酰 CoA 外还生成一分子丙酰 CoA，某些氨基酸如异亮氨酸、蛋氨酸和苏氨酸的分解代谢过程中有丙酰 CoA 生成，胆汁酸生成过程中亦产生丙酰 CoA。丙酰 CoA 经过羧化反应和分子内重排，可转变生成琥珀酰 CoA，可进一步氧化分解，也可经草酰乙酸异生成糖。

2. $\alpha-$氧化 脂肪酸在微粒体中由单加氧酶和脱羧酶催化生成 $\alpha-$羟脂肪酸或少一个

碳原子的脂肪酸的过程称为脂肪酸的 α - 氧化。长链脂肪酸由单加氧酶催化，由抗坏血酸或四氢叶酸作供氢体在 O_2 和 Fe^{2+} 参与下生成 α - 羟脂肪酸，这是脑苷脂和硫脂的重要成分，α - 羟脂肪酸继续氧化脱羧就生成奇数碳原子脂肪酸。α - 氧化障碍者不能氧化植烷酸（phytanic acid，3,7,11,15 - 四甲基十六烷酸）。

3. ω - 氧化 脂肪酸的 ω - 氧化是在肝微粒体中进行，由单加氧酶催化的。首先是脂肪酸的 ω 碳原子羟化生成 ω - 羧脂肪酸，再经 ω - 醛脂肪酸生成 α，ω - 二羧酸，然后在 α - 端或 ω - 端活化，进入线粒体进入 β - 氧化，最后生成琥珀酰 CoA。

4. 不饱和脂肪酸氧化 体内有 1/2 以上的脂肪酸是不饱和脂肪酸，食物中也含有不饱和脂肪酸。这些不饱和脂肪酸的双键都是顺式的，它们活化后进入 β - 氧化时，生成 3 - 顺烯脂酰 CoA，此时需要顺 - 3 - 反 - 2 - 异构酶催化使其生成 2 - 反烯脂酰 CoA，以便进一步反应。2 - 反烯脂酰 CoA 加水后生成 D - β - 羟脂酰 CoA，需要 β - 羟脂酰 CoA 差向异构酶催化，使其由 D - 构型转变成 L - 构型，再进行脱氢反应。不饱和脂肪酸完全氧化提供的 ATP 少于相同碳原子数的饱和脂肪酸。

五、酮体的生成和利用

脂肪酸在心肌、骨骼肌等肝外组织中经 β - 氧化生成的乙酰 CoA 可通过三羧酸循环彻底氧化生成 CO_2 和 H_2O，而在肝中经 β - 氧化产生的乙酰 CoA 则大部分转变为酮体。这是因为肝细胞有活性较强的合成酮体的酶系。酮体（Ketone bodies）是脂肪酸在肝中氧化分解的正常中间代谢产物，包括乙酰乙酸、β - 羟丁酸和丙酮。

☆ 考点提示

酮体的生成和利用

（一）酮体的生成

酮体在肝细胞线粒体内合成，合成原料是乙酰 CoA。合成过程为：①2 分子乙酰 CoA 在乙酰乙酰 CoA 硫解酶的催化下，缩合生成乙酰乙酰 CoA，并释放出 1 分子 HSCoA。②乙酰乙酰 CoA 在羟甲基戊二酸单酰 CoA 合酶的催化下，再与 1 分子乙酰 CoA 缩合生成 β - 羟基 - β - 甲基戊二酸单酰 CoA（HMG - CoA），并释放出 1 分子 HSCoA。HMG - CoA 合酶是酮体生成的限速酶。③β - 羟基 - β - 甲基戊二酸单酰 CoA 在 HMG - CoA 裂解酶的作用下，生成乙酰乙酸和乙酰 CoA。

乙酰乙酸在线粒体内膜 β - 羟丁酸脱氢酶催化下，由 $NADH + H^+$ 提供氢，还原为 β - 羟丁酸。少量乙酰乙酸也可自发脱羧生成丙酮（图 8 - 3）。

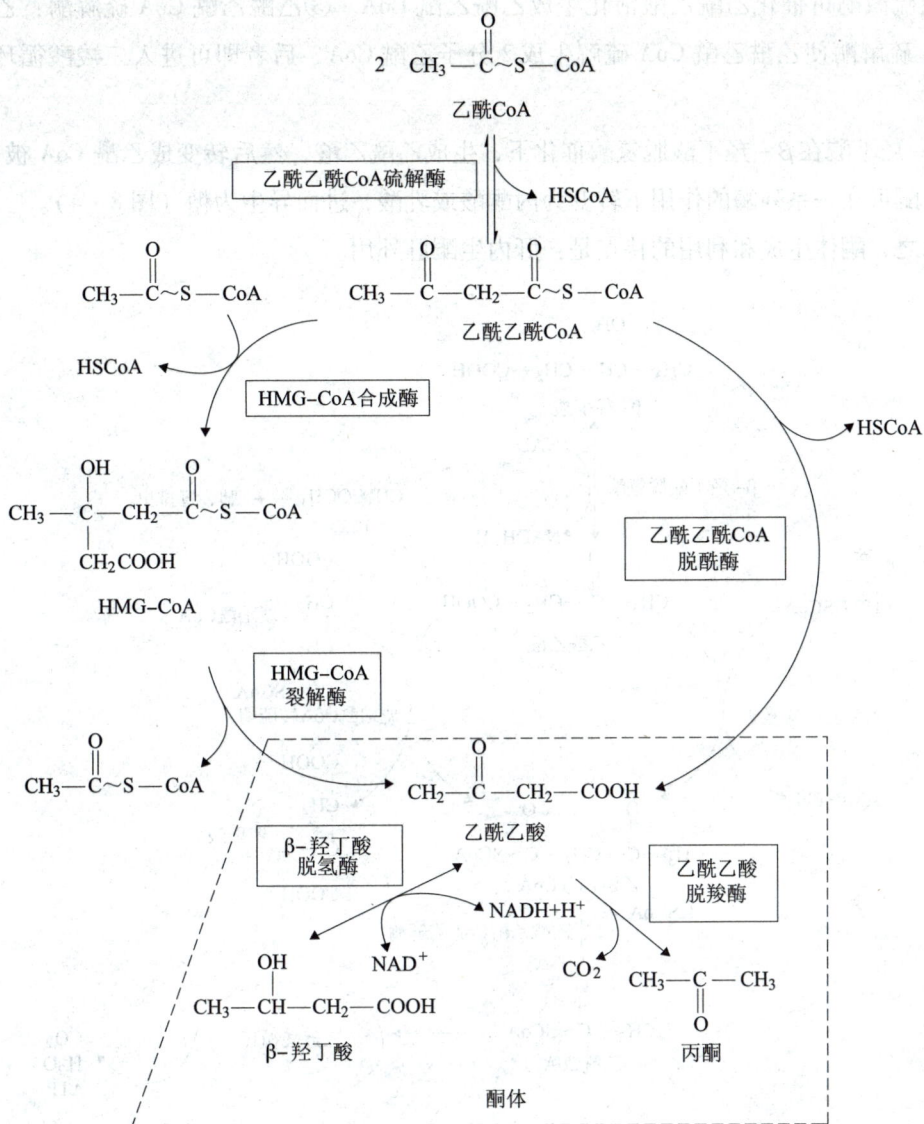

图 8－3　酮体的生成

肝线粒体含有各种活性较高的合成酮体的酶，尤其是 HMG－CoA 合成酶，因此生成酮体是肝脏特有的功能。但肝氧化酮体的酶活性很低，因此肝不能利用酮体，肝内生成的酮体必须通过血液运输到肝外组织进一步氧化。

（二）酮体的利用

肝外许多组织具有活性很强的利用酮体的酶，可以利用酮体：①琥珀酰 CoA 转硫酶：在心、肾、脑、骨骼肌的线粒体此酶活性较高。它可催化琥珀酰 CoA 将 CoASH 转移给乙酰乙酸，生成乙酰乙酰 CoA。②乙酰乙酸硫激酶：心、肾和脑组织线粒体中的乙酰乙酸硫激酶可催化乙酰乙酸活化生成乙酰乙酰 CoA。③乙酰乙酰 CoA 硫解酶：乙酰乙酰 CoA 硫解酶使乙酰乙酰 CoA 硫解生成 2 分子乙酰 CoA，后者即可进入三羧酸循环彻底氧化。

β-羟丁酸在 β-羟丁酸脱氢酶催化下，生成乙酰乙酸，然后转变成乙酰 CoA 被氧化。部分丙酮可在一系列酶的作用下转变为丙酮酸或乳酸，进而异生为糖（图 8-4）。

总之，酮体生成和利用的特点是：肝内生酮肝外用。

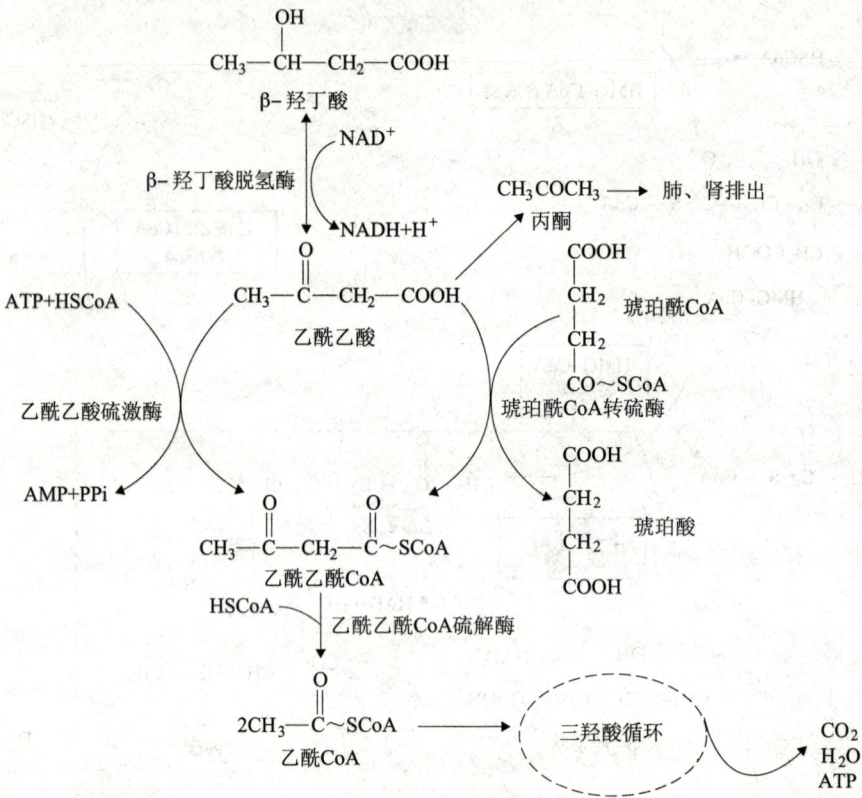

图 8-4 酮体的氧化

（三）酮体生成的生理意义

酮体是脂肪酸在肝内正常的中间代谢产物，是肝脏输出能量的一种形式。酮体溶于水，分子较小，能通过血脑屏障及静止的骨骼肌毛细血管壁，被脑、肌肉等组织摄取利用。脑组织不能直接氧化脂肪酸，却能利用酮体。长期饥饿、糖供不足时酮体可以代替葡萄糖成为脑组织及肌肉的主要能源。

正常情况下，血液中的酮体含量很低，仅 $0.03 \sim 0.5\text{mmol/L}$（$0.3 \sim 5\text{mg/dL}$）。其中 β-羟丁酸约占 70%，乙酰乙酸占 30%，丙酮含量极微。但在饥饿、低糖高脂膳食及未经控制的糖尿病时，机体不能很好地利用葡萄糖氧化分解来供应能量，脂肪动员加强，肝脏

中脂肪酸 β-氧化加速，酮体生成增加。当肝中酮体生成量超过肝外组织利用的能力时，血中酮体升高，称为酮血症，若酮体随尿排出则引起酮尿。由于 β-羟丁酸和乙酰乙酸是酸性物质，酮体在血液中浓度过高可导致酮症酸中毒。

知 识 链 接

糖尿病酮症酸中毒

糖尿病酮症酸中毒是糖尿病最常见的急性并发症之一。糖尿病患者胰岛素分泌绝对或相对不足，拮抗胰岛素的激素绝对或相对增多，引起糖代谢紊乱，脂肪和蛋白质的分解加速，合成受抑，脂肪动员增加，酮体生成增多，最终导致酮症酸中毒。最常发生于 1 型糖尿病患者，2 型糖尿病患者在某些情况下亦可发生。患者表现为极度烦渴，尿多，明显脱水，极度乏力，恶心，呕吐，食欲低下；头痛，精神萎靡或烦躁，最后嗜睡、昏迷；深大呼吸，呼气有烂苹果味；脉快，血压低或偏低。临床抢救应尽快补液以恢复血容量，纠正失水状态；降低血糖；纠正电解质及酸碱平衡失调；同时积极寻找和消除诱因，防治并发症。

第三节 脂肪的合成代谢

甘油三酯是机体储存能量的形式。机体摄入糖、脂肪等食物均可合成脂肪在脂肪组织储存，以供禁食、饥饿时的能量需要。肝、脂肪组织及小肠等是合成甘油三酯的主要场所，其中肝的合成能力最强，脂肪组织可以储存脂肪，小肠黏膜细胞则主要利用脂肪消化产物再合成脂肪，以乳糜微粒形式经淋巴进入血液循环。合成甘油三酯的原料是脂肪酸和 3-磷酸甘油，主要由葡萄糖代谢提供，食物脂肪消化吸收的脂肪酸亦可用于合成脂肪。

☆考点提示

甘油三酯合成的部位，合成的原料及关键酶。

一、3-磷酸甘油的生成

3-磷酸甘油主要由糖代谢的中间产物磷酸二羟丙酮还原生成，也可由甘油转变而来。

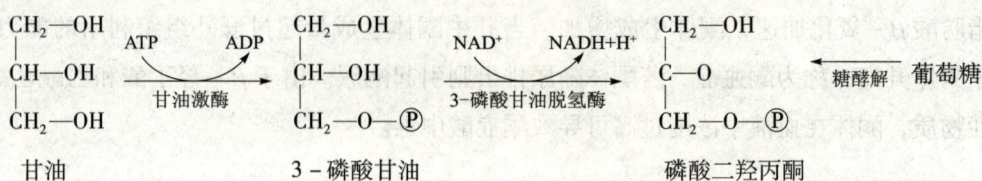

二、脂肪酸的合成

（一）合成部位

脂肪酸合成酶系存在于肝、肾、脑、肺、乳腺及脂肪等组织细胞的胞液中。肝是合成脂肪酸的主要场所，其合成能力比脂肪组织大8~9倍。

（二）合成原料

合成脂肪酸的主要原料为乙酰CoA，主要由糖代谢提供。乙酰CoA是在线粒体内生成的，而脂肪酸合成酶系存在于胞液中。乙酰CoA必须由线粒体转运至胞液才能参与脂肪酸的合成。由于乙酰CoA不能自由透过线粒体内膜，则需通过柠檬酸–丙酮酸循环，将其由线粒体转运到胞浆。（图8-5）

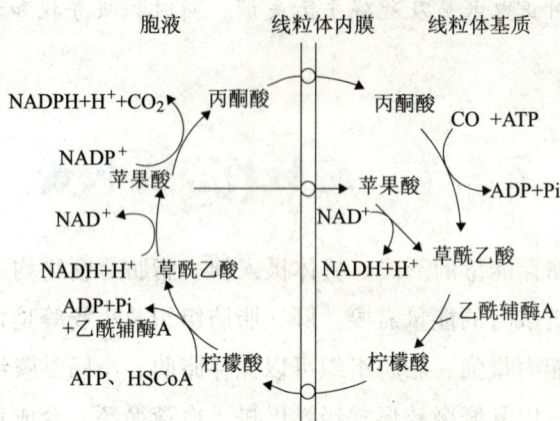

图8-5 柠檬酸–丙酮酸循环

脂肪酸的合成除需乙酰CoA外，还需ATP、NADPH、HCO_3^-（CO_2）及Mn^{2+}等。脂肪酸的合成是还原性合成，所需氢全部由NADPH提供。NADPH主要来自磷酸戊糖途径，柠檬酸–丙酮酸循环也可产生少量NADPH。

（三）脂肪酸的合成过程

由乙酰CoA合成脂肪酸的过程并不是β–氧化的逆过程，而是由不同的酶催化，循不同的途径进行的。

1. 丙二酸单酰CoA的合成 乙酰CoA在乙酰CoA羧化酶催化下，生成丙二酸单酰CoA。乙酰CoA羧化酶是脂肪酸合成的限速酶，其辅基为生物素，Mn^{2+}为激活剂，反

152

应为：

$$ATP + HCO_3^- + CH_3CO \sim SCoA \xrightarrow[\text{生物素、Mg}^{2+}]{\text{乙酰辅酶 A 羧化酶}} HOOCCH_2CO \sim SCoA + ADP + Pi$$

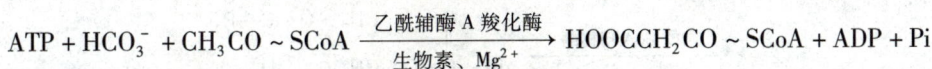

2. 软脂酸的合成 用 1 分子乙酰 CoA 作为"引物"，与 7 分子丙二酸 CoA 缩合成 16 碳的软脂酸，需经过连续 7 次缩合反应。每次碳链延长 2 个碳原子都要经过缩合、还原、脱水、再还原等步骤。软脂酸合成的总反应式为：

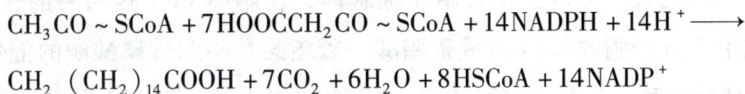

$$CH_3CO \sim SCoA + 7HOOCCH_2CO \sim SCoA + 14NADPH + 14H^+ \longrightarrow$$

$$CH_2 (CH_2)_{14}COOH + 7CO_2 + 6H_2O + 8HSCoA + 14NADP^+$$

脂肪酸合成酶系合成的产物是软脂酸，更长碳链的脂酸则是在内质网或线粒体中，对软脂酸进行加工，使其碳链延长。在内质网中，以丙二酸单酰 CoA 为二碳单位的供给体，由 $NADPH + H^+$ 供氢，通过缩合、加氢、脱水及再加氢等反应，每轮可以增加 2 个碳原子，反复进行可使碳链延长，合成过程与软脂酸的合成相似，可将脂酸碳链延长至 24C，但以 18C 的硬脂酸为最多。线粒体中则由乙酰 CoA 作为二碳单位供体，由 $NADPH + H^+$ 供氢，合成过程与脂酸 β – 氧化逆反应相似，可产生 $C_{24} \sim C_{26}$ 的脂酸，也是以硬脂酸最多。不饱和脂肪酸则是在去饱和酶的催化下生成的。必需脂肪酸机体不能合成，必须要由食物供应。

三、脂肪的合成

（一）合成部位

甘油三酯的合成主要在肝、脂肪组织及小肠细胞的内质网中进行，以肝的合成能力最强。

（二）合成原料

合成甘油三酯的原料为 3 – 磷酸甘油及脂肪酸。

（三）合成的基本过程

1. 甘油一酯途径 在小肠黏膜细胞内，利用消化吸收的甘油一酯及脂肪酸合成甘油三酯。

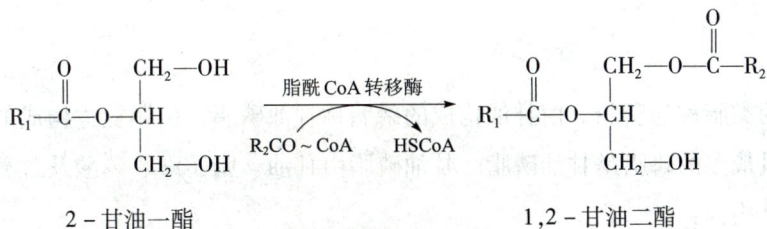

$$RCOOH + HSCoA + ATP \longrightarrow RCO \sim SCoA + AMP + PPi$$

2 – 甘油一酯   1,2 – 甘油二酯

$$\xrightarrow[\substack{R_3CO \sim CoA \quad HSCoA}]{\text{脂酰CoA转移酶}}$$

甘油三酯

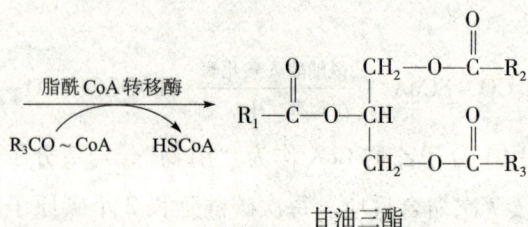

2. 甘油二酯途径　在肝细胞及脂肪细胞内，在脂酰 CoA 转移酶的作用下，3－磷酸甘油依次加上 2 分子脂酰 CoA 生成磷脂酸，磷脂酸在磷脂酸磷酸酶的催化下，脱去磷酸生成 1,2－甘油二酯，然后在脂酰 CoA 转移酶的催化下，加上 1 分子脂酰基，生成甘油三酯。

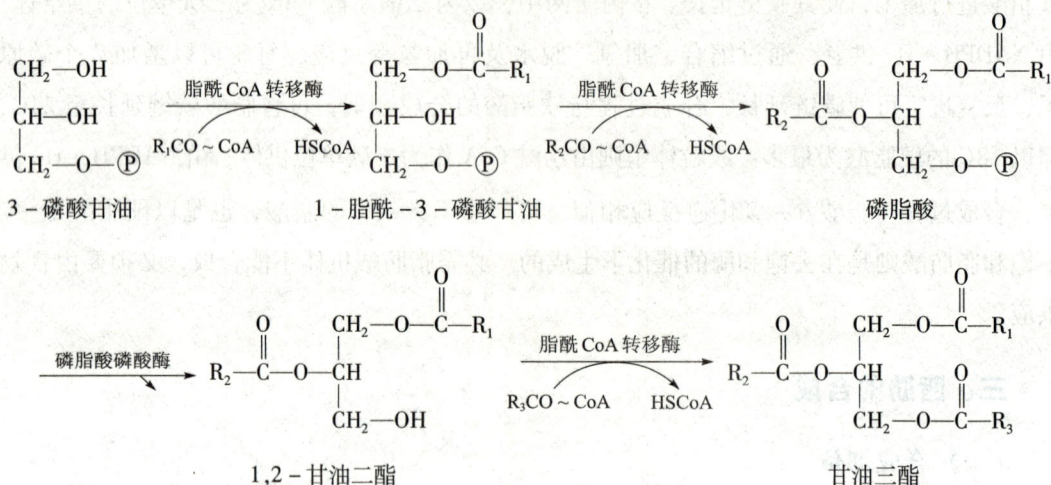

3－磷酸甘油　　　　1－脂酰－3－磷酸甘油　　　　磷脂酸

1,2－甘油二酯　　　　　　甘油三酯

由于合成脂肪的原料主要由葡萄糖代谢提供，因此机体即使完全不摄取脂肪，也可由糖大量合成。合成脂肪的 3 分子脂肪酸可为同一种脂肪酸，也可是三种不同的脂肪酸。在一般情况下，脂肪组织合成的甘油三酯储存在该组织内，肝及小肠黏膜上皮细胞合成的甘油三酯则参与组成脂蛋白释放到血液中进行运输。

第四节　类脂的代谢

一、磷脂的代谢

（一）磷脂的结构与分类

含磷酸的类脂称为磷脂。由甘油构成的磷脂称甘油磷脂，由鞘氨醇构成的磷脂称鞘磷脂。体内含量最多的磷脂是甘油磷脂。甘油磷脂由甘油、脂肪酸、磷酸及含氮化合物等组成，其基本结构为：

$$\begin{array}{c} \text{O} \\ \| \\ \text{CH}_2\!-\!\text{O}\!-\!\text{C}\!-\!\text{R}_1 \\ \text{O} \qquad\qquad\quad \\ \| \qquad\qquad\quad \text{O} \\ \text{R}_2\!-\!\text{C}\!-\!\text{O}\!-\!\text{CH} \quad \| \\ \text{CH}_2\!-\!\text{O}\!-\!\text{P}\!-\!\text{OX} \\ | \\ \text{OH} \end{array}$$

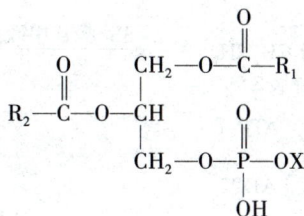

甘油的 1 位和 2 位羟基上分别结合 1 分子脂肪酸，通常 2 位脂肪酸为花生四烯酸，在 3 位羟基上结合 1 分子磷酸。根据与磷酸相连的取代基团 X 的不同，可将甘油磷脂分为下列几类（表 8-1）。

表 8-1　体内一些重要的甘油磷脂

取代基团 X	甘油磷脂的名称
氢	磷脂酸
胆碱	磷脂酰胆碱（卵磷脂）
乙醇胺	磷脂酰乙醇胺（脑磷脂）
丝氨酸	磷脂酰丝氨酸
甘油	磷脂酰甘油
磷脂酰甘油	二磷脂酰甘油（心磷脂）
肌醇	磷脂酰肌醇

（二）甘油磷脂的代谢

1. 甘油磷脂的合成

（1）合成部位：全身各组织细胞内质网均含有合成磷脂的酶系，均可合成甘油磷脂，以肝、肾及肠等组织最为活跃。

（2）合成原料：甘油磷脂合成所需要的原料有甘油、脂肪酸、磷酸盐、胆碱、乙醇胺、丝氨酸及肌醇等。甘油和脂肪酸主要由糖代谢转变而来，其中 2 位脂肪酸多为必需脂肪酸，必须由食物提供。胆碱可由食物供给，也可由丝氨酸及甲硫氨酸在体内合成。丝氨酸除本身是合成磷脂酰丝氨酸的原料外，其脱羧后生成的乙醇胺又是合成磷脂酰乙醇胺的原料。合成除需 ATP 外，还需 CTP 参加，CTP 在磷脂合成中起到重要作用，它参与了CDP-胆碱、CDP-乙醇胺等活性中间物质的合成。

（3）合成的基本过程：以磷脂酰胆碱和磷脂酰乙醇胺为例说明。这两类磷脂在体内含量最多，占组织及血液中磷脂的 75% 以上。甘油二酯是合成的重要中间物。

胆碱和乙醇胺先活化为 CDP-胆碱及 CDP-乙醇胺：

$$\underset{\underset{\text{丝氨酸}}{\overset{|}{NH_2}}}{HOCH_2CHCOOH} \xrightarrow[\ CO_2\ ]{} \underset{\text{乙醇胺}}{HOCH_2CH_2NH_2} \xrightarrow{\text{3S-腺苷甲硫氨酸}} \underset{\text{胆碱}}{HOCH_2CH_2N+(CH_3)_3}$$

乙醇胺激酶 $\begin{array}{c} ATP \\ \downarrow \\ ADP \end{array}$ 胆碱激酶 $\begin{array}{c} \mathbf{ATP} \\ \downarrow \\ \mathbf{ADP} \end{array}$

$$\underset{\text{磷酸乙醇胺}}{\text{P}-OCH_2CH_2NH_2} \qquad\qquad \underset{\text{磷酸胆碱}}{\text{P}-OCH_2CH_2N+(CH_3)_3}$$

CTP：磷酸乙醇胺 胞苷转移酶 $\begin{array}{c} CTP \\ \downarrow \\ PPi \end{array}$ CTP：磷酸胆碱 胞苷转移酶 $\begin{array}{c} CTP \\ \downarrow \\ PPi \end{array}$

$$\underset{\text{CDP-乙醇胺}}{CDP-CH_2CH_2NH_2} \qquad\qquad \underset{\text{CDP-胆碱}}{CDP-CH_2CH_2N+(CH_3)_3}$$

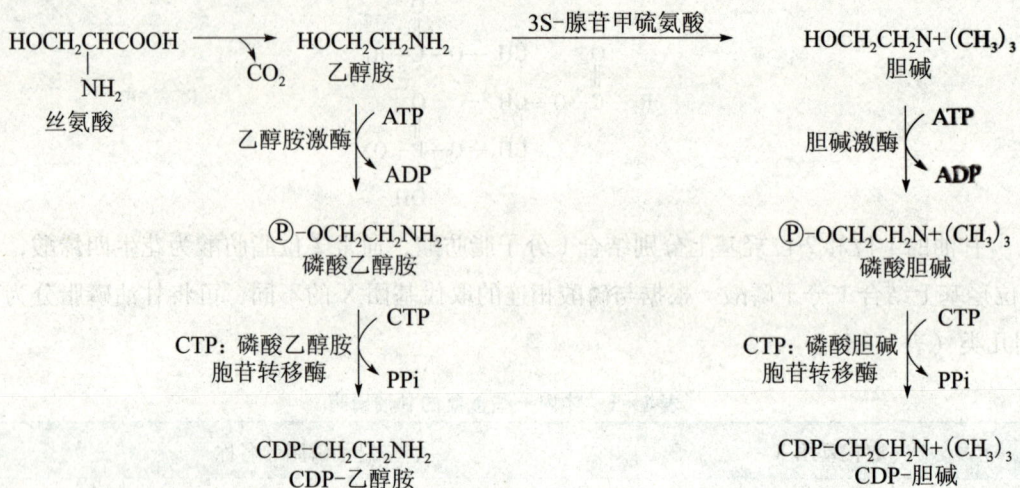

CDP‑胆碱和CDP‑乙醇胺再与甘油二酯反应生成磷脂酰胆碱和磷脂酰乙醇胺：

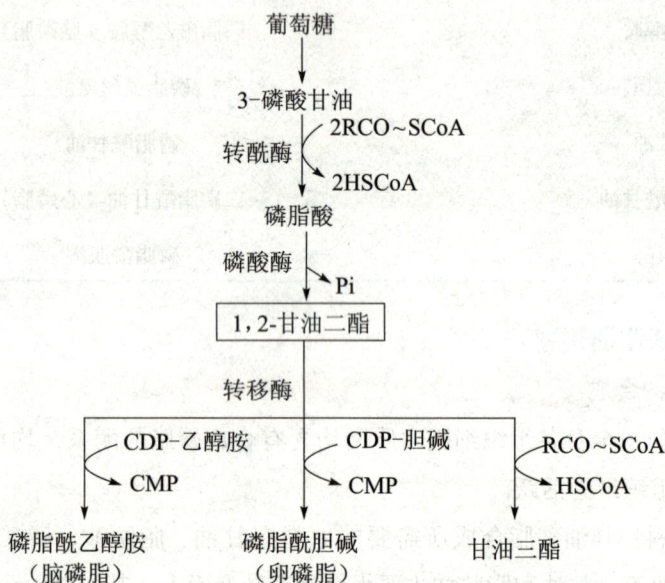

葡萄糖

↓

3‑磷酸甘油

转酰酶 $\begin{array}{c} 2RCO\sim SCoA \\ \downarrow \\ 2HSCoA \end{array}$

磷脂酸

磷酸酶 $\begin{array}{c} \downarrow \\ Pi \end{array}$

$$\boxed{1,2\text{-甘油二酯}}$$

转移酶

| CDP‑乙醇胺 → CMP | CDP‑胆碱 → CMP | RCO~SCoA → HSCoA |

磷脂酰乙醇胺（脑磷脂）　　磷脂酰胆碱（卵磷脂）　　甘油三酯

　　此外，磷脂酰胆碱还可由磷脂酰乙醇胺从 S‑腺苷甲硫氨酸获得 3 个甲基生成。由磷脂酰乙醇胺羧化或其乙醇胺与丝氨酸交换也可生成磷脂酰丝氨酸。

　　2. 甘油磷脂的降解　生物体内有水解甘油磷脂的多种磷脂酶类，主要有磷脂酶 A_1、A_2、B_1、B_2、C 和 D 等。它们分别作用于磷脂分子内的不同酯键，产生不同的产物。以磷脂酰胆碱为例，下面是各种磷脂酶水解的酯键部位：

　　磷脂酶 A_2 以酶原形式存在于胰腺中，此酶作用于磷脂酰胆碱的 2 位酯键，生成溶血磷脂。溶血磷脂是一类具有较强表面活性的物质，能使红细胞膜或其他细胞膜破坏，引起

磷脂酰胆碱 溶血磷脂酰胆碱

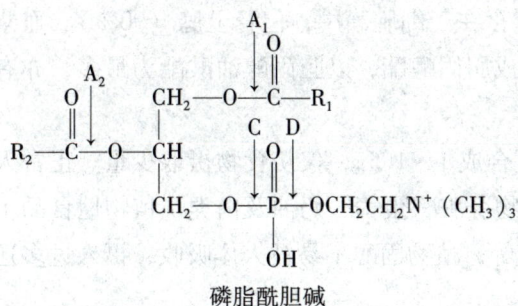

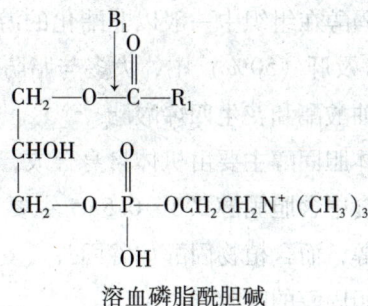

溶血或细胞坏死。临床上急性胰腺炎的发病，是由于消化液反流入胰腺后胰腺磷脂酶 A_2 被激活催化生产溶血磷脂，破坏胰腺细胞膜，导致胰腺组织损伤。某些蛇毒液中含有磷脂酶 A_2，故被一些毒蛇咬伤后会表现出大量溶血的症状。

甘油磷脂水解生成甘油、脂肪酸、磷酸和胆碱及乙醇胺等，可分别进行有关合成或分解代谢。

3. 甘油磷脂和脂肪肝 正常人肝内脂类的含量占 3%~5%，其中甘油三酯占一半，如肝内脂肪的含量超过 2.5%，脂类总量超过 10%，即称为脂肪肝。形成脂肪肝的原因很多，一是肝中脂肪来源过多，如高脂低糖或高热量饮食；二是肝功能障碍，氧化脂肪酸的能力减弱，或合成及释放脂蛋白的功能降低；三是合成磷脂的原料不足，尤其是胆碱不足或参加合成胆碱的甲硫氨酸缺乏等。磷脂是合成脂蛋白的必需原料，如磷脂合成减少，则会影响极低密度脂蛋白的形成，导致肝内的脂肪输出障碍，从而发生脂肪肝。

二、胆固醇的代谢

胆固醇是具有环戊烷多氢菲烃核及一个羟基的固体醇类化合物，因最早在动物胆石中分离出来，故名胆固醇。胆固醇 27 个碳原子构成的烃核及侧链，都是非极性疏水的，只有 C_3 位上的羟基是亲水的，故具有两性分子的特点和性质。胆固醇在人体内以游离型和酯型两种形式存在，其结构式如下：

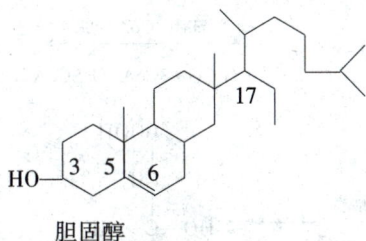

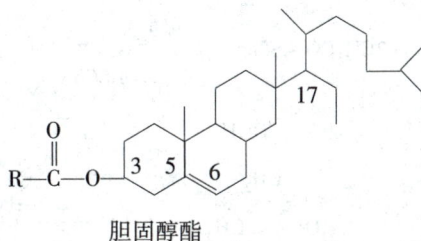

胆固醇 胆固醇酯

健康成人约含胆固醇 140g，广泛分布于全身各组织中，其中约 1/4 分布在脑及神经组织中，约占脑组织重量的 2%。肝、肾、肠等内脏及皮肤、脂肪组织亦含较多的胆固醇，为组织重量的 0.2%~0.5%，其中以肝最多。肌组织含量较低，为 0.1%~0.2%。肾上腺、卵巢等内分泌腺胆固醇含量较高，达 1%~5%。

胆固醇在组织中一般以非酯化的游离状态存在于细胞膜中，但肾上腺（90%）、血浆（70%）及肝（50%）中，大多与脂肪酸结合成胆固醇酯，以胆固醇油酸酯为最多，亦有少量亚油酸酯和花生四烯酸酯。

人体胆固醇主要由机体自身合成，每天可合成 1～1.5g，仅从食物摄取少量。正常人每天膳食中含胆固醇 0.3～0.5g，主要来自动物肝脏、蛋黄、奶油及肉类，植物性食品不含胆固醇，而含植物固醇如谷固醇、麦角固醇等，植物固醇不易被人体吸收，摄入过多还可抑制胆固醇的吸收。

（一）胆固醇的合成代谢

1. 合成部位　除成年动物及成熟红细胞外，几乎全身各组织细胞均可合成胆固醇。肝合成胆固醇的能力最强，占总量的 70%～80%，其次是小肠，合成量占总量的 10%。胆固醇的合成主要在细胞胞液及滑面内质网膜上进行。

☆考点提示

胆固醇合成的部位、原料和关键酶。

---

2. 合成原料　乙酰 CoA 是合成胆固醇的主要原料，此外还需 ATP 及 NADPH + H$^+$。每合成 1 分子胆固醇需 18 分子的乙酰 CoA、36 分子 ATP 和 16 分子的 NADPH + H$^+$。乙酰 CoA 和 ATP 大多来自糖的有氧氧化，NADPH + H$^+$ 则主要来自糖的磷酸戊糖途径。线粒体中的乙酰 CoA 需通过柠檬酸 – 丙酮酸循环进入胞液。

3. 合成的基本过程　胆固醇的合成过程有近 30 步酶促反应，可概括为三个阶段。

（1）甲羟戊酸的合成：在胞液中，2 分子乙酰 CoA 在乙酰乙酰 CoA 硫解酶的作用下，缩合成乙酰乙酰 CoA；然后在羟甲基戊二酸单酰 CoA 合酶（HMG – CoA 合酶）的催化下，再与 1 分子乙酰 CoA 缩合生成羟甲基戊二酸单酰 CoA（HMG – CoA），后者再经 HMG – CoA 还原酶催化，由 NADPH + H$^+$ 供氢，还原生成甲羟戊酸（Mevalonic acid，MVA）。HMG – CoA 还原酶是胆固醇合成的限速酶。

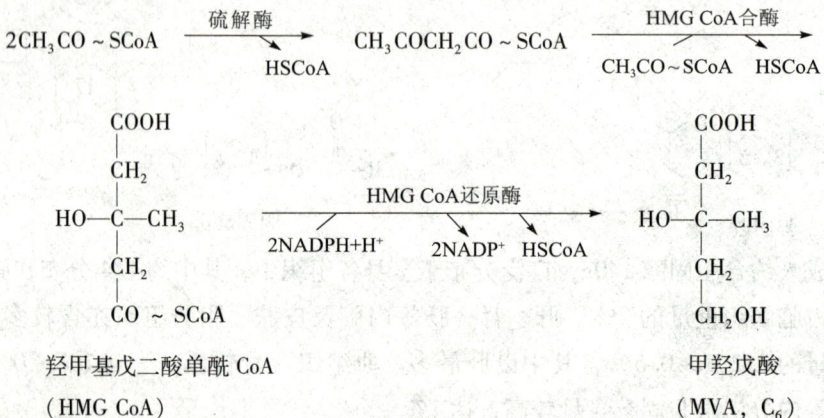

（2）鲨烯的合成：在胞液中，MVA（C_6）由 ATP 供能，在一系列酶的催化下，经磷酸化、脱羧、脱羟基而生成活泼的 5C 异戊烯焦磷酸化合物；然后，3 分子 5C 化合物缩合生成 15C 焦磷酸法尼酯；2 分子 15C 焦磷酸法尼酯在鲨烯合酶催化下，再缩合、还原生成 30C 的多烯烃——鲨烯。

（3）胆固醇的合成：鲨烯结合在胞液中胆固醇载体蛋白上，经内质网单加氧酶、环化酶等的催化，环化生成羊毛固醇，再经氧化、脱羧、还原等反应，脱去 3 分子 CO_2 形成 27C 的胆固醇。

胆固醇合成过程见图 8-6。

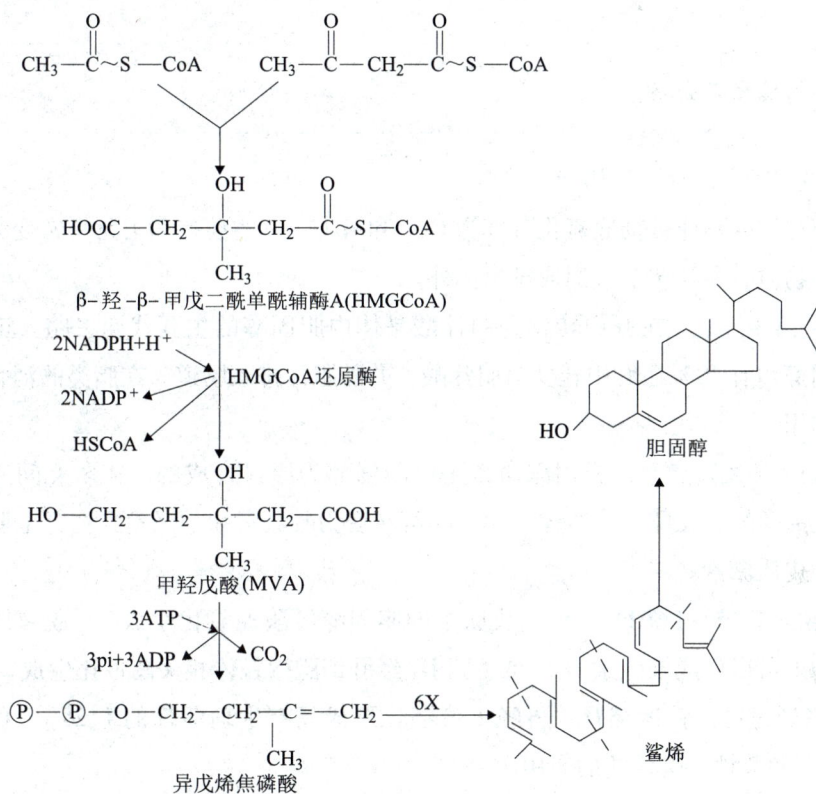

图 8-6 胆固醇的合成

4. 胆固醇合成的调节 胆固醇合成的限速酶是 HMG-CoA 还原酶，各种因素对胆固醇合成的调节，主要是通过对 HMG-CoA 还原酶活性的影响来实现的。

（1）饥饿与饱食：饥饿与禁食可以抑制肝内胆固醇合成。饥饿除使 HMG-CoA 还原酶合成减少、活性降低外，乙酰 CoA、ATP、NADPH+H^+ 的不足也是胆固醇合成减少的重要原因。反之，进食高糖、高饱和脂肪后，肝 HMG-CoA 还原酶活性增加，胆固醇合成增加。

（2）食物胆固醇：胆固醇可反馈抑制肝细胞 HMG-CoA 还原酶的合成，故可使肝中胆固醇的合成减少。反之，摄入胆固醇减少时，对酶合成的抑制解除，胆固醇合成增加。但小肠中胆固醇的生物合成并不受这种反馈抑制作用调节，要降低血清胆固醇的含量，仍需减少富含胆固醇食物的摄入。

（3）激素：胰岛素及甲状腺素能诱导肝 HMG-CoA 还原酶的合成，使胆固醇合成增加。胰高血糖素及糖皮质激素则抑制并降低 HMG-CoA 还原酶活性，从而使胆固醇合成减少。甲状腺素除能诱导肝 HMG-CoA 还原酶的合成外，同时又促进胆固醇在肝中转变为胆汁酸，且后一作用更加明显，故甲状腺功能减退患者可有血清胆固醇水平升高。

☆ 考点提示

胆固醇的转化与去路。

（二）胆固醇的转化与排泄

胆固醇在体内不能被彻底氧化分解为 CO_2 和 H_2O，其主要代谢去路是转变为具有重要生理活性的物质，参与调节代谢或排出体外。

1. 转变为胆汁酸　在肝中转化为胆汁酸是体内胆固醇的主要代谢去路。正常人每天合成的胆固醇约有 40% 在肝中转变为胆汁酸，并随胆汁排入肠道，在脂类的消化吸收中起到重要的作用。

2. 转变为类固醇激素　类固醇激素是以胆固醇为原料合成的。在睾丸间质细胞，胆固醇可转变为睾酮；在卵巢及黄体，胆固醇可转变为雌激素和孕激素；在肾上腺皮质则转变为肾上腺皮质激素。

3. 转变为 $1,25-(OH)_2-D_3$　皮肤中的胆固醇经酶促氧化生成 7-脱氢胆固醇，再经紫外线照射可以生成维生素 D_3。维生素 D_3 经肝细胞微粒体相关酶催化生成 25-羟维生素 D_3，后者通过血液转运至肾，再经 1 位羟化形成具有生理活性的 $1,25-(OH)_2-D_3$，活性 D_3 具有调节钙、磷代谢的作用。

4. 胆固醇的排泄　体内大部分胆固醇在肝中转变为胆汁酸，以胆汁酸盐的形式随胆汁排出，这是胆固醇排泄的主要途径。还有一部分胆固醇可在胆汁酸盐的作用下形成混合微团而"溶"于胆汁内，直接随胆汁排出，或可随肠黏膜细胞脱落而排入肠道。进入肠道的胆固醇可随同食物胆固醇被吸收，未被吸收的胆固醇可以原形或经肠菌还原为类固醇后随粪便排出。

第五节　血脂和血浆脂蛋白

一、血脂

（一）血脂的组成与含量

血浆中的脂类统称为血脂。其成分包括：甘油三酯、磷脂、胆固醇、胆固醇酯及游离脂肪酸等。正常人空腹 12～14 小时血脂的组成及含量见表 8–2。

表 8–2　正常成人空腹血脂的组成与含量

组成成分	mg/dL	mmol/L	空腹时主要来源
脂类总量	400～700		
甘油三酯	10～150	0.11～1.69	肝
总胆固醇	100～250	2.59～6.47	肝
胆固醇酯	70～200	1.81～5.17	
游离胆固醇	40～70	1.03～1.81	
总磷脂	150～250	48.44～80.73	肝
磷脂酰胆碱	50～200	16.15～64.60	肝
磷脂酰乙醇胺	15～35	4.85～13.0	肝
神经磷脂	50～130	16.15～42.0	肝
游离脂肪酸	5～20		脂肪组织

☆考点提示

血脂的组成与含量

（二）血脂的来源和去路

血脂按其来源分为外源性和内源性两种，外源性的即食物中的脂类经消化吸收进入血液；内源性的即由肝、脂肪等组织合成或由脂库中动员释放入血。血液中的脂类随血液运至全身各组织被利用。血脂的去路除氧化供能外，其余的则进入脂库贮存、构成生物膜以及转变为其他物质。

血脂的含量受膳食、年龄、性别、职业以及代谢等因素的影响，波动范围较大。无论是外源性的还是内源性的脂类，在机体内都是通过血液运输的，因此血脂含量的测定可反映体内脂类代谢的情况，临床上用于高脂血症、动脉粥样硬化及冠心病等疾病的辅助诊断。

二、血浆脂蛋白的结构、分类及组成

甘油三酯、胆固醇及其酯的水溶性很差，不能在血浆中直接转运，必须与蛋白质、磷脂形成脂蛋白（lipoprotein，LP）才能在血浆中转运。血浆脂蛋白是脂类在血中的转运形式。从脂肪组织动员释放入血的游离脂肪酸，在血中与清蛋白结合而运输，不列入血浆脂蛋白内。

血浆脂蛋白中的蛋白质部分称为载脂蛋白（Apolipoprotein，apo），由肝细胞和小肠黏膜细胞合成。迄今从人血浆中已分离出 20 多种，主要有 apoA、B、C、D 及 E 等五类。其中 apoA 又可分为 AⅠ、AⅡ、AⅣ及 AⅤ；apoB 又分为 B100 及 B48；apoC 又有 CⅠ、CⅡ、CⅢ及 CⅣ等。其主要功能是结合、运输脂类及稳定脂蛋白的结构，此外还调节脂蛋白代谢关键酶的活性，参与脂蛋白受体的识别。

（一）血浆脂蛋白的结构

血浆中各种脂蛋白的基本结构大致相似。脂蛋白内核由疏水性较强的甘油三酯及胆固醇酯构成；含有极性和非极性基团的磷脂、胆固醇和载脂蛋白以极性基团朝外，以单分子层覆盖于颗粒表面，而非极性的疏水基团则与内部的疏水核心相联系，形成稳定的球状颗粒，使血浆脂蛋白在血液中进行运输。各种血浆脂蛋白疏水内核的脂类各不相同，CM、VLDL 主要以甘油三酯为内核，LDL 及 HDL 则主要以胆固醇酯为内核。

（二）血浆脂蛋白的分类

血浆中的多种脂蛋白，存在着结构和密度的差异，可以用不同的方法将它们分离。电泳和超速离心是分离血浆脂蛋白最常用的方法。

1. 电泳法 由于各种脂蛋白中的载脂蛋白不同，故其表面电荷及在电场中的迁移率也不同。根据血浆脂蛋白在电场中移动的快慢，将血浆脂蛋白分为 α–脂蛋白、前 β–脂蛋白、β–脂蛋白及乳糜微粒 4 类。α–脂蛋白泳动最快，相当于 α_1–球蛋白的位置；前 β–脂蛋白相当于 α_2–球蛋白的位置；β–脂蛋白相当于 β–球蛋白的位置；乳糜微粒（CM）则停留在原点不动。

2. 超速离心法 各种脂蛋白所含的脂类及蛋白质的含量各不相同，因而密度也不同。将血浆置于一定密度的盐溶液中进行超速离心，按照密度由小到大可将脂蛋白分为 4 类：乳糜微粒（Chylomicron，CM）、极低密度脂蛋白（Very low density lipoprotein，VLDL）、低密度脂蛋白（Low density lipoprotein，LDL）和高密度脂蛋白（High density lipoprotein，HDL）；分别相当于电泳法的乳糜微粒、前 β–脂蛋白、β–脂蛋白及 α–脂蛋白。

（三）血浆脂蛋白的组成

血浆脂蛋白主要由蛋白质、甘油三酯、磷脂、胆固醇及其酯组成，但其组成比例及含量却大不相同。乳糜微粒颗粒最大，含甘油三酯最多，占 80%～95%，蛋白质最少，仅

1%，故密度最小，＜0.95，血浆静置即可漂浮。极低密度脂蛋白也富含甘油三酯，达50%～70%，但其蛋白质含量（约10%）高于乳糜微粒，故密度比乳糜微粒大，近于1.006。低密度脂蛋白含胆固醇及胆固醇酯最多，为40%～50%，密度高于极低密度脂蛋白。高密度脂蛋白含蛋白质量最多，约50%，故密度最高，颗粒最小。

☆考点提示

血浆脂蛋白的分类及生理功能

三、血浆脂蛋白的代谢

（一）乳糜微粒

乳糜微粒（CM）是由小肠黏膜细胞利用食物中消化吸收的脂类合成的脂蛋白，经淋巴管进入血液。CM的生理功能是运输外源性甘油三酯及胆固醇。由于乳糜微粒颗粒较大，能使光散射，故进食后因血中CM增多，使血浆呈混浊状，但是暂时的，数小时后便会澄清，这种现象称为脂肪的廓清。正常人CM在血浆中代谢迅速，半衰期为5～15分钟，一般情况下，空腹12～14小时后血浆中不含CM。

（二）极低密度脂蛋白

极低密度脂蛋白（VLDL）主要由肝细胞合成。肝细胞合成的甘油三酯，与载脂蛋白以及磷脂、胆固醇等结合成VLDL，运输至肝外组织。VLDL是转运内源性甘油三酯的主要形式，正常成人空腹血浆中含量较低。

（三）低密度脂蛋白

低密度脂蛋白（LDL）是在血浆中由VLDL转变而来的，是正常成人空腹血浆中的主要脂蛋白，约占血浆脂蛋白总量的2/3。LDL含有丰富的胆固醇及其酯。其主要功能是从肝运输胆固醇至全身各组织细胞。血浆LDL增高的人，易诱发动脉粥样硬化。

（四）高密度脂蛋白

高密度脂蛋白（HDL）主要由肝合成，小肠黏膜上皮细胞亦可合成。正常人空腹血浆中HDL含量约占脂蛋白总量的1/3。HDL的主要功能是将肝外组织的胆固醇转运到肝内进行代谢，这种过程称胆固醇的逆向转运。机体通过这种机制将肝外组织的胆固醇转运至肝内代谢并清除，从而防止胆固醇积聚在动脉管壁和其他组织中，故血浆中HDL浓度与动脉粥样硬化的发生率呈负相关。

血浆脂蛋白的分类、性质、组成及生理功能总结于表8－3。

表 8 - 3 血浆脂蛋白的分类、性质、组成及生理功能

分类	密度法	乳糜微粒（CM）	极低密度脂蛋白（VLDL）	低密度脂蛋白（LDL）	高密度脂蛋白（HDL）
	电泳法	乳糜微粒（CM）	前 β - 脂蛋白（Pre - β - LP）	β - 脂蛋白（β - LP）	α - 脂蛋白（α - LP）
性质	电泳位置	原点	α_2 - 球蛋白	β - 球蛋白	α_1 - 球蛋白
	密度	<0.95	0.95 ~ 1.006	1.006 ~ 1.063	1.063 ~ 1.210
	颗粒直径（nm）	80 ~ 500	25 ~ 80	20 ~ 25	7.5 ~ 10
组成（%）	蛋白质	0.5 ~ 2	5 ~ 10	20 ~ 25	50
	脂类	98 ~ 99	90 ~ 95	75 ~ 80	50
	磷脂	5 ~ 7	15	20	25
	甘油三酯	80 ~ 95	50 ~ 70	10	5
	总胆固醇	1 ~ 4	15	45 ~ 50	20
	游离型	1 ~ 2	5 ~ 7	8	5
	酯型	3	10 ~ 12	40 ~ 42	15 ~ 17
合成部位		小肠黏膜细胞	肝细胞	血浆	肝、肠、血浆
生理功能		转运外源性甘油三酯及胆固醇	转运内源性甘油三酯及胆固醇	转运内源性胆固醇	逆向转运胆固醇

第六节 脂类代谢紊乱

一、高脂血症

血脂高于正常参考值的上限即称为高脂血症（Hyperlipidemia）。临床常见的有高甘油三酯血症和高胆固醇血症。由于血脂在血浆中以脂蛋白形式运输，实际上高脂血症可以认为就是高脂蛋白血症。正常人上限标准因地区、膳食、年龄、劳动状况、职业不同而有差异。一般以成人空腹 12 ~ 14 小时血甘油三酯超过 2.26mmol/L（200mg/dL）、胆固醇超过 6.21mmol/L（240mg/dL），儿童胆固醇超过 4.14mmol/L（160mg/dL）为标准。

1970 年世界卫生组织（WHO）建议，将高脂蛋白血症分为 Ⅰ、Ⅱa、Ⅱb、Ⅲ、Ⅳ 和 Ⅴ 六型（表 8 - 4）。

表 8 - 4　高脂蛋白血症分型

类型	血浆脂蛋白变化	血脂变化
I	高乳糜微粒血症	甘油三酯↑↑↑，胆固醇↑
II a	高 β - 脂蛋白血症	胆固醇↑↑
II b	高 β - 脂蛋白血症，高前 β - 脂蛋白血症	胆固醇↑↑，甘油三酯↑↑
III	中间密度脂蛋白增加（电泳出现宽 β 带）	胆固醇↑↑，甘油三酯↑↑
IV	高前 β - 脂蛋白血症	甘油三酯↑↑
V	高乳糜微粒血症，高前 β - 脂蛋白血症	甘油三酯↑↑↑，胆固醇↑

高脂血症可分为原发性和继发性两大类。继发性高脂血症可继发于其他疾病，如控制不良的糖尿病、肾病综合征、甲状腺功能减退症等，也多见于肥胖、嗜酒、肝病者等。原发性高脂血症主要是指原因不明的高脂血症，已证明有些属遗传性缺陷，如 LDL 受体的遗传性缺陷是引起家族性高胆固醇血症的重要原因。

二、脂蛋白代谢异常与动脉粥样硬化

动脉粥样硬化（Atherosclerosis，AS）是一类动脉壁的退行性病理变化。虽然动脉硬化的确切病因至今尚未完全明了，但是许多实验证明高脂血症与动脉粥样硬化有密切的关系。动脉粥样硬化是中老年人最常见的代谢疾病，若冠状动脉粥样硬化，易导致患者心绞痛、心肌梗死；若脑血管粥样硬化，易导致脑出血、脑栓塞，这些心脑血管疾病是老年人死亡的常见原因，发病率有逐年增高的趋势。目前发现动脉内膜 LDL 含量与动脉粥样硬化程度及血浆 LDL 含量呈正相关，所以 LDL 是导致动脉粥样硬化的危险因素。除高胆固醇外，高甘油三酯也是引起动脉粥样硬化的危险因素。而大量流行病学及临床资料表明，HDL 与动脉粥样硬化呈负相关，这可能是由于 HDL 能将周围组织，包括动脉壁的胆固醇逆向转运到肝进行分解之故，所以 HDL 是抗动脉粥样硬化因素。

本章小结

脂类包括脂肪和类脂。脂肪主要分布在脂肪组织，具有储能、供能、提供必需脂肪酸、保温、保护固定内脏等功能；类脂是生物膜的重要组成成分，而且是多种生理活性物质的前体。

储存在脂肪细胞中的脂肪，被脂肪酶逐步水解为游离脂肪酸及甘油并释放入血以供其他组织氧化利用的过程称为脂肪的动员。甘油经磷酸化生成 3 - 磷酸甘油，再脱氢生成磷酸二羟丙酮，然后进入糖代谢途径彻底氧化供能或异生为糖。脂肪酸则在肝、肾、骨骼肌、心肌等组织中氧化。脂肪酸氧化包括活化、进入线粒体、β-氧化和乙酰CoA彻底氧化。脂肪酸在肝中氧化生成的乙酰CoA则大部分生成酮体，肝能够生成酮体但不能利用酮体，需运到肝外组织（脑、肌肉、肾）氧化，为肝外组织提供了可利用的能源，长期饥饿时酮体可代替葡萄糖成为脑和肌肉的重要能源。

肝、脂肪组织及小肠是合成甘油三酯的主要场所。以肝合成能力最强。合成所需的原料为3-磷酸甘油和脂肪酸，主要由葡萄糖代谢提供。脂肪酸合成是在胞液中脂酸合成酶系的催化下，以乙酰CoA为原料，在NADPH、ATP、HCO_3^-及Mn^{2+}的参与下，逐步缩合而成的。脂肪酸合成的原料也主要由葡萄糖氧化提供。脂肪酸合成的终产物是软脂酸。更长链的脂肪酸则是在内质网和线粒体中对软脂酸加工形成的。

体内的胆固醇可来自食物，也可在体内合成，以后者为主。肝合成胆固醇能力最强，其次是小肠。胆固醇是在胞液和滑面内质网合成的，基本原料是乙酰辅酶A、NADPH和ATP等，限速酶是HMG-CoA还原酶。胆固醇在机体内不能彻底氧化分解为CO_2和H_2O，其主要代谢去路是转变为胆汁酸、类固醇激素和维生素D_3。

血浆中的脂类统称为血脂，包括甘油三酯、磷脂、胆固醇、胆固醇酯及游离脂肪酸等。血脂根据来源不同分为内源性的和外源性的。血脂以脂蛋白的形式在血中运输。血浆脂蛋白用电泳法分为α-脂蛋白、前β-脂蛋白、β-脂蛋白及乳糜微粒四类。用超速离心法分为乳糜微粒（CM）、极低密度脂蛋白（VLDL）、低密度脂蛋白（LDL）和高密度脂蛋白（HDL）四类。CM主要转运外源性甘油三酯及胆固醇，VLDL主要转运内源性甘油三酯及胆固醇，LDL主要转运内源性的胆固醇，HDL逆向转运胆固醇。血浆LDL增高的人，易诱发动脉粥样硬化。

考纲分析

通过2015年临床执业助理医师《生物化学》考试大纲和历年考题分析，本章重点掌握脂类分类和生理功能、甘油三酯的水解、甘油的氧化分解、脂肪酸的β-氧化、酮体的生成和利用以及代谢过程中的关键酶、甘油三酯的合成部位及合成的原料、血脂的组成与含量、血浆脂蛋白的分类及生理功能。

复习思考

一、A型选择题

1. 下列哪种组织不是脂肪储存的场所（　　）
   A. 皮下　　　　B. 肠系膜　　　　C. 大网膜
   D. 肾脏周围　　E. 肝脏

2. 生物膜含量最多的脂类是（　　　）

    A. 甘油三酯　　　　B. 磷脂　　　　　　C. 胆固醇

    D. 糖脂　　　　　　E. 蛋白质

3. 激素敏感脂肪酶是（　　　）

    A. 脂蛋白脂肪酶　　　　　　　　　B. 甘油三酯脂肪酶

    C. 甘油一酯脂肪酶　　　　　　　　D. 胰脂酶

    E. 甘油二酯脂肪酶

4. 抗脂解激素是指（　　　）

    A. 胰高血糖素　　　　　　　　　　B. 胰岛素

    C. 肾上腺素　　　　　　　　　　　D. 甲状腺素

    E. 促肾上腺皮质激素

5. 脂酰 $CoA\beta$ – 氧化的顺序为（　　　）

    A. 脱氢、硫解、脱氢、加水　　　　B. 脱氢、加水、硫解、脱氢

    C. 脱氢、加水、脱氢、硫解　　　　D. 硫解、脱氢、加水、脱氢

    E. 脱氢、脱水、硫解、脱氢

6. 脂肪酸合成的关键酶是（　　　）

    A. 丙酮酸羧化酶　　B. 硫解酶　　　　　C. 乙酰 CoA 羧化酶

    D. 丙酮酸脱氢酶　　E. 乙酰转移酶

7. 关于酮体的叙述，正确的是（　　　）

    A. 是脂肪酸在肝中大量分解产生的异常中间产物，可造成酮症酸中毒

    B. 各组织细胞均可利用乙酰 CoA 合成酮体，但以肝为主

    C. 酮体只能在肝内生成，肝外利用

    D. 酮体氧化的关键酶是乙酰乙酸转硫酶

    E. 合成酮体的关键酶是 HMG – CoA 还原酶

8. 胆固醇的生理功能不包括（　　　）

    A. 氧化供能　　　　　　　　　　　B. 参与构成生物膜

    C. 转化为类固醇激素　　　　　　　D. 转化为胆汁酸

    E. 转变为维生素 D_3

9. 参与甘油磷脂合成的供能物质为（　　　）

    A. ADP　　　　　　B. UTP　　　　　　C. CTP

    D. GTP　　　　　　E. TTP

10. 脂类在血中与下列哪种物质结合运输（　　　）

    A. 载脂蛋白　　　　B. 清蛋白　　　　　C. 球蛋白

    D. 脂蛋白   E. 糖蛋白

11. 血浆脂蛋白按密度由大到小的正确顺序是（   ）

    A. CM、VLDL、LDL、HDL   B. VLDL、LDL、HDL、CM

    C. LDL、VLDL、HDL、CM   D. HDL、LDL、VLDL、CM

    E. LDL、CM、HDL、VLDL

12. 转运内源性甘油三酯的血浆脂蛋白是（   ）

    A. CM   B. VLDL   C. HDL

    D. LDL   E. IDL

13. 正常人空腹血中主要的脂蛋白是（   ）

    A. CM   B. VLDL   C. LDL

    D. HDL   E. IDL

14. 有防止动脉粥样硬化作用的脂蛋白是（   ）

    A. CM   B. VLDL   C. LDL

    D. HDL   E. IDL

15. 能预防脂肪肝发生的一组物质是（   ）

    A. 维生素 A 和维生素 K   B. 叶酸和维生素 B_{12}

    C. 胆碱和蛋氨酸   D. 维生素 C 和维生素 B_1、维生素 E

    E. 泛酸和烟酸

二、思考题

1. 血浆脂蛋白如何分类，分哪几类，各有何生理功能？

2. 试述糖尿病、酮症、酸中毒的关系。

扫一扫，知答案

扫一扫，看课件

第九章

氨基酸的代谢

【学习目标】

1. 掌握氮平衡的意义、必需氨基酸的概念及种类；一般氨基酸的代谢；氨的来源与去路，并能解释氨中毒作用机制。

2. 熟悉个别氨基酸的代谢及其产生的重要生理活性物质。

3. 了解蛋白质的营养作用。学会运用生物化学的知识，解释肝性脑病的发病机制及治疗的原则。

蛋白质是生命的承担者，是机体组织细胞重要的组成成分，个体的生长、发育、繁殖，组织细胞的修复与更新都需要足够的优质蛋白。氨基酸是蛋白质的基本单位，体内氨基酸合成蛋白质，蛋白质水解为氨基酸，以及蛋白质的转变都是以氨基酸为单位进行的，故氨基酸代谢是蛋白质代谢的中心内容。氨基酸代谢包括合成代谢和分解代谢两个方面，本章重点内容主要是围绕氨基酸分解代谢来进行展开阐述的。

第一节 蛋白质的营养作用

一、蛋白质的生理功能

（一）蛋白质维持组织细胞的生长、更新和修复

蛋白质是构成组织细胞的主要组成成分。人体各组织细胞的蛋白质时刻在不断更新，故机体必须每日从膳食中获得足够的优质蛋白质，才能维持机体组织细胞的生长、更新和修复，尤其是生长发育期的儿童、孕妇、康复期的病人需要更充足的蛋白质。

（二）蛋白质参与机体重要生理活动

机体重要的生理活动都是通过蛋白质来完成的，如机体防御功能、物质代谢反应的催

化与调控、肌肉运动、物质运输、血液的凝固、调节生理活动的某些激素和神经递质、基因信息的传递与调控等都需要蛋白质的参与。蛋白质的这些功能不是糖类和脂类可替代的，因此，蛋白质是机体生理活动重要的物质基础。

（三）蛋白质氧化供能

蛋白质也是能源的一种来源，每克蛋白质在体内氧化分解可产生约 17.2KJ（4.1Kcal）的能量。人体的氧化供能主要是由糖类和脂类物质提供的，而一般成人每日约有 18% 的能量来源于蛋白质，因此蛋白质在氧化供能起要次要的功能。

二、蛋白质的需要量

（一）氮平衡

氮平衡（Nitrogen balance），即氮的摄入量与排出量之间的平衡状态。它是反映机体每日摄入氮和排出氮之间的关系。蛋白质元素组成中氮含量比较恒定，平均约为 16%，且食物和排泄物中含氮物质大部分来源于蛋白质，通过测定摄入食物的含氮量（摄入氮）和尿与粪便中的氮含量（排出氮）的方法，来了解蛋白质的摄入量与分解量之间的关系，可间接了解蛋白质代谢的平衡关系。因此，氮平衡是反映体内蛋白质代谢概况的一种指标。氮平衡，包括氮总平衡、氮正平衡、氮负平衡：

1. 氮总平衡 摄入氮＝排出氮，称为氮总平衡。这表明体内蛋白质的合成量和分解量处于动态平衡。常见于正常健康的成年人，机体不再生长，每日摄入的蛋白质主要用于组织蛋白质的更新和修复。

2. 氮正平衡 摄入氮＞排出氮，称为氮正平衡。这表明体内蛋白质的合成量大于分解量。常见于生长期的儿童少年、孕妇和恢复期的病人，摄入的蛋白质除了维持组织蛋白的更新，还要合成新的组织蛋白，这些人群应摄入充足的优质蛋白质。

3. 氮负平衡 摄入氮＜排出氮，称为氮负平衡。这表明体内蛋白质的合成量小于分解量。常见于长期饥饿、营养不良、组织创伤、慢性消耗性疾病及肿瘤晚期的患者等，摄入的蛋白质不足以维持组织蛋白的更新。当机体长期处于负氮平衡时，将引起蛋白质缺乏、体重减轻、机体抵抗力下降等一系列问题。

（二）正常人体的需要量

在不进食蛋白质时，正常成人每日最低分解蛋白质约 20g。若每天摄入 20g 蛋白质，不能维持氮总平衡，出现氮负平衡，因为食物蛋白质与人体组织蛋白质组成有着本质的差异，不可能百分百地被人体利用，故正常的成人每日最低需要蛋白质 30~50g。为了维持氮总平衡，满足机体对蛋白质的需求，中国营养学会推荐成人每日蛋白质需求量为 80g。

（三）蛋白质的营养价值

食物蛋白质所含的氨基酸的种类、比例、含量与人体组织蛋白质有着一定差异，摄入食物蛋白质的氨基酸不能全部被人体用于合成组织蛋白质，蛋白质的利用率越高，其营养价值就越高，反之，则越低。一般来说，动物蛋白质的营养价值高于植物蛋白质。

☆考点提示

蛋白质的功能、氮平衡的意义、蛋白质的互补作用

1. 必需氨基酸　组成人体蛋白质的氨基酸有 20 种，其中有 8 种不能在人体内合成，必须由食物提供，称为必需氨基酸，包括缬氨酸、甲硫氨酸、异亮氨酸、亮氨酸、赖氨酸、苯丙氨酸、色氨酸、苏氨酸。其余 12 种氨基酸能在机体内合成，不需要食物供给，称为非必需氨基酸。

2. 蛋白质的互补作用　把几种营养价值较低的蛋白质混合食用，使彼此之间必需氨基酸相互补充，从而提高其营养价值，这种作用称为食物蛋白质的互补作用。例如谷类蛋白质中的赖氨酸含量较低，色氨酸含量较高；而豆类蛋白质的色氨酸含量较低，赖氨酸含量高，两者混合食用，即可提高蛋白质的营养价值。因此，科学合理地摄入食物蛋白质，对维持正常的生命活动是必不可少的。

案例导入

混合氨基酸

案例：张某，男，67 岁，胃癌晚期，进食困难、消瘦、精神状态差，医生给予比例适当、营养价值高的混合氨基酸，补充营养。

分析：胃癌晚期患者，因摄入蛋白质严重不足，体内蛋白质的合成受到影响，为了保证氮总平衡，维持正常的生命活动，故采取上述的方法。

三、蛋白质的消化、吸收与腐败

（一）蛋白质的消化

蛋白质是大分子化合物，不能够直接被人体吸收利用，须在消化道经过一系列酶的催化，最终以氨基酸或寡肽的形式被机体吸收利用。

食物蛋白质进入消化道首先是在胃中开始的，在胃蛋白酶催化作用下，水解为少量的氨基酸和多肽。食物蛋白质主要的消化场所是在小肠，水解蛋白酶主要来源于胰腺分泌的胰酶。胰酶有外肽酶和内肽酶两种类型。外肽酶主要包括羧肽酶 A 和羧肽酶 B，而内肽酶主要有胰蛋白酶、糜蛋白酶、弹性蛋白酶。食物蛋白质在胰酶以及小肠黏膜分泌的消化酶的共同作用下，最终水解为氨基酸和短肽。

知识链接

胃蛋白酶

胃蛋白酶是胃中唯一的一种蛋白水解酶，其最适 pH 值为 1.5~2。它由的胃黏膜主细胞所分泌，胃蛋白酶作用的主要部位是芳香族氨基酸或酸性氨基酸的氨基所组成的肽键，它可将食物中的蛋白质分解为小的肽片段。主细胞分泌的是胃蛋白酶原，胃蛋白酶原经胃酸或者胃蛋白酶刺激后形成胃蛋白酶，胃蛋白酶不是由细胞直接生成的。

（二）蛋白质的吸收

食物蛋白质经消化道中多种酶的共同催化降解为氨基酸、少量的二肽和三肽后可以被直接吸收利用。吸收的过程主要发生在小肠当中，氨基酸的吸收是一个耗能的过程。肽和氨基酸的吸收主要有两种方式：主动运输和 γ - 谷氨酰循环。

（三）蛋白质的腐败作用

肠道细菌对一些未被消化的蛋白质、小肽及未被吸收的氨基酸等消化产物的分解与转化作用，称为蛋白质的腐败作用。蛋白质的腐败作用是细菌的代谢过程，包括水解、氧化、还原、脱氨、脱羧等反应。腐败作用大多数产物对人体有害，如胺类、氨、醇、苯酚、硫化氢、吲哚等，同时也可产生一些少量的维生素和脂肪酸供机体吸收利用。在正常情况下，这些有害物质大部分随粪便排出，有少部分被人体吸收利用，在肝当中进行处理解毒，从而减少对机体的危害。下面简要的介绍对人体危害最大的两类物质——胺类和氨：

1. 胺类　氨基酸在脱羧酶催化下脱羧生成胺类物质。例如，精氨酸和鸟氨酸脱羧生成腐胺，赖氨酸脱羧生成尸胺，组氨酸脱羧生成组胺。对人体来说，胺类对机体有毒，如组胺具有降低血压的作用。此外，一些胺类物质直接进入血液到达大脑，对大脑具有抑制作用，如苯乙胺、酪胺。

2. 氨　肠道当中未被吸收的氨基酸在细菌作用下生成氨，这是肠道氨的一个重要来源之一；此外，血液当中的尿素渗入肠道，在肠道细菌尿素酶的水解下生成氨。氨具有毒性，特别是脑组织对氨尤为敏感，血液当中氨的含量超过 1% 就会引起中枢神经系统中毒。在正常情况下，这些氨通过血液进入肝脏，在肝脏当中合成尿素。因此，严重肝病患者因其处理血氨的能力下降，可引起高血氨症，严重时可发生昏迷。

第二节 氨基酸的一般代谢

一、氨基酸代谢概况

人体内组织蛋白处于不断合成与分解的动态平衡（如图 9-1）。成人体内每天有 1%~2% 的蛋白质分解为氨基酸，这些氨基酸与从肠道吸收的氨基酸混合在一起，分布在人体的体液中，共同构成氨基酸的代谢库（也称为氨基酸代谢池）。各组织当中的氨基酸分布不均匀，氨基酸代谢库的氨基酸主要来自肌肉组织细胞。

氨基酸代谢库的氨基酸主要有三个来源：食物蛋白质的消化吸收，体内组织蛋白的分解，体内合成的非必需氨基酸。

氨基酸代谢库的氨基酸主要有三个去路：合成组织蛋白质：代谢库的氨基酸大部分重新合成新的组织蛋白质；氧化分解：主要是通过脱氨基作用形成 α - 酮酸和氨，这两种物质还可进一步代谢，此外通过脱羧作用生成胺类和二氧化碳；转变为其他的一些含氮化合物，如嘌呤、嘧啶等。

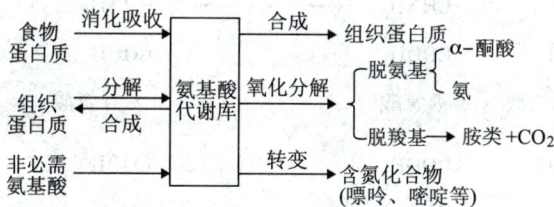

图 9-1 氨基酸的代谢概况

二、氨基酸的脱氨基作用

脱氨基作用是指氨基酸在酶的催化下脱去氨基生成 α - 酮酸的过程，它是人体内氨基酸分解代谢的主要途径。人体内有多种脱氨基的方式，主要包括转氨基、氧化脱氨基、联合脱氨基、嘌呤核苷酸循环等作用方式，其中以联合脱氨基作用最为重要。

（一）转氨基作用

氨基酸在氨基转氨酶的催化下，将某一氨基酸的 α - 氨基转移到另一种氨基酸 α - 酮酸的酮基上，生成相应的氨基酸，而原来的氨基酸则转变成 α - 酮酸，此过程称为转氨基作用。体内大多数氨基酸可参与转氨基作用，转氨酶催化的反应是可逆的，其辅酶为磷酸吡哆醛及磷酸吡哆胺（维生素 B_6），具体反应过程如图 9-2 所示。

$$
\begin{array}{ccc}
\text{R}_1\text{—CHCOOH} & & \text{R}_2\text{—CHCOOH} \\
|\ \ \text{NH}_2 & \text{磷酸吡哆醛} & |\ \ \text{NH}_2 \\
\text{L-氨基酸} & & \text{L-氨基酸} \\
& \text{转氨酶} & \\
\text{R}_1 & & \text{R}_2 \\
|\ \ \text{C}=\text{O} & \text{磷酸吡哆胺} & |\ \ \text{C}=\text{O} \\
|\ \ \text{COOH} & & |\ \ \text{COOH} \\
\alpha\text{-酮酸} & & \alpha\text{-酮酸}
\end{array}
$$

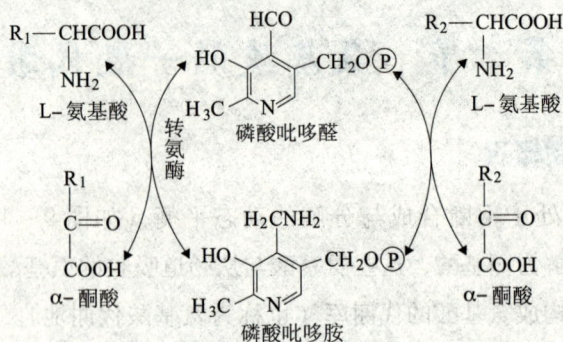

图 9-2　转氨基作用

人体内的转氨酶种类多、分布广、特异性强，其中以丙氨酸氨基转移酶（Alanine transaminase，ALT）、天冬氨酸氨基转移酶（Aspartate transaminase，AST）最为重要，它们催化的反应如下：

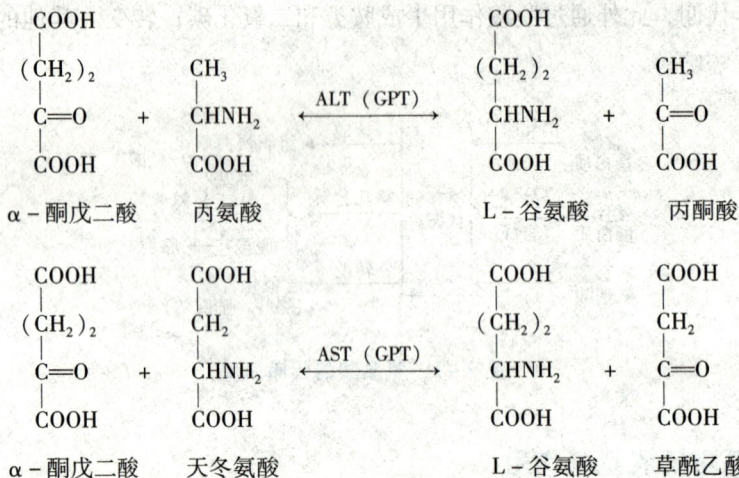

$$
\begin{array}{l}
\text{COOH} \\
|\ (\text{CH}_2)_2 \quad\quad \text{CH}_3 \\
|\ \text{C}=\text{O} + |\ \text{CHNH}_2 \xrightarrow{\text{ALT（GPT）}} |\ \text{CHNH}_2 + |\ \text{C}=\text{O} \\
|\ \text{COOH} \quad\quad |\ \text{COOH} \quad\quad\quad |\ \text{COOH} \quad\quad |\ \text{COOH} \\
\alpha\text{-酮戊二酸} \quad 丙氨酸 \quad\quad\quad\quad \text{L-谷氨酸} \quad 丙酮酸
\end{array}
$$

$$
\begin{array}{l}
\text{COOH} \quad\quad \text{COOH} \\
|\ (\text{CH}_2)_2 \quad |\ \text{CH}_2 \\
|\ \text{C}=\text{O} + |\ \text{CHNH}_2 \xrightarrow{\text{AST（GPT）}} |\ \text{CHNH}_2 + |\ \text{C}=\text{O} \\
|\ \text{COOH} \quad\quad |\ \text{COOH} \quad\quad\quad |\ \text{COOH} \quad\quad |\ \text{COOH} \\
\alpha\text{-酮戊二酸} \quad 天冬氨酸 \quad\quad\quad\quad \text{L-谷氨酸} \quad 草酰乙酸
\end{array}
$$

知识链接

谷丙转氨酶

谷丙转氨酶（又称丙氨酸氨基转移酶，简称 GPT、ALT），主要存在于肝细胞浆内，其细胞内浓度高于血清浓度 1000～3000 倍。只要有 1% 的肝细胞坏死，就可以使血清酶增高一倍。GPT 升高是肝脏功能出现问题的一个重要指标。各类肝炎都可以引起 GPT 升高，这是由于肝脏受到破坏所造成的。一些药物如抗肿瘤药、抗结核药，都会引起肝脏功能损害。大量喝酒、食用某些食物也会引起肝功能短时间损害。

谷草转氨酶

谷草转氨酶（又称天门冬氨酸氨基转移酶，简称 GOT、AST）。正常情况下，谷草转氨酶存在于组织细胞中，其中心肌细胞中含量最高，其次为肝脏，血清中含量极少。谷草转氨酶主要存在于肝细胞线粒体内，当肝脏发生严重坏死或破坏时，才能引起谷草转氨酶在血清中浓度偏高。它是临床上肝功能检查的指标，用来判断肝脏是否受到损害。

（二）氧化脱氨基作用

氨基酸在氨基氧化酶的催化下，氧化脱氢同时脱去氨基的过程，称为氧化脱氨基作用。在体内，组织氧化脱氨酶有多种类型，其中以 L-谷氨酸脱氢酶最重要。谷氨酸脱氢酶广泛分布于肝、肾、脑等多种细胞中。此酶活性高、特异性强，是一种以 NAD^+ 或 $NADP^+$ 为辅酶不需氧的脱氢酶。谷氨酸脱氢酶催化的反应是可逆的，其逆反应为 α-酮戊二酸的还原氨基化，在体内非必需氨基酸合成过程中起着十分重要的作用。它催化 L-谷氨酸脱氢生成亚谷氨酸，再水解生成 α-酮戊二酸和氨，其反应如下：

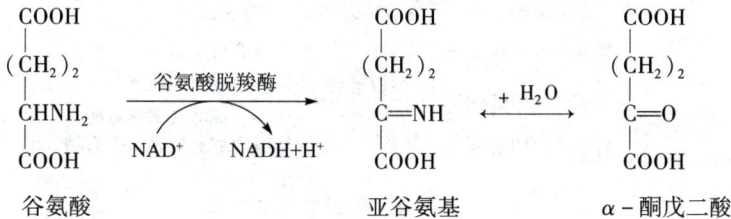

（三）联合脱氨基作用

氨基酸在转氨酶和氧化脱氨酶联合催化作用下，氨基酸脱去氨基并氧化为 α-酮酸的过程，称为联合脱氨基作用。联合脱氨基作用主要在肝、肾等组织中进行，是体内氨基酸脱氨基最重要的方式。整个过程是氨基酸与 α-酮戊二酸在转氨酶催化下生成相应的 α-酮酸及谷氨酸，再经过 L-谷氨酸脱氢酶催化作用下重新生成 α-酮戊二酸，同时释放游离的氨，具体过程如图 9-3。

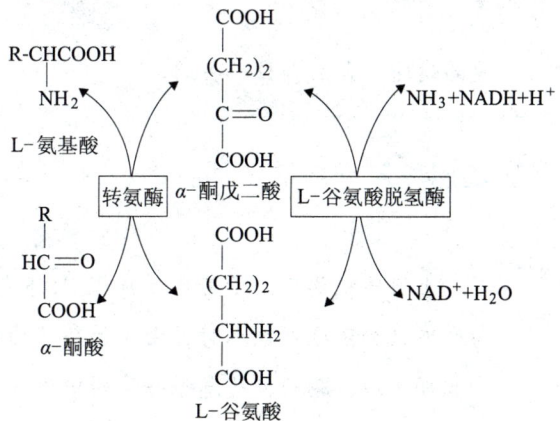

图 9-3 转氨酶和 L-谷氨酸酶的联合脱氨基作用

（四）嘌呤核苷酸循环

在骨骼肌和心肌组织中，L-谷氨酸脱氢酶活性较低，氨基酸难以通过上述联合脱氨基作用方式进行脱氨基作用，但可通过嘌呤核苷酸循环脱去氨基。在肌肉等组织中，氨基酸通过转氨基作用将其氨基转移到草酰乙酸上形成天冬氨酸，天冬氨酸与次黄嘌呤核苷酸（IMP）结合，生成腺苷酸代琥珀酸，腺苷酸代琥珀酸在酶催化下裂解生成腺嘌呤核苷酸（AMP）并生成延胡索酸。AMP 经腺苷酸脱氨酶催化下脱下来自氨基酸的氨基生成 IMP，最终 IMP 和延胡索酸可再次参加循环。由此，该过程实际上也是另一种形式的联合脱氨基作用。

第三节 氨的代谢

体内氨主要来自氨基酸脱氨基作用及由肠道吸收的氨，氨是人体内正常的代谢产物。氨是毒性物质，能透过细胞膜，对中枢神经系统，尤其是对大脑组织产生损害。正常的人体内，氨的浓度维持在低水平（18～72μmol/L）。氨也有相应的代谢去路，其中肝脏具有强大的能力将氨转变成尿素，使血氨的来路和去路保持动态平衡（图 9-4）。因此，正常情况下，血氨浓度相对恒定，对机体没有毒害作用。只有当血氨升高时，可引起中枢神枢系统功能紊乱，称为氨中毒。

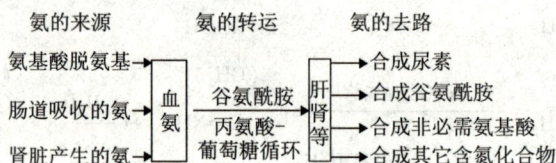

图 9-4 氨的来源与去路

☆考点提示

氨的运输、合成部位、去路。

📚 案例导入

案 例

上海某机器厂，于某年 6 月 21 日下午，检修工许某（男，24 岁）进冷饮室为冷冻机加致冷剂氨水时，由于加药用的橡胶管老化破裂，吸入大量氨气。出现咽喉部充血、胸闷、气急等一系列中毒症状。经区级医院职业病科诊治，诊断为急性氨气中毒。

分 析

氨具有强烈的刺激性，氨中毒主要抑制中枢神经系统，正常情况下，中枢神经系统能够抑制外周的低级中枢，当中枢神经系统受抑制，使得其对外周低级中枢的抑制作用减弱甚至消失，从而外周低级中枢兴奋，引起惊厥、抽搐、嗜睡和昏迷。吸入高浓度的氨可以反射性低引起心搏骤停，呼吸停止。

橡胶管没有严格的安全性测试和定期更换的制度，由于老化破裂而致中毒的事故屡有发生。

一、氨的来源

1. 氨基酸的脱氨基作用　组织中的氨基酸经脱氨基作用产生氨，这是组织氨的主要来源。此外，组织中的氨基酸经脱羧基反应生成胺，再经单胺氧化酶或二胺氧化酶作用生成游离氨和相应的醛，这是组织氨的次要来源。

2. 肠道吸收的氨　肠道吸收的氨主要有两个来源，包括尿素经肠道细菌作用分解释放的氨和肠道当中食物蛋白质的腐败作用产生的氨。正常情况下，肝脏合成的尿素有一部分经肠黏膜分泌入肠腔，而肠道细菌有尿素酶，可将尿素水解成为 CO_2 和 NH_3，这一部分氨约占肠道产氨总量的 90%（成人每日约为 4g），肠道中的氨可被吸收入血。此外，肠道中的一部分氨来自食物蛋白质的腐败作用，腐败作用增强，氨的产量增多。肠道中 NH_3 重吸收入血的程度主要决定于肠道的 pH 值，NH_3 比 NH_4^+ 更易于穿过细胞膜，有利于 NH_3 的吸收入血。因此，肠道内 pH 值低于 6 时，肠道内氨生成 NH_4^+，随粪便排出体外；肠道内 pH 值高于 6 时，肠道内氨吸收入血。在临床上，对高血氨患者采用弱酸性的透析液作肠道透析。而严禁用碱性的液体，如碱性肥皂水灌肠，其目的是减少氨的吸收。

3. 肾脏来源的氨　血液中的谷氨酰胺流经肾脏时，可被肾小管上皮细胞中的谷氨酰胺酶分解生成谷氨酸和 NH_3。肾小管上皮细胞中的氨有两条去路：排入原尿中，随尿液排出体外；或者被重吸收入血成为血氨。

二、氨的转运

1. 谷氨酰胺转运氨　在肌肉、脑组织中产生的氨与谷氨酸在谷氨酰胺合成酶的催化下生成谷氨酰胺，并由血液运输至肝或肾，再经谷氨酰胺酶水解生成谷氨酸和氨。这是体内运氨、贮氨的主要方式。谷氨酰胺的合成与分解如下图所示：

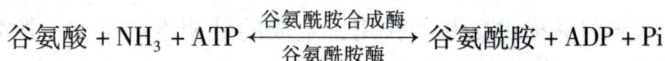

$$谷氨酸 + NH_3 + ATP \xrightleftharpoons[谷氨酰胺酶]{谷氨酰胺合成酶} 谷氨酰胺 + ADP + Pi$$

2. 葡萄糖–丙氨酸循环　肌肉组织中以丙酮酸作为转移的氨基受体生成丙氨酸，经血液运输到肝脏。在肝脏中，经转氨基作用生成丙酮酸，可经糖异生作用生成葡萄糖，葡萄糖由血液运输到肌肉组织中，分解代谢再产生丙酮酸，后者再接受氨基生成丙氨酸，这一循环途径称为"葡萄糖–丙氨酸循环"。通过此循环，不仅使肌肉组织产生的氨以无毒的丙氨酸形式运送到肝脏进行代谢，同时还为肌肉组织提供了能量。

三、氨的去路

体内氨的代谢去路有四条途径：氨在肝脏中合成尿素，然后通过血液循环运送至肾脏，随尿液排出体外；合成谷氨酰胺，是体内运氨、贮氨的主要形式，避免血氨浓度过高；氨可与 α – 酮酸结合生成非必需氨基酸；氨也可参与体内其他含氮化合物的合成，如嘌呤、嘧啶等物质。

体内氨最主要的去路就是在肝脏内合成尿素，最终由尿液排出体外。尿素的合成过程称为鸟氨酸循环（也称尿素循环）。鸟氨酸循环在肝细胞的线粒体和胞液中进行，详细的过程可分为以下四个步骤：

1. 氨基甲酰磷酸的合成 在肝细胞线粒体中，在 Mg^{2+}、ATP 及 N – 乙酰谷氨酸存在的条件下，NH_3、CO_2、H_2O 经氨基甲酰磷酸合成酶 I 催化作用下合成氨基甲酰磷酸，该反应过程是不可逆的。

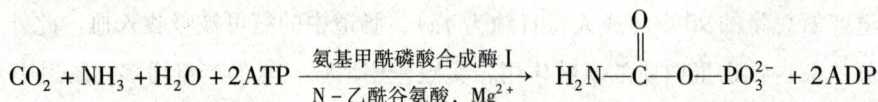

$$CO_2 + NH_3 + H_2O + 2ATP \xrightarrow[\text{N – 乙酰谷氨酸，} Mg^{2+}]{\text{氨基甲酰磷酸合成酶 I}} H_2N-\overset{\overset{O}{\|}}{C}-O-PO_3^{2-} + 2ADP$$

2. 瓜氨酸的合成 在肝细胞线粒体中，鸟氨酸与氨基甲酰磷酸经鸟氨酸氨基甲酰转移酶的催化合成瓜氨酸，此反应是不可逆的。

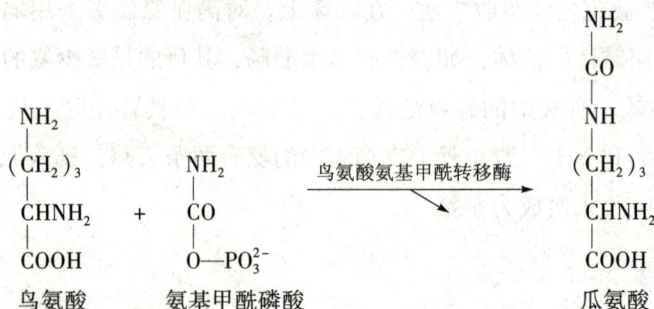

3. 精氨酸的合成 瓜氨酸在线粒体合成之后迅速被转运至胞液。在胞液中，瓜氨酸与天冬氨酸，在精氨酸代琥珀酸合成酶的催化作用下，由 ATP 提供能量，合成精氨酸代琥珀酸。此后，在精氨酸代琥珀酸经精氨酸代琥珀酸裂解酶作用下裂解为精氨酸和延胡索酸。在此反应中，天冬氨酸提供氨基的作用，生成的延胡索酸加水、脱氢转变成草酰乙酸，草酰乙酸在 AST 催化下接受谷氨基提供的氨基重新生成天冬氨酸，参与下一次的循环。

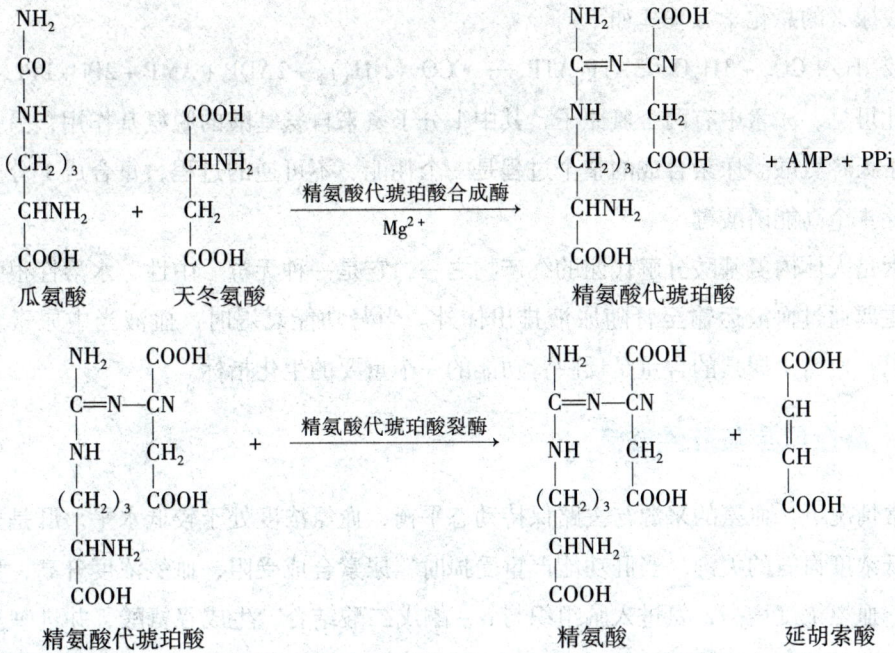

4. 尿素的生成 在胞液中，在精氨基酸酶催化下，精氨酸水解生成尿素和鸟氨酸。鸟氨酸通过线粒体内膜的载体再次转运进入线粒体，参与瓜氨酸合成的下一次循环（图9-5）。

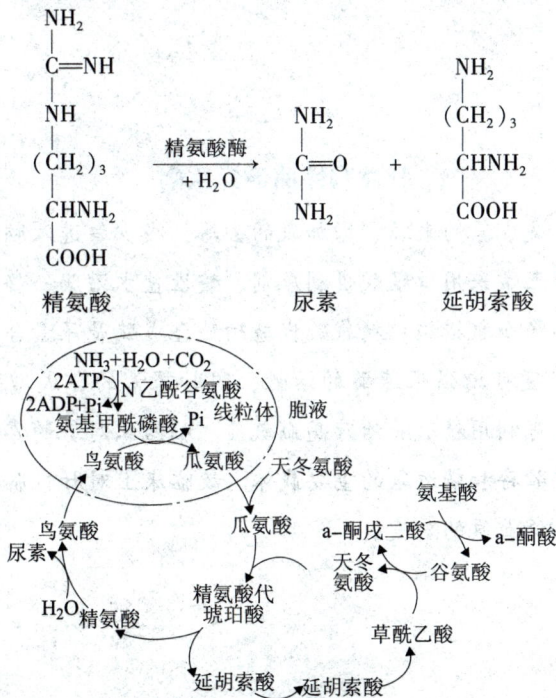

图9-5 鸟氨酸循环

179

生成尿素的总化学方程式如下：

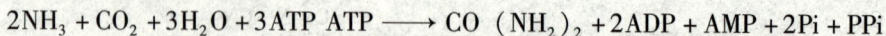

$$2NH_3 + CO_2 + 3H_2O + 3ATP \xrightarrow{ATP} CO(NH_2)_2 + 2ADP + AMP + 2Pi + PPi$$

由此可见，尿素中有两个氮原子，其中 1 分子氨来自氨基酸的脱氨基作用，另一分子氨来自于天冬氨酸。尿素合成的整个过程是一个耗能、不可逆的过程，每合成 1 分子的尿素需消耗 4 个高能磷酸键。

尿素是人体内氨基酸分解代谢的终产物之一，它是一种无毒、中性、水溶性很强的化合物，主要通过血液运输至肾随尿液排出体外。当肾功能衰竭时，血液当中尿素含量升高，所以，血清中尿素的含量是反映肾功能的一个重要的生化指标。

四、高血氨症与肝性脑病

正常情况下，血氨的来源与去路保持动态平衡，血氨浓度处于较低水平。肝是合成尿素维持低浓度血氨的关键。当肝功能严重受损时，尿素合成受阻，血氨浓度升高，导致高氨血症。血氨浓度增高，氨进入脑组织与 α – 酮戊二酸结合，生成谷氨酸，并进一步生成谷酰胺。此过程虽然解除了氨的毒性，但消耗了大量的 α – 酮戊二酸，从而导致三羧酸循环减弱，脑组织 ATP 合成不足，最终引起脑组织功能性障碍，严重时会发生昏迷，称为肝性脑病。该过程就是肝性脑性的"氨中毒学说"的理论基础。临床上，严重的肝病患者需要严格控制食物蛋白质的摄入。

知 识 链 接

肝性脑性的治疗原则

从生化角度，减少氨的来源、增加氨的去路，减少氨进入脑组织是治疗该病的主要原则。临床上常采用口服酸性利尿剂、酸性盐水灌肠、静脉滴注或口服谷氨酸盐和精氨酸等降血氨措施。精氨酸代琥珀酸合成酶是尿素合成的限速酶。增加体内精氨酸的浓度可增强限速酶的活性，同时尿素的合成增强，血氨浓度降低。因此，临床上可利用精氨酸治疗高血氨症。脑组织对氨的毒性极为敏感，谷氨酰胺是脑组织中贮存和转运氨的重要载体。故临床上对肝性脑病患者可服用或输入谷氨酸盐以降低血氨的浓度。

案例导入

案 例

张某，45 岁，农民。10 年前曾患"肝炎"，服用中草药后"治愈"，以后常有鼻出血。半年多前在某医院门诊诊为"乙型肝炎、肝硬化"。3天前因饱食鱼、肉等食物后感上腹不适，恶心，无呕吐，无腹泻。昨下午起出现沉默寡言，走路不稳，吃饭时用手抓饭、菜，吃花生壳，性情急躁粗暴，应答不准确，反应迟钝。

初步诊断：肝性脑病。

分　析

案例中，该患者有"乙型肝炎、肝硬化"。因饱食鱼、肉等高蛋白食物后出现并发肝性脑病症状。当肝功能受损时，进食高蛋白食物后，蛋白质分解加强，氨生成增多，因肝解氨毒的能力下降，过多的氨进入脑组织与 α-酮戊二酸结合，使大脑中 α-酮戊二酸减少从而导致三羧酸循环减慢，ATP 生成减少，致使大脑供能不足，引起大脑功能障碍，发生昏迷。

第四节　个别氨基酸代谢

一、氨基酸的脱羧基作用

部分氨基酸可在氨基酸脱羧酶催化下进行脱羧基作用，生成相应的胺类，脱羧酶的辅酶为磷酸吡哆醛。正常的情况下，胺在体内含量不高，但具有重要的生理功能。下面列举几种氨基酸脱羧产生的重要胺类物质。

（一）γ-氨基丁酸

γ-氨基丁酸（GABA）由谷氨酸脱羧基生成，催化此反应的酶是谷氨酸脱羧酶，此酶在脑、肾组织中活性很高。脑中 GABA 含量较高，是一种中枢神经系统的抑制性神经递质，对中枢神经元有抑制作用。临床上常用维生素 B_6 治疗小儿惊厥和妊娠呕吐，维生素 B_6 参与谷氨酸脱羧酶辅酶的合成，从而加强了 GABA 的合成，起到抑制中枢神经的作用。

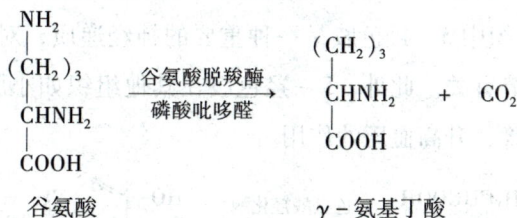

$$
\begin{array}{c}
NH_2 \\
| \\
(CH_2)_3 \\
| \\
CHNH_2 \\
| \\
COOH
\end{array}
\xrightarrow[\text{磷酸吡哆醛}]{\text{谷氨酸脱羧酶}}
\begin{array}{c}
(CH_2)_3 \\
| \\
CHNH_2 \\
| \\
COOH
\end{array}
+ CO_2
$$

谷氨酸　　　　　　　　　　γ-氨基丁酸

知 识 链 接

γ-氨基丁酸

γ-氨基丁酸是一种天然存在的非蛋白质功能性氨基酸，一种天然活性成分，是中枢神经系统主要的抑制性神经递质，介导神经系统快速抑制作用，γ-氨基丁酸是研究较为深入的一种重要的抑制性神经递质，它参与多种代谢活动，具有很高的生理活性。γ-氨基丁酸20世纪90年代起作为营养补充剂流行于日本、欧美。可用于肝昏迷及脑代谢障碍，还可抗精神不安，是对抗抑郁焦虑，改善情绪，缓解压力，促进睡眠，提高脑活动，解毒醒酒的一种纯天然物质。也被称为天然的"百忧解""大脑天然镇静剂""快乐元素""正能量营养素"。

此外，酸枣仁的有效成分不仅可以增加γ-氨基丁酸受体的表达，还可影响钙调蛋白对钙离子的转换，拮抗大脑中的兴奋性神经递质谷氨酸，从而改善睡眠。

（二）组胺

组胺主要由肥大细胞产生并贮存，在体内分布广泛，其中在乳腺、肺、肝、肌肉及胃黏膜中含量较高。组胺是一种强烈的血管舒张剂，能增加毛细血管的通透性，可引起血压下降和局部水肿。组胺的释放与过敏反应症状密切相关。此外，组胺可刺激胃蛋白酶和胃酸的分泌，所以常用于胃分泌功能的研究。

组氨酸 → 组氨酸脱羧酶 磷酸吡哆醛 → 组胺

（三）5-羟色胺

色氨酸在脑中首先由色氨酸羟化酶催化生成5-羟色氨酸，再经脱羧酶作用生成5-羟色胺（5-HT）。脑组织中5-羟色胺是一种重要的神经递质，对中枢神经起抑制作用，与睡眠、疼痛、体温调节有关。此外，5-羟色胺在其他组织如小肠、血小板、乳腺细胞中，具有强烈的收缩血管、升高血压的作用。

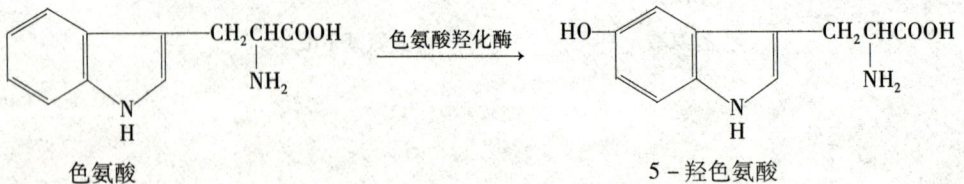

色氨酸 → 色氨酸羟化酶 → 5-羟色氨酸

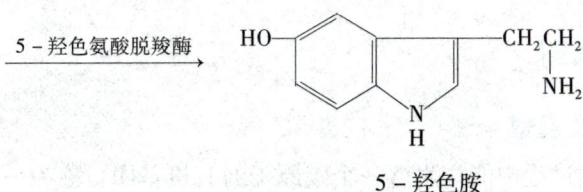

$$5-羟色氨酸脱羧酶 \longrightarrow$$

5-羟色胺

（四）牛磺酸

体内牛磺酸主要由半胱氨酸脱羧生成。首先半胱氨酸被氧化生成磺酸丙氨酸，再由磺酸丙氨酸脱羧酶催化脱去羧基，生成牛磺酸。牛磺酸是结合胆汁酸的重要组分。

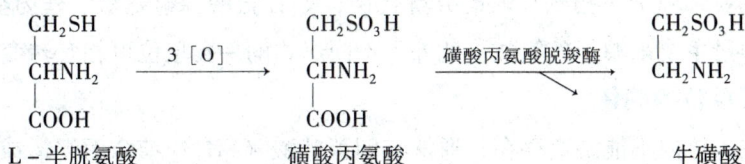

$$\begin{array}{ccc} CH_2SH & & CH_2SO_3H & & CH_2SO_3H \\ | & \xrightarrow{3[O]} & | & \xrightarrow{磺酸丙氨酸脱羧酶} & | \\ CHNH_2 & & CHNH_2 & & CH_2NH_2 \\ | & & | & & \\ COOH & & COOH & & \end{array}$$

L-半胱氨酸 　　　　　磺酸丙氨酸 　　　　　牛磺酸

知识链接

牛磺酸

牛磺酸又称 β-氨基乙磺酸，1827 年从牛的胆汁中分离出来，故称牛磺酸。牛磺酸对人体具有非常重要的生物学功能。牛磺酸能保护心肌细胞，增强心脏的功能，增强免疫力，强肝利胆，促进脂类物质的消化吸收，抗氧化物作用，尤其对婴幼儿的大脑发育和视网膜的发育更为重要。例如，猫以及夜行猫头鹰之所以要捕食老鼠，主要是由于老鼠体内含有丰富的牛磺酸，多食老鼠可保持其锐利的视觉。若婴幼儿缺乏牛磺酸，会发生视网膜功能紊乱。长期静脉营养输液的病人，若输液中没有牛磺酸，会使病人视网膜电流图发生变化，只有补充大剂量的牛磺酸才能纠正。

（五）多胺

部分氨基酸经氨基酸的脱羧基作用生成多胺类物质。如鸟氨酸在鸟氨酸脱羧酶催化下可生成腐胺，S-腺苷蛋氨酸经过进一步的转变可合成精脒和精胺。腐胺、精脒和精胺总称为多胺。多胺存在于精液及细胞核糖体中，是调节细胞生长的重要物质，可促进核酸及蛋白质合成。在生长旺盛的组织如胚胎、再生肝及癌组织中，多胺含量升高。因此，在临床上可将血或尿中多胺含量作为肿瘤诊断的辅助指标。

二、一碳单位代谢

（一）一碳单位及类型

某些氨基酸在代谢过程中能产生含一个碳原子的有机基团，称为一碳单位（one carbon unit）。人体内的一碳单位有：甲基（—CH_3）、甲烯基（—CH_2—），甲炔基（—CH=）、甲酰基（—CHO）及亚氨甲基（—CH=NH）等。

（二）一碳单位的来源

一碳单位主要来源于一些氨基酸的分解代谢，如甘氨酸、组氨酸、丝氨酸、色氨酸、蛋氨酸等，其中最主要来源于丝氨酸。此外，不同形式的一碳单位可相互转变。

（三）一碳单位的载体

一碳单位在人体内不能游离存在，通常与四氢叶酸（FH_4）结合而转运或参加生物代谢，FH_4 是一碳单位载体。一碳单位共价连接于 FH_4 分子的 N^5、N^{10} 位上，如 N^5-甲基四氢叶酸（N^5—CH_3—FH_4），N^5，N^{10}-亚甲四氢叶酸（N^5，N^{10}—CH_2—FH_4）等。

（四）一碳单位的功能

1. 合成嘌呤和嘧啶的原料　一碳单位参与核苷酸的合成，在核酸生物合成中起非常重要的作用，如 N^5，N^{10}—CH=FH_4 直接提供甲基用于脱氧核苷酸 dUMP 向 dTMP 的转化，N^{10}—CHO—FH_4 和 N^5，N^{10}—CH=FH_4 分别参与嘌呤碱中 C_2、C_3 原子的生成。若机体一碳单位代谢障碍，直接导致血细胞 DNA 和蛋白质的合成受阻，引起巨幼红细胞性贫血症。磺胺药及某抗癌药（氨甲喋呤等）分别通过干扰细菌及瘤细胞的叶酸、四氢叶酸合成，从而影响核酸合成，最终发挥药理作用。

2. 参与 S-腺苷甲硫氨基酸酸（SAM）的合成　SAM 能为体内许多活性物质提供甲基，如合成肾上腺素、胆碱、胆酸等。

三、芳香族氨基酸的代谢

芳香族氨基酸包括苯丙氨酸、酪氨酸和色氨酸，苯丙氨酸和酪氨酸结构相似，在体内苯丙氨酸可转变成酪氨酶。

（一）苯丙氨酸代谢

苯丙氨酸在体内首先经苯丙氨酸催化生成酪氨酸，此反应是不可逆的，然后经过一系列的酶促反应生成其他的各种产物（如下图所示）。若机体先天性缺乏苯丙氨酸羟化酶，苯丙氨酸就不能正常转变成酪氨酸，而可被酶催化生成苯丙酮酸，导致血中苯丙酮酸的浓度异常增高，最终引起尿中含有大量的苯丙酮酸，称为苯丙酮尿症（PKU）。苯丙酮酸对中枢神经系统有毒性作用，会导致儿童神经系统发育障碍，智力低下。

知 识 链 接

苯丙酮尿症

苯丙酮尿症是一种常见的氨基酸代谢病，此症是由于苯丙氨酸羟化酶缺陷，使得苯丙氨酸不能转变成为酪氨酸，导致苯丙氨酸及其酮酸蓄积并从尿中大量排出，故称"苯丙酮尿症"。该病属常染色体隐性遗传病，其发病率随种族而异。主要临床表现有：①生长发育迟缓：主要表现在智力发育迟缓，智商低于同龄正常婴儿，生后 $4 \sim 9$ 个月即可出现，语言发育障碍尤为明显；②神经精神表现：脑萎缩、脑畸形，反复发作的抽搐，肌张力增高，反射亢进；③皮肤毛发表现：皮肤常干燥，易有湿疹和皮肤划痕症，由于酪氨酸酶受抑制，使黑色素合成减少，故患儿毛发色淡而呈棕色；④气味：由于苯丙氨酸羟化酶缺乏，苯丙氨酸经旁路代谢产生苯乳酸和苯乙酸增多，从汗液和尿中排出而有霉臭味（或鼠气味）。

（二）酪氨酸代谢

1. 合成黑色素 酪氨酸在酪氨酸羟化酶催化下生成多巴，多巴再经酪氨酸酶氧化生成多巴醌而合成黑色素。人体若缺乏酪氨酸酶，黑色素合成障碍，毛发、皮肤发"白"，称为白化病。

2. 合成儿茶酚胺类物质 上述过程的多巴，经脱羧形成多巴胺，进一步转变为去甲肾上腺素、甲状腺素等儿茶酚胺类神经递质或激素，它们在维持神经系统正常的功能方面起着非常重要的作用。

3. 合成甲状腺素 酪氨酸经逐步碘化，生成三碘甲状腺原氨酸（T_3）和四碘甲状腺原氨酸（T_4），两者统称为甲状腺激素，对机体的代谢起着重要的调节作用。临床上测定 T_3、T_4 是诊断甲状腺疾病的主要指标。

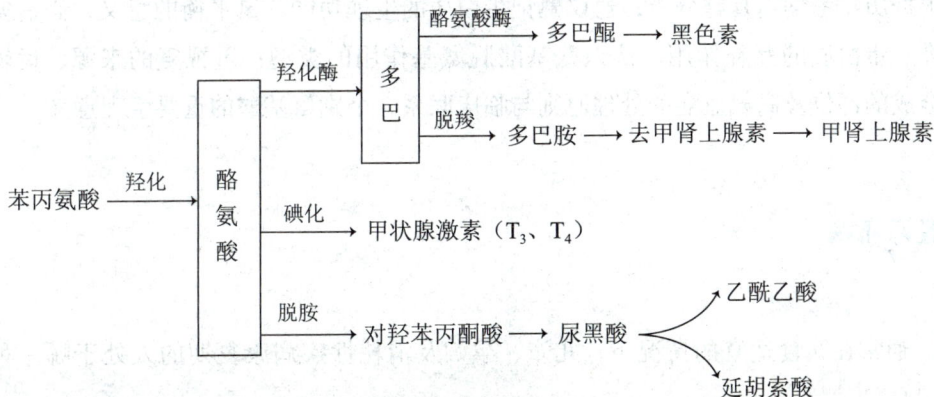

苯丙氨酸 →羟化→ 酪氨酸 →羟化酶→ 多巴 →酪氨酸酶→ 多巴醌 → 黑色素
多巴 →脱羧→ 多巴胺 → 去甲肾上腺素 → 甲肾上腺素
酪氨酸 →碘化→ 甲状腺激素（T_3、T_4）
酪氨酸 →脱胺→ 对羟苯丙酮酸 → 尿黑酸 → 乙酰乙酸 / 延胡索酸

4. 酪氨酸的分解 酪氨酸在酪氨酸转氨酶催化下，生成对羟基苯丙酮酸，然后氧化脱羧生成尿黑酸，再经尿黑酸氧化酶及异构酶作用进一步生成延胡索酸和乙酰乙酸，两者分别参与糖和脂肪酸代谢。若尿黑酸氧化酶缺乏，尿黑酸在血液浓度升高并随尿液排出，尿液与空气接触后呈黑色，称为尿黑酸症。

（三）色氨酸的代谢

色氨酸是人体的必需氨基酸。大多数蛋白质中含量均较少，机体对其摄取少，分解亦少。色氨酸除可经氧化脱羧生成5-羟色胺外，还可通过分解代谢生成其他的物质，如丙酮酸、一碳单位及尼克酸等。

本章小结

氨基酸代谢是蛋白质分解代谢的中心内容。蛋白质营养价值取决于其所含必需氨基酸的种类、数量、比例是否与人体蛋白质相接近。氨基酸分解代谢包括脱氨基作用、脱羧基作用。氨基酸的脱氨基作用方式有氧化脱氨基、转氨基、联合脱氨基，以联合脱氨基作用最为重要。体内氨以谷氨酰胺或葡萄糖-丙氨酸循环进行转运。氨是有毒的物质，在体内的含量较低，体内血氨的来源和去路保持动态平衡，不会引起中毒。当肝功能严重损伤时，在肝内尿素合成受阻，血氨浓度增高称为高氨血症。氨易通过细胞膜和血脑屏障，进入脑组织，严重时影响大脑功能，可引起昏迷，即肝性脑病。

氨基酸可经脱羧基作用生成相应的胺类，有些胺类物质在体内发挥重要的生理作用。某些氨基酸在分解代谢过程中会产生含有一个碳原子的有机基团，称为一碳单位。一碳单位的主要生理功能参与核酸的合成。

此外，芳香族氨基酸的代谢产物，对维持正常的生理功能发挥重要的作用。

考纲分析

根据历年考纲与真题分析，建议熟记蛋白质的生理功能、氮平衡的意义、必需氨基酸的种类、蛋白质的互补作用；认识氨基酸脱氨基作用的类型；重视氨的来源、运输、去路、合成的部位及高氨血症的处理原则与临床联系，个别氨基酸的重要生理意义。

复习思考

一、A 型选择题

1. 通常在饮食适宜的情况下，儿童、孕妇及消耗性疾病康复期的人处于哪一种平衡（ ）

A. 摄入氮＜排出氮   B. 摄入氮≤排出氮

C. 摄入氮 > 排出氮　　　　　　　　　D. 摄入氮 ≥ 排出氮

E. 摄入氮 = 排出氮

2. 蛋白质的互补作用是指（　　　）

A. 糖和蛋白质混合食用，以提高食物的营养价值

B. 脂肪和蛋白质混合食用，以提高食物的营养价值

C. 几种营养价值低的蛋白质混合食用，以提高食物的营养价值

D. 糖、脂肪、蛋白质及维生素混合食用，以提高食物的营养价值

E. 用糖和脂肪代替蛋白质的作用

3. 能够构成转氨酶辅酶的是维生素（　　　）

A. B_1　　　　　　　B. B_2　　　　　　　C. B_5

D. B_6　　　　　　　E. B_{12}

4. 生物体内氨基酸脱氨基的主要方式是（　　　）

A. 氧化脱氨基　　　B. 联合脱氨基　　　C. 直接脱氨基

D. 转氨基　　　　　E. 还原脱氨基

5. 哺乳类动物体内氨的主要去路是（　　　）

A. 渗入肠道　　　　　　　　　　　B. 在肝中合成尿素

C. 经肾泌氨，随尿排出　　　　　　D. 生成谷氨酰胺

E. 合成非必需氨基酸

6. 急性肝炎患者血清酶活性显著升高的是（　　　）

A. ALT　　　　　　　B. AST　　　　　　　C. LDH

D. CPS－Ⅰ　　　　　E. CPS－Ⅱ

7. 血氨增高可能与下列哪个器官的严重损伤有关（　　　）

A. 心脏　　　　　　　B. 肝脏　　　　　　　C. 大脑

D. 肾脏　　　　　　　E. 肺

8. 脑中氨的主要去路是（　　　）

A. 扩散入血　　　　　　　　　　　B. 合成谷氨酰胺

C. 合成谷氨酸　　　　　　　　　　D. 合成尿素

E. 合成嘌呤

9. 临床上对肝硬化伴有高血氨患者禁用碱性肥皂液灌肠，这是因为（　　　）

A. 肥皂液使肠道 pH 值升高，促进氨的吸收

B. 可能导致碱中毒

C. 可能严重损伤肾功能

D. 可能严重损伤肝功能

E. 可能引起肠道功能紊乱

10. 苯丙酮尿症患者缺乏（　　）

   A. 酪氨酸转氨酶　　　　　　　　B. 苯丙氨酸羟化酶

   C. 酪氨酸酶　　　　　　　　　　D. 多巴脱羧酶

   E. 酪氨酸羟化酶

11. 体内一碳单位的运载体是（　　）

   A. 叶酸　　　　　B. 维生素 B_{12}　　　C. 四氢叶酸

   D. 二氢叶酸　　　E. 生物素

12. 人体内氨基酸代谢库中游离的氨基酸的主要去路是（　　）

   A. 参与许多含氮物质的合成　　　B. 合成胺类

   C. 生成相应的 α – 酮酸　　　　D. 合成蛋白质

   E. 分解产生能量

13. 高氨血症导致脑功能障碍的生化机制是血氨增高可（　　）

   A. 升高脑中的 pH 值　　　　　　B. 抑制脑中酶的活性

   C. 直接抑制呼吸链　　　　　　　D. 升高脑中尿素的浓度

   E. 大量消耗脑内的 α – 酮戊二酸

14. 哪种物质缺乏可引起白化病？（　　）

   A. 苯丙氨酸羟化酶　　　　　　　B. 酪氨酸转氨酶

   C. 酪氨酸酶　　　　　　　　　　D. 酪氨酸脱羧酶

   E. 酪氨酸羟化酶

15. 尿素合成中从线粒体进入细胞液的中间代谢产物是（　　）

   A. 鸟氨酸　　　　　　　　　　　B. 瓜氨酸

   C. 精氨酸　　　　　　　　　　　D. 精氨酸代琥珀酸

   E. 氨基甲酰磷酸

二、问答题

1. 简述血氨的来源与主要代谢去路。

2. 鸟氨酸循环的主要过程及生理意义是什么？

3. 试从蛋白质、氨基酸代谢角度分析严重肝功能障碍时肝昏迷的原因。

扫一扫，知答案

第 十 章

核苷酸代谢

扫一扫，看课件

【学习目标】

1. 掌握核苷酸从头合成途径及补救合成途径的合成特点及调节；脱氧核糖核苷酸合成的特点；核苷酸分解代谢的终产物形式。

2. 熟悉核苷酸从头合成途径及补救合成过程；抗代谢物的种类及其作用机制。

3. 了解核苷酸的来源、存在形式及生理功能。通过核苷酸分解代谢的过程分析相关疾病。

核苷酸是核酸的基本结构单位，在体内存在的多为 5′核苷酸，另外还有很多游离存在的核苷酸衍生物。核苷酸的生物学功用：①作为原料合成核酸，这是其最主要功能；②储存能量，三磷酸核苷酸，尤其是 ATP 是细胞的主要能量形式；③组成辅酶，如腺苷酸可作为 NAD$^+$、ANDP$^+$、FMN、FAD 及 CoA 等的组成成分的原料；④参与合成一些活化的中间产物，如 UDP 葡萄糖；参与代谢和生理调节：许多代谢过程受到体内 ATP、ADP 或 AMP 水平的调节，cAMP（或 cGMP）是多种细胞膜激素受体调节作用的第二信使。

食物中的核酸是以核蛋白的形式存在的。核蛋白首先在胃酸的作用下水解生成核酸和蛋白质。进入小肠后，核酸经胰核酸酶的水解生成核苷酸，核苷酸可被小肠吸收，但大部分在肠黏膜细胞内继续被水解为磷酸、戊糖和碱基（图 10 –1）。

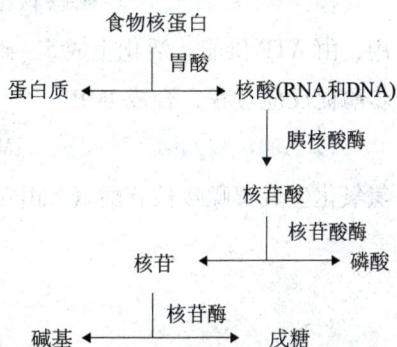

图 10 –1 核酸的消化

189

第一节 嘌呤核苷酸代谢

一、嘌呤核苷酸的合成代谢

核苷酸的合成可分为从头合成途径（Denovo synthesis）和补求合成途径（Salvage synthesis）两种方式。从头合成是指利用磷酸核糖、氨基酸、一碳单位及 CO_2 等简单物质为原料，经过一系列酶促反应，合成核苷酸，称为从头合成途径。补救合成是指利用体内游离的嘌呤或嘌呤核苷经过简单的反应过程，合成嘌呤核苷酸，称为补救合成（或重新利用）途径。从头合成的器官主要是肝，其次是小肠黏膜和胸腺。脑、骨髓等缺乏从头合成的酶，只能进行补救合成。一般情况下，从头合成途径是主要途径。

（一）嘌呤核苷酸的从头合成途径

肝是从头合成嘌呤核苷酸的主要部位，其次是小肠黏膜和胸腺。整个过程在胞液中进行。合成原料是 5 - 磷酸核糖、谷氨酰胺、甘氨酸、天冬氨酸、CO_2、一碳单位、ATP。嘌呤环各元素来源如图 10 - 2 所示。

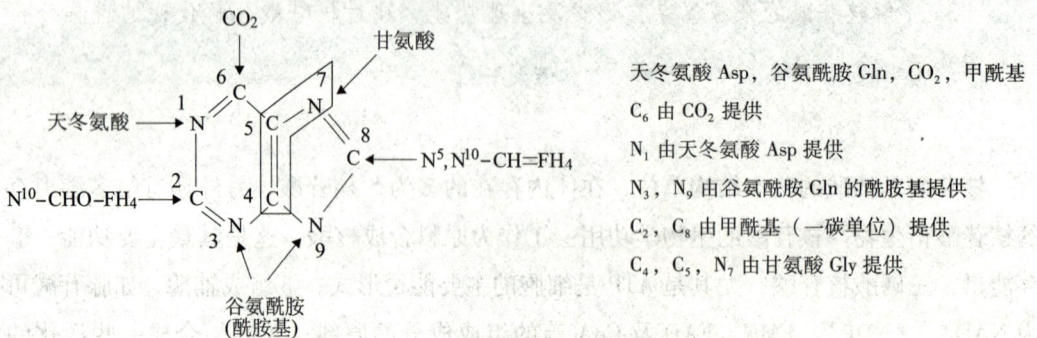

天冬氨酸 Asp，谷氨酰胺 Gln，CO_2，甲酰基

C_6 由 CO_2 提供

N_1 由天冬氨酸 Asp 提供

N_3，N_9 由谷氨酰胺 Gln 的酰胺基提供

C_2，C_8 由甲酰基（一碳单位）提供

C_4，C_5，N_7 由甘氨酸 Gly 提供

图 10 - 2 嘌呤碱合成的元素来源

1. IMP 的合成 5 - 磷酸核糖（磷酸戊糖途径中产生）经过磷酸核糖焦磷酸合成酶作用，由 ATP 供能，活化生成 5 - 磷酸核糖 - 1 - 焦磷酸（PRPP）。在 PRPP 基础上，经过十步酶促反应过程，合成 IMP。

2. AMP 和 GMP 的生成 IMP 由天冬氨酸提供氨基，GTP 供能，生成 AMP；IMP 脱氢氧化生成黄嘌呤核苷酸（XMP），然后由谷氨酰胺提供氨基生成 GTP（图 10 - 4）。

R—5—P
5-磷酸核糖
ATP
PRPP合成酶
AMP
PP—1—R—5—P
磷酸核糖焦磷酸
谷氨酰胺
酰胺转移酶
谷氨酸
$H_2N—1—R—5'—P$
1-氨基5'-磷酸核苷 ATP,Mg^{2+}
(5-磷酸核糖胺,PPA)

N^2,N^{10}-甲炔FH_4 FH_4 谷氨酰胺 谷氨酸
$H_2C—NH_2$

$H_2C—NH_2$
|
$O=C—OH$
甘氨酸

GAR 合成酶

转甲酰基酶
甘氨酰胺
核苷酸(GAR)

甲酰甘氨酰胺
核苷酸(FCAR)

ATP,Mg^{2+}
甲酰甘氨咪
核苷酸(FGAM)

ATP   AIR
Mg^{2+} 合成酶
k^+ H_2O

HOOC
|
H_2C
天冬氨酸
ATP,Mg^{2+}
合成酶
5-氨基咪唑-4(N-琥珀酸)-
甲酰胺核苷酸(SAICAR)

HO H_2N
R—5'—P
5-氨基咪唑-4-羧
酸核苷酸(CAIB)

CO_2
羧化酶

H_2N R—5'—P
5-氨基咪唑核苷酸
(AIR)

延胡索酸
裂解酶

H_2N H_2N R—5'—P
5-氨基咪唑-4-甲酰
胺核苷酸(AICAR)

N^{10}-甲酰FH_4 FH_4
K^+
转甲酰基酶

R—5'—P
5-甲酰胺基咪唑-
4-甲酰胺核苷酸
(FAICAR)

H_2O
环水解酶

R—5'—P
次黄嘌呤苷酸
(IMP)

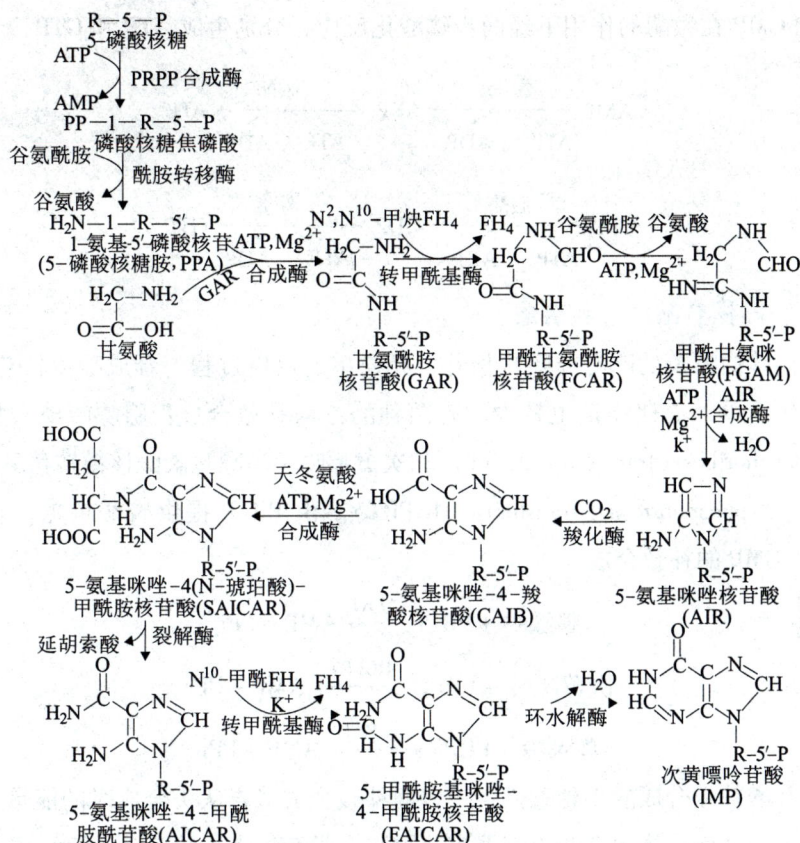

图 10 – 3   IMP 的合成

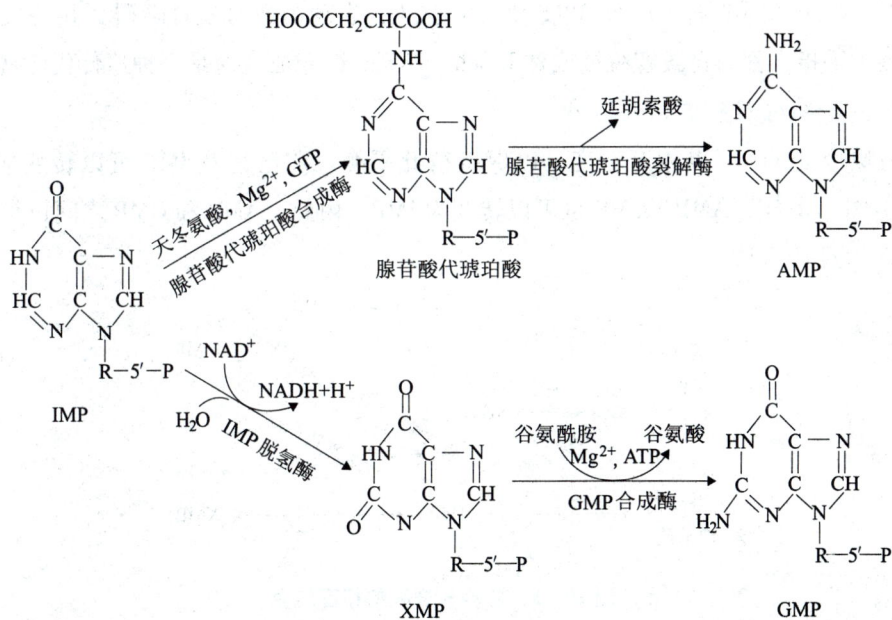

$HOOCCH_2CHCOOH$
|
NH

天冬氨酸,Mg^{2+},GTP
腺苷酸代琥珀酸合成酶

R—5'—P
腺苷酸代琥珀酸

延胡索酸
腺苷酸代琥珀酸裂解酶

NH_2
R—5'—P
AMP

IMP

NAD^+
NADH+H^+
H_2O IMP 脱氢酶

R—5'—P
XMP

谷氨酰胺 谷氨酸
Mg^{2+},ATP
GMP合成酶

H_2N R—5'—P
GMP

图 10 – 4   AMP 和 GMP 的合成

191

AMP 和 GMP 在激酶的作用下经两步磷酸化反应，分别生成 ATP 和 GTP。

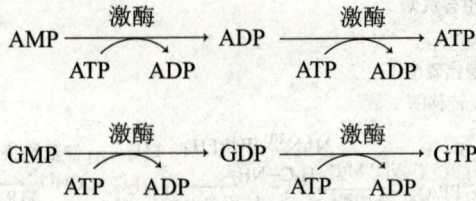

$$AMP \xrightarrow[\text{ATP} \quad \text{ADP}]{\text{激酶}} ADP \xrightarrow[\text{ATP} \quad \text{ADP}]{\text{激酶}} ATP$$

$$GMP \xrightarrow[\text{ATP} \quad \text{ADP}]{\text{激酶}} GDP \xrightarrow[\text{ATP} \quad \text{ADP}]{\text{激酶}} GTP$$

（二）嘌呤核苷酸的补救合成

细胞利用体内游离的嘌呤或嘌呤核苷，经简单的反应过程，合成嘌呤核苷酸的过程。补救合成比较简单，消耗能量也较少。有两种酶参与补救合成：腺嘌呤磷酸核糖转移酶（Adenine phoshoribosyl transterase APRT）和次黄嘌呤 – 鸟嘌呤磷酸核糖转移酶（Hypoxanthine – guaninne phosphoribosyl transterase HGPRT）。由 PRPP 提供磷酸核糖，它分别催化 AMP，IMP，GMP 的补救合成。

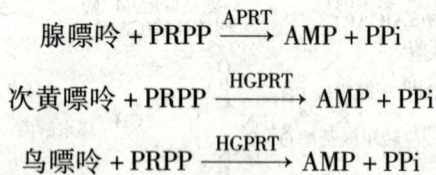

$$腺嘌呤 + PRPP \xrightarrow{APRT} AMP + PPi$$

$$次黄嘌呤 + PRPP \xrightarrow{HGPRT} AMP + PPi$$

$$鸟嘌呤 + PRPP \xrightarrow{HGPRT} AMP + PPi$$

嘌呤核苷酸补救合成的生理意义：一方面补救合成节省从头合成时的能量和一些氨基酸的消耗；另一方面，体内某些组织器官，如脑、骨髓等由于缺乏从头合成嘌呤核苷酸的酶体系，只能进行补救合成。因此，对这些组织器官来说，补救合成途径具有更重要的意义。例如，由于基因缺陷导致 HGPRT 缺失的患儿，表现为智力发育障碍，共济失调，咬自己口唇、手指，称为自毁容貌征或称 Lesch – Nyhan 综合征，这是一种遗传代谢病。

（三）嘌呤核苷酸的相互转变

体内嘌呤核苷酸可以相互转变，以保持彼此平衡。前已述及 IMP 可以转变成 XMP、AMP 及 GMP。其实，AMP、GMP 也可以转变为 IMP。由此，AMP 和 GMP 之间也是可以相互转变的（图 10 – 5）。

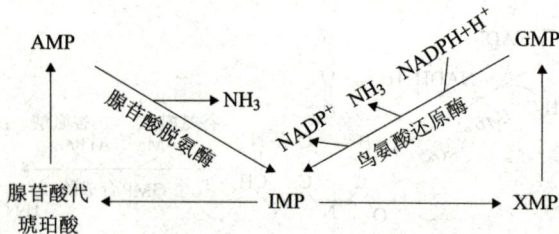

图 10 – 5　嘌呤核苷酸的相互转变

（四）脱氧（核糖）核苷酸的生成

DNA 是由各种脱氧核苷酸组成的，体内脱氧核苷酸中所含的脱氧核糖并非先形成后再结合到其分子上，而是通过相应的核糖核苷酸的直接还原作用，以氢取代其核糖分子中 C_2 上的羟基而生成的。这种还原作用基本上在二磷酸（NDP）水平上进行，由核糖核苷酸还原酶（Ribonucleotide reductase）催化。

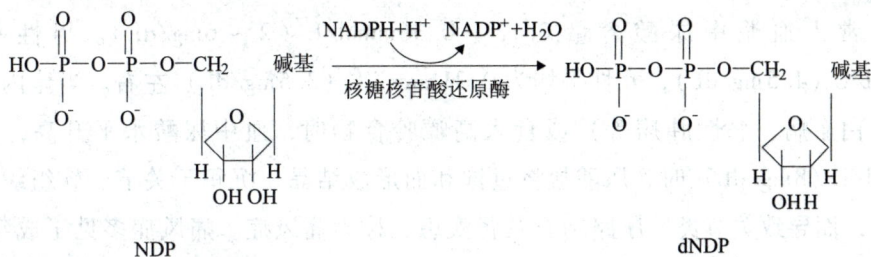

图 10-6 脱氧核苷酸的生成

（五）嘌呤核苷酸的抗代谢物

嘌呤核苷酸的抗代谢物是一些嘌呤、氨基酸或叶酸等的类似物。它们主要以竞争性抑制或"以假乱真"等方式干扰或阻断嘌呤核苷酸的合成代谢，从而进一步阻止核酸以及蛋白质的生物合成。肿瘤细胞的核酸及蛋白质合成十分旺盛，这些药物具有抗肿瘤作用。例如，6-巯基嘌呤（6-mercaptopurine，6MP）与次黄嘌呤结构类似，在体内可生成 6MP 核苷酸，从而抑制 IMP 转变为 AMP、GMP 的反应，6MP 还可竞争性抑制 HGPRT，阻断补救合成途径；氮杂丝氨酸与谷氨酰胺的结构类似，可干扰谷氨酰胺在从头合成中的作用；甲氨蝶呤与 FH_4 的结构类似，竞争性抑制 FH_2 还原酶，使 FH_2 不能还原为 FH_4，从而抑制从头合成中一碳单位的供应。

二、嘌呤核苷酸的分解代谢

体内核苷酸的分解代谢类似于食物中核苷酸的消化过程。首先，细胞中的核苷酸在核苷酸酶的作用下水解成核苷，核苷经核苷磷酸化酶作用，分解为碱基和 1-磷酸核糖。嘌呤碱既可以参加核苷酸的补救合成，也可进一步水解。人体内，嘌呤碱最终分解生成尿酸（图 10-7）。AMP 生成次黄嘌呤，后者在黄嘌呤氧化酶（Xanthine oxidase）作用下氧化成黄嘌呤，最后生成尿酸。GMP 生成鸟嘌呤，后者转化成黄嘌呤，最后也生成尿酸。嘌呤脱氧核苷经过相同途径进行分解代谢。体内嘌呤核苷酸的分解代谢主要在肝、小肠及肾中进行，黄嘌呤氧化酶在这些脏器中活性较强。

$$AMP \longrightarrow 次黄嘌呤 \xrightarrow{黄嘌呤氧化酶}$$
$$GMP \longrightarrow 鸟嘌呤 \xrightarrow{鸟嘌呤酶} 黄嘌呤(X) \xrightarrow{黄嘌呤氧化酶} 尿酸$$

图 10 - 7　嘌呤核苷酸的分解代谢

正常生理情况下，嘌呤合成与分解处于相对平衡状态，所以尿酸的生成与排泄也较恒定。正常人血浆中尿酸含量 $0.12 \sim 0.36$ mmol/L（$2 \sim 6$ mg/dL）。男性平均为 0.27 mmol/L（4.5 mg/dL），女性平均为 0.21 mmol/L（3.5 mg/dL）左右。当体内核酸大量分解（白血病、恶性肿瘤等）或食入高嘌呤食物时，血中尿酸水平升高，当超过 0.48 mmol/L（8 mg/dL）时，尿酸盐将过饱和而形成结晶，沉积于关节、软组织、软骨及肾等处，而导致关节炎、尿路结石及肾疾患，称为痛风症。痛风症多见于成年男性，其发病机理尚未阐明。临床上常用别嘌呤醇（Allopurinol）治疗痛风症。别嘌呤醇与次黄嘌呤结构类似，只是分子中 N_7 与 C_8 互换了位置，故可抑制黄嘌呤氧化酶，从而抑制尿酸的生成。同时，别嘌呤在体内经代谢转变，与 PRPP 生成别嘌呤核苷酸，不仅消耗了 PRPP，使其含量下降，而且还能反馈抑制 PRPP 酰胺转移酶，阻断嘌呤核苷酸的从头合成。

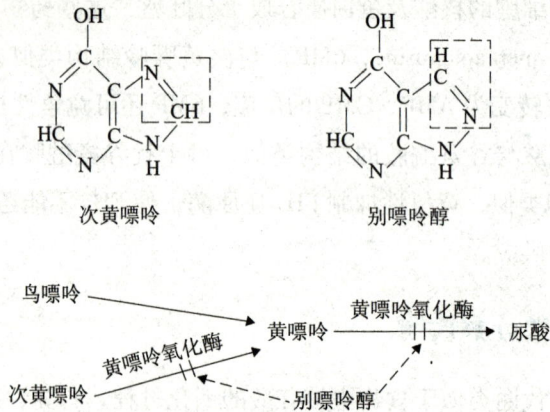

次黄嘌呤　　　　　别嘌呤醇

图 10 - 8　别嘌呤醇的药理作用

知识链接

痛风

痛风是一种由于嘌呤生物合成代谢增加，尿酸产生过多或因尿酸排泄不良而致血中尿酸升高，尿酸盐结晶沉积在关节滑膜、滑囊、软骨及其他组织中引起的反复发作性炎性疾病。它是由于单钠尿酸盐结晶（MSU）或尿酸在细胞外液形成超饱和状态，使其晶体在组织中沉积而造成的一组异源性疾病。本病以关节液和痛风石中可找到有双折光性的单水尿酸钠结晶为其特点。其临床特征为：高尿酸血症及尿酸盐结晶、沉积所致的特征性急性关节炎、痛风石、间质性肾炎，严重者见关节畸形及功能障碍，常伴尿酸性尿路结石。病因分为原发性和继发性两大类。

痛风的治疗方法：切除影响功能活动的痛风结节，并系统治疗。急性痛风发作：卧床休息，秋水仙碱 $0.5\mu g/h$，直至疼痛缓解或腹泻发生。止痛剂如吲哚美辛 $100\mu g/d$，$2\sim 3$ 天。慢性痛风：低嘌呤饮食，长期应用丙磺舒（羧苯磺胺）$1\sim 2g/d$，以增加肾脏尿酸排泄。减肥降低体重。

第二节　嘧啶核苷酸的代谢

一、嘧啶核苷酸的合成代谢

与嘌呤核苷酸一样，体内嘧啶核苷酸的合成代谢也有从头合成及补救合成两条途径。

（一）嘧啶核苷酸的从头合成途径

从头合成过程主要在肝细胞胞液中进行，基本原料是天冬氨酸、谷氨酰胺、二氧化碳和 5 - 磷酸核糖，嘧啶环各原子来源如图 10 - 9 所示。

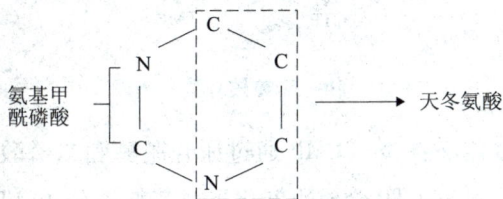

图 10 - 9　嘧啶环中各原子来源

与嘌呤核苷酸的从头合成途径不同，嘧啶核苷酸的合成是先合成嘧啶环，再与磷酸核糖相连。嘧啶核苷酸合成过程如下：

1. 尿嘧啶核苷酸（UMP）的合成　谷氨酰胺和二氧化碳在氨基甲酰磷酸合成酶Ⅱ（CPS - Ⅱ）催化下生成氨基甲酰磷酸，然后与天冬氨酸、PRPP 经一系列酶催反应生成尿嘧啶核苷酸（UMP），反应过程见图 10 - 10。

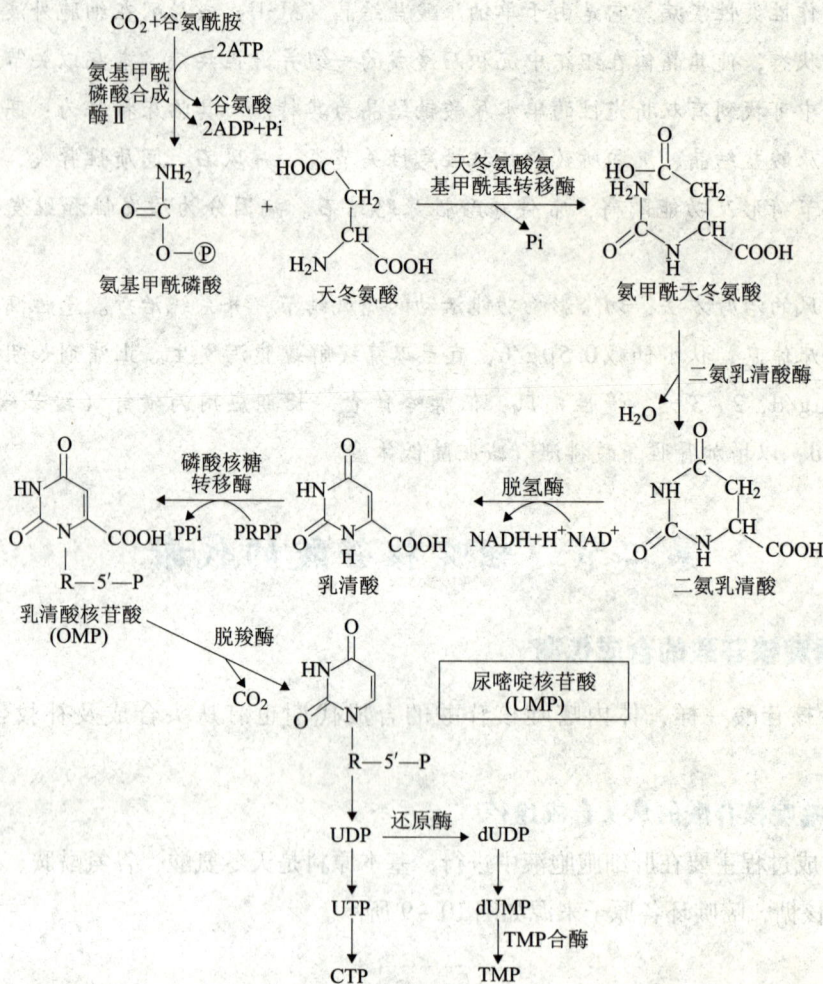

图 10－10　嘧啶核苷酸的合成

2. 三磷酸胞苷（CTP）的合成　　UMP 通过尿苷激酶和二磷酸核苷激酶的连续作用，生成三磷酸尿苷（UTP），并在 CTP 合成酶催化下，消耗一分子 ATP，从谷氨酰胺接受氨基而成为三磷酸胞苷（CTP）反应过程见图 10－11。

3. 脱氧胸腺嘧啶核苷酸（dTMP）　　dTMP 由脱氧尿嘧啶核苷酸（dUMP）经甲基化而生成。此反应是由胸苷酸合酶（Thymidylate synthase）催化，N^5，N^{10} – 甲烯四氢叶酸是甲基供体。N^5，N^{10} – 甲烯四氢叶酸提供甲基后生成的二氢叶酸又可在二氢叶酸还原酶的作用下，重新生成四氢叶酸（FH_4），再用于运载一碳单位，反应过程见图 10－11。

dUMP 可来自两个途径：一是 dUDP 的水解，另一个是 dCMP 的脱氨基，以后一种为主。

由于 dTMP 生成对 DNA 的合成至关重要，因此二氢叶酸还原酶是重要的抑制 DNA 合成的药物靶位，用于癌瘤化疗的靶点。

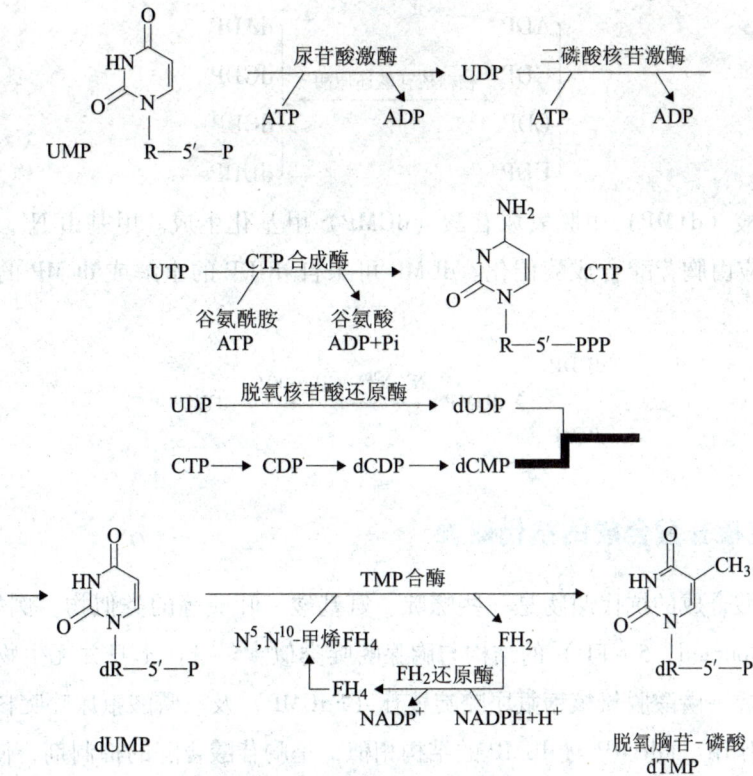

图 10-11 CTP、dTMP 的合成

（二）嘧啶核苷酸的补救合成

嘧啶核苷酸的补救合成与嘌呤核苷酸类似，利用体内游离的嘧啶或嘧啶核苷，经过简单的反应过程，合成嘧啶核苷酸。催化嘧啶核苷酸补救合成的酶有尿嘧啶磷酸核苷核糖转移酶、尿苷激酶和胸苷激酶。

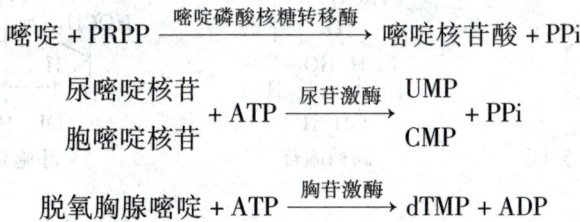

$$嘧啶 + PRPP \xrightarrow{\text{嘧啶磷酸核糖转移酶}} 嘧啶核苷酸 + PPi$$

$$\left.\begin{array}{l} 尿嘧啶核苷 \\ 胞嘧啶核苷 \end{array}\right\} + ATP \xrightarrow{\text{尿苷激酶}} \begin{array}{l} UMP \\ CMP \end{array} + PPi$$

$$脱氧胸腺嘧啶 + ATP \xrightarrow{\text{胸苷激酶}} dTMP + ADP$$

脱氧胸苷可能过胸苷激酶而生成 dTMP。此酶在正常肝中活性很低，再生肝中活性升高，恶性肿痛中明显升高，并与恶性程度有关。

二、脱氧核苷酸的合成

脱氧核苷酸是由核糖核苷酸二磷酸核苷水平上直接还原而来的，反应由核糖核苷酸还原酶催化。生成的二磷酸脱氧核苷再经激酶作用，生成三磷酸脱氧核苷，反应如下：

$$\left.\begin{array}{l} ADP \\ GDP \\ CDP \\ UDP \end{array}\right\} \xrightarrow{\text{核糖核苷酸还原酶}} \left\{\begin{array}{l} dADP \\ dGDP \\ dCDP \\ dUDP \end{array}\right.$$

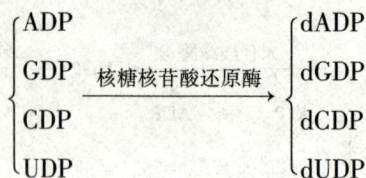

脱氧胸苷酸（dTMP）由脱氧尿苷酸（dUMP）甲基化生成。甲基由 N^5，N^{10}—CH_2—FH_4 供给，反应由胸苷酸合成酶催化。dUMP 可来自 dUDP 的水解或 dCMP 的脱氨基，以后者为主。

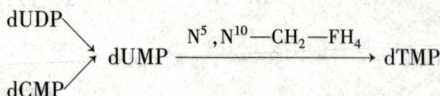

$$\left.\begin{array}{l} dUDP \\ dCMP \end{array}\right\} dUMP \xrightarrow{N^5, N^{10}—CH_2—FH_4} dTMP$$

三、嘧啶核苷酸合成的抗代谢物

嘧啶核苷酸合成的抗代谢物是一些嘧啶、氨基酸、叶酸等的类似物。例如，5 - 氟尿嘧啶（5 - fluorouracil, 5 - FU）的结构与胸腺嘧啶类似。5 - FU 本身并无生物学活性，必须在体内转变成一磷酸脱氧核糖氟尿嘧啶核苷（FdUMP）及三磷酸氟尿嘧啶核苷（FUTP）后，才能发挥作用。FdUMP 与 dUMP 的结构相似，是胸苷酸合酶的抑制剂，使 dTMP 的合成受阻。FUTP 可以以 FUMP 的形式参入 RNA 分子，异常核苷酸的参入破坏了 RNA 的结构与功能。阿糖胞苷可抑制 CDP 还原成 dCDP 而影响 DNA 合成，也是重要的抗肿瘤药物。

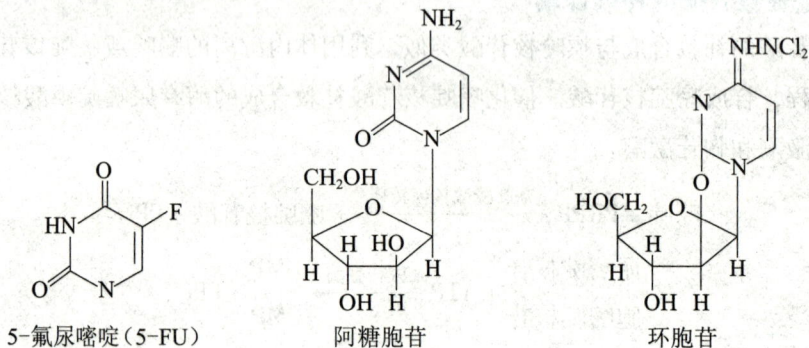

5-氟尿嘧啶（5-FU）　　　　阿糖胞苷　　　　环胞苷

四、嘧啶核苷酸的分解代谢

嘧啶核苷酸在核苷酸酶及核苷磷酸化酶催化下，除去磷酸及核糖，产生的嘧啶碱再进一步分解。胞嘧啶脱氨基转变成尿嘧啶，后者还原成二氢尿嘧啶，并水解开环，最终生成 NH_3、CO_2 及 β - 丙氨酸。胸腺嘧啶降解的终产物是 NH_3、CO_2 及 β - 氨基异丁酸（图 10 - 12）。β - 氨基异丁酸可直接随尿排出或进一步分解。食入含 DNA 丰富的食物，或经放射线治疗或化学治疗的癌症病人尿中 β - 氨基异丁酸排出量增多。嘧啶碱的降解代谢主要在肝进行。与嘌呤碱的分解产生尿酸不同，嘧啶碱的降解产物均易溶于水。

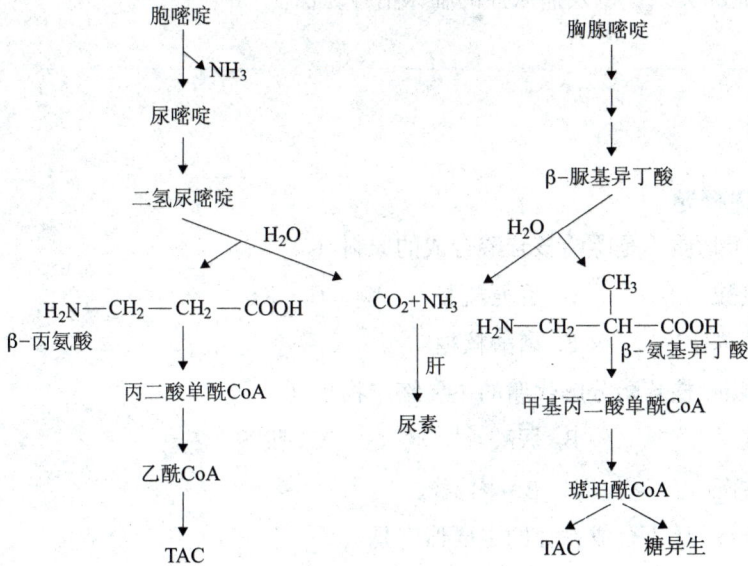

```
胞嘧啶                              胸腺嘧啶
  │                                  │
  ↓ NH₃                              │
尿嘧啶                               ↓
  │                              β-脲基异丁酸
  ↓                                  │
二氢尿嘧啶          H₂O          H₂O  │
      ╲         ↙               ╲    ↓    CH₃
       ╲       ↙                 ╲        │
H₂N—CH₂—CH₂—COOH    CO₂+NH₃    H₂N—CH₂—CH—COOH
   β-丙氨酸            │         β-氨基异丁酸
      │               ↓肝              │
      ↓             尿素               ↓
丙二酸单酰CoA                   甲基丙二酸单酰CoA
      │                               │
      ↓                               ↓
  乙酰CoA                         琥珀酰CoA
      │                          ↙       ↘
      ↓                        TAC      糖异生
    TAC
```

$$图\ 10-12\quad 嘧啶核苷酸的分解$$

本章小结

核苷酸具有多种重要的生理功能，最主要的是合成核酸。除此，还参与能量代谢、代谢调节等过程。体内的核苷酸主要由机体细胞自身合成。食物来源的嘌呤和嘧啶很少被机体利用。

核苷酸在体内合成有从头合成和补救合成两条途径，从头合成为主要途径，原料有磷酸核糖、氨基酸、一碳单位及多种氨基酸。补救合成途径主要在脑和骨髓中进行。HGPRT缺缺乏，补救合成途径障碍，会导致自毁容貌症。

根据嘌呤和嘧啶核苷酸的合成过程，可以设计多种抗代谢物，包括嘌呤、嘧啶类似物、叶酸类似物、氨基酸类似物等。这些抗代谢物在抗肿瘤治疗中有重要作用。

嘌呤在人体内分解代谢的终产物是尿酸，黄嘌呤氧化酶是这个代谢过程的重要酶。痛风症主要是由于嘌呤代谢异常，尿酸生成过多而引起的，嘧啶分解后产生的 β-氨基酸可随尿排出或进一步代谢。

📝 **考纲分析**

根据历年考纲与真题分析，建议熟记嘌呤和嘧啶核苷酸从头合成的元素来源；熟悉嘌呤和嘧啶核苷酸从头合成过程；认识嘌呤和嘧啶核苷酸补救合成过程；重视嘌呤核苷酸分解代谢与痛风症的关系，以及痛风症的临床治疗方法。

复习思考

一、A 型选择题

1. 下列哪个物质不是嘌呤核苷酸合成的原料（　　）

    A. 脯氨酸　　　　　B. 谷氨酰胺　　　　　C. CO_2

    D. 一碳单位　　　　E. 磷酸核糖

2. 人体内嘌呤核苷酸分解代谢的主要终产物是（　　）

    A. 尿素　　　　　　B. 尿酸　　　　　　C. 肌酸

    D. 肌酸酐　　　　　E. β－丙氨酸

3. 嘌呤核苷酸从头合成途径的主要器官是（　　）

    A. 肝　　　　　　　B. 肾　　　　　　　C. 脑

    D. 骨髓　　　　　　E. 心脏

4. 补救合成途径主要的器官是（　　）

    A. 肝和肾　　　　　B. 肾和心脏　　　　C. 脑和骨髓

    D. 骨骼肌和肝　　　E. 心脏和脑

5. 嘧啶分解代谢的终产物正确的是（　　）

    A. 尿酸　　　　　　B. 尿苷　　　　　　C. 尿素

    D. α－丙氨酸　　　E. 氨和二氧化碳

6. 嘧啶环中两个氮原子是来自（　　）

    A. 谷氨酰胺和氨　　　　　　　　　　B. 谷氨酰胺和天冬酰胺

    C. 谷氨酰胺和氨甲基磷酸　　　　　　D. 天冬酰胺和氨甲基磷酸

    E. 天冬氨酸和氨甲基磷酸

7. 下列关于嘌呤核苷酸从头合成的叙述哪项是正确的（　　）

    A. 嘌呤环的氮原子均来自氨基酸的 α－氨基

    B. 合成过程中不会产生自由嘌呤碱

    C. 氨基甲酰磷酸为嘌呤环提供氨甲酰基

    D. 由 IMP 合成 AMP 和 GMP 均由 ATP 供能

    E. 次黄嘌呤鸟嘌呤磷酸核糖转移酶催化生成 IMP 和 GMP

8. 甲氨蝶呤（MTX）在临床上用于治疗白血病的依据是（　　）

    A. 嘌呤类似物　　　　　　　　　　　　B. 嘧啶类似物

C. 叶酸类似物   D. 二氢叶酸类似物

E. 氨基酸类似物

9. 能在体内分解产生 β - 氨基异丁酸的核苷酸是（   ）

A. AMP   B. CMP   C. TMP

D. UMP   E. IMP

10. 痛风症患者血中增高的是（   ）

A. 尿酸   B. 尿素   C. 肌酸

D. 肌酐   E. 酮体

二、思考题

1. 核酸是不是人体必需营养素，为什么？

2. 简述痛风症产生的机理及治疗原则。

扫一扫，知答案

扫一扫，看课件

第十一章

物质代谢的联系及调节

【学习目标】

1. 掌握细胞水平的调节；变构调节的概念、机理及生理意义；化学修饰调节的概念及特点。

2. 熟悉激素水平的代谢调节。

3. 了解糖、脂和蛋白质代谢之间的相互关系；酶含量的调节、整体水平的调节。

第一节　物质代谢的特点

机体存在多种物质代谢途径，如糖、脂、蛋白质、水、无机盐、维生素等代谢，体内这些物质代谢都不是彼此孤立存在的，而是彼此相互联系构成统一的整体。在物质代谢过程中普遍存在代谢调节，这是生物重要的特征。代谢调节，即正常情况下机体存在精细的调节机制，包括调节代谢的强度、方向和速度等，使机体物质代谢能适应不断变化的内外环境而有序进行。各个物质代谢具有不同途径、不同功能、不同特点，其原因主要是由于各组织器官的结构不同，所含有酶系的种类和含量各不相同，但是无论是机体外摄入的营养物或体内各组织细胞的代谢物，只要是同一化学结构的物质在进行中间代谢时，都进入到共同的代谢池中参与代谢。在代谢过程中，ATP 是机体能量利用的共同形式，NADPH 是合成代谢所需要的还原当量。

第二节 物质代谢的相互联系

一、在能量代谢上的相互联系

糖、脂、蛋白质作为能源物质均可在体内氧化供能。虽然三大营养物质在体内分解氧化的代谢途径各不相同，但是它们有共同的代谢途径和共同的中间代谢产物，乙酰 CoA 是三大营养物质共同的中间代谢物，三羧酸循环、呼吸链是糖、脂、蛋白质最后分解的共同代谢途径。从能量供应的角度，三大营养物质可以互相代替，并互相制约。一般情况下，机体利用能源物质的次序是糖（或糖原）、脂肪和蛋白质（主要为肌肉蛋白），糖是机体主要供能物质（占总热量 50% ~ 70%），脂肪是机体储能的主要形式（肥胖者可多达 30% ~ 40%）。机体以糖、脂供能为主，能节约蛋白质的消耗，因为蛋白质是组织细胞的重要结构成分。若任何一种供能物质的分解代谢增强，通常能代谢调节抑制和节约其他供能物质的降解，如在正常情况下，机体主要依赖葡萄糖氧化供能，而脂肪动员及蛋白质分解往往受到抑制；在饥饿状态时，由于糖供应不足，则需动员脂肪或动用蛋白质而获得能量。

二、糖、脂、蛋白质及核酸代谢之间的相互联系

糖、脂、蛋白质及核酸的代谢是相互影响，互相转化的，其中三羧酸循环不仅是三大营养物质代谢的共同途径，也是三大营养物质相互联系，相互转化的枢纽。同时，一种代谢途径的改变必然影响其他代谢途径的相应变化，如当糖代谢失调时会立即影响到脂类代谢和蛋白质代谢。

（一）糖代谢与脂代谢的相互联系

机体摄入糖增多而超过体内能量的消耗时，除合成糖原储存在肝和肌肉外，可大量转变为脂肪贮存起来。糖代谢产生 α - 磷酸甘油、乙酰 CoA，为脂肪合成提供原料，同时还产生能量和供氢体。此外，糖的分解代谢增强生成的 ATP 及柠檬酸是乙酰 CoA 羧化酶的变构激活剂，促使大量的乙酰 CoA 羧化为丙二酸单酰 CoA 进而合成脂肪酸及脂肪在脂肪组织中储存。脂肪分解成甘油和脂肪酸，其中甘油可经磷酸化生成 α - 磷酸甘油，再转变为磷酸二羟丙酮，然后糖异生为葡萄糖；而脂肪酸部分在动物体内不能转变为糖。相比而言，甘油占脂肪的量很少，其生成的糖量相当有限，因此，脂肪绝大部分不能在体内转变为糖。

（二）糖代谢与氨基酸代谢的相互联系

体内蛋白质中 20 种氨基酸，除生酮氨基酸（亮氨酸、赖氨酸）外，都可以通过脱氨基作用，生成相应的 α - 酮酸，这些 α - 酮酸通过三羧酸循环等代谢途径，转变成糖代谢的中间代谢物，通过糖异生途径转变成葡萄糖。糖代谢生成的丙酮酸经羧化生成草酰乙

酸，及其脱羧后经三羧酸循环形成的 α-酮戊二酸，都可以作为氨基酸的碳架，通过氨基化或转氨基作用形成相应的氨基酸。20 种氨基酸除亮氨酸和赖氨酸外均可转变为糖，而糖代谢的中间物质在体内仅能转变为 12 种非必需氨基酸，其余 8 种必需氨基酸必须由从食物中获得，故食物中的糖是不能替代蛋白质的。

（三）脂代谢与氨基酸代谢的相互联系

脂肪分解产生甘油和脂肪酸，甘油可转变为丙氨酸、天冬氨酸及谷氨酸。脂肪酸可转变为谷氨酸和天冬氨酸，但因必需消耗三羧酸循环的中间物质而受限制，如无其他来源补充，反应将不能进行下去，故脂肪酸不易转变为氨基酸。生糖氨基酸可通过丙酮酸转变为磷酸甘油；而生糖氨基酸、生酮氨基酸及生糖兼生酮氨基酸均可转变为乙酰 CoA，后者可作为脂肪酸合成的原料合成脂肪，故蛋白质可转变为脂肪。此外，乙酰 CoA 还是合成胆固醇的原料。

（四）核酸与氨基酸代谢的相互联系

氨基酸是体内合成核酸的重要原料，如甘氨酸、天冬氨酸、谷氨酰胺及一碳单位（是由部分氨基酸代谢产生的）参与嘌呤环和嘧啶环的合成；合成核苷酸所需的磷酸核糖由磷酸戊糖途径提供。

糖、脂、蛋白质、核酸的代谢均离不开酶及一些调节蛋白（如激素），因此蛋白质在物质代谢中起主导作用。

糖、脂、氨基酸代谢途径间的相互关系见图 11-1。

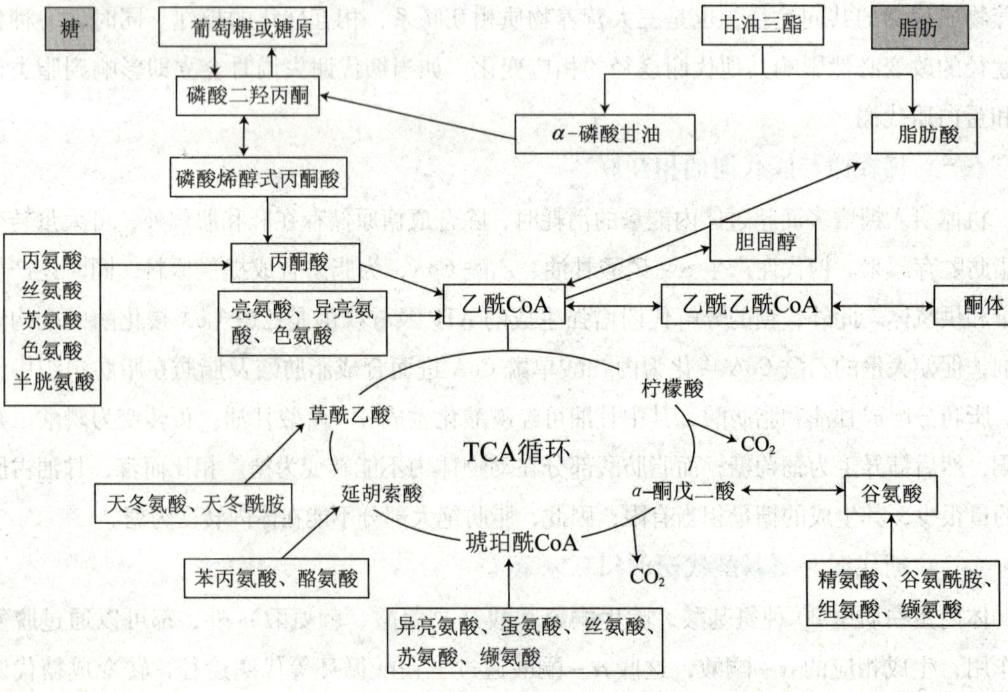

图 11-1 糖、脂、氨基酸代谢途经间的相互联系

第三节 代谢调节

机体物质代谢由许多相关而复杂的代谢途径所组成。机体对代谢途径反应速度的调节控制，称为物质代谢的调节（Regulation of metabolism）。物质代谢有多层次的严密调控，使之有条不紊，以适应内外环境和生理状态的不断变化，力求在动态中维持相对稳定，以协调整体的生命活动。

人体内各种物质代谢之间互相联系、相互制约、协调进行，构成统一的整体。生物进化程度越高，其代谢调节机理就越复杂，大致分为三个层次，即细胞水平的调节、激素水平的调节、整体水平的调节。

一、细胞水平的调节

细胞水平的调节是生物最基本的调节方式，其实质是对酶的调节。通过细胞内代谢物浓度的改变来影响酶结构和酶含量。酶结构的调节（快速调节）包括酶的变构调节和酶的化学修饰；酶含量的调节（迟缓调节）包括酶蛋白合成的诱导和阻遏。

（一）酶系区域化分布及限速酶

从物质代谢过程中可知，酶在细胞内是分隔分布的。代谢有关的酶，常常组成一个酶体系，分布在细胞的某一组分中，例如，糖酵解酶系和糖原合成、分解酶系存在于胞液中；三羧酸循环酶系和脂肪酸 β - 氧化酶系定位于线粒体。酶的隔离分布为代谢调节创造了有利条件，使某些调节因素可以较为专一地影响某一细胞组分中酶的活性，而不致影响其他组分中酶的活性，从而保证了整体反应有序进行。一些代谢物或离子在各细胞组分间的穿梭移动也可以改变细胞中某些组分的代谢速度。例如，在胞液中生成的脂酰 CoA 主要用于合成脂肪；经肉毒碱脂酰转移酶催化脂酰 CoA 可进入线粒体进行 β - 氧化。

物质代谢实质上是一系列的酶促反应，代谢速度的改变并不是由于代谢途径中全部酶活性的改变，而常常只取决于某些甚至某一个关键酶活性的变化。此酶通常是整条通路中催化最慢一个反应的酶，称为限速酶。它的活性改变不但可以影响整个酶体系催化反应的总速度，甚至还可以改变代谢反应的方向。体内重要代谢途径的限速酶见表 11 - 1。

细胞水平的调节主要是通过对关键酶活性的调节实现，而酶活性调节主要是通过改变现有酶的结构与含量。关键酶的调节方式可分两类：一类是通过改变酶的分子结构而改变细胞现有酶的活性来调节酶促反应的速度，如酶的"变构调节"与"化学修饰调节"。这种调节一般在数秒或数分钟内即可完成，是一种快速调节。另一类是改变酶的含量，即调节酶蛋白的合成或降解来改变细胞内酶的含量，从而调节酶促反应速度。这种调节一般需要数小时才能完成，因此是一种迟缓调节。

表 11 – 1　重要代谢途径的限速酶

代谢途径	限速酶
糖酵解	己糖激酶、磷酸果糖激酶 – 1、丙酮酸激酶
糖的有氧氧化（除糖酵解）	丙酮酸脱氢酶复合体、异柠檬酸脱氢酶、α – 酮戊二酸脱氢酶
磷酸戊糖途径	葡萄糖 – 6 – 磷酸脱氢酶
糖原合成	糖原合酶
糖原分解	糖原磷酸化酶
糖异生	葡萄糖 – 6 – 磷酸酶、果糖二磷酸酶 – 1、丙酮酸羧化酶、磷酸烯醇式丙酮酸羧激酶
胆固醇合成	羟甲基戊二单酰 CoA 还原酶
甘油三酯的合成	脂酰 CoA 转移酶
脂肪酸的合成	乙酰 CoA 羧化酶
脂肪动员	激素敏感性甘油三酯脂肪酶
β – 氧化	肉碱脂酰转移酶 – I

（二）酶的变构调节

1. 变构调节概念　某些物质能与酶分子活性中心以外的某一部位特异性结合，引起酶蛋白分子构象发生改变，从而改变酶的活性，这种现象称为酶的变构调节或别位调节。受这种调节作用的酶称为别构酶或变构酶，能使酶发生变构效应的物质称为变构效应剂；如变构后引起酶活性的增强，则此效应剂称为变构激活剂；反之则称为变构抑制剂。变构调节在生物界普遍存在，它是人体内快速调节酶活性的一种重要方式。

2. 变构调节的机理　变构酶常常是由两个以上亚基组成的聚合体。有的亚基与作用物结合起催化作用，称为催化亚基；有的亚基与变构剂结合发挥调节作用，称调节亚基。有的酶分子的催化部位与调节部位在同一亚基内的不同部位。变构效应剂一般都是生理小分子物质，主要包括酶的底物、产物或其他小分子中间代谢物。它们在细胞内浓度的改变能灵敏地表现代谢途径的强度及能量供求的关系，并通过变构效应改变某些酶的活性，进而调节代谢的强度、方向以及细胞内能量的供需平衡。变构调节过程一般不需要能量。

变构效应剂引起酶蛋白分子构象的改变，有的表现为酶的紧密构象（T 态）和松弛（R 态）或亚基的聚合和解聚之间的相互转变而改变酶的活性。如大肠杆菌的磷酸果糖激酶 – 1 是由四个相同亚基所构成的一个四聚体，每个亚基均含调节部位及催化部位。变构激活剂 ADP 可与调节部位相结合，使磷酸果糖激酶 – 1 呈现松弛构象（R 态）而对底物果糖 – 6 – 磷酸具高亲和力。相反，当变构抑制剂 FDP 与相同的调节部位相结合时，却引起磷酸果糖激酶 – 1 呈现紧密构象（T 态）而使酶对底物果糖 – 6 – 磷酸的亲和力降低。

变构酶的酶促反应动力学特征是酶促反应速度和底物浓度的关系曲线呈"S"形曲线，

与氧合血红蛋白的解离曲线相似，而不同于一般酶促反应动力学的矩形双曲线。

3. 变构调节的生理意义 变构效应在酶的快速调节中占有特别重要的地位。代谢过程中的限速酶往往受到一些代谢物的抑制或激活，这些抑制或激活作用大多是通过变构效应来实现的。因而，这些酶的活力极灵敏地受到代谢产物浓度的调节，这对机体的自身代谢调控具有重要的意义。例如，变构酶对于人体能量代谢的调节具有重要意义。在静息状态下，机体能量消耗降低，ATP 在细胞内积聚，而 ATP 是磷酸果糖激酶的变构抑制剂，所以导致 F-6-P 和 G-6-P 的积聚，G-6-P 又是己糖激酶的变构抑制剂，从而减少葡萄糖的氧化分解。同时，ATP 也是丙酮酸激酶和柠檬酸合成酶的变构抑制剂，更加强了对葡萄糖氧化分解的抑制，从而减少了 ATP 的进一步生成。反之，当体内 ATP 减少而 ADP 或 AMP 增加时，AMP 则可抑制果糖-1,6-二磷酸酶，降低糖异生，同时激活磷酸果糖激酶和柠檬酸合成酶等酶，加速糖的分解氧化，利于体内 ATP 的生成。这样，通过变构调节，使体内 ATP 的生成不致过多或过少，保证了机体的能源被有效利用。

（三）酶的化学修饰

1. 化学修饰的概念 酶分子肽链上的某些基团可在另一种酶的催化下发生可逆的共价修饰，从而引起酶活性的改变，这个过程称为酶的化学修饰或共价修饰。酶的化学修饰主要有磷酸化和脱磷酸，乙酰化和去乙酰化，腺苷化和去腺苷化，甲基化和去甲基化以及-SH 基和-S-S-基互变等，其中磷酸化和脱磷酸作用在物质代谢调节中最为常见。

2. 化学修饰的机理 细胞内存在着多种蛋白激酶，可催化酶蛋白的磷酸化，将 ATP 分子中的 γ-磷酸基团转移至特定的酶蛋白分子的羟基上，从而改变酶蛋白的活性；与此相对应的，细胞内亦存在着多种磷蛋白磷酸酶，它们可将相应的磷酸基团移去，可逆地改变酶的催化活性。肌肉糖原磷酸化酶的化学修饰是研究得比较清楚的一个例子。该酶有两种形式，即无活性的磷酸化酶 b 和有活性的磷酸化酶 a。磷酸化酶 b 在酶的催化下，使每个亚基分别接受 ATP 供给的一个磷酸基团，转变为磷酸化酶 a，后者具有高活性。磷酸化酶 a 也可以在磷酸化酶 a 磷酸酶催化下转化为磷酸化酶 b 而失活。

3. 化学修饰的特点

（1）绝大多数化学修饰的酶都具有无活性（或低活性）与有活性（或高活性）两种形式。它们之间的互变反应，正逆两向都有共价变化，由不同的酶进行催化，而催化这一互变反应的酶又受机体调节物质（如激素）的控制。

（2）存在瀑布式效应。由于化学修饰是酶所催化的反应，故有瀑布式（逐级放大）效应。少量的调节因素就可通过加速这种酶促反应，使大量的另一种酶发生化学修饰。因此，这类反应的催化效率常较变构调节高。

（3）磷酸化与脱磷酸是常见的化学修饰反应。一分子亚基发生磷酸化常需消耗一分子 ATP，这与合成酶蛋白所消耗的 ATP 相比，显然少得多；同时化学修饰又有放大效应，因此，这种调节方式更为经济有效。

（4）此种调节同变构调节一样，可以按生理需要来进行。在前述的肌肉糖原磷酸化酶的化学修饰过程中，若细胞要减弱或停止糖原分解，则磷酸化酶 a 在磷酸化酶 a 磷酸酶的催化下即水解脱去磷酸基而转变成无活性的磷酸化酶 b，从而减弱或停止糖原的分解。

此外，酶的化学修饰与变构调节只是两种主要的调节方式。对某一种酶来说，它可以同时受这两种方式的调节。如，糖原磷酸化酶受化学修饰的同时也是一种变构酶，其二聚体的每个亚基都有催化部位和调节部位。它可由 AMP 激活，并受 ATP 抑制，这属于变构调节。细胞中同一种酶受双重调节的意义可能在于，变构调节是细胞的一种基本调节机制，它对于维持代谢物和能量平衡具有重要作用，但当效应剂浓度过低，不足以与全部酶分子的调节部位结合时，就不能动员所有的酶发挥作用，故难以应急。当在应激等情况下，若有少量肾上腺素释放，即可通过 cAMP 启动一系列的瀑布式化学修饰反应，快速转变磷酸化酶 b 成为有活性的磷酸化酶 a，加速糖原的分解，迅速有效地满足机体的急需。

（四）酶含量调节

除通过改变酶分子的结构来调节细胞内原有酶的活性外，生物体还可通过改变酶的合成或降解速度以控制酶的绝对含量来调节代谢。要升高或降低某种酶的浓度，除调节酶蛋白合成的诱导和阻遏过程外，还必须同时控制酶降解的速度。

1. 酶蛋白合成的诱导和阻遏　酶的底物或产物、激素以及药物等都可以影响酶的合成。一般将加强酶合成的化合物称为诱导剂，减少酶合成的化合物称为阻遏剂。诱导剂和阻遏剂可在转录水平或翻译水平影响蛋白质的合成，但以影响转录过程较为常见。受酶催化的底物常常可以诱导该酶的合成，此现象在生物界普遍存在。高等动物体内，因有激素的调节作用，底物诱导作用不如微生物体内重要，但是，某些代谢途径中的关键酶也受底物的诱导调节。代谢反应的终产物不但可通过变构调节直接抑制酶体系中的关键酶或起催化起始反应作用的酶，有时还可阻遏这些酶的合成。激素是高等动物体内影响酶合成最重要的调节因素。糖皮质激素能诱导一些氨基酸分解代谢中起催化起始反应作用的酶和糖异生途径关键酶的合成，而胰岛素则能诱导糖酵解和脂肪酸合成途径中关键酶的合成。很多药物和毒物可促进肝细胞微粒体中单加氧酶（或称混合功能氧化酶）或其他一些药物代谢酶的诱导合成，从而促进药物本身或其他药物的氧化失活，这对防止药物或毒物的中毒和累积有着重要的意义。其作用的本质，也属于底物对酶合成的诱导作用。另一方面，它也会因此而导致出现耐药现象。

2. 酶分子降解的调节　细胞内酶的含量也可通过改变酶分子的降解速度来调节。饥饿情况下，精氨酸酶的活性增加，主要是由于酶蛋白降解的速度减慢所致。饥饿也可使乙酰 CoA 羧化酶浓度降低，这除了与酶蛋白合成减少有关外，还与酶分子的降解速度加强有关。酶蛋白受细胞内溶酶体中蛋白水解酶的催化而降解，因此，凡能改变蛋白水解酶活性或蛋白水解酶在溶酶体内分布的因素，都可间接地影响酶蛋白的降解速度。

二、激素水平的调节

激素水平的调节是在细胞水平的基础上进行的。细胞与细胞之间，或远隔器官之间，通过分泌信息分子相互影响，以调节其代谢与功能。信息分子是指细胞间进行信息传递的化学物质，也称信使，有激素、神经递质、细胞因子等。人体中存在成千上万种信号分子，常见的如控制兴奋水平的肾上腺素，标志组织损伤的组胺和在神经系统中传递信息的多巴胺。

（一）激素

由内分泌腺或内分泌细胞分泌的高效生物活性物质，在体内作为信使传递信息，对机体生理过程起调节作用的物质称为激素。它对机体的代谢、生长、发育、繁殖、性别、性欲和性活等起重要的调节作用。

（二）激素受体

位于细胞表面或细胞内，结合特异激素并引发细胞响应的蛋白质称为激素受体，可分为细胞膜受体和细胞内受体。激素和受体结合具有高亲和力、高特异性、可逆的非共价结合、细胞的受体数目很大、受体数目可调性的特点。

在细胞内信号传导途径中起着重要作用的 GTP 结合蛋白称为 G 蛋白。激素与激素受体结合诱导 GTP 跟 G 蛋白结合的 GDP 进行交换，激活位于信号传导途径中下游的腺苷酸环化酶（AC）。G 蛋白将细胞外的第一信使肾上腺素等激素和细胞内腺苷酸环化生成的第二信使 cAMP 联系起来。G 蛋白具有内源 GTP 酶活性。

（三）细胞膜受体激素的信息传递

1. cAMP 信息传递通路　信息分子与受体结合后，通过 G 蛋白调节 AC 的活性来控制细胞内 cAMP 的浓度。细胞膜上有两类受体与该途径有关，一类是激动型受体，当信息分子与该类受体结合后，激活 AC，使细胞内 cAMP 生成增加；另一类是抑制型受体，当信息分子与该类受体结合后，抑制 AC 活性，使细胞内 cAMP 生成减少。与激动型受体结合的信息分子有：胰高血糖素、促肾上腺皮质激素、β 型肾上腺素等；与抑制型受体结合的信息分子有：乙酰胆碱（M）、α 型肾上腺素、阿片肽等。

2. 其他信息传递通路

（1）cGMP 信息传递途径　该途径的第二信使是 cGMP。cGMP 广泛存在于动物各组织中，其含量为 cAMP 的 1/10～1/100。cGMP 由 GTP 在鸟苷酸环化酶（GC）的催化下生成。GC 的激活过程和 AC 不同，GC 的激活间接地依赖 Ca^{2+}。Ca^{2+} 通过激活磷脂酶 C 和磷脂酶 A_2 使膜磷脂水解生成花生四烯酸，花生四烯酸经氧化生成前列腺素而激活 GC。cGMP 能激活 cGMP 依赖性蛋白激酶（cGMP - 蛋白激酶，蛋白激酶 G），从而催化有关蛋白或有关酶类的丝（苏）氨酸残基磷酸化，产生生物学效应。

（2）$IP_3 - Ca^{2+}$、钙调蛋白途径　这条途径的第二信使是三磷酸肌醇（IP_3）、二酯酰甘油（DG）及 Ca^{2+}。细胞膜内磷脂酰肌醇的代谢非常活跃，并且与信息转导相联系。磷脂酰肌醇在相应激酶催化下，肌醇的 4，5 位羟基磷酸化而成为磷脂酰肌醇 - 4，5 - 双磷酸（PIP_2），当激素（如儿茶酚胺、血管紧张素 II、抗利尿素等）、神经递质（如乙酰胆碱、5 - 羟色胺等）与相应受体结合后，通过 G 蛋白的介导，可激活磷脂酶 C，后者可将 PIP_2 水解成二酯酰甘油 DG 及 IP_3，这二者都是第二信使。

大多数激素等通过 IP_3 引起细胞内 Ca^{2+} 浓度升高，在神经、肌肉细胞中，神经冲动可使电压依赖性钙通道开放，Ca^{2+} 内流而使胞液内 Ca^{2+} 水平升高。有些激素通过 cAMP 激活蛋白激酶 A，后者使钙通道磷酸化而变构开放，也可导致胞液内 Ca^{2+} 浓度升高。

3. 酪氨酸蛋白激酶信息传递途径　酪氨酸蛋白激酶（TPK）能特异的催化蛋白质分子中的酪氨酸残基磷酸化，改变被磷酸化蛋白质的生物学活性，继而产生细胞内效应。该作用与细胞的生长、增值、分化等过程密切相关。细胞中的 TPK 分为两大类，第一类位于细胞膜上称为受体型 TPK，该类受体均具有催化功能，所以又称为催化型受体，如胰岛素受体、表皮生长因子受体等；另一类受体位于胞浆中称为非受体型 TPK，但它们常与非催化型受体偶联。

当配体与受体结合后，催化型受体结构发生改变，催化受体蛋白的胞内肽链酪氨酸残基磷酸化，这一过程称为自身磷酸化；非催化型受体与配体结合后，受体胞内部分被非受体型 TPK 磷酸化。磷酸化后的受体通过细胞内的特异性蛋白传递信息，产生生物学效应。

（四）与细胞内受体偶联的信息传递途径

与细胞内受体结合发挥调节作用的信息分子多是分子量比较小的脂溶性激素，如性激素、糖皮质激素、盐皮质激素、甲状腺激素、1，25（OH）$_2$ - D_3 等。该类信息分子与细胞浆（或细胞核）中的特异性受体结合后，移动到细胞核内的特定 DNA 序列上，进一步完成对基因表达的调控。这种调控有时是促进蛋白质的生物合成，有时是抑制蛋白质的生物合成。该类调控方式比较慢，但作用时间较长。

三、整体水平的调节

为适应外界环境的变化，生物体可通过神经 - 体液途径对其物质代谢进行整体调节，使不同组织、器官中物质代谢途径相互协调和整合，以满足机体的能量需求并维持机体内环境的相对稳定。如饥饿及应激时，机体通过调节以适应紧急状况。

（一）饥饿时的代谢调节

1. 短期饥饿　饥饿时的主要能量来源是储存的蛋白质和脂肪。在不能进食 1～3 天后，肝糖原显著减少，血糖浓度降低，引起胰岛素分泌减少和胰高血糖素分泌增加，同时也引起糖皮质激素分泌增加，这些激素的改变可引起一系列的代谢变化，主要表现见表 11－2。

表 11－2　短期饥饿时的代谢改变

代谢改变	具体表现
肌肉蛋白质分解加强	肌肉蛋白质分解产生氨基酸大部分可转变为丙氨酸和谷氨酰胺，经血液转运到肝脏成为糖异生的原料，蛋白质的降解增多可导致氮的负平衡
糖异生作用增强	饥饿 2 天后，肝糖异生作用明显增强（占 80%），此外肾脏也有糖异生作用（约占 20%）。氨基酸为糖异生的主要原料，通过糖异生作用维持血糖浓度的相对恒定，并为维持某些依赖葡萄糖供能组织（如脑组织及红细胞）的正常功能
脂肪动员加强，酮体生成增多	由于脂解激素分泌增加，脂肪动员增强，血液中甘油和游离脂肪酸含量增高，许多组织以摄取利用脂肪酸为主。此外，脂肪酸 β－氧化为酮体生成提供大量的原料
组织对葡萄糖的利用降低	肝脏合成的酮体既为肝外其他组织提供了能量来源，也可成为脑组织的重要能源物质，使许多组织减少对葡萄糖摄取和利用。饥饿时，脑组织对葡萄糖利用也有所减少，但饥饿初期的大脑仍主要由葡萄糖供能

2. 长期饥饿　在较长时间的饥饿状态（一周以上），体内的能量代谢将发生进一步变化，此时代谢的变化与短期饥饿不同之处在于：

（1）脂肪动员进一步加强，肝生成大量酮体，脑组织利用酮体增加，甚至超过葡萄糖，可占总耗氧的 60%，这对减少糖的利用，维持血糖以及减少组织蛋白质的消耗有一定意义。

（2）肌肉以脂肪酸为主要能源，以保证酮体优先供应脑组织。

（3）肌肉蛋白质分解减少，肌肉释放氨基酸减少；乳酸和丙酮酸成为肝糖异生的主要来源。

（4）肾糖异生作用明显增强，每天生成葡萄糖约 40g。

（5）因肌肉蛋白分解减少，负氮平衡有所改善。此时尿液中排出尿素减少而氨增加。其原因在于肾小管上皮细胞中谷氨酰胺脱下的酰胺氮，可以氨的形式排入管腔，有利于促进体内 H^+ 的排出，从而改善酮症引起的酸中毒。

（二）应激状态下的代谢调节

应激是机体在一些特殊情况下，如严重创伤、感染、寒冷、中毒、剧烈的情绪变化等时所作出的应答性反应。在应激状态下，交感神经兴奋，肾上腺皮质及髓质激素分泌增多，血浆胰高血糖素及生长激素水平也增高，而胰岛素水平降低，引起糖代谢、脂代谢及蛋白质代谢发生相应的改变。

1. 血糖升高　应激时，糖代谢的变化主要表现为血糖浓度升高。由于交感神经兴奋引起许多激素分泌增加。肾上腺素及胰高血糖素均可激活磷酸化酶而促进肝糖原分解；糖皮质激素和胰高血糖素可诱导磷酸烯醇式丙酮酸羧激酶的表达而促使糖的异生；肾上腺皮质激素生长激素可抑制周围组织对血糖的利用。血糖浓度升高对保证红细胞及脑组织的供能有重要意义。应激时血糖浓度明显升高，如超过肾糖阈 8.88 ~ 9.99mmol/L 时，部分葡萄糖可随尿液排出而导致应激性糖尿。

2. 脂肪动员增强 应激时，由于肾上腺素、胰高血糖素、去甲肾上腺素等脂解激素分泌增多，通过提高甘油三酯脂肪酶的活性而促进脂肪分解。血中游离脂肪酸增多，成为心肌、骨骼肌和肾等组织主要能量来源，从而减少对血液中葡萄糖的消耗，进一步保证了脑组织及红细胞的葡萄糖供应。

3. 蛋白质分解加强 应激时，肌肉组织蛋白质分解增加，生糖氨基酸及生糖兼生酮氨基酸增多，为肝细胞糖异生提供原料。同时蛋白质分解增加，尿素的合成增多，出现负氮平衡。

本章小结

人体内各种物质代谢之间互相联系、相互制约、协调进行，构成统一的整体。从能量供应的角度，糖、脂、蛋白质三大营养物质可以互相代替，并互相制约。糖、脂、蛋白质及核酸的代谢也是相互影响，互相转化的，其中三羧酸循环不仅是三大营养物质代谢的共同途径，也是三大营养物质相互联系，相互转化的枢纽。

物质代谢的调节即机体对代谢途径反应速度的调节控制，大致分为三个层次，即细胞水平的调节、激素水平的调节、整体水平的调节。细胞水平的调节是生物最基本的调节方式，其实质是对酶的调节。激素水平的调节是在细胞水平调节的基础上进行的。细胞与细胞之间，或远隔器官之间，通过分泌信息分子相互影响，以调节其代谢与功能。生物体通过神经—体液途径对其物质代谢进行整体调节。

复习思考

一、A 型选择题

1. 有关物质代谢之间的相互联系错误的是（　　）

    A. 糖可以转变为脂肪 　　　　　　　B. 脂肪绝大部分在体内转变为糖

    C. 糖、脂肪不可以代替食物中的蛋白质 　D. 蛋白质可转变为脂肪

    E. 蛋白质可以转变为核酸

2. 糖类、脂类、氨基酸氧化分解时，进入三羧酸循环的主要物质是（　　）

    A. 丙酮酸 　　　　B. α – 磷酸甘油 　　　C. 乙酰 – CoA

    D. 草酰乙酸 　　　E. α – 酮戊二酸

3. 细胞水平的调节通过下列机制实现，但应除外（　　）

    A. 变构调节　　　　　B. 化学修饰　　　　C. 同工酶调节

    D. 激素调节　　　　　E. 酶含量调节

4. 有关细胞水平代谢调节的叙述，正确的是（　　）

    A. 是高等生物体内代谢调节的重要方式

    B. 主要通过细胞内代谢产物结构的变化对酶进行调节

    C. 主要对酶活性进行调节而不能调节酶的含量

    D. 对酶的调节主要通过迟缓调节进行

    E. 主要通过细胞内代谢物浓度的变化对酶进行调节

5. 变构剂调节的机理是（　　）

    A. 与必需基团结合　　　　　　　B. 与调节亚基或调节部位结合

    C. 与活性中心结合　　　　　　　D. 与辅助因子结合

    E. 与活性中心内的催化部位结合

6. 下列不能作为变构效应剂的物质是（　　）

    A. 代谢底物　　　　　　　　　　B. 代谢终产物

    C. 小分子化合物　　　　　　　　D. 长链脂酰 CoA

    E. 酶

7. 下列哪种酶属于化学修饰酶（　　）

    A. 己糖激酶　　　　B. 葡萄糖激酶　　　　C. 丙酮酸羧激酶

    D. 糖原合酶　　　　E. 柠檬酸合酶

8. 有关酶促化学修饰的叙述错误的是（　　）

    A. 属于快速调节的一种形式

    B. 其常见的修饰方式是磷酸化与脱磷酸化

    C. 酶被磷酸化修饰的位点是 Ser、Thr 和 Tyr

    D. 有放大效应

    E. 酶被修饰后即从无活性变为有活性

9. 长期饥饿时大脑的能量来源主要是（　　）

    A. 葡萄糖　　　　　B. 氨基酸　　　　　C. 甘油

    D. 酮体　　　　　　E. 糖原

二、思考题

1. 举例说明酶变构调节的生理意义？

2. 简述酶的化学修饰调节特点有哪些？

扫一扫，知答案

扫一扫，看课件

第十二章

遗传信息的传递、表达和调控

【学习目标】

1. 掌握复制、转录、翻译的概念；复制、转录、翻译的过程；遗传密码的概念及特点；基因表达与调控的概念，基因表达调控的分类；转录的调控机制。

2. 熟悉参与复制、转录、翻译的酶类；乳糖操纵子的结构。

3. 了解 DNA 的逆转录过程；转录后加工；蛋白质生物合成的加工修饰；DNA 结合域和转录激活域的结构特点。

基因（gene）是具有遗传效应，能编码生物活性产物的 DNA 功能片段。编码的生物活性产物主要是蛋白质或各种 RNA。遗传信息的传递方向归纳为中心法则。该法则认为蛋白质是生命活动的执行者，通过基因转录和翻译，由 DNA 决定蛋白质的一级结构，从而决定蛋白质的功能；DNA 还通过复制，将遗传信息代代相传。即遗传信息的传递遵循 DNA→DNA（复制）；DNA→RNA（转录）；RNA→蛋白质（翻译）的基本规律。逆转录酶和逆转录现象的发现，补充和修正了中心法则。逆转录现象表明，病毒等生物的 RNA 同样兼有遗传信息传代与表达功能。修订后的中心法则如下图（图 12 - 1）。

☆考点提示

遗传信息的传递方向

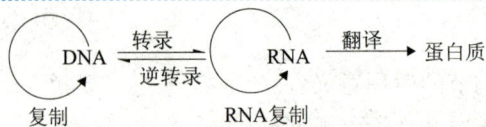

图 12 - 1 遗传学中心法则

中心法则是生命科学研究中最基本的原则，是现代生物学理论和生物分子技术的理论基础，从分子水平上解决了生物起源、遗传现象、生物进化、生长发育、免疫等生命科学的关键问题。

第一节　DNA 的生物合成

一、DNA 的复制

（一）DNA 复制的概念

早在 1953 年 Watson 和 Crick 提出 DNA 双螺旋结构模型时，生物科学家们就意识到碱基配对原则可能对遗传信息的传递具有重要的指导意义。后来证实各种生物的基因组核酸通过其自身准确、完整的复制，将其中蕴藏的生物信息忠实地传给子代，保证了物种的连续性。因此 DNA 复制是以亲代 DNA 为模板合成子代 DNA，并将遗传信息由亲代传给子代的过程。

（二）DNA 复制的特点

DNA 复制具有半保留性、高保真性、半不连续性和双向性等特点。

1. 半保留性　DNA 复制时首先在酶的作用下亲代 DNA 螺旋双链松弛解开形成两股单链（母链）。然后，分别以这两股单链作为模板，以四种脱氧三磷酸核苷（dATP、dGTP、dCTP、dTTP）为原料，按照碱基配对规律，合成与模板互补的两股子链，子链与母链重新形成双螺旋结构。新合成的子代 DNA 分子中，由于一股单链是由亲代完整保留下来的，另一股单链则是完全重新合成的。因此，将这种复制方式称为半保留复制。

☆**考点提示**

DNA 复制的特点

2. 高保真性　DNA 复制具有高保真性，这是生物物种的特征得以传承并保持相对稳定的基础。DNA 复制过程中维持高保真性的机制主要有如下三种：①碱基配对规律机制：DNA 复制过程中严格遵守碱基配对规律，是高保真性的最重要的机制；②防错机制：DNA 聚合酶在复制延长过程中对碱基的选择功能，是防止错配的重要机制；③纠错机制：DNA 聚合酶具有校读功能，能及时纠正复制中出现的错误。

事实上，遗传的保守性是相对而不是绝对的，自然界中还存在着普遍的变异现象。没有变异就没有生物的进化，因此在强调遗传恒定性的同时，不应忽视其变异性。

3. 半不连续性　当 DNA 进行复制时双螺旋链打开，形成一种 Y 字形的结构，称为复制叉。由于 DNA 双螺旋的两股链是反向平行，两股链都能作为模板合成新的互补链。生物体内所有 DNA 聚合酶的催化方向都是 5′→3′，DNA 复制时一股子链的延伸方向与复制叉的前进方向相同，呈连续合成状态，该子链称为领头链（前导链）；另一股子链的延伸方向与复制叉的前进方向相反，呈不连续分段合成状态，形成一节一节片段状态，该条子链称为随从链（随后链）。这些不连续的片段就命名为冈崎片段。这些片段合成后还需要通过填补和连接等机制才能形成完整子链。就 DNA 复制的整体分子而言，一股子链为连续合成，另一股子链为不连续合成，故称为半不连续合成。

4. 双向性　DNA 复制是在特定起始部位进行的，这些部位通常具有特殊的核苷酸序列。原核生物基因组是环状 DNA，只有一个复制起始点，而真核生物基因组庞大而复杂，由多个染色体组成，全部染色体均需要复制，每条染色体上的 DNA 复制时又有多个复制起始点。DNA 复制从复制起始点向两个方向解链，形成两个延伸方向相反的复制叉，同时向两个方向复制，此种现象称为双向复制。双向复制是原核和真核生物最普遍的复制方式。

（三）参与 DNA 复制的主要物质

DNA 复制是一个涉及多因素的复杂过程，有多种物质的参与，包括底物（dATP，dGTP，dCTP，dTTP）、模板（单股 DNA）、引物（寡核苷酸引物 RNA）、单链结合蛋白、酶类（DNA 聚合酶、解螺旋酶、拓扑异构酶、DNA 连接酶）等，并且受到精密调控。

1. 解螺旋酶　DNA 是双螺旋结构，DNA 复制的首要问题就是 DNA 两条链要在复制叉的位置解开，细胞内的解螺旋酶执行此功能。解螺旋酶可以和单链 DNA 结合，并且利用 ATP 分解产生的能量沿 DNA 链向前运动催化 DNA 双螺旋解开成单链。解螺旋酶解链时消耗 ATP，每解开一对碱基，需要消耗 2 分子 ATP。

☆**考点提示**

　参与 DNA 复制的主要物质
----

2. 单链 DNA 结合蛋白　单链 DNA 结合蛋白在原核和真核细胞中均有发现，它能与解开的 DNA 单链紧密结合，维持单链状态，以利于模板作用的发挥，还能与复制过程中产生的新的 DNA 单链结合，以保护新生 DNA 单链不被核酸酶水解。这是因为解链酶沿着复制叉方向向前推进产生了单链区及新生的 DNA 单链是不稳定的，容易重新配对形成双链 DNA 或被核酸酶降解。

3. 拓扑异构酶　简称拓扑酶。DNA 具有拓扑性质，所谓拓扑性质是指物体或图像作弹性移动而又保持物体不变的性质。碱基顺序相同而连环数或拓扑环绕数不同的两个双链 DNA 分子称为拓扑异构体。通俗地说，DNA 复制解链时分子高速反向旋转产生的张力可造成分子打结、缠绕、连环现象，这些现象的产生会阻止 DNA 解链的继续。拓扑酶使

DNA 超螺旋在解链过程中处于松弛状态。在 DNA 复制的全过程中起作用。

拓扑酶主要有两种：拓扑异构酶Ⅰ和拓扑异构酶Ⅱ。拓扑异构酶Ⅰ能使负超螺旋松弛。其作用机制是：①切断 DNA 双链螺旋中的一股链，酶与 DNA 断端结合；②互补链通过缺口；③断端连接，使双股的单环 DNA 转变成松弛的双链环。结果使分子内张力释放，DNA 解链旋转时不至于缠绕。拓扑异构酶Ⅰ催化的反应不需要 ATP 供能。拓扑异构酶Ⅱ切开 DNA 双链中的两股，使 DNA 断端通过切口同样沿螺旋轴松解中的方向转动，适时又将切口封闭，使 DNA 变为松弛状态。若在 ATP 供能情况下，松弛状态的 DNA 又进入负超螺旋状态，断端在同一酶催化下再连接恢复。负超螺旋是 DNA 复制的必要条件，而且负超螺旋的存在可以使 DNA 双链打开时所需的能量降低。

4. 引物酶 DNA 复制需要一小段 RNA 作引物，该引物由引物酶催化合成。引物酶是一种 RNA 聚合酶，但与催化转录过程的 RNA 聚合酶不同。复制起始时，在模板的复制起始部位，引物酶催化 RNA 引物合成。不同生物 RNA 引物的长短不同，从十数个至数十个核苷酸不等。引物 RNA 的碱基顺序，由 DNA 模板根据互补碱基（A–U、T–A、G–C）规律决定。RNA 引物为 DNA 复制提供 3′–OH 末端，在 DNA 聚合酶催化下逐一加入 dNTP，延长 DNA 子链。

5. DNA 聚合酶 DNA 聚合酶的全称是 DNA 依赖的 DNA 聚合酶（DNA dependent DNA polymerase，DDDP）。大肠杆菌有 DNA 聚合酶Ⅰ、Ⅱ、Ⅲ三种，分别表示为 DNA–polⅠ、DNA–polⅡ，DNA–polⅢ。三种聚合酶催化脱氧核苷酸链按 $5′→3′$ 方向延长聚合，功能上又有所不同。DNA–polⅠ的聚合反应可以连续进行，但 DNA 链延长 20 个核苷酸后，DNA–polⅠ就脱离了模板，故属于中等程度的连续聚合反应。后来研究发现，DNA–polⅠ主要功能是对复制过程中的错误进行校读，对复制及修复过程中出现的空隙进行填补；DNA–polⅡ是在 DNA–polⅠ和 DNA–polⅢ缺失的情况下，参与 DNA 损伤的应急状态的修复；DNA–polⅢ催化的聚合反应具有高度连续性。可以沿模板连续地移动，一般在加入 5000 个以上的核苷酸之后才脱离模板。其催化的聚合反应速度快，大约每秒钟加入 1000 个脱氧核苷酸，是原核生物 DNA 复制的主要聚合酶。

DNA–polⅢ与 DNA–polⅠ协同作用，可使复制的错误率大大降低，从 10^{-4} 降为 10^{-6} 或更低。

6. DNA 连接酶 DNA 连接酶是催化 DNA 单链 3′–OH 末端与另一相邻的 DNA 单链的 5′–P 末端之间形成磷酸二酯键，从而把不连续相邻的 DNA 链连接成完整的链。DNA 连接酶不但在复制中起最后接合缺口的作用，在 DNA 修复、重组、剪接中也起缝合缺口的作用。此酶催化反应的能量来自 ATP 或 NAD^{+}。不同生物所需要能量来源不同，真核生物利用 ATP 供能，而原核生物则消耗 NAD^{+}。

（四）DNA 复制的基本过程

DNA 复制是一个连续的过程，为便于学习理解，人为地分为 DNA 复制的起始、延伸和终止三个阶段。

1. 起始阶段 DNA 分子的复制起始部位有其特殊的碱基序列，原核生物 DNA 分子较小，每一 DNA 分子只有一个复制原点，而且此复制点较为固定，称为起始点 *ori*C。在起始部位的上游有三组串联的 GATTNTTTATTT…重复序列，称为识别区；下游是以 A、T 为主的反向重复序列碱基组，称为富含 AT 区。AT 碱基对只有两个氢键，所以，这种丰富的 AT 配对区有利于 DNA 双链的解链。而真核生物 DNA 则有多个复制原点。整个起始阶段包括复制叉的形成、引发前体的形成和引物的生成三个过程。

☆**考点提示**

DNA 复制的基本过程

（1）复制叉的形成　复制首要的是解链，参与解链的有 DnaA、DnaB、DnaC 三种蛋白，其中 DnaB 蛋白以前称为复制蛋白，后改称为解螺旋酶。首先，是 DnaA 蛋白辨认并结合于串联重复序列区域，然后几个 DnaA 蛋白相互靠近形成类似核小体的 DNA – 蛋白复合体结构，该结构可促使 AT 区的 DNA 解链。解螺旋酶（DnaB 蛋白）在 DnaC 蛋白的协同作用下与 DNA 结合，并利用 ATP 提供的能量将 DNA 双链解开形成一个缺口。然后，不断沿着解链方向移动，将 DNA 双链解开至足够用于复制的长度，形成复制叉。DNA 单链形成的同时单链 DNA 结合蛋白质结合。这种结合有三个方面的意义：①保持已解开的单链处于单链状况；②保护已解开的单链不被核酸酶水解；③维持复制叉的适当长度以利于脱氧核苷酸依据模板参入。

双螺旋 DNA 分子在解链过程中由于解链的反向旋转产生一定的张力。在此张力作用下，下游的双螺旋 DNA 分子出现打结现象，从而阻止 DNA 双链的进一步解链。此时，DNA 拓扑异构酶结合并在将要打结或已经打结处将 DNA 链切开，使下游的 DNA 穿过切口并作一定程度的旋转，把结打开或使 DNA 分子松弛，然后旋转复位、连接，保证解链的继续。在解链的过程中，即使不出现打结现象，由于双链的局部打开也会导致 DNA 超螺旋的其他部分过度拧转而形成正超螺旋。正超螺旋的张力远远大于负超螺旋，解链的阻力增大。拓扑异构酶通过切断、旋转和再连接作用实现 DNA 超螺旋的转型，把正超螺旋变为负超螺旋，有利于解链的继续。

（2）引发前体的形成　在复制叉结构形成并稳定的基础上，引物酶介入并与两条 DNA 单链结合。此时，由解螺旋酶、DnaC 蛋白、引物酶等物质和 DNA 复制起始区域构成的复合结构称为引发体。DnaC 蛋白的作用非常短暂，很快就会从引发体复合物上脱落。

故认为 DnaC 蛋白的作用是协助 DnaB 的结合。

（3）引物的生成　复制过程需要引物，引物是由引物酶（引发酶，即 DnaG 蛋白）催化合成短链 RNA 分子。引物酶是一种 RNA 聚合酶，高度解链的模板与 DnaB/DnaC 蛋白复合体促进引物酶加入，合成引发体。引发体的形成为 DNA 的复制作好了充分准备。引发体的蛋白质部分由 ATP 供能在 DNA 链上移动。当引发体到达适当位置后，以四种 NTP 为原料，以解开的 DNA 链为模板，按照 A–U、T–A、D–C 的碱基配对原则，从 5′→3′方向催化三磷酸核苷聚合成 RNA 引物。领头链上生成长度约十几个至几十个核苷酸不等的 RNA 引物。引物上游的 3′–OH 成为进一步合成的起点。在同一种生物体细胞中这些引物都具有相似的序列，由于引发体在随从链模板上的移动方向与其合成引物的方向相反，说明引物酶要在 DNA 随从链模板上比较特定的序列上才能合成 RNA 引物。生成引物的主要意义有两个：①创造一个 3′–OH 端条件，为第一个脱氧核苷酸的掺入奠定了基础。②减少 DNA 复制起始处的突变。DNA 复制开始处的几个核苷酸最容易出现差错，用 RNA 引物即使出现差错最后也要被 DNA 聚合酶 I 切除，提高了 DNA 复制的准确性。

2. 延伸阶段　DNA 复制的起始一旦完成，便进入延伸阶段。DNA 链的延伸是在 DNA 聚合酶催化下，以四种三磷酸脱氧核苷（dNTP）为原料进行的聚合反应。DNA 聚合酶Ⅲ在引物的 3′–OH 端，按模板的碱基顺序，以碱基互补规律不断加入 dNTP，每次加入一个核苷酸，相邻的三磷酸脱氧核苷之间脱去焦磷酸形成 3′,5′–磷酸二酯键，同时又为下一个核苷酸的连接提供了 3′–OH，从而以 5′→3′方向合成新的 DNA 片段。在复制叉起点沿两条模板链复制时，前导链是连续合成；而随从链是断续合成，合成的是 DNA 片段。随从链上新合成的不连续的 DNA 片段称为冈崎片段。当后一个冈崎片段延长至前一个冈崎片段的引物时，核酸酶将 RNA 引物水解下来，水解后留下的空隙由 pol I 催化 dNTPs 聚合填补，致使后一个冈崎片段继续延长，达到前一个冈崎片段的 5′–P 末端，在连接酶的作用下将两个冈崎片段连接起来，使前一个冈崎片段变长。

由上可知，在复制叉附近，形成了以两套 DNA 聚合酶Ⅲ全酶分子、引发体等构成 DNA 复制体。复制体在 DNA 领头链模板和随从链模板上移动时便合成了连续的 DNA 前导链和由冈崎片段组成的随从链。在 DNA 合成延伸过程中主要是 DNA 聚合酶Ⅲ的作用。当冈崎片段形成后，DNA 聚合酶 I 通过其 5′–3′外切酶活性切除冈崎片段上的 RNA 引物，同时，利用后一个冈崎片段作为引物由 5′–3′合成 DNA。最后两个冈崎片段由 DNA 连接酶将其连接起来，形成完整的 DNA 随从链。

3. 终止阶段　终止阶段包括切除引物、冈崎片段的延长和连接等过程。复制的终止与 DNA 分子的形状有关。对线性 DNA 而言，复制的终止不需要特定的信号，当复制叉到达分子末端时，复制即终止。对于环状 DNA，其复制形式为双向复制，两个复制叉向不同方向行进 180°，同时到达一个特定部位。也可能其中一个复制叉先到达此处而停止下来，不会越过这一特定部位继续复制，只是等待另一个复制叉的到来。大肠杆菌两个复制叉的终止一般发生在 *oriC* 的相对处的区域，称为终止区（termination region，*ter*）。研究发现 6 个 *ter* 序列，分别称为 *terE*、*terD*、*terA* 和 *terC*、*terB*、*terF*，分别位于复制叉汇合点两侧约 100kb 处，*terE*、*terD*、*terA* 是一个复制叉特异的终止位点，*terC*、*terB*、*terF* 是另一个复制叉的终止位点。每个复制叉必须越过另一个复制叉的终止位点才能到达自己的终止位点。6 个 *ter* 序列中都含有一个 23bp 的共有序列（GTGTGGTGT）。Tus 蛋白识别和结合于终止位点的 23bp 的共有序列处，具有反解旋酶的活性，能阻止 DnaB 蛋白的解旋作用，从而抑制复制叉的前进，促使复制的终止。

核酸酶将前导链的 RNA 引物和随后链中各冈崎片段的 RNA 引物水解，空隙的填补由 DNA – pol I 催化，填补至足够长度后，相邻的 3′ – OH 和 5′ – P 的缺口由 DNA 连接酶催化，完成基因组 DNA 复制过程。

真核生物线性染色体 DNA 的两个末端具有特殊的端粒结构。当 DNA 复制完成时，两条新合成的子链的 5′ – 末端均因 RNA 引物的水解而产生一段空缺，此空缺由端粒酶和 DNA 聚合酶 I 协同催化填补。端粒酶辨认、结合母链 DNA 的重复序列并移至母链的 3′ – 末端，以逆转录的方式复制。复制一段后，端粒酶爬行移位至新合成的母链 3′ – 末端，再以逆转录的方式复制延伸母链。延伸至足够长度后端粒酶脱离母链，此时，DNA 聚合酶 I 与母链结合，母链形成非标准的 G – C 发夹结构，母链 3′ – OH 反折而起到引物和模板作用，在 DNA 聚合酶 I 的催化下完成末端双链的复制。

DNA 复制完成后，在拓扑酶的作用下，将 DNA 分子引入超螺旋结构并进一步装配。

知 识 链 接

端粒和端粒酶

真核细胞染色体是线性的，在其末端有一个特殊的结构称为端粒（telomere）。它是由简单的不含遗传信息的重复序列组成的。重复序列的重复次数多达数十次甚至上万次。端粒是由端粒酶催化产生的。端粒酶是一种含有短的 RNA 分子的蛋白质复合物，具有逆转录酶活性，以 RNA 作为模板进行逆转录，以类似于"爬行"的方式合成重复序列。端粒的功能是完成染色体末端复制，稳定染色体结构，避免细胞正常功能受到损害。随着细胞的分离，端粒 DNA 长度会逐渐缩短，甚至完全丢失，当端粒长度不再缩短时，细胞停止分裂转为衰亡。端粒的缩短限制了高等真核生物中正常体细胞的增生，是细胞衰老的普遍现象。因此，端粒的长度可以衡量细胞分裂和增殖能力，作为细胞的"分裂钟"，限制细胞分裂次数。在肿瘤形成过程中，端粒的延长是一个重要的步骤，其中，端粒酶在维持细胞永生化，促进恶性肿瘤的发生发展方面发挥重要作用。这为肿瘤的诊断与治疗提供了重要线索。理论上讲，抑制端粒酶可抑制肿瘤细胞生长，所以目前通过抑制端粒酶活性而治疗肿瘤已成为肿瘤研究的热点。

二、逆转录

（一）逆转录的概念和主要的酶

逆转录也叫反转录，指遗传信息从 RNA 流向 DNA，是 RNA 指导下的 DNA 合成过程，即以 RNA 为模板，四种 dNTP 为原料，合成与 RNA 互补的 DNA 单链的过程，因其信息流动方向（RNA→DNA）与转录过程（DNA→RNA）相反而得名。逆转录的实质是以 RNA 为模板，以 4 种 dNTP 为原料，合成与 RNA 互补 DNA 的过程。催化此过程的酶称为逆转录酶，其全称是依赖 RNA 的 DNA 聚合酶（RNA dependant DNA polymerase，RDDP）。1970 年 Termin 在 Rous 肉瘤病毒中，Baltimore 在白血病病毒中各自发现了逆转录酶，后来发现所有 RNA 肿瘤病毒中都含有逆转录酶。

逆转录酶是多功能酶，具有四种酶活性：①具有 RNA 指导的 DNA 聚合酶活性；②具有 RNA 酶 H 活性，能特异性水解 RNA – DNA 杂交体上的 RNA；③具有 DNA 指导的 DNA 聚合酶活性；④具有 5′ – 末端位点特异性 RNA 切割酶活性。逆转录酶没有 3′→5′ 外切酶活性，因此，没有校对功能，合成的错误率相对较高，这可能是致病病毒较易和较快变异产生新毒株的一个原因。

（二）逆转录的基本过程

逆转录病毒基因组核酸是 RNA，在宿主细胞中需转变成 DNA 才能表达和进行基因组复制。逆转录病毒基因组有 7000 ~ 10000 个碱基，包括三个蛋白质基因：*gag*、*pol*、*env*。在 5′ – 末端有帽子结构（cap）、R 序列和 U5 序列。在 3′ – 末端有 poly A 序列、R 序列和 U3 序列。两个 R 序列是完全相同的同向重复序列。U5 序列内侧有引物结合点（PBS）、剪接给体位点（SD）和包装信号。在 *pol* 基因和 *env* 基因之间有一个剪接受体位点（SA），见图 12 – 2。

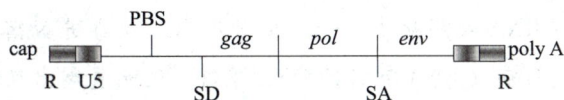

图 12 – 2　逆转录病毒基因组结构示意图

逆转录病毒颗粒与宿主细胞膜上特异受体结合后进入宿主细胞，在胞液中脱去病毒衣壳，释放出病毒颗粒中的基因组 RNA 和逆转录酶，逆转录酶以病毒 RNA 为模板，通过三个阶段合成双股 DNA。

第一阶段　逆转录酶以病毒基因组 RNA 为模板，催化 dNTP 聚合生成 DNA 互补链，产物是 RNA/DNA 杂化双链。

第二阶段　RNA/DNA 杂化双链中的 RNA 被逆转录酶中有 Rnase 活性的组分水解，剩下单链 DNA。

第三阶段　以剩下单链 DNA 作模板，由逆转录酶催化合成第二条 DNA 互补链。最后形成携带病毒遗传信息的双股 DNA。

携带病毒遗传信息的双股 DNA 可以随机插入到细胞的染色体，插入到细胞染色体的病毒称为前病毒，以原病毒的形式在宿主细胞中一代代传递下去。一旦时机成熟，整合到宿主细胞的染色体 DNA 中的前病毒以利用宿主细胞的原料和酶复制，并组装许许多多的病毒颗粒感染更多的细胞而导致发病。许多逆转录病毒基因组中都含有癌基因，如果由于某种因素激活了癌基因就可使宿主细胞转化为癌细胞，成为某些病毒致癌的主要机理。

（三）逆转录的意义

逆转录现象具有重要的理论和实践意义。①进一步补充和完善了分子生物学中心法则；②拓宽了病毒致癌理论，从逆转录 RNA 病毒中发现了癌基因；③在基因工程中，应用逆转录酶以获得目的基因。

（四）逆转录及逆转录酶的应用

目前已广泛地应用在疾病的诊断、治疗、药物的生产等诸多领域。如 DNA 序列测定是基因突变检测最直接、最准确的诊断方法；利用逆转录病毒载体，进行基因治疗；通过 DNA 重组技术大量生产某些在正常细胞代谢产量很低的多肽，如激素、抗生素、酶类及抗体等。

知 识 链 接

逆转录酶

逆转录酶是 1970 年美国科学家特明（H. M. Temin）和巴尔的摩（D. Baltimore）分别于动物致癌 RNA 病毒中发现的，他们并因此获得 1975 年度诺贝尔生理学或医学奖。当 RNA 致癌病毒，如鸟类劳氏肉瘤病毒进入宿主细胞后，其逆转录酶先催化合成与病毒 RNA 互补的 DNA 单链，继而复制出双螺旋 DNA，并经另一种病毒酶的作用整合到宿主的染色体 DNA 中，此整合的 DNA 可能潜伏（不表达）数代，待遇适合的条件时被激活，利用宿主的酶系统转录成相应的 RNA，其中一部分作为病毒的遗传物质，另一部分则作为 mRNA 翻译成病毒特有的蛋白质。最后，RNA 和蛋白质被组装成新的病毒粒子。在一定的条件下，整合的 DNA 也可使细胞转化成癌细胞。

三、DNA 的损伤与修复

DNA 聚合酶有校对功能，可以保证 DNA 复制的高保真性，对遗传信息的准确传递至关重要。然而，DNA 复制时会偶有错误发生，另外某些环境因素，如电离辐射、紫外线和化学诱变剂等，都会造成 DNA 的损伤。DNA 的损伤包括碱基的置换、丢失，磷酸二酯键的断裂，两条链的交联等。这些损伤可导致基因突变，甚至死亡。然而长期进化过程中，生物体已经建立了各种修复系统，能使其损伤的 DNA 得到修复，保证遗传的稳定性。

（一）DNA 的损伤

DNA 损伤是复制过程中发生的 DNA 核苷酸序列永久性改变，并导致遗传特征改变的现象。

1. DNA 损伤的原因

（1）复制错误　DNA 复制是一个严格而精确的事件，但也不是完全不发生错误的。在 DNA 聚合酶的作用下，碱基错误配对率为 $10^{-4} \sim 10^{-5}$，$3' - 5'$ 外切核酸酶的活性切除错误接上的核苷酸，然后再继续正确的复制，但校正后的错配率仍在 $10^{-6}10^{-8}$ 左右，即每复制 $10^{-6} \sim 10^{-8}$ 个核苷酸大概会有一个碱基的错误。

☆考点提示

DNA 损伤的原因

（2）自发性损伤　DNA 碱基的异构体间可以自发地相互变化（例如，烯醇式与酮式碱基间的互变），另外还会发生碱基修饰、碱基脱氨基、碱基丢失等，这些变化会使碱基配对间的氢键改变，如果这些变化发生在 DNA 复制时，就会造成错配。

（3）物理因素　紫外线和电离辐射可以导致突变。紫外线会使同一条 DNA 链上相邻的胸腺嘧啶以共价键连成二聚体（图 12 - 3），阻断复制和转录。紫外线和其他电离辐射可以使 DNA 链上的碱基氧化修饰，形成过氧化物，破坏碱基环，造成碱基脱落等，甚至直接使 DNA 链断裂。

图 12 - 3　胸腺嘧啶二聚体

（4）化学因素　碱基类似物（5 - 溴尿嘧啶等）、烷化剂（氮芥类、卤代烃等）、染料（吖啶橙、溴化乙啶等）、芳香烃类化合物等化学诱变剂都可以引起 DNA 损伤。

（5）生物因素　病毒 DNA 的整合能改变基因结构或改变基因表达活性。

（二）DNA 修复

细胞内具有一系列起修复作用的酶系统，可以修复 DNA 分子上的损伤。修复的方式

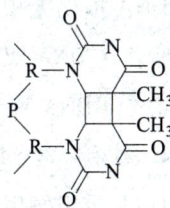

主要有以下几种。

1. 错配修复 在 DNA 复制完成之后，在模板序列的指导下，对新生链上的错配碱基进行修复。可以将复制准确度提高 100～1000 倍。错配修复保证复制的忠实性。

☆考点提示
DNA 修复的方式

2. 直接修复 是指不切除损伤的碱基或核苷酸，直接将其修复。

（1）光修复 除哺乳动物外，几乎所有的生物细胞中都含有一种光修复酶或称光裂合酶。此酶在可见光的作用下被激活后可以催化嘧啶二聚体解聚，使损伤的 DNA 恢复正常结构。

（2）去烷基化修饰 有些酶可以识别 DNA 中的修饰碱基。例如在细胞中发现有一种 O^6-甲基鸟嘌呤–DNA 甲基转移酶，能直接将甲基从 DNA 链鸟嘌呤 O^6 位上的甲基移到蛋白质的半胱氨酸残基上而修复损伤的 DNA。

3. 切除修复 切除修复是在一系列酶的作用下，将 DNA 分子中损伤部分切除，并以互补链为模板，合成 DNA 填补缺口，将其修复。切除修复是修复 DNA 损伤最普遍的方式。

（1）核苷酸切除修复 当 DNA 存在影响双螺旋结构的损伤时，核苷酸切除修复系统可以将其修复。大肠杆菌核苷酸切除修复机制：①通过特异的切除核酸酶识别损伤部位，在损伤的两侧切割磷酸二酯键，产生两个切口；②解旋酶协助释放损伤片段，形成缺口；③DNA 聚合酶以另一条链为模板合成 DNA 片段，填补缺口；④DNA 连接酶连接切口。

（2）碱基切除修复 DNA 糖基化酶将含有的突变碱基去除产生自由碱基，产生了另一种 DNA 损伤无嘌呤或无嘧啶（AP）位点；②AP 内切核酸酶水解连接着 AP 位点的磷酸二酯键，在 DNA 双螺旋上产生一个缺口；③核酸外切酶将包括 AP 位点在内的一段 DNA 链切除；④DNA 聚合酶合成 DNA 片段，填补缺口；⑤最后由 DNA 连接酶连接切口。

4. 重组修复 DNA 复制过程有时会遇到未修复的损伤，可以先复制后修复，此过程中有 DNA 重组发生，因此称为重组修复。机制：①受损伤的 DNA 链复制时，产生的子代 DNA 在损伤的对应部位产生缺口。②另一条母链 DNA 与有缺口的子链 DNA 进行重组交换，将母链 DNA 上相应的片段填补于子链缺口处，而母链 DNA 出现缺口。③以另一条子链 DNA 为模板，经 DNA 聚合酶催化合成新 DNA 片段填补母链 DNA 缺口，④最后由 DNA 连接酶连接，完成修补。

5. SOS 修复 SOS 修复是指 DNA 受到严重损伤，细胞处于危急状态时所诱导的一种 DNA 修复方式，修复结果只是能维持基因组的完整性，提高细胞的成活率，但留下的错误较多，故又称为易错修复。

四、突变、单核苷酸的多态性与个体差异

（一）基因突变

基因突变（Gene mutation），指基因的核苷酸顺序或数目发生改变。基因突变有以下几种类型：

1. 错配 导致碱基的置换。嘌呤替代嘌呤（A 与 G 之间的相互替代）、嘧啶替代嘧啶（C 与 T 之间的替代）称为转换（Transition）；嘌呤变嘧啶或嘧啶变嘌呤则称为颠换（Transvertion）。

2. 插入和缺失 指 DNA 链上一个或一段核苷酸的插入和缺失。编码蛋白质的序列中如插入或缺失的核苷酸数不是 3 的倍数，会导致突变位点下游的遗传密码全部发生改变，称为移码突变。插入或缺失的核苷酸数是 3 的倍数，突变位点下游的遗传密码不发生改变，称为整码突变。

由一个碱基对的置换、插入和缺失所导致的突变称为点突变（Point mutation）。某个碱基的改变使代表某种氨基酸的密码子变成了终止密码子的突变称为无义突变。碱基序列的改变没有引起产物氨基酸序列的改变的突变称为同义突变。碱基序列的改变引起了产物氨基酸序列改变的突变称为错义突变。

3. 重排 指基因组中较大片段 DNA 方向倒置，或从一处迁移到另一处，不涉及基因组序列的丢失和获得。

4. 双链断裂 电离辐射以及一些化学试剂等使磷酸二酯键断裂。

5. 共价交联 同一条 DNA 链上相邻的胸腺嘧啶以共价交联成嘧啶二聚体。

（二）单核苷酸多态性与个体差异

单核苷酸多态性（SNP）是指在基因组水平上单个核苷酸变异引起的 DNA 序列多态性，作为第三代分子标记的 SNP，具有数量多、分布范围大、遗传稳定等特点，是人类后基因组时代的主要研究内容。

SNP 是人类最常见可遗传变异之一，占所有已知多态性的 90% 以上，SNP 在人类基因组中广泛存在，平均每 300bp 就有一个，总数达 10^7 个，是人类基因组变化的最根本原因。

SNP 主要存在于非编码序列。尽管在编码序列中存在较少，但在遗传病的发生发展中具有重要意义，因而更受关注。

SNP 大部分表现为二等位基因（Biallelic），检测易于自动化、规模化；能很方便地估计其等位基因频率。

人类的许多疾病如血友病、苯酮尿病等直接和 SNP 相关，或者是多个 SNP 共同作用

造成的。SNP 决定了人类疾病的易感性和药物反应的差异性。因此，SNP 在分子诊断、遗传疾病和新药研发等方面具有重要意义。

第二节　RNA 的生物合成

转录是 RNA 的生物合成，即以 DNA 为模板，在 RNA 聚合酶的催化下，以 4 种 NTP（ATP、CTP、GTP 和 UTP）为原料，合成 RNA 的过程。即将 DNA 功能区段的碱基序列转录为 RNA 的碱基序列。从功能上衔接 DNA 与蛋白质这两种生物大分子。真核生物最初转录的 RNA 产物通常都需要经过一系列加工和修饰才能成为成熟的 RNA 分子。原核生物 mRNA 在合成初始阶段便具有活性，不需要经过任何加工即可执行翻译功能，而且是边转录边翻译，二者几乎同时进行。

一、参与转录的模板和酶

转录和复制有许多相似之处：模板均为 DNA；聚合酶均需依赖 DNA；均遵循碱基配对原则；聚合过程每次都只延长一个核苷酸；核苷酸之间连接键均是 3′，5′-磷酸二酯键；链的延长方向均从 5′→3′。相似之中又有区别（表 12–1）。

☆考点提示
DNA 复制与转录的区别

表 12–1　DNA 复制和转录的区别

比较项目	复制	转录
DNA	基因组全部	基因组局部（选择性转录）
模板	复制双链	复制单链（不对称转录）
聚合酶	DNA 聚合酶	RNA 聚合酶
合成原料	dNTP	NTP
起始	复制起点	启动子
引物	需要	不需要
碱基配对	A–T、G–C	A–U、T–A、G–C
产物	子代双链 DNA 分子	单链 mRNA、tRNA、rRNA

庞大的基因组 DNA 双链分子中能转录出 RNA 的 DNA 区段称为结构基因。结构基因双链 DNA 区段内并不是两条链都可以转录，DNA 的两条链中仅有一条链可用于转录，某些区域以这条链为模板，另一些区域则可能是以另一条链为模板，这种转录方式被称为不

对称转录。在转录中起模板作用的一股单链，称为模板链，相对的另一股单链称为编码链。不对称转录有两方面含义：其一是在 DNA 双链分子上，一条链可转录，另一条链不转录；其二是模板链并非永远在同一单链上。

大肠杆菌只有一种 RNA 聚合酶（表 12 - 2），但有 6 个亚基，其中 α_2、β、β'、ω、σ 5 个亚基合称为核心酶，σ 因子也可称为启动因子。这 6 个亚基结合后称全酶。

表 12 - 2 大肠杆菌 RNA 聚合酶各亚基功能

亚基	大小（AA）	功能
α	329	启动 RNA 聚合酶的组装，识别并结合上游启动子元件
β	1342	含活性中心，催化形成磷酸二酯键
β'	1407	结合 DNA 模板
ω	90	促进 RNA 聚合酶的组装
σ	613	协助核心酶识别并结合启动子元件

真核生物存在三种不同的 RNA 聚合酶（表 12 - 3）

表 12 - 3 真核生物 RNA 聚合酶

名称	定位	产物	对 α - 鹅膏蕈碱的反应
RNA 聚合酶 I	核仁	28S、5.8S、18SrRNA 前体	耐受
RNA 聚合酶 II	核质	mRNA、snRNA 前体	非常敏感
RNA 聚合酶 III	核质	5SRNA、tRNA、snRNA 前体	中度敏感

二、原核生物的转录过程

转录过程分为起始、延伸、终止三个阶段。

☆考点提示

原核生物的转录过程

（一）转录起始

1. 启动子 RNA 聚合酶识别、结合和开始转录的一段 DNA 序列称为启动子。模板 DNA 分子中，转录起点的左侧为上游序列，用负数表示。起点前一个核苷酸为 -1；起点后为下游序列，即转录区，用正数表示，转录单位的起点核苷酸为 +1。原核生物 RNA 聚合酶的作用区域为 -50 ~ +20，启动子序列按功能的不同由 3 个部位组成。

（1）起始部位 起始部位是 DNA 分子上开始转录的作用位点，该位点有与转录生成 RNA 链的第一个核苷酸互补的碱基，该碱基的序号为 +1。

（2）结合部位　结合部位是 DNA 分子上与 RNA 聚合酶的核心酶结合的部位，其长度约为 7 个碱基对，中心部位在 -10 个碱基对处，碱基序列具有高度保守性，富含 TATAAT 序列，故称之为 TATA 盒，该段序列富含 AT 碱基，维持双链结合的氢键相对较弱，导致该处双链 DNA 易发生解链，利于 RNA 聚合酶的结合。

（3）识别部位　该序列富含 TTGACA 碱基，其中心位于 -35 个碱基对处，是 RNA 聚合酶 σ 亚基辨认识别的部位。

2. 起始过程

（1）形成闭合的启动子复合物。转录起始过程中，RNA 聚合酶全酶中 σ 因子识别基因或操纵子中的启动子，RNA 聚合酶全酶与启动子结合形成复合物。此时，RNA 聚合酶与 DNA 的结合不十分紧密，DNA 仍处于闭合的双链状态。这种 RNA 聚合酶与启动子形成的复合物称为闭合复合物。σ 因子不能单独与启动子或 DNA 的其他区域结合，当 σ 因子与核心酶结合构成全酶后才能结合启动子。

（2）闭合的启动子复合物转变成开放的启动子复合物。在 RNA 聚合酶的作用下，局部 DNA 发生构象变得较为松散。在转录起始位点处，双链打开约 17 个碱基对，暴露出 DNA 模板链，形成开放的启动子复合物。此时，RNA 聚合酶与 DNA 牢固结合。

（3）转录的起始不需要引物，两个相邻的与模板配对的核苷酸直接在起始点上被 RNA 聚合酶催化形成磷酸二酯键。第一个核苷酸多为 GTP 或 ATP，即 5′ - 末端为 pppG 或 pppA，以 pppG 最为常见。第二个核苷酸有游离的 3′ - OH，可以继续加入 NTP，使 RNA 链延长下去，约聚合 10 个核苷酸。

（4）RNA 聚合酶释放 σ 因子，与 DNA 的结合变得较为松散，便于移动。此时，RNA 聚合酶离开启动子区，沿 DNA 模板链移动，进入延伸阶段。脱落的 σ 亚基则与另一个核心酶结合成全酶反复利用。

（二）转录延伸

σ 亚基从转录起始复合物上脱落后，核心酶沿 DNA 模板链 3′→5′ 方向移动。一方面使双股 DNA 解链，另一方面催化 NTP 按模板链互补的核苷酸序列逐个连接，使 RNA 按 5′→3′ 方向不断延伸。新生 RNA 链与模板链之间形成的 RNA - DNA 杂化双链呈疏松状态，RNA 链很容易脱离 DNA，随着向前转录的进行，RNA 链的 5′ - 末端不断脱离模板链，DNA 模板链与编码链之间恢复双螺旋结构。

转录的 RNA 链与模板链在方向上是相反的，碱基顺序上是互补的，与编码链方向相同，碱基顺序相似（只是 T 被 U 取代）。RNA 链把编码链的碱基顺序抄录过来，为蛋白质的生物合成编码氨基酸顺序提供了条件。电子显微镜下观察到在同一 DNA 模板上，从转录起始点到转录终止点之间排列着一系列长短不一的新生 RNA 链，即一系列由短小而逐渐加长、延伸的 RNA 链，说明同一基因的 DNA 模板链上可以有相当多的 RNA 聚合酶同时结合，同步催化转录作用。

（三）转录终止

当 RNA 聚合酶在 DNA 模板上移行到终止信号区域时转录即停止，转录产物 RNA 从转录复合物上脱落下来。终止模式有终止子的终止和终止因子的终止两种。

（1）终止子的终止模式　终止子部位转录的 RNA 可形成鼓槌状的茎环或发夹形式的二级结构。这种结构可以阻止 RNA 聚合酶的向前移动。另外，在终点前的多聚 U 序列提供使 RNA 聚合酶脱离模板的信号。因为由 rU－dA 组成的 RNA－DNA 杂交分子具有特别弱的碱基配对结构，当聚合酶暂停时，RNA－DNA 杂交分子即在 rU－dA 弱键结合的末端区解开。

（2）终止因子的终止模式　该类终止模式必须在 ρ 因子存在时才发生终止作用。ρ 因子结合在新产生的 RNA 链上，借助水解 ATP 获得的能量推动其沿着 RNA 链移动，但移动速度比 RNA 聚合酶慢，当 RNA 聚合酶遇到终止子时便发生暂停，使 ρ 因子得以赶上 RNA 聚合酶。ρ 因子与 RNA 聚合酶相互作用，导致 RNA 释放，并使 RNA 聚合酶与该因子一起从 DNA 上脱落下来。

三、转录后的加工与修饰

真核细胞核内经转录合成的 RNA（mRNA、tRNA、rRNA）分子或前体往往需要经过一系列化学修饰、剪接、添加等编辑过程，才能转变为成熟的 RNA 分子并具有生物学功能，该过程称为 RNA 的成熟或转录后加工。原核生物转录生成的 mRNA 没有特殊的转录后加工修饰过程。原核生物转录生成的 mRNA 为多顺反子，即利用共同的启动子和终止信号，数个串联结构基因转录生成一条 mRNA，再以此编码几种不同的蛋白质。例如乳糖操纵子上的 z，y 及 a 基因，转录生成的 mRNA 翻译生成半乳糖苷酶、透过酶和乙酰基转移酶三种酶。由于原核生物没有核模，所以转录与翻译可连续进行，往往转录还未完成，翻译已经开始，出现转录、翻译同时进行的局面。真核生物由于存在细胞核结构，使得转录与翻译在时间和空间上被分隔开来。核内最初生成的 mRNA 是分子量极大的前体，称为核内不均一 RNA。分子中大约只有 10% 的部分转变为成熟的 mRNA，其余部分将在转录后的加工过程中被降解。真核生物的大多数基因都被内含子分隔成断裂基因，所以转录后修饰较为复杂且与许多生命现象密切相关。真核生物转录生成的 mRNA 为单顺反子，即一个mRNA 分子只为一种蛋白质分子编码。

（一）mRNA 转录后的加工修饰

真核生物 mRNA 转录后的初级产物加工修饰包括 5′－末端"帽子"结构的形成、3′－末端多聚 A"尾"的形成，以及对 mRNA 链进行剪接等加工修饰过程。

1. 5′－末端"帽"结构的形成　真核生物 mRNA 的 5′－末端"帽"结构是 7－甲基

鸟嘌呤三磷酸核苷（m7Gppp）。核内不均一 RNA 的第一个核苷酸往往是 5′-三磷酸鸟苷（pppG）。在 mRNA 成熟的过程中，5′-pppG 被磷酸酶水解生成 5′-ppG—或 5′-pG—，然后 5′-末端与另一个三磷酸鸟苷（pppG）反应生成三磷酸双鸟苷。最后在甲基酶作用下，第一或第二个鸟嘌呤碱基发生甲基化反应，形成帽结构。帽结构的形成先于 mRNA 中段的剪接过程，且在细胞核内进行。帽结构的主要功能是：①稳定 mRNA 结构，免遭核酸外切酶或磷酸酶降解破坏。②与蛋白质生物合成起始有关，为核蛋白体识别翻译起始部位提供信号。

2. 3′-末端多聚 A "尾" 结构的形成　mRNA 3′-末端的多聚腺苷酸（polyA）是转录后加上去的。先由核酸外切酶切去 3′-末端一些多余的核苷酸，然后在核内多聚腺苷酸聚合酶的催化下，由 ATP 聚合而成。此过程与转录终止同时进行。polyA 的长度一般在 100~200 个腺苷酸之间，其长度随 mRNA 的寿命而缩短，随着 polyA 的缩短，翻译的活性下降。因此 polyA 的有无及其长短可能是增加 mRNA 本身稳定的重要因素。另外，polyA 与 mRNA 从细胞核转送到细胞质有关。

☆考点提示

mRNA 帽结构的功能

3. 核内不均一 RNA 中段序列的剪接　在酶的作用下切除核内不均一 RNA 中内含子、拼接外显子，使之成为具有指导翻译功能的模板，该过程称为核内不均一 RNA 的剪接。真核生物细胞核内不均一 RNA 分子中部分无表达活性的序列称为内含子。有表达活性的结构基因序列称为外显子。剪接过程中分子中的内含子先弯曲，使相邻的两个外显子相互接近而利于剪接，称为套索 RNA。接着由特异的 RNA 酶切断内含子与外显子之间的磷酸二酯键，再使编码区相互连接生成成熟的 mRNA。

（二）tRNA 转录后的加工

原核生物和真核生物最初转录生成的 tRNA 前体一般都无生物活性。tRNA 前体加工包括剪接、修饰等过程。

1. 剪接　在 RNA 酶的催化下，tRNA 前体的 5′-末端及相当于反密码环的区域各被切去一定长度的多核苷酸链，然后由连接酶催化拼接。同时，在其 3′-末端切除个别核苷酸后加上 CCA-OH 序列，该序列是氨基酸结合部位。

2. 化学修饰　修饰方式有四种形式：①tRNA 前体经甲基化某些嘌呤生成甲基嘌呤（A→Am 或 G→Gm）；②经还原反应使尿嘧啶还原为二氢尿嘧啶（DHU）；③经核苷内的转位反应使尿嘧啶核苷转变为假尿嘧啶核苷（Ψ）；④腺苷酸（A）经脱氨反应转变成次黄嘌呤核苷（I）。因此，成熟的 tRNA 分子中含有较多的稀有碱基，而这些稀有碱基是在转录后的化学修饰过程中形成的。

（三）rRNA 转录后的加工

真核细胞中 rRNA 前体为 45SrRNA，经加工生成 28S、18S 与 5.8SrRNA。它们在原始转录中的相对位置是：28SrRNA 位于 3′－末端，18SrRNA 靠近 5′－末端，5.8SrRNA 位于两者之间。另外，由 RNA 聚合酶 Ⅲ 催化合成的 5SrRNA，经过修饰与 28SRNA 和 5.8SrRNA 及有关蛋白质一起，装配成核蛋白体的大亚基；而 18SrRNA 与有关蛋白质一起，装配成核蛋白体小亚基。然后通过核孔转移到细胞质中，作为蛋白质生物合成的场所。原核生物的 rRNA 前体的加工主要包括以下几方面：①rRNA 前体被大肠杆菌体内的酶剪切成一定链长的 rRNA 分子；②rRNA 在修饰酶催化下进行碱基修饰；③rRNA 与蛋白质结合形成核糖体的大、小亚基。在研究 rRNA 的自我剪接加工中，发现了有催化功能的 RNA，即核酶。

第三节　蛋白质的生物合成

生命离不开蛋白质，机体以 mRNA 为模板，20 种编码氨基酸为原料合成蛋白质的过程称为翻译。其实质是将 mRNA 分子上 4 种核苷酸编码的遗传信息解读为蛋白质一级结构中 20 种氨基酸的排列顺序。蛋白质的生物合成是在基因指导下进行的，细胞内最为复杂、耗能最多的合成反应，需要多种物质的参与。

一、蛋白质生物合成的物质基础

蛋白质的生物合成是细胞内最为复杂的反应之一，除 20 种编码氨基酸作为蛋白质生物合成的基本原料外，还需要模板 mRNA、特异氨基酸搬运工具（tRNA）、装配场所（糖体）、有关的酶与蛋白因子、能源物质提供能量等。

（一）RNA 在蛋白质生物合成中的作用

蛋白质生物合成过程中，三种 RNA 分别担当不同角色，协同作用，完成多肽链的合成。

1. mRNA　mRNA 含有 DNA 经转录而获得的遗传信息，是蛋白质合成的信息模板。在 mRNA 分子上，沿 5′→3′方向，从 5′－末端起始部位的 AUG 开始，每三个相邻核苷酸构成的三联体，称为遗传密码或密码子。

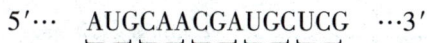

$$5′\cdots\ \ \underbrace{AUG}\underbrace{CAA}\underbrace{CGA}\underbrace{UGC}\underbrace{UCG}\ \ \cdots3′$$

RNA 中四种核苷酸可排列组合成 64 种不同的三联体密码（表 12-4）。这些密码中 61 个代表 20 种氨基酸；其中 5′－末端的 AUG 除代表甲硫氨酸外还可代表蛋白质生物合成的起始信号，称为起始密码；UAA、UGA 和 UAG 不编码任何氨基酸，是蛋白质生物合成的终止信号，称为终止密码。

表 12 - 4　遗传密码表

第一个核苷酸 （5'端）	第二个核苷酸				第三个核苷酸 （3'端）
	U	C	A	G	
U	苯丙氨酸	丝氨酸	酪氨酸	半胱氨酸	U
	苯丙氨酸	丝氨酸	酪氨酸	半胱氨酸	C
	亮氨酸	丝氨酸	终止信号	终止信号	A
	亮氨酸	丝氨酸	终止信号	色氨酸	G
C	亮氨酸	脯氨酸	组氨酸	精氨酸	U
	亮氨酸	脯氨酸	组氨酸	精氨酸	C
	亮氨酸	脯氨酸	谷氨酰胺	精氨酸	A
	亮氨酸	脯氨酸	谷氨酰胺	精氨酸	G
A	异亮氨酸	苏氨酸	天冬酰胺	丝氨酸	U
	异亮氨酸	苏氨酸	天冬酰胺	丝氨酸	C
	异亮氨酸	苏氨酸	赖氨酸	精氨酸	A
	甲硫氨酸*	苏氨酸	赖氨酸	精氨酸	G
G	缬氨酸	丙氨酸	天冬氨酸	甘氨酸	U
	缬氨酸	丙氨酸	天冬氨酸	甘氨酸	C
	缬氨酸	丙氨酸	谷氨酸	甘氨酸	A
	缬氨酸	丙氨酸	谷氨酸	甘氨酸	G

注：＊位于 mRNA 起始部位的 AUG 为肽链合成的起始密码子，起始信号具有特殊性，在真核生物编码甲硫氨酸，原核生物编码甲酰甲硫氨酸。

遗传密码具有以下几个重要特点：

（1）方向性　密码的阅读方向是 5'→3'。从 mRNA 分子的 5' - 末端 AUG 开始至 3' - 末端终止密码之间的核苷酸序列编码一条多肽链，称为开放阅读框架。蛋白质生物合成时，核糖体沿着 mRNA 从 5' - 末端向 3' - 末端方向移动并读码。

☆考点提示

遗传密码子的特点

（2）连续性　遗传密码无间隔，从 5' - 末端的起始密码 AUG 开始，每 3 个一组连续向 3' - 末端读下去，直至出现终止密码为止，此特点称为连续性。如果 mRNA 分子上出现碱基的插入或缺失，此后的读码顺序就会完全改变，导致由其编码的氨基酸序列的变化，称为移码突变。

（3）通用性 从细菌到人类都使用着同一套遗传密码，称为密码的通用性。这为地球上的生物来自于同一起源的进化论提供了有力依据，也使我们能够利用细菌等生物来制造人类蛋白。密码的通用性也有例外，如动物细胞的线粒体内，AUA 编码甲硫氨酸兼做起始密码，AGA、AGG 为终止密码等。

（4）简并性 同一个氨基酸具有多种密码子编码，称为密码的简并性。20 种氨基酸中，除色氨酸和甲硫氨酸仅有一个密码外，其余氨基酸均有 2~6 个数目不等的遗传密码。编码同一氨基酸的多个密码，称为简并性密码子，也称同义密码子。多数情况下，简并性密码子前两个核苷酸常相同，第三个核苷酸有差异，如果突变发生在密码的最后一位，往往不改变密码子编码的氨基酸，这种突变称为同义突变。因此，遗传密码的简并性具有可降低基因突变的生物学效应。

（5）摆动性 密码子的翻译是通过 tRNA 的反密码子配对实现的，这种配对有时并不严格遵循碱基配对规律，出现摆动。mRNA 密码子的第 1 位和第 2 位碱基与 tRNA 分子上反密码的第 3 位和第 2 位碱基之间严格配对，而 tRNA 反密码的第 1 位碱基与 mRNA 上密码第 3 位碱基配对存在摆动现象。常见的摆动配对关系如表 12-5 所示。

表 12-5 常见的摆动配对

tRNA 反密码的第 1 位碱基	G	U	I
mRNA 密码子的第 3 位碱基	U C	A G	A C G

知 识 链 接

遗传密码的破译

20 世纪中叶，人们已经知道 DNA 是遗传信息的携带者，并通过 RNA 控制蛋白质的生物合成。20 世纪 60 年代初，MW Nirenberg 等人推断出 64 个三联体密码子，并利用合成的多聚尿嘧啶核苷酸（polyU）为模板，在无细胞蛋白质合成体系中合成了多聚苯丙氨酸，从而解读出第一个编码苯丙氨酸的密码子"UUU"。其后，他们用同样的方法证明 CCC、AAA 分别代表脯氨酸和赖氨酸。另外，HG Khorana 等将化学合成与酶促合成相结合，合成含有重复序列的多聚核苷酸共聚物，并以此为模板确定了半胱氨酸、缬氨酸等氨基酸的密码子。tRNA 的发现者之一 RW holley 成功地制备了一种纯的 tRNA，标志着有生物活性核酸的化学结构的确定。

经过多位科学家近 5 年的共同努力，于 1966 年确定了 64 个密码子的意义。

MW Nirenberg、HG Khorana、RW holley 这三位科学家因此共同荣获 1968 年诺贝尔生理学奖。医学奖。

2. tRNA tRNA 是转运氨基酸的工具。tRNA 上有两个重要的功能部位：一个是氨基酸结合位点，位于 tRNA 氨基酸臂 3′-末端 CCA-OH；另一个是 mRNA 结合位点，是 tR-NA 反密码环中的反密码子。一种氨基酸可以和几种不同的 tRNA 特异结合而转运，但一种 tRNA 只能转运一种氨基酸。

3. rRNA rRNA 分子与多种蛋白质共同组成核糖体（核蛋白体），是蛋白质多肽链合成的场所，起"装配机"的作用。原核生物和真核生物的核糖体均由大、小两个亚基构成。原核生物核糖体上有 A 位、P 位和 E 位三个重要的功能部位（如图 12-4），A 位结合氨基酰-tRNA，称为氨基酰位；P 位结合肽酰 tRNA，称为肽酰位；E 位是出口位，由此释放空载的 tRNA。真核细胞核糖体没有 E 位，空载的 tRNA 直接从 P 位脱落。

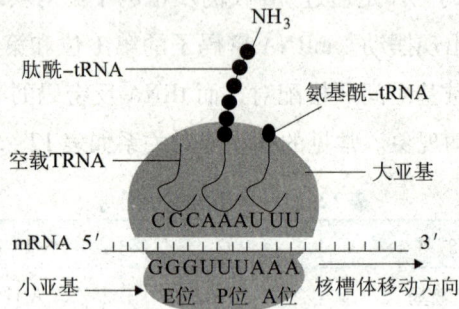

图 12-4 核糖体的功能部位

（二）参与蛋白质生物合成的重要酶类

1. 重要酶类 蛋白质生物合成过程中重要的酶主要有氨基酰-tRNA 合酶、转肽酶和转位酶等。

（1）氨基酰-tRNA 合酶 氨基酰-tRNA 合酶存在于胞液中，可催化氨基酸的羧基与相应 tRNA 3′-末端的-OH 脱水形成氨基酰-tRNA。

（2）转肽酶 转肽酶具有构成大亚基的某些蛋白所具备的催化活性，它不仅能催化核糖体 P 位上的氨基酰基或肽酰基向 A 位转移，还能催化该氨基酰基与 A 位上的氨基酸之间通过肽键相连。

（3）转位酶 转位酶实际上是延长因子 EF-G（延长因子的一种）所具有的活性，可结合 GTP 并由其供能，使核糖体沿着 mRNA 从 5′-末端向 3′-末端方向移动一个密码子的距离。

（三）参与蛋白质生物合成的辅助因子

1. 蛋白因子 无论原核生物还是真核蛋白质合成过程中均有多种蛋白质因子的参与，包括多种起始因子（Initiation factor，IF）、延长因子（Elongation factor，EF）和释放因子（Releasing factor，RF），它们分别参与蛋白质生物合成的起始、延伸和终止等过程，有些还具有酶的活性。

2. 能源物质和无机离子 蛋白质生物合成还需要 Mg^{2+} 和 K^+ 的参与，ATP 或 GTP 提供能量。

二、蛋白质生物合成过程

蛋白质的生物合成是一个由多种分子参与的复杂生命化学过程，基本过程包括氨基酸的活化与转运、肽链合成的起始、延长和终止以及翻译后的加工修饰等反应阶段。本节主要以原核生物细胞为例介绍蛋白质生物合成过程。

（一）氨基酸的活化与转运

分散在胞液中的各种氨基酸化学性质比较稳定，需要活化并由 tRNA 转运至核糖体才能参与蛋白质的生物合成。活化反应需要 Mg^{2+} 的存在并由氨基酰 – tRNA 合成酶催化，消耗能量。由氨基酸的 α – 羧基与 tRNA 的 3′ – 羟基形成酯键。氨基酸活化成氨基酰 – tRNA 后，随时根据 mRNA 中遗传信息指导的顺序，将氨基酸转运至核糖体上参与肽链的合成。活化过程中氨基酸与 tRNA 结合的正确性是基因正确表达的保证。此反应是在胞质中进行的。反应式如下：

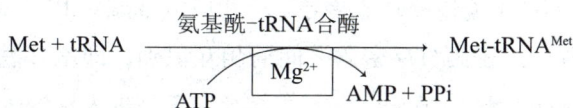

$$Met + tRNA \xrightarrow[\underset{Mg^{2+}}{\overset{\text{氨基酰-tRNA合酶}}{}}]{} Met\text{-}tRNA^{Met}$$
$$ATP \longrightarrow AMP + PPi$$

为了表示 tRNA 转运氨基酸的专一性，在氨基酰 – tRNA 的书写中，前三个缩写代表结合的氨基酸，右上角的缩写代表 tRNA 的结合特异性。例如，ala – tRNA^{ala} 为携带丙氨酸的 tRNA；met – tRNAe^{met} 为延长中的甲硫氨酰 – tRNA；met – tRNAi^{met} 为起始部位的甲硫氨酰 – tRNA。tRNA 右下角字母 e 为延长之意，i 为起始之意。fmet – tRNA^{fmet} 为原核生物起始部位的 N – 甲酰甲硫氨酸 – tRNA。

（二）肽链合成的起始

肽链合成的起始是以形成起始复合物为标志。在多种起始因子（IF – 1、IF – 2、IF – 3）、GTP 及 Mg^{2+} 参与下，核糖体的大、小亚基，模板 mRNA 和起始 fmet – tRNA^{fmet} 结合，形成起始复合物。可分成四个阶段：

1. 核糖体大小亚基分离 IF – 3、IF – 1 与核糖体小亚基结合，促使核糖体的大、小亚基分离。

2. mRNA 在小亚基定位结合　原核生物中每一个 mRNA 都具有其核糖体结合位点，它是位于 AUG 上游 8～13 个核苷酸处的一个短片段，叫作 SD（Shine – Dalgarnosequence）序列。这段序列正好与小亚基中的 16s rRNA 3′–末端一部分序列互补，因此 SD 序列也叫作核糖结合序列，这种互补就意味着核糖体能选择 mRNA 上 AUG 的正确位置来起始肽链的合成，该结合反应由 IF – 3 介导，另外 IF – 1 促进 IF – 3 与小亚基的结合，故先形成 IF – 3 – 小亚基 – mRNA 三元复合物。

3. 起始 fmet – tRNA^{fmet} 的结合　在 GTP 和 Mg^{2+} 参与，IF – 2 作用下，fmet – tRNA^{fmet} 与 mRNA 分子中的 AUG 相结合，即密码子与反密码子配对，同时 IF – 3 从三元复合物中脱落，形成 IF – 2 小亚基 – mRNA – fMet – tRNA^{fmet} 复合物。

4. 核糖体大亚基结合　大亚基与 IF – 2 小亚基 – mRNA – fMet – tRNA^{fmet} 复合物结合，同时 IF – 2 脱落，形成小亚基 – mRNA – 大亚基 – mRNA – fMet – tRNA^{fmet} 复合物。此时，fMet – tRNA^{fmet} 占据着大亚基的 P 位。A 位空着有待于对应 mRNA 中第二个密码的相应氨基酰 tRNA 进入，从而进入延长阶段。

起始复合物的形成是蛋白质生物合成中最关键的步骤，起始复合物一旦形成，肽链就能很快延伸下去。

（三）肽链合成的延长

肽链合成的延长是一个循环过程，又称核糖体循环。经过 3 个步骤即进位、转肽和移位重复进行，每一次循环多肽链增加一个氨基酸残基。在肽链延长因子（EF）、GTP、Mg^{2+} 及 K^+ 的促进下进行。

1. 进位　是指在 mRNA 遗传密码的指导下，相应氨基酰 – tRNA 进入核糖体 A 位的过程，又称注册。此过程通过密码与反密码之间的相互识别，即氨基酰 – tRNA 以其反密码识别起始复合体 A 位上 mRNA 的密码，并与之结合，于是进入核糖体的 A 位，使 tRNA 携带的相应氨基酸能够准确地"对号入座"。进位时需要 EF – TU/TS 和 GTP 参与。

2. 成肽　成肽是在转肽酶催化下，核糖体 P 位的起始甲酰甲硫氨酰基（或延长中的肽酰 – tRNA 的肽酰基）与 A 位氨基酰 – tRNA 的 α – 氨基形成肽键的过程。此过程是在转肽酶的催化、Mg^{2+} 和 K^+ 参与下完成的。核糖体 P 位上由 tRNA 携带的甲酰甲硫氨酰基转移到 A 位上，以其羧基与 A 位上的氨基酰 – tRNA 中的 α – 氨基形成第一个肽键便成为二肽酰 – tRNA。此时，真核生物脱去蛋氨酰的 tRNA 从核糖体上脱落，而原核生物卸载了的 tRNA 则进入 E 位。

3. 移位　在 Mg^{2+}、EF – G 和 GTP 参与下，核糖体沿模板 mRNA 的 5′→3′ 方向移动一个遗传密码的距离，于是 A 位上的二肽酰 – tRNA 从 A 位移到 P 位，A 位空出，下一个氨基酰 – tRNA 通过碱基互补配对再次进入 A 位。核糖体移位时卸载的 tRNA 则进入 E 位，诱导核糖体构象改变而有利于下一个氨基酰 – tRNA 进入 A 位；氨基酰 – tRNA 的进位又诱导核糖体构象改变而促使卸载 tRNA 从 E 位排出。核糖体沿模板 mRNA 的 5′→3′方向移动的动力来自于延长因子水解 GTP 所释放的能量。

每进行一次进位、成肽、移位，可形成一个肽键，肽链中就增加一个氨基酸残基。如此反复进行，肽链就会按 mRNA 密码顺序不断延长。

（四）肽链合成的终止

在肽链延长过程中，核糖体 A 位出现终止密码（UAA 或 UAG 或 UGA）时，释放因子（RF）可识别终止密码并与之结合，同时，释放因子触发核糖体构象改变，诱导转肽酶转变为酯酶活性，使 P 位上的 tRNA 与新生肽链间的酯键水解，肽链从肽酰－tRNA 中释出，然后 tRNA 及 RF 释出，mRNA 与核糖体分离，核糖体解离为大、小亚基，解离后的大、小亚基又可重新聚合成起始复合物，开始新一轮核糖体循环，合成新一条多肽链，构成核糖体循环（图 12－5）。

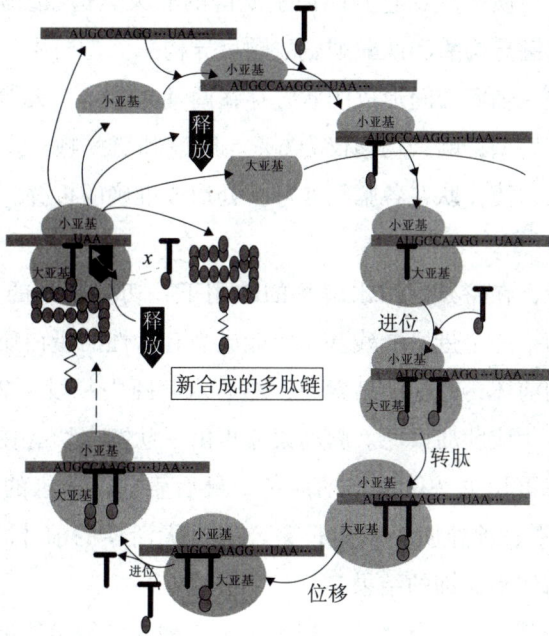

图 12－5　核糖体循环

上述只是单个核糖体的翻译过程，事实上在细胞内一条 mRNA 链上结合着多个核糖体，甚至可多到几百个，形成多聚核糖体。它们在 mRNA 上有一定的距离，可合成多条同样的多肽链。多聚核糖体的形成，不仅提高了蛋白质的合成速度，也使 mRNA 得到充分利用。

蛋白质生物合成是一个耗能过程。若从氨基酸活化算起，肽链每增加一个氨基酸单位就要消耗 4 个高能磷酸键。即每分子氨基酸活化消耗 2 个高能磷酸键（ATP 水解成为

AMP），进位和移位各消耗 1 个 GTP。蛋白质多肽链合成的速度很快，据估算，每秒钟可以使肽链延长 40 个左右的氨基酸单位，所以蛋白质合成需要大量能量。临床上，对于蛋白质合成旺盛的人如婴幼儿和恢复期的病人，应供给足够的能量，才有利于体内蛋白质的合成。

三、蛋白质合成后的加工

大多数新合成的多肽链，一般还不具有生物学活性，往往需进一步加工和化学修饰，有时需要亚基间的聚合，连接辅基等，才能成为具有生物活性的成熟蛋白质。这种肽链合成后的加工过程，称为翻译后的加工。加工修饰方式常见的有下列几种：

（一）多肽链的折叠

新合成的多肽链经过折叠形成一定的空间结构才能有生物学活性。肽链的折叠是在折叠酶或分子伴侣的参与下完成的。分子伴侣广泛存在于原核生物和真核生物细胞中，是一个结构上互不相同的蛋白质家族，它们能识别肽链的非天然构象，促进蛋白质正确折叠。折叠酶包括蛋白质二硫键异构酶和肽酰脯氨酰顺反异构酶。蛋白质二硫键异构酶可促进天然二硫键的形成。肽酰 - 脯氨酸间形成的肽键存在两种异构体，天然蛋白肽链中肽酰 - 脯氨酸间绝大多数为反式构型，顺式构型仅为 6%。肽酰脯氨酰顺 - 反异构酶可促进顺、反两种异构体之间的转换，使多肽在各脯氨酸弯折处形成准确的折叠。

（二）水解修饰作用

许多多肽链合成后，在特异蛋白水解酶的作用下，切除其中的某些肽段或氨基酸残基，包括切除起始时的第一个蛋氨酸残基，才能成为有活性的蛋白质分子。例如，胰岛素的合成，先生成较大的前体，即前胰岛素原，然后水解断去一段 1,24 位氨基酸的 N 端信号序列并形成二硫键，生成胰岛素原。胰岛素原再由一肽链内切酶在两处切去两对碱性氨基酸，并由肽链外切酶再切去一段连接的肽链，最后生成胰岛素的两条以二硫键连接的 A、B 链。有些肽类激素、神经肽类及生长激素等由无活性的前体转变为有活性的形式，都是经特异蛋白水解酶切除修饰的结果。

原核生物的肽链，其 N 端不保留 N - 甲酰甲硫氨酸，大约半数蛋白由脱甲酰酶除去甲酰基，留下甲硫氨酸作为第一个氨基酸；在真核细胞中起始部位的甲硫氨酸一般都要被除去，由氨肽酶水解来完成。

（三）个别氨基酸残基的共价修饰作用

某些蛋白质肽链中存在共价修饰的氨基酸残基，是肽链合成后特异加工产生的，蛋白质的正常生物学功能依赖于这些翻译后的修饰。例如，某些氨基酸残基上发生磷酸化、羟基化、甲基化等。

（四）二硫键的形成

多肽链中的二硫键是在肽链合成后，通过两个半胱氨酸，由酶催化或巯基氧化形成的，mRNA 中没有胱氨酸相应密码子。二硫键的正确形成对维持蛋白质的空间结构和活性起着重要作用。

（五）亚基间的聚合和连接辅基

许多蛋白质具有两个或两个以上亚基，这些多肽链在合成后，通过非共价键将亚基聚合形成寡聚体，才能表现出生物学活性。例如，血红蛋白分子 α_2、β_2 亚基的聚合。结合蛋白质的合成中，多肽链需进一步与辅基部分连接起来，才能成为各种结合蛋白质。此外，各种有关的蛋白质还必须与脂类、核酸或血红素等相缔合，形成一定结构的、具有活性的结合蛋白质。

总之，蛋白质生物合成具有重要的意义。蛋白质的生物合成无论在质上还是在量上都要求极高、极准确。在质上，蛋白质的合成需要准确无误地按照遗传信息进行；在量上，又必须与机体的状态相适应，否则将会影响机体的生理功能，从而表现出疾病。

四、蛋白质合成的抑制剂

蛋白质生物合成是很多抗生素和某些毒素的作用靶点。现在，临床应用的很多药物就是通过阻断病原微生物蛋白质合成的某个环节，引起其生长、繁殖障碍，发挥抗菌消炎作用的，如抗生素。

（一）抗生素类阻断剂

某些抗生素可抑制细胞的蛋白质合成过程的不同环节，分别用于抗菌药和抗肿瘤药（表 12 – 6）。

表 12 – 6　常用抗生素抑制肽链生物合成的原理与应用

抗生素	作用位点	作用原理	应用
伊短菌素	原核、真核核糖体小亚基	阻碍翻译起始复合物	抗病毒药
四环素	原核核糖体小亚基	抑制 tRNA 与小亚基结合	抗菌药
链霉素、新霉素、巴龙霉素	原核核糖体小亚基	改变构象引起读码错误、抑制起始	抗菌药
氯霉素、林可霉素、红霉素	原核核糖体大亚基	抑制转肽酶、阻断肽链延长	抗菌药
嘌呤霉素	原核、真核核糖体	使肽酰基转移到它的氨基上后脱落	抗肿瘤药
放线菌酮	真核核糖体大亚基	抑制转肽酶、阻断肽链延长	医学研究
夫西地酸、微球菌素	EF – G	抑制 EF – G，阻止转位	抗菌药
大观霉素	原核核糖体小亚基	阻止转位	抗菌药

（二）毒素类阻断剂

某些毒素可经不同机制干扰真核生物蛋白质合成而呈现毒性作用。如白喉毒素是真核细胞蛋白质合成的抑制剂，它作为一种修饰酶，可使 eEF – 2 发生 ADP 糖基化，而生成

eEF-2 腺苷二磷酸核糖衍生物，使 eEF-2 失活。

第四节　基因表达的调控

一、基因表达调控的基本概念

基因表达是指遗传信息经过转录、翻译等一系列生化反应过程，合成功能产物 RNA 和蛋白质，进而发挥其特定的生物学功能和效应的全过程。

同一机体的不同组织细胞存在相同的遗传信息，但它们的开、关状态及表达量存在差异，这是基因表达调控的结果。基因表达调控是指在机体生长、发育及繁殖过程中，遗传信息根据环境信号的变化有规律地适度表达，产生特定的生物学效应。

基因表达调控包括：基因激活、转录起始、转录后加工、RNA 转运和降解、翻译起始、翻译后加工、蛋白质转运的调控。其中转录（尤其是转录起始）是最重要的调控环节。

二、基因表达调控的基本原理

（一）基因表达的基本方式

基因表达调控的基础是基因的表达方式。不同的基因对内、外环境信号刺激的反应不同，可能具有不同的表达方式。

1. 组成型表达　某些基因如微管蛋白基因、3-磷酸甘油醛脱氢酶基因等在一个生物体的所有细胞中几乎以恒定的速率持续表达，受环境因素影响较小，这类基因称为持家基因，持家基因的表达成为组成型表达。

2. 诱导型和阻遏型表达　有些基因的表达受其他调控序列、调控因子或环境信号的调节。受环境信号刺激启动或增强表达的基因称为可诱导基因，这些基因的表达方式称为诱导型表达，相应的环境信号称为诱导物。受环境信号刺激减弱或终止表达的基因称为可阻遏基因，这些基因的表达方式称为阻遏型表达，相应的环境信号称为阻遏物。

（二）基因表达的特征

不论是病毒还是人类，基因表达都表现为严格的时间、空间和条件特异性。

☆ 考点提示

基因表达调控的特征

1. 时间特异性　也叫阶段特异性，是指在生长发育的不同阶段，同一基因的表达水平不同；在生长发育的同一阶段，不同基因的表达水平也不同。例如甲胎蛋白基因在胎儿的肝细胞中表达，合成大量甲胎蛋白，胎儿出生后，该基因基本不表达。

2. 空间特异性　也叫组织特异性。是指在生长发育的同一阶段，多细胞生物的同一基因在不同的组织器官中的表达情况不同，不同基因在同一组织器官中的表达情况也不同。例如肌细胞大量表达肌红蛋白，而红细胞不能表达肌红蛋白而是大量表达血红蛋白。

3. 条件特异性　是指基因的表达受代谢条件和环境因素的调控。例如，人体长期处于饥饿时，糖异生途径的酶基因表达增强。

三、原核基因表达调节

原核生物是单细胞生物，缺乏能量储备系统，必须不断地调控各种基因的表达，以适应生存和营养环境的变化，因此原核生物的基因表达调控与环境因素关系密切。

（一）原核生物基因表达调控的特点

1. 多以操纵子为单位进行转录　操纵子是大多数原核生物基因的转录单位，它包括一个启动子、一个操纵基因和受操纵基因控制的一组结构基因，有些还有激活蛋白结合位点。顺反子是基因表达的最小单位，操纵子的转录产物由于编码多于一个独立翻译的蛋白质，故被称为多顺反子 mRNA。操纵子和多顺反子主要存在于原核生物。

2. 特异性由 σ 因子决定　大肠杆菌 RNA 聚合酶全酶有核心酶（$\alpha\beta\beta'\omega$）和 σ 因子组成。核心酶只有一种，催化所有 RNA 的合成。σ 因子协助核心酶识别结合启动子，启动基因转录，目前已经鉴定的 σ 因子有七种，它们竞争结合核心酶，决定哪个基因被转录。环境因素可以诱导特定 σ 因子表达，启动特定基因转录。

3. 正调控和负调控并存　调控蛋白与调控序列结合来实现基因表达调控。促进基因表达的调控作用为正调控；阻抑基因表达的调控作用为负调控。原核生物基因表达中，正调控和负调控并存。

4. 转录和翻译偶联　原核生物 mRNA 的转录合成和蛋白质的翻译在细胞质中同时进行。

（二）转录水平的调控

转录（尤其是转录起始）是原核生物基因表达调控最重要的环节。原核生物基因转录的基本单位是操纵子，乳糖操纵子等是研究原核生物基因表达调控的经典模型。

1. 调控因素　原核生物转录水平的调控由 RNA 聚合酶、调控序列和调节蛋白决定。

调控序列，又称调节区，位于结构基因的侧翼，包括启动子、终止子、操纵基因和激活蛋白结合位点。

激活蛋白结合位点	启动子	操纵基因	结构基因（转录区）	终止子

图 12-6　原核生物基因调控的序列

（1）启动子（Promoter，P）　是指能被 RNA 聚合酶识别、结合并启动基因转录的一段 DNA 序列。常位于结构基因的上游。原核生物启动子含有两段共同的保守序列，一个是 σ 因子的结合区 –10 区，保守序列为 TATAAT，又称 Pribnow box；另一个是 RNA 聚合酶的另一个结合区 –35 区，保守序列为 TTGACA。启动子也可以结合其他调节蛋白而调控基因转录。

（2）终止子（Terminator） 是为 RNA 聚合酶转录提供终止信号的一段 DNA 序列，分为不依赖 ρ 因子的终止子和依赖于 ρ 因子的终止子。

（3）操纵基因（Operator，O） 位于结构基因和启动子之间，是与阻遏蛋白结合的一段 DNA 序列。阻遏蛋白与操纵基因有很强的亲合力，可以阻止 RNA 聚合酶与启动子结合或结合后不能启动转录。

（4）激活蛋白结合位点（Activator site） 位于启动子上游，是与激活蛋白结合的一段 DNA 序列。激活蛋白与此序列结合后促进转录。

（5）调控蛋白 原核生物基因转录的调控蛋白都是 DNA 结合蛋白，分为：①转录起始因子：即 σ 因子，决定 RNA 聚合酶识别和结合启动子的特异性；②激活蛋白：与激活蛋白结合位点结合，促进转录，产生正调控作用；③阻遏蛋白：与结构基因结合，抑制转录，起负调控作用。

（三）乳糖操纵子

当培养大肠杆菌的环境中同时存在葡萄糖和其他糖时，它首先利用葡萄糖，直到葡萄糖消耗完毕，大肠杆菌经过短暂适应后，才利用其他糖原，这种现象称为葡萄糖效应。

针对这种现象，F. Jacob 和 J. Monod 于 20 世纪 60 年代初提出了乳糖操纵子模型，该模型是原核生物基因转录调控机制的经典模型。

1. 乳糖操纵子结构 包括：①3 个相邻呈多顺反子转录的结构基因 lacZ、lacY 和 lacA，分别编码 β–半乳糖苷酶、β–半乳糖苷通透酶和 β–半乳糖苷乙酰转移酶；②操纵基因 lacO，阻遏蛋白的结合位点；③启动子 lacP；④分解代谢物基因激活蛋白结合位点（CAP 位点）。

CAP	lacP	lacO	lacZ	lacy	lacA

图 12 – 7 乳糖操纵子结构

2. 乳糖操纵子的阻遏调控 乳糖操纵子上游存在调节基因 lacI，表达阻遏蛋白 LacI。在没有乳糖存在时，LacI 与 lacO 高度特异性结合，亲和力是其他序列的 10^7 倍（平衡常数 2×10^{13}）。阻遏蛋白 LacI 的结合阻挡 RNA 聚合酶沿 DNA 移动，阻遏转录，使转录效率降低。当有乳糖存在时，乳糖被微量存在的 β–半乳糖苷酶催化水解，同时生成少量副产物别乳糖，别乳糖与阻遏蛋白 LacI 使其变构，不能与操纵基因结合，失去阻遏作用，结构基因开始转录，产生大量可分解乳糖的酶。

3. 乳糖操纵子的激活调控　大肠杆菌处于葡萄糖和乳糖均可作为碳源的环境中时，优先代谢葡萄糖，此时乳糖操纵子处于开放状态，但表达效率不高。这是因为乳糖操纵子的启动子 *lac*P 是一个弱启动子，RNA 聚合酶与之结合的效率很低，需要分解代谢物基因激活蛋白（CAP）来提高转录效率。

CAP 是一个同二聚体，氨基端具有与 cAMP 结合的结构域。羧基端含有螺旋—转角—螺旋基序，可以与 CAP 位点结合。CAP 必须与 cAMP 结合形成 CAP–cAMP 复合物，才能与 CAP 位点结合，促进基因转录。

细胞内 cAMP 的浓度受葡萄糖代谢的调节，当缺乏葡萄糖时，cAMP 浓度增高，CAP–cAMP 复合物水平高，结合到 *lac* 启动基因上游的 CAP 位点，激活 RNA 聚合酶，使转录效率增强约 50 倍。当葡萄糖充足时，cAMP 浓度低，CAP–cAMP 复合物水平低，与 CAP 位点的结合效应低，对乳糖操纵子的促进效应弱。

（四）翻译水平的调控

原核生物除了在转录水平的调控外，在翻译水平上也有调控。

1. mRNA 的稳定性　原核生物 mRNA 的半衰期短（多数为 2～3 分钟），降解 mRNA 的酶主要是 3′核酸外切酶，mRNA 3′端的发卡结构可以阻止外切核酸酶的降解，提高 mR-NA 的稳定性，提高翻译水平。

2. SD 序列　mRNA SD 序列与共有序列的差异，SD 序列与起始密码子的距离都影响翻译效率。

3. 翻译阻遏　大肠杆菌核糖体蛋白与其他参与复制、转录、翻译的部分蛋白由 20 多个操纵子编码，每个操纵子可以转录合成一种多顺反子 mRNA，翻译合成一组蛋白。游离的核糖体蛋白可以与顺反子 mRNA 结合，抑制核糖体蛋白和其他蛋白的进一步合成，这种在翻译水平上的阻遏调控称翻译阻遏。

4. 反义 RNA　是一类小分子单链 RNA，能够与特定的靶 mRNA 序列互补配对结合，形成一个双链区，阻遏复制、转录和翻译，促进 mRNA 降解。

四、真核基因表达的调节

真核生物基因表达调控具有时间特异性、空间特异性和条件特异性，即在特定时间、特定条件下激活特定细胞内的特定基因。真核生物基因表达调控包括染色质水平、转录水平、转录后加工水平、翻译水平、翻译后加工水平等环节，是一个多级调控过程，其中转录水平仍然是最主要的调控环节。

（一）真核生物基因表达调控的特点

转录效率与染色质结构变化有关　真核生物基因表达过程中构成染色质的 DNA 和蛋白质发生解离，暴露出特定的 DNA 序列。

☆ 考点提示

真核生物基因表达调控的特点

1. 转录后加工更复杂　真核生物 mRNA 前体是初级转录产物，只有经过加工之后才能成为成熟 mRNA，转录后加工过程是真核生物基因表达中必不可少的环节。

2. 转录和翻译时空隔离　真核生物的转录在细胞核中进行，加工成熟的 mRNA 被运转至细胞质中指导合成蛋白质，因此真核生物可以通过信号转导途径调控基因表达。

3. 瞬时调控与发育调控并存　瞬时调控又称可逆调控，是通过改变代谢物和激素水平，激起细胞内酶活性和其他特异蛋白质的水平来实现的，相当于原核生物针对环境变化所作出的反应。发育调控也称不可逆调控，真核生物的生长和分化按照特定程序严格调控，细胞的类型不同，所处的发育阶段不同，所表达基因的种类和数量也就不同。

4. 转录调控以正调控为主　真核生物 RNA 聚合酶对启动子的亲和力弱，必须依赖多种调控蛋白才能结合。因此，尽管真核生物的调控蛋白既有起正调控作用的激活蛋白，又有起负调控作用的阻遏蛋白，但以正调控为主。

（二）染色质水平的调控

染色质水平的调控稳定持久，其本质是改变 DNA 或染色质的结构。

1. 染色质活化　真核生物分裂间期染色质包括常染色质和异染色质，携带活性基因的 DNA 构成活性染色质，位于常染色质区，组蛋白含量少，结构疏松，对 DNase I 的敏感性增高，活性染色质上有很多 DNase I 超敏感位点，是调节蛋白的结合位点。

2. 组蛋白的修饰　组蛋白的甲基化、乙酰化和磷酸化等化学修饰会使组蛋白所带正电荷减少，构象改变，降低与 DNA 的亲和力，有利于 DNA 与调节蛋白及 RNA 聚合酶的结合，促进转录。

3. DNA 甲基化　甲基化改变 DNA 构象，导致染色质结构改变，并能影响调控序列与转录因子的结合。甲基化程度与基因转录呈负相关，即处于转录活化状态的基因的甲基化程度低。

4. 基因重排　是 DNA 水平的重要调控方式，基因重排可以使一个基因更换调控序列，例如把一个基因置于一个增强子或强启动子下，提高转录效率。

5. 基因扩增　指细胞为了适应生长环境需要，短时间内大量表达某一基因。

6. 染色质丢失　一些低等真核生物在细胞发育过程中丢失染色质或染色质片段，这些片段可能抑制某些基因的表达，在片段丢失后，相关基因表达。染色质丢失属于不可逆调控。

（三）转录水平的调控

真核生物的转录调控是通过反式作用因子和顺式作用元件的结合来完成的。

1. 顺式作用元件 是指对基因的转录启动和转录效率起调控作用的 DNA 序列，包括启动子、增强子和沉默子。

（1）启动子 真核基因启动子是指 RNA 聚合酶的结合位点及其周围的转录调控序列，包括起始子、TATA 盒、CAAT 盒、GC 盒、下游启动子元件等，真核生物启动子属于 II 类启动子。

（2）增强子 通过启动子来增强基因表达的调控序列。与启动子可以相邻、重叠或包含，它决定基因表达的时空性。增强子有以下特点：增强效应明显；对细胞和组织有很强的特异性，但对所作用的基因无特异性；增强子的效应与位置和方向无关；多含重复对称数列；增强子的作用具有协同性；增强子作用受环境信号影响。

（3）沉默子 抑制基因转录的调控序列。当沉默子与调控蛋白结合后，可使其附近的启动子失活，基因便不能表达。

2. 反式作用因子 是能直接或间接地识别并结合在顺式作用元件核心序列上，参与调控靶基因表达的蛋白质。分为三类：

（1）通用转录因子 帮助 RNA 聚合酶 II 与启动子结合并启动转录所必需的一组蛋白质，所有的结构基因的转录均需要通用转录因子。

（2）转录激活因子 通过蛋白质 – DNA、蛋白质 – 蛋白质相互作用促进转录的蛋白质因子。

（3）转录抑制因子 通过蛋白质 – DNA、蛋白质 – 蛋白质相互作用抑制转录的蛋白质因子。

3. 转录因子 包括特定的 DNA 结合域和转录激活或二聚化域。

（1）DNA 结合域 DNA 结合域通常由 60～90 个氨基酸残基组成，通过其分子表面上所包含的能直接或间接地与各顺式作用元件的基序，发挥调节作用。基序主要包括以下几种类型。

螺旋 – 转角 – 螺旋：蛋白质分子中的两个 α 螺旋通过一个 β 转角连接而成。螺旋 – 转角 – 螺旋结构通常以二聚体的形式结合于 DNA 相邻的两个大沟中。

锌指：锌指基序由氨基端的 2 个反向平行的 β 折叠和羧基端 1 个 α 螺旋组成。在锌指结构的 N – 端有两个相近的半胱氨酸，在 C – 端有一对相邻的组氨酸（或半胱氨酸），它们在空间上形成一个能容纳 Zn^{2+} 的洞穴，Zn^{2+} 与这 4 个氨基酸残基配位连接而形成手指样的形状。含锌指的蛋白称为锌指蛋白，不同锌指蛋白的氨基酸组成不同，识别和结合 DNA 序列的机制也不同。

（2）转录激活域 在真核生物中，反式作用因子转录激活域有以下几种类型：酸性激活域：酵母激活蛋白 Gal4 的 N 端有类锌指的 DNA 结合域，其转录激活域富含酸性氨基酸残基，称为酸性激活域，其激活功能由氨基酸残基的酸性而不是序列决定。富含谷氨酰胺的结构域：与启动子 GC 盒结合的蛋白 SP1 除了有锌指结构外，还有 2 个富含谷氨酰胺的转录激活域，其他转录因子也有富含谷氨酰胺域。富含脯氨酸的结构域：人转录激活因子 CTF，C 端有一个脯氨酸的含量高达 20% 以上的富含脯氨酸域。

（3）二聚化域　真核生物的很多调节蛋白常先形成二聚体，再通过 DNA 结合域与 DNA 结合，某些结构域是形成二聚体所必需的，称为二聚化域，这些二聚化域常包含亮氨酸拉链基序和螺旋 - 环 - 螺旋基序。

（四）转录后加工水平的调控

真核生物基因有外显子和内含子之分，基因转录后的加工等的调节也是基因表达调控的一个重要方面。

1. 加帽和加尾　mRNA 在转录后要在 5′端形成帽子结构，在 3′端加上 Poly（A）尾。

2. 选择性剪接　真核生物内含子和外显子是相对的，选择性地切除 mRNA 前体内含子，连接外显子的过程称选择性剪接。

3. 转运　只有 5% ~ 20% 的 mRNA 转运到细胞质中，留在细胞核里的 mRNA 有 50% 在 1 小时内被降解。mRNA 从细胞核向细胞质转运，证明受调控，但机制尚未阐明。

（五）翻译水平的调控

翻译水平的调控是真核生物基因表达多级调控的环节之一，同样十分重要。翻译水平的调控主要表现在控制 mRNA 的稳定性、蛋白质合成的起始和延长的调控，以及选择性翻译等。

（六）翻译后加工水平的调控

新合成的蛋白质需要进行一系列的加工才能成为有活性的蛋白质。蛋白质翻译后的加工也是基因表达调控的一种手段。翻译后的加工包括蛋白质的转运和定位、蛋白质磷酸化、乙酰化等化学修饰、蛋白质的剪切、蛋白质的折叠等。

本章小结

基因是具有遗传效应，能编码生物活性产物的 DNA 功能片段。遗传信息的传递方向归纳为中心法则，遗传信息的传递遵循 DNA→DNA（复制），DNA→RNA（转录），RNA→蛋白质（翻译）的基本规律。

DNA 复制是以亲代 DNA 为模板合成子代 DNA，并将遗传信息由亲代传给子代的过程。DNA 复制具有半保留性、高保真性、半不连续性和双向性等特点。DNA 复制是一个涉及多因素的复杂过程，有多种物质的参与，包括底物（dATP，dGTP，dCTP，dTTP）、模板（单股 DNA）、引物（寡核苷酸引物 RNA）、单链结合蛋白、酶类（DNA 聚合酶、解螺旋酶、拓扑异构酶、DNA 连接酶）等，并且受到精密调控。原核生物 DNA 的复制过程分为三个阶段：①复制起始阶段：亲代 DNA 从复制起点解链、解旋，形成复制叉；②复制延长阶段：前导链连续合成后，随链分段合成；③复制终止阶段。

逆转录也叫反转录，指遗传信息从 RNA 流向 DNA，是 RNA 指导下的 DNA 合成过程，即以 RNA 为模板，四种 dNTP 为原料，合成与 RNA 互补的 DNA 单链的过程。

DNA 的损伤包括碱基的置换、丢失，磷酸二酯键的断裂，两条链的交联等。引起 DNA 损伤的因素包括内部因素（复制错误、自发性损伤）和外部因素（物理因素、化学因素、生物因素）。损伤后的 DNA 必须及时修复，修复的方式有错配修复、直接修复、切除修复、重组修复和 SOS 修复。

转录是 RNA 的生物合成，即以 DNA 为模板，在 RNA 聚合酶的催化下，以 4 种 NTP（ATP、CTP、GTP 和 UTP）为原料，合成 RNA 的过程。原核生物只有一种 RNA 聚合酶，但有 6 个亚基，其中 $\alpha_2\beta\beta'\omega\sigma$ 5 个亚基合称为核心酶，σ 因子也可称为启动因子，这 6 个亚基结合后称全酶。真核生物存在三种不同的 RNA 聚合酶。原核生物转录过程分为起始、延伸、终止三个阶段。真核细胞核内经转录合成的 RNA（mRNA、tRNA、rRNA）分子或前体往往需要经过一系列化学修饰、剪接、添加等转录后加工过程，才能转变为成熟的 RNA 分子并具有生物学功能。

生命离不开蛋白质，机体以 mRNA 为模板，20 种编码氨基酸为原料合成蛋白质的过程称为翻译。蛋白质的生物合成是细胞内最为复杂的反应之一，除 20 种编码氨基酸作为蛋白质生物合成的基本原料外，还需要模板 mRNA、特异氨基酸搬运工具 tRNA、装配场所核糖体、有关的酶与蛋白因子、能源物质提供能量等。mRNA 含有 DNA 经转录而获得的遗传信息，每三个相邻核苷酸构成的三联体，称为密码子。密码子有 64 个，包括 1 个起始密码子，3 个终止密码子，其特点是方向性、连续性、通用性、简并性、摆动性。tRNA 是转运氨基酸的工具，一种氨基酸可以和几种不同的 tRNA 特异结合而转运，但一种 tRNA 只能转运一种氨基酸。rRNA 分子与多种蛋白质共同组成核糖体（核蛋白体），是蛋白质多肽链合成的场所，起"装配机"的作用。蛋白质的生物合成是一个由多种分子参与的复杂生命化学过程，基本过程包括氨基酸的活化与转运、肽链合成的起始、延长和终止以及翻译后的加工修饰等反应阶段。

基因表达调控包括：基因激活、转录起始、转录后加工、RNA 转运和降解、翻译起始、翻译后加工、蛋白质转运的调控。其中转录（尤其是转录起始）是最重要的调控环节。原核生物基因表达调控的特点：多以操纵子为单位进行转录；特异性由 σ 因子决定；正调控和负调控并存；转录和翻译偶联。原核生物转录水平的调控由 RNA 聚合酶、调控序列和调节蛋白决定。原核生物翻译水平上的调控包括 mRNA 的稳定性、SD 序列、翻译阻遏、反义 RNA。真核生物基因表达调控具有时间特异性、空间特异性和条件特异性，即在特定时间、特定条件下激活特定细胞内的特定基因。真核生物基因表达调控包括染色质水平、转录水平、转录后加工水平、翻译水平、翻译后加工水平等环节，是一个多级调控过程，其中转录水平仍然是最主要的调控环节。

考纲分析

根据历年考纲与真题分析，建议熟记复制、转录、翻译的概念和过程；遗传密码的概念及特点；基因表达与调控的概念，基因表达调控的分类；转录的调控机制。认识参与复制、转录、翻译的酶类；乳糖操纵子的结构。了解 DNA 的逆转录过程；转录后加工；蛋白质生物合成的加工修饰；DNA 结合域和转录激活域的结构特点。

复习思考

一、A 型选择题

1. 下列关于大肠杆菌 DNA 聚合酶 I 说法正确的是（　　）

    A. 具有 3′→5′核酸外切酶活性

    B. 具有 5′→3′核酸内切酶活性

    C. 是唯一参与大肠杆菌 DNA 复制的聚合酶

    D. dUTP 是它的底物之一

    E. 以双股 DNA 为模板

2. 下列不属于 DNA 损伤类型的是（　　）

    A. 重组　　　　B. 碱基丢失　　　　C. 主链断裂

    D. 错配　　　　E. 插入

3. 细胞内最普遍的修复机制是（　　）

    A. 错配修复　　　　B. 直接修复　　　　C. 切除修复

    D. 易错修复　　　　E. 重组修复

4. 在 DNA 复制中 RNA 引物的作用是（　　）

    A. 使 DNA 聚合酶Ⅲ活化　　　　B. 使 DNA 双链解开

    C. 为新合成的 DNA 链提供 3′OH　　　　D. 维持单链 DNA 的稳定性

    E. 为新合成的 RNA 链提供 3′OH

5. 冈崎片段是指（　　）

    A. DNA 模板上的 DNA 片段　　　　B. 随从链上合成的 DNA 片段

    C. 前导链上合成的 DNA 片段　　　　D. 引物酶催化合成的 RNA 片段

    E. 由 DNA 连接酶合成的 DNA

6. DNA 复制时，子代 DNA 的合成方式是（　　）

A. 两条链均为不连续合成   B. 两条链均为连续合成

C. 两条链均为不对称转录合成   D. 两条链均为 $3'{\rightarrow}5'$ 合成

E. 一条链 $5'{\rightarrow}3'$，另一条链 $3'{\rightarrow}5'$ 合成

7. 原核生物中下列哪种转录产物不需要进行转录后加工（　　　）

     A. mRNA   B. tRNA   C. 16srRNA

     D. 23srRNA   E. 5srRNA

8. 蛋白质合成时氨基酸的活化形式是（　　　）

     A. 肽酰 tRNA   B. 乙酰 tRNA   C. 丙酰 tRNA

     D. 脱酰 tRNA   E. 氨酰 tRNA

9. 原核生物翻译的起始过程中核糖体小亚基与 mRNA 上的哪种序列结合（　　　）

     A. 启动子序列   B. 起始密码子序列

     C. SD 序列   D. 编码区序列

     E. AT 序列

10. 成熟的真核生物 mRNA $5'$ 端具有（　　　）

     A. 多聚 A   B. 帽结构   C. 多聚 C

     D. 多聚 G   E. 多聚 U

11. 以 RNA 作模板，催化合成 cDNA 第一条链的酶是（　　　）

     A. 逆转录酶   B. 端粒酶   C. 末端转移酶

     D. 反转录病毒   E. 噬菌体病毒

12. 绝大多数基因的起始密码子序列是（　　　）

     A. AUG   B. UAG   C. GUA

     D. UAG   E. UGA

13. 乳糖操纵子中，能结合别乳糖（诱导物）的物质是（　　　）

     A. AraC   B. cAMP   C. 阻遏蛋白

     D. 转录因子   E. CAP

14. 顺式作用元件是指（　　　）

     A. 具有转录调节功能的蛋白质   B. 具有转录调节功能的 DNA 序列

     C. 具有转录调节功能的 RNA 序列   D. 具有转录调节功能的 DNA 和 RNA 序列

     E. 具有转录调节功能的氨基酸序列

15. 不属于原核生物基因转录的调节蛋白是（　　　）

     A. σ 因子   B. 阻遏蛋白   C. 激活蛋白

     D. 共调节因子   E. 转录起始因子

二、思考题

1. DNA 复制过程中如何维持高保真性？

2. 遗传密码的概念及特点。

3. 基因表达调控有哪些形式。

扫一扫，知答案

扫一扫，看课件

肝的生物化学

【学习目标】

1. 掌握生物转化、黄疸的概念，胆汁酸的生成，胆色素的代谢。

2. 熟悉肝在物质代谢中的作用，生物转化的反应类型与影响因素，胆汁酸的功能。

3. 了解胆汁酸的肠肝循环。运用肝在物质代谢中的作用解释肝功能指标，运用胆色素代谢进行黄疸的鉴别。

肝脏是人体内最大的实质性器官，也是体内最大的腺体，成年人肝脏的重量约1.5公斤，占体重的2.5%。肝脏约含2.5×10^{11}个肝细胞，组成50万～100万个肝小叶。肝脏的化学物质主要包括水70%、蛋白质15%、糖原5%、磷脂2.5%、脂肪2%等。肝脏具有复杂而强大的代谢功能，是人体物质代谢的枢纽，在人体糖、脂、蛋白质、维生素、激素等物质代谢中均起着极其重要的作用。此外，肝脏还有分泌、排泄、生物转化等方面的功能。

肝脏之所以能成为物质代谢枢纽，与其特殊的组织结构和化学组成特点密切相关。①双重血供：肝脏接受肝动脉和门静脉的双重血液供应，既可以从肝动脉的体循环血液中接受由肺运来的氧气及其他组织运来的代谢产物，又可以从门静脉之血液中获得大量由肠道吸收的营养物质。②血窦丰富：肝脏还有丰富的血窦，使肝细胞与血液的接触面积扩大，同时血液流速减慢又使肝细胞有充足的物质交换时间。③双重输出：肝静脉与体循环相连；胆道系统与肠道相通，将肝脏分泌的胆汁排入肠腔，以助脂类的消化吸收，同时随胆汁排出一些代谢产物或毒物。④亚细胞结构丰富：肝细胞含有丰富的线粒体，为活跃的代谢活动提供足够的能量；肝细胞还有丰富的内质网、高尔基体和大量的核糖体，是肝脏合成蛋白质，进行生物氧化、生物转化的重要条件。⑤酶类丰富：肝细胞中还含有各种活性较高及完备的酶体系，使其代谢十分活跃，并且部分酶只有肝脏才有，使其除了具备一般细胞所具有的代谢途径外，还具有一些特殊的代谢功能。所以在全身物质代谢及生物转化等多种代谢中起着特别重要的作用。

第一节　肝在物质代谢中的作用

一、肝在三大营养物质代谢中的作用

（一）肝脏在糖代谢中的作用

肝脏在糖代谢中最重要的作用是维持血糖浓度的相对恒定，从而确保全身各组织特别是大脑和红细胞的能量供应。

肝脏主要通过糖原合成、糖原分解和糖异生来保持血糖浓度的相对恒定。当肝功能受到严重损害时，饥饿－进食循环过程中血糖浓度会出现较大的波动，不仅进食后血糖浓度大幅升高，耐糖能力下降，空腹时更容易出现低血糖现象。

知 识 链 接

　　进食以后，自肠道吸收进入肝门静脉的血液中的葡萄糖浓度升高，当门静脉血液进入肝脏后，肝细胞迅速摄取葡萄糖，并将其合成的肝糖原储存起来，避免血糖浓度过度升高（过多的葡萄糖可以在肝内转变为脂肪；肝脏的磷酸戊糖途径也可以加速，以增加血糖的去路）。肝糖原的储存量可达 $75 \sim 100g$，约为肝重的 5%。空腹时，随着循环血糖浓度下降，肝糖原逐渐分解为 6－磷酸葡萄糖，并在葡萄糖－6－磷酸酶催化下，生成葡萄糖以补充血糖。葡萄糖－6－磷酸酶是糖原分解为葡萄糖所必需的酶，肝脏中含量丰富，而肌肉却无该酶活性。因此，尽管肌肉组织中含有丰富的糖原，但其糖原分解后不能生成葡萄糖，故没有直接补充血糖的作用。糖原的储备有限，一般在空腹十多小时后，绝大部分已被消耗掉，糖原分解的速度越来越慢，此时糖异生便成为血糖的主要来源。肝脏含有丰富的糖异生酶类，能催化某些非糖物质，如甘油、乳酸、氨基酸等异生成糖。禁食一两天后，肝脏的糖异生作用可达最大速率。此间，糖异生的原料主要来自肌肉蛋白质分解出的生糖氨基酸。另一方面，饥饿状态下，肝还可将脂肪动员所释放的脂肪酸氧化成酮体，供大脑利用以节省葡萄糖，这也可间接地维持血糖浓度的相对恒定。

（二）肝脏在脂代谢中的作用

肝脏在脂类的消化、吸收、分解、合成和运输中都起着重要的作用，是全身脂类代谢的中心。

☆考点提示

肝脏功能损害的患者应有哪些症状、体征及实验室检查异常？

1. 分泌胆汁，促进脂质的消化和吸收　肝脏将胆固醇转化为胆汁酸并进而生成和分泌胆汁。胆汁中的胆汁酸盐可乳化脂质，有促进脂类消化吸收的作用。当肝脏受损时，分泌胆汁能力下降；胆道梗阻时，胆汁排出障碍，均会出现脂质消化吸收不良，临床上可出现厌油及"脂肪泻"等症状。

2. 生成酮体，为肝外组织输送能源　肝脏是体内酮体生成的唯一器官。肝脏中甘油三酯和脂肪酸的分解代谢旺盛，是脂肪酸氧化的重要场所。饥饿时，肝脏大量摄取脂库中脂肪动员所释出的脂肪酸，经 β－氧化并利用肝脏特有的酶系生成酮体。此时，酮体可部分替代血糖，通过血液运往肝外组织进一步氧化，成为脑、心肌、骨骼肌等组织的重要能源。持续饥饿时大脑所需能量的 60%～70% 来自酮体。

3. 合成甘油三酯、磷脂和胆固醇，并以脂蛋白形式分泌入血，供其他组织摄取与利用　肝脏是各种脂类和血浆脂蛋白合成的主要场所。饱食后，肝脏能利用糖及某些氨基酸合成甘油三酯、磷脂和胆固醇，并以合成高密度脂蛋白（HDL）和极低密度脂蛋白（VLDL）的形式分泌入血，供肝外组织、器官摄取利用。

人体内脂肪酸和甘油三酯主要在肝细胞液中合成，其合成能力是脂肪组织的 9～10 倍。甘油三酯合成后以 VLDL 的形式输出，供其他组织利用。包括运至脂肪组织储存。

肝是合成胆固醇最旺盛的器官，人体中 80% 以上内源性胆固醇来自肝脏合成，是血浆胆固醇的主要来源。肝也是胆固醇转化排泄的重要器官，肝可将胆固醇转化为胆汁酸，随胆汁排入肠腔。肝还合成并分泌卵磷脂－胆固醇酯酰基转移酶（LCAT），可催化胆固醇转化为胆固醇酯。肝严重损伤时，影响胆固醇的合成而且影响 LCAT 的生成，除了可能出现血浆胆固醇下降外，血浆胆固醇酯的降低往往出现得更早、更明显，因此常常出现血浆胆固醇酯/胆固醇比值下降及脂蛋白电泳谱的异常。

肝脏中磷脂的合成也非常活跃，尤其是合成磷脂酰胆碱。如果磷脂的合成发生障碍，不仅影响到磷脂的代谢平衡，还会直接影响肝脏中 VLDL 的合成和分泌。若肝脏中合成甘油三酯的量超过其合成与分泌 VLDL 的能力，就会导致肝中脂肪沉积，造成脂肪肝。肝合成磷脂酰胆碱需要胆碱或以 SAM 作为甲基供体合成胆碱，所以食物中的胆碱或甲硫氨酸可防止脂肪肝。

知 识 链 接

　　脂肪肝是一种常见的临床现象，而非独立的疾病。营养不良或长期饮酒者，以及由于其他原因使肝脏脂代谢功能发生障碍，导致脂类物质的运输障碍，动态平衡失调，脂肪在肝组织内储存量在5%以上，或在组织学上有50%以上的肝细胞脂肪化时，即称为脂肪肝。

　　HDL及其中所含的载脂蛋白CⅡ也是肝细胞合成的。载脂蛋白CⅡ可激活组织毛细血管内皮细胞表面的脂蛋白脂肪酶（LPL）。后者可促进脂蛋白中的甘油三酯水解，在脂蛋白代谢中发挥重要作用。

　　此外，肝脏还是LDL降解的主要器官，肝细胞膜上有LDL受体，能特异地结合LDL，并将其吞入肝细胞内降解。

（三）肝脏在蛋白质代谢中的作用

　　肝脏的蛋白质代谢极其活跃，蛋白质的更新速度远高于其他组织，是体内蛋白质合成、分解及氨基酸代谢的重要场所。主要体现在以下几个方面：

1. 合成并分泌血浆蛋白质，发挥重要的生理功能　　肝脏不仅合成肝细胞自身的结构蛋白，还合成并分泌90%以上的血浆蛋白质（表13-1）。除 γ - 球蛋白以外，几乎所有的血浆蛋白质均来自于肝，其中合成量最多的是清蛋白，成人每日合成量约12g，几乎占肝脏合成蛋白质总量的1/4。清蛋白在维持血浆胶体渗透压中起着重要作用。肝功能减退时，血清总蛋白下降，尤其清蛋白合成与分泌明显减少，而球蛋白含量相对增加，可导致血浆中清蛋白与球蛋白含量的比值（A/G）下降，甚至倒置；同时絮状凝集试验阳性。临床上常以此作为肝病的辅助诊断指标之一。

表13-1　肝分泌的部分血浆蛋白质

蛋白质	血浆浓度（mg/L）	主要生理功能
清蛋白	35000～55000	维持渗透压、运输作用、营养作用
α_1 - 酸性糖蛋白	550～1400	参与炎症应答
α_1 - 抗胰蛋白酶	2000～4000	抑制丝氨酸蛋白酶
甲胎蛋白	胎儿血中存在	胚胎性蛋白
α_2 - 巨球蛋白	1500～4200	抑制丝氨酸蛋白酶
抗凝血酶Ⅲ	170～300	抑制丝氨酸蛋白酶
铜蓝蛋白	150～600	运输铜离子，Fe^{2+}氧化酶活性

续　表

蛋白质	血浆浓度（mg/L）	主要生理功能
C 反应蛋白	< 10	参与炎症应答
纤维蛋白原	2000 ~ 4500	参与凝血
结合珠蛋白	1000 ~ 2200	结合血红蛋白
血液结合素	500 ~ 1000	结合血红素

此外，肝功能严重障碍时，血浆中许多凝血因子含量降低，常常导致血液凝固功能障碍。

知 识 链 接

胚胎期肝细胞还可合成一种与血浆清蛋白分子量相似的甲胎蛋白（α–feto-protein，α–FP），胎儿出生后其合成受到阻遏，正常人血浆中几乎没有这种蛋白质。原发性肝癌患者，癌细胞中编码甲胎蛋白的基因去阻遏，此时血浆中可检测出这种蛋白质，故甲胎蛋白的检测对肝癌的诊断有一定的意义。

2. 分解血浆蛋白质　另一方面，肝脏也是清除血浆蛋白质的重要器官（清蛋白除外），很多激活的凝血因子和纤溶酶原激活物等也由肝细胞清除，说明肝脏在凝血和抗凝血过程中都发挥重要作用，肝功能严重障碍也有可能会诱发弥漫性血管内凝血（DIC）。

3. 活跃的氨基酸代谢　肝细胞内有关氨基酸代谢的酶类远比其他组织丰富，氨基酸的转氨基、脱氨基、脱羧基及个别氨基酸的特异代谢都非常活跃，是氨基酸代谢的主要场所。当肝细胞受损时，细胞内的功能酶便会释放入血，导致血浆中相应的酶活性升高。临床常选择某些肝脏特异分布的酶类，测定它们在血浆中活性的异常增高，作为诊断肝脏疾病的指标。如肝细胞内转氨酶含量较高，特别是丙氨酸转氨酶（ALT）活性较其他组织高，当肝细胞受损时，ALT 逸出。因此，可以将血清中 ALT 活性升高作为诊断肝炎的敏感性指标之一。

4. 合成尿素，解除氨毒　肝脏具有合成尿素的一系列酶，通过鸟氨酸循环将有毒的氨合成无毒的尿素是肝脏的特异功能。严重肝病患者，肝合成尿素的能力下降，可使血氨浓度升高，导致肝性脑病的发生，临床出现肝昏迷。

此外，肝脏也是胺类物质解毒的重要器官。

二、肝在激素、维生素代谢中的作用

（一）肝脏在激素的灭活作用中发挥主要作用

肝脏是体内类固醇激素、蛋白质激素、儿茶酚胺类激素灭活的主要场所。所谓灭活作用是指激素在其发挥调节作用之后，被分解转化（主要在肝内），从而降低或失去活性。激素灭活过程是体内调节激素作用时间长短和强度的重要方式之一。严重肝脏疾病时，可使激素灭活作用受到影响，体内雌激素、醛固酮、抗利尿激素等水平升高，临床上可能出现男性乳房发育、蜘蛛痣、肝掌（雌激素有扩张小动脉的作用）、面部色素沉着以及水 - 钠潴留等现象。

（二）肝脏在维生素的吸收、贮存、运输、转化等方面具有重要作用

1. 肝脏所分泌的胆汁酸可促进脂溶性维生素 A、维生素 D、维生素 E、维生素 K 的吸收。并且肝脏也是这些脂溶性维生素和维生素 B_{12} 的贮存场所。因此肝胆系统疾病常伴有维生素代谢障碍。

2. 多种维生素在肝内转化为活性形式，包括合成辅酶。如使维生素 A 原（β - 胡萝卜素）转化成维生素 A；维生素 B_1 转化成焦磷酸硫胺素（TPP）；维生素 B_6 转化成磷酸吡哆醛；维生素 PP 转变为辅酶 I（NAD^+）和辅酶 II（$NADP^+$）；泛酸转变为辅酶 A 等。

此外，肝还可以合成维生素 D 结合球蛋白和视黄醇结合蛋白，通过血液循环运输维生素 D 与维生素 A。

第二节　肝的生物转化作用

一、生物转化的概述

（一）生物转化的概念

人体内存在一些非营养性物质，它们既不是构成组织细胞的原料，又不能为机体提供能量，以及机体不再需要其生理活性的物质。其中许多物质对机体有一定的异常生物活性或毒性作用。非营养性物质大多呈脂溶性，不易直接排泄清除。机体在排出这些物质以前，利用多种酶的催化作用使之发生各种代谢转变，一方面可以降低其活性以保护机体，而更重要的是使其极性增强，水溶性增高，易于溶解在尿液或胆汁中排出体外，达到清除目的。非营养性物质在排出体外之前，经过肝脏等器官进行的一系列化学转变，使其极性增加及水溶性增强从而易于排出体外的过程称为生物转化作用（Biotransformation）。

☆考点提示

生物转化的概念及意义

（二）非营养物质的来源

进行生物转化的非营养性物质，根据其来源不同分为两大类：

1. 内源性非营养物质 来自体内自身物质代谢所产生的中间产物或代谢废物，包括一些生物活性物质及有毒的代谢产物，如氨、胺、胆红素、激素、神经递质等。

2. 外源性非营养物质 来自体外的各种非营养性化学物质，是人体在日常生活中不可避免接触的异源物（Xenobiotics），如药物、毒物、食物添加剂、环境污染物等。

（三）生物转化的部位

肝脏是生物转化作用的主要器官。在肝细胞的微粒体、胞浆、线粒体等部位都存在多种与生物转化有关的酶类。其他组织如肾、胃肠道、肺、皮肤及胎盘等也有一定的生物转化功能，但以肝脏生物转化能力最强大、最重要。

（四）生物转化的意义

生物转化是对机体自身的一种保护作用。机体通过对非营养性物质的改造，使转化产物的极性增强、溶解度增加，有利于从尿液或胆汁排出体外。另一方面，通过生物转化使生理活性物质、药物或毒物等原有的活性或毒性，在大多数情况下都会降低或消失（灭活作用与解毒作用）。简言之，生物转化的意义就在于灭活、解毒、清除以及自我保护，从而使机体生存环境得以稳定。

但是，某些物质经过生物转化之后，其毒性反而增加或溶解度反而下降从而不易排出体外。以药物的生物转化为例，尽管多数药物在体内代谢后活性减弱或消失，但也有些药物的活性是从无到有的，如环磷酰胺、水合氯醛等就是经过肝的生物转化作用后才成为有活性的药物。有些"毒物"也是在生物转化后成为毒物的，例如苯并芘，本身没有直接致癌作用，反而是经过肝的生物转化后变成了致癌物。黄曲霉素亦是经转化后才具有致癌作用的。所以不能将生物转化作用简单地看作是"解毒作用"。尤其对于外来化合物（异源物）而言，肝脏的生物转化具有解毒与致毒两重性的特点，所以在应用化学药物和其他化学品时，对其可能出现的生物转化后的风险必须足够重视。

二、生物转化的类型

肝的生物转化过程可概括为两相反应：即第一相反应和第二相反应，具体形式包括氧化、还原、水解、结合四种反应。其中氧化、还原、水解反应属于第一相反应，在原有分子上直接使其基团增加一定极性或使其分子缩小，是生物转化反应的第一阶段。紧随其后所发生的结合反应就是所谓的第二相反应，是生物转化的第二阶段。有的物质经过第一相反应就已经充分代谢或被迅速排出体外，不再进行结合反应。但更为常见的情况是，有许多物质在经过第一相反应后，极性的改变仍不大，必须与某些极性更强的物质（如葡萄糖醛酸、硫酸、氨基酸等）结合，增加其溶解度，或者甲基化、乙酰化等改变其反应性（降低活性，增加化学稳定性），才最终排出。

☆考点提示

生物转化的反应类型

知 识 链 接

解热镇痛药非那西汀是一种中性脂溶性化合物，它在人体内的生物转化就需要连续地进行第一相反应和第二相反应。首先在肝微粒体酶系作用下氧化脱乙基生成乙酰氨基苯酚（即扑热息痛），在苯环上出现了一个酚羟基，增加了极性，但酸性很弱（pKa 为 10），在 pH 值 7.4 的血浆中仅 0.25% 呈解离状态，未解离型难溶于水，不易排出。所以，乙酰氨基苯酚需再与极性很强的葡萄糖醛酸结合，生成乙酰氨基苯 β – 葡萄糖醛酸苷，此结构中所含羧基的 pKa 为 3.5，在血液中有 99% 以上解离呈离子状态，同时结构中又具有多个极性羟基，所以水溶性大，容易随尿排出。

肝的生物转化反应的类型及所含酶类见表 13 – 2。

表 13 – 2　生物转化反应的一般类型及所含酶类

反应类型	酶类	辅酶或结合物	细胞内定位
第一相反应			
氧化	单加氧酶系	$NADPH + H^+$、O_2、P_{450}	微粒体
	胺氧化酶	黄素辅酶	线粒体
	脱氢酶类	NAD^+	胞液或线粒体
还原	硝基还原酶类	$NADH + H^+$、$NADPH + H^+$	微粒体
	偶氮还原酶类	$NADH + H^+$、$NADPH + H^+$	微粒体
水解	脂类水解酶		胞液或微粒体
	酰胺水解酶		胞液或微粒体
	糖苷水解酶		胞液或微粒体
第二相反应			
结合	转葡糖醛酸酶	活性葡糖醛酸（UDPGA）	微粒体
	转硫酸酶	活性硫酸	胞液
	谷胱甘肽转硫酶	谷胱甘肽	胞液与线粒体
	乙酰基转移酶	乙酰 CoA	胞液
	甲基转移酶	S – 腺苷蛋氨酸	胞液与线粒体

（一）氧化反应

1. 微粒体单加氧酶系　单加氧酶系是肝脏中氧化异源物最重要的酶，存在于肝细胞的微粒体中，与大多数药物及毒物的代谢有关。该酶系有 NADPH – 细胞色素 P_{450} 还原酶参与，酶的特异性不高，作用对象很多。可以催化多种化合物（如药物、毒物和类固醇激素等）的芳香族环及其侧链烃基的羟化，以及脂肪族烃基的羟化。单加氧酶又称羟化酶或混合功能氧化酶（MFO）。

单加氧酶系的羟化作用不仅增加药物、毒物的水溶性，促使其排泄清除，而且也参与体内许多物质的羟化过程，如维生素 D_3 羟化成为具有生物学活性的维生素 D_3，参与胆汁酸、肾上腺皮质激素和性激素的合成等。此酶能诱导合成，如长期服用安眠药苯巴比妥的病人，由于此酶被诱导合成，使药物代谢速率加快，增加病人对异戊巴比妥、氨基比林等其他多种药物的耐受能力。

2. 线粒体单胺氧化酶系　单胺氧化酶（MAO）主要是氧化脂肪族和芳香族胺类，存在于肝细胞的线粒体中，是一种黄素蛋白。蛋白质腐败作用产生的胺类物质，如组胺、酪胺、色胺、尸胺、腐胺等，以及一些拟肾上腺素能药物如 5 – 羟色胺、儿茶酚胺类等均可在单胺氧化酶作用下氧化脱氨基生成相应的醛类，使其丧失活性。

3. 脱氢酶系　此酶存在于肝细胞胞质及线粒体中，以 NAD^+ 为辅酶，包括醇脱氢酶和醛脱氢酶，分别催化醇类氧化生成醛，醛类氧化生成酸。如乙醇在醇脱氢酶催化下氧化成乙醛，继在醛脱氢酶催化下最终被氧化成乙酸。

知识链接

饮酒的代谢过程就与脱氢酶系有关：乙醇作为饮料和调味剂广为利用，人类摄入乙醇后可被胃、肠道迅速吸收。乙醇吸收后仅有少量可以不经转化就从肺和肾排出体外，90% ~98% 在肝进行生物转化，相继被氧化为乙醛和乙酸。

人体参与乙醇代谢的醇脱氢酶（ADH）主要有 3 种：ADH – Ⅰ 对乙醇的亲和力最大；ADH – Ⅱ 和 ADH – Ⅲ 对乙醇的亲和力较小，在乙醇浓度很高时才能充分发挥作用。

长期饮酒可使肝内质网增生。大量饮酒或慢性乙醇中毒除经醇脱氢酶氧化外，还可启动肝微粒体乙醇氧化系统（MEOS）。MEOS 是乙醇 – 细胞色素 P_{450} 单加氧酶，只在血中乙醇浓度很高时起作用，产物是乙醛。MEOS 不但不能利用乙醇氧化产生 ATP，反而增加肝对氧和 NADPH 的消耗，造成肝内能量的耗竭；同时该氧化系统催化产生的羟乙基自由基，可进一步促进脂质过氧化，加重对肝的损害。

乙醇经上述代谢途径氧化生成的乙醛，90%以上在醛脱氢酶（ALDH）的催化下氧化成乙酸而解毒。人体内的醛脱氢酶在肝中活性最高，也有3种同工酶：按ALDH的基因型分为正常纯合子、无活性纯合子（完全缺乏ALDH活性）及两者的杂合子（部分缺乏ALDH活性）3型。东方人三种基因型的分布比例是45：10：45。另外，值得关注的是，约有30%～40%的东方人ALDH基因有变异，部分人群ALDH活性低下，饮酒后乙醛在体内堆积，引起血管扩张、面部潮红、心动过速、脉搏加快等反应。缺乏ALDH活性，代谢产生的乙醛可能直接造成肝损害。

知 识 链 接

1. 酒不能当饭吃！酒虽为粮食所酿，但在肝中代谢时不仅不能提供能量，反而会给肝的能量代谢造成障碍，增加肝脏的代谢负担；

2. 酒精代谢的中间产物有毒，大量、长期过量饮酒都会直接损害肝脏；

3. 有的人由于代谢原因不能饮酒；

4. 严重酒精中毒可引起酸中毒、电解质平衡紊乱及低血糖。

（二）还原反应

肝细胞微粒体中含有还原酶系，主要有硝基还原酶和偶氮还原酶类，它们以NADH为供氢体，分别催化硝基化合物和偶氮化合物还原成有机胺。硝基化合物和偶氮化合物常见于食品防腐剂、工业试剂、食品色素、化妆品等，其中有些可能是前致癌物。

（三）水解反应

肝细胞的胞质和微粒体中含有多种水解酶类，主要有脂酶、酰胺酶和糖苷酶，分别水解酯键、酰胺键、糖苷键。如局部麻醉药普鲁卡因可在酯酶的催化下水解失活、普鲁卡因酰胺可在酰胺酶的催化下水解失活，它们的麻醉作用维持时间与水解速率有关。普鲁卡因水解速率快，注射后迅速失效，而普鲁卡因酰胺水解较慢，故可以维持较长的作用时间。

（四）结合反应

有些药物或毒物经上述氧化、还原或水解以后，极性仍不够强，常需进行结合反应才能完成生物转化作用。结合反应是第二相反应，或者说是反应进行的第二阶段。有些脂溶性化合物经第一相反应后，分子极性变化不够大，还需进一步与体内一些极性较强的物质或化学基团（内源性结合剂）结合，才能使它们的极性、溶解度和生物学活性发生明显变化。常见的内源性结合剂有葡糖醛酸、硫酸、乙酰基、谷胱甘肽和甲基等，其中以葡糖醛酸的结合反应最重要、最普遍。

1. 葡糖醛酸结合反应　葡糖醛酸结合反应是最重要、最普遍的结合反应。肝细胞微粒体中有非常活跃的葡糖醛酸基转移酶，它以尿苷二磷酸葡糖醛酸（UDPGA）为供体，催化含有醇、酚、胺及羧基等极性基团的化合物与之结合，使其毒性降低，极性增加，易排出体外。胆红素、类固醇激素等代谢产物均在肝与葡糖醛酸结合，进而排出体外。

2. 硫酸结合反应　硫酸结合也是常见的结合反应，以 3′- 磷酸腺苷 5′- 磷酸硫酸（PAPS）为活性硫酸供体，在肝细胞液中的硫酸基转移酶的催化下，将硫酸基转移到醇、酚和芳香胺类化合物的分子上，生成硫酸酯。例如，雌酮通过硫酸酯的形式灭活和排泄。

3. 乙酰基结合反应　乙酰基结合反应是某些含活性氨基的非营养物质的重要转化反应。乙酰辅酶 A 是乙酰基的直接供体。在肝细胞液中乙酰基转移酶催化下，乙酰基与各种芳香胺化合物（如苯胺、磺胺、异烟肼等）的氨基结合，形成乙酰基化合物，降低其活性。例如，抗结核药物异烟肼在肝内乙酰化而失去活性。

知 识 链 接

　　磺胺类药物也是通过乙酰化反应灭活，但磺胺药物经乙酰化后，溶解度反而降低，在酸性尿中易析出，严重时可能造成尿路结石。所以服用磺胺类药物的同时，可口服适量的小苏打碱化尿液，以提高其溶解度，同时还要多喝水以增加尿量，使之易于排泄清除。

4. 谷胱甘肽结合反应　谷胱甘肽结合反应主要参与对致癌物、环境污染物、抗肿瘤药物以及内源性活性物质的生物转化。谷胱甘肽 S - 转移酶分布在肝细胞质中，可催化谷胱甘肽（GSH）与环氧化合物和卤代化合物结合，生成谷胱甘肽结合物，然后随胆汁排出体外。

5. 甲基化反应　甲基化反应不仅是代谢内源化合物的重要反应，也是代谢异源物的重要反应。在肝细胞中存在各种甲基转移酶，以 S - 腺苷甲硫氨酸（SAM）为甲基的直接供体，催化含氧、氮、硫等活性基团的化合物的甲基化。某些胺类生物活性物质或药物常常通过甲基化的方式而灭活。

三、生物转化的特点

☆**考点提示**

生物转化的特点及影响因素

（一）生物转化反应的连续性

生物转化的反应过程往往相当复杂，一种物质常需要连续进行几种反应，产生几种产物。一般先进行第一相反应，但极性改变仍不够大时，必须再进行第二相反应，极性进一步增强才能排出体外。

（二）生物转化反应类型的多样性

同一类或同一种物质在体内可进行多种不同的生物转化反应，产生不同的产物。例如，乙酰水杨酸水解生成水杨酸，水杨酸既可与甘氨酸反应，又可进行氧化反应，还可与葡糖醛酸结合。

（三）解毒与致毒的双重性

生物转化后，多数物质毒性减弱或消失，生物学活性消失，但有些物质经过生物转化后毒性反而增强，生物学活性增高。例如，前面提及的苯并芘本身无致癌作用，进行生物转化后，形成环氧化物，便能与核酸分子中的鸟嘌呤结合而发挥致癌作用。环氧化物需经过进一步生物转化才能排出体外。

四、影响生物转化的因素

生物转化受年龄、性别、营养、疾病、遗传因素及诱导物或抑制物等多种因素的影响。

年龄对生物转化作用的影响非常显著。肝脏的生物转化能力有一个发育的过程，新生儿肝中生物转化酶系还未发育完善，对药物、毒物的耐受力差，易发生药物中毒。老年人肝重量和肝细胞数量明显减少，对氨基比林、保泰松等药物转化能力差。例如，保泰松的半衰期在青年人为 81 小时，老年人则为 105 小时。因此老年人长时间服用某些药物会出现药效过强，副作用增大的情况，应适当降低用药剂量。但老年人肝中非微粒体酶活性不降低，如醇脱氢酶、乙酰基移换酶，故乙醇和普鲁卡因等代谢速率并不减慢。

生物转化除受年龄影响外还受性别影响，譬如氨基比林在男性体内的半衰期约为 13.4 小时，而女性只有 10.3 小时，说明女性对氨基比林的转化能力比男性强。女性体内醇脱氢酶活性高于男性，对乙醇的代谢能力也比男性强。但是应该注意到妊娠晚期妇女的生物转化能力普遍降低。

药物或毒物可诱导有关酶的合成。例如，长期服用苯巴比妥和甲苯磺丁脲的病人除对该药的转化能力增强外，对非那西汀、氯霉素、氢化可的松的转化能力也大大加强。另外，许多物质的生物转化常受同一酶系催化，因而同时服用几种药物，可发生药物对同一酶系的竞争性抑制作用，使药物的生物转化速率降低，引起药物的协同作用。例如，保泰松可抑制双香豆素的代谢，增强双香豆素的抗凝血作用，易发生出血现象。

由于多数药物是在肝中进行转化的，所以当肝功能低下时，生物转化能力下降，药物灭活速率降低，药物的治疗剂量和中毒剂量之间差距减小，因此，对肝病病人用药应慎重。同时应注意选择药物，掌握剂量，避免加重肝脏的负担。

第三节　胆汁与胆汁酸代谢

一、胆汁

肝细胞具有分泌胆汁（Bile）的功能。临床上把胆汁分为胆总管胆汁（胆汁甲或 A）、胆囊胆汁（胆汁乙或 B）、肝胆汁（胆汁丙或 C）和十二指肠液（胆汁丁或 D）四种。人的胆汁有苦味。

表 13 - 3　正常胆汁的一般性状

一般性状	甲（A）液	乙（B）液	丙（C）液	丁（D）液
量（mL）	10 ~ 20	30 ~ 60	300 ~ 700	10 ~ 20
颜色	金黄色	黄棕或深褐色	柠檬黄色	无色、灰白或淡黄色
性状	透明、略黏稠	透明、较黏稠	透明、略黏稠	透明或微混、黏稠
PH	7.0	6.8	7.4	7.6
比密	1.009 ~ 1.013	1.026 ~ 1.032	1.007 ~ 1.010	—

胆汁中的成分除水外，主要成分为胆汁酸、胆固醇及胆红素，其中胆汁酸的含量最高，其中胆汁酸含量占总固体物质的 1/2 左右。胆汁中的各种胆汁酸均以钠盐形式存在，所以一般将胆汁酸（Bile acids）与胆汁酸盐（Bile salts）当作同义词使用。胆汁中其他成分多为排泄物，进入机体的药物、毒物、染料及重金属盐等物质亦可随胆汁排出。因此，胆汁既是一种消化液，对脂类的消化吸收有促进作用，又可作为排泄液，将体内某些代谢产物及外源物质运输至肠，随粪排出。

二、胆汁酸

（一）胆汁酸的种类

胆汁酸按其生成部位及原料不同可分为初级胆汁酸和次级胆汁酸两大类，同时又按其是否与甘氨酸或牛磺酸结合，可分游离型胆汁酸和结合型胆汁酸。人胆汁中的胆汁酸以结合型为主。均以钠盐或钾盐的形式存在，即胆汁酸盐，简称胆盐。

☆考点提示
胆汁酸的种类、肠肝循环及生理意义

现将胆汁酸分类总结如下：

$$
胆汁酸
\begin{cases}
初级胆汁酸
\begin{cases}
初级游离胆汁酸
\begin{cases}
胆酸\\
鹅脱氧胆酸
\end{cases}\\
初级结合型胆汁酸
\begin{cases}
甘氨酸胆酸\\
甘氨鹅氧胆酸\\
牛磺胆酸\\
牛磺鹅脱氧胆酸
\end{cases}
\end{cases}\\
次级胆汁酸
\begin{cases}
次级结合型胆汁酸
\begin{cases}
脱氧胆酸\\
石胆酸
\end{cases}\\
次级结合型胆汁酸
\begin{cases}
甘氨脱氧胆酸\\
牛磺脱氧胆酸
\end{cases}
\end{cases}
\end{cases}
$$

胆固醇在肝细胞内转化生成的胆汁酸为初级胆汁酸（Primary bile acids），后者分泌到肠道后受肠道细菌作用生成的产物为次级胆汁酸（Secondary bile acids）。

肝细胞生成的初级游离胆汁酸有胆酸（Cholic acid）（图 13 – 1）和鹅脱氧胆酸（Chenodeoxycholic acid），它们与甘氨酸或牛磺酸结合后生成甘氨酸胆酸（图 13 – 1）、牛磺胆酸、甘氨鹅脱氧胆酸或牛磺鹅脱氧胆酸，少量的胆汁酸亦可与硫酸相结合。它们均为初级结合型胆汁酸，存在于人胆汁中的胆汁酸以结合型为主。脱氧胆酸（Deoxycholic acid）和石胆酸为肠中生成的次级游离型胆汁酸，甘氨脱氧胆酸、牛磺脱氧胆酸为主要的次级结合型胆汁酸，是脱氧胆酸被肠道重吸收入肝生成的。

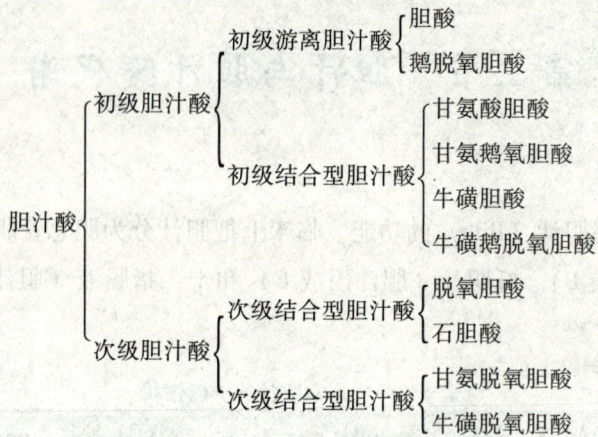

图 13 – 1　胆酸与甘氨酸胆酸的结构

（二）胆汁酸的生成

1. 初级胆汁酸的生成　在肝细胞内由胆固醇转变为初级胆汁酸的过程很复杂，需经过羟化、加氢及侧链氧化断裂等多步酶促反应才能完成。正常人每日合成 1 ~ 1.5g 胆固醇，其中约 2/5（0.4 ~ 0.6g）在肝脏中转变为胆汁酸。

胆固醇通过 7 – α 羟化酶（微粒体及胞液）催化生成 7 – α 羟胆固醇，此酶是胆汁酸生成的限速酶，随后再进行 3α 及 12α 的羟化、加氢还原、侧链氧化、脱水、水解等过程生成胆酸，如未进行 12 – α 羟化则形成鹅脱氧胆酸。胆酸与鹅脱氧胆酸为初级游离胆汁酸，如代谢过程中与甘氨酸或牛磺酸相结合则分别生成甘氨酸胆酸与牛磺胆酸、甘氨鹅脱氧胆酸与牛磺鹅脱氧胆酸这四种结合型初级胆汁酸。

2. 次级胆汁酸的生成 结合型初级胆汁酸随胆汁排入肠道，在肠道细菌作用下水解为游离的初级胆汁酸。初级胆汁酸在肠道细菌作用下，发生7位脱羟基的还原反应即转变成次级胆汁酸。其中胆酸转变成脱氧胆酸，鹅脱氧胆酸转变成为石胆酸。脱氧胆酸和石胆酸两种次级游离胆汁酸，在重吸收入肝后也可以与甘氨酸或牛磺酸结合而生成相应的次级结合胆汁酸。

初级胆汁酸和次级胆汁酸在结构上的差别主要是初级胆汁酸 7α 位上均有羟基，而次级胆汁酸7位上均脱去羟基（结构参见图13-1）。

人体胆汁中的胆汁酸以结合型为主。其中甘氨酸胆汁酸与牛磺胆汁酸的比例约为3:1。胆汁酸在胆汁中均以钠盐或钾盐形式存在，称为胆汁酸盐，或简称胆盐（bile salts）。

知识链接

> 肝内胆汁酸浓度过高将损害肝细胞，因此，肝细胞存在将胆汁酸不断排出的机制。但由于胆汁酸为水溶性的，不能以扩散方式通过细胞膜，故需要存在相应的载体运载。包括：Na^+ 依赖性载体（该载体有底物特异性，一般对牛磺胆汁酸盐的运载能力高于非结合胆汁酸）和 Na^+ 非依赖性载体（广泛运载包括胆汁酸在内的有机阴离子）。

（三）胆汁酸的肠肝循环

随胆汁分泌进入肠道的胆汁酸（包括初级、次级、结合型与游离型），绝大部分（约95%以上）被肠壁重吸收，经门静脉入肝，被肝细胞摄取后，又将游离型胆汁酸重新合成结合型胆汁酸，与新合成的结合胆汁酸一起排入肠腔。这一过程称为胆汁酸的"肠肝循环"（图13-2）。

胆汁酸的重吸收有两种方式：结合型胆汁酸在回肠部位的主动重吸收；游离型胆汁酸在肠道各部通过扩散作用的被动重吸收。未被重吸收的胆汁酸（主要为石胆酸。石胆酸溶解度较小，几乎不能吸收）随粪便排出，每天排泄 0.4~0.6g。

胆汁酸的肠肝循环具有重要的生理意义。人体每日脂类乳化需 12~32g 胆汁酸，而肝脏每日合成胆汁酸的量仅有 0.4~0.6g，肝胆的胆汁酸代谢池总共也仅有 3~5g。显然，即使饭后将全部的胆汁酸倾入小肠，也不能满足需要。然而，由于每次饭后胆汁酸都可进行 2~4 次的肠肝循环，可使有限的胆汁酸重复利用而发挥最大限度的乳化作用，以满足脂质物质消化、吸收的需要。

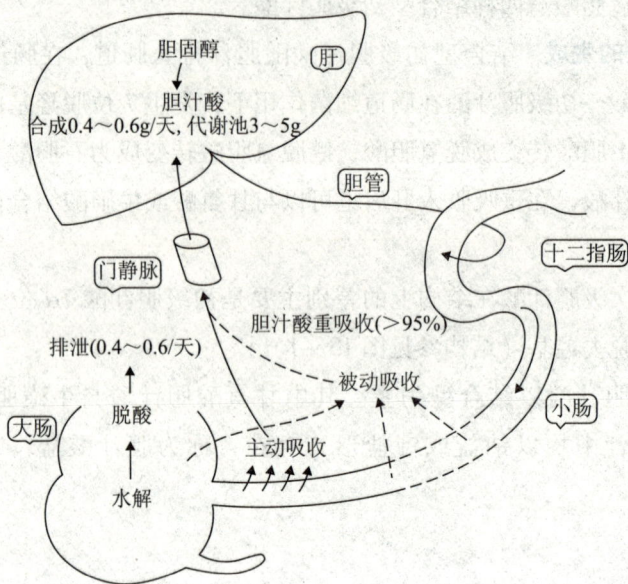

图 13 - 2 胆汁酸的肠肝循环

（四）胆汁酸的生理功能

胆汁酸分子表面既含有亲水的羟基和羧基或磺酸基，又含有疏水的甲基和烃核，而且羟基空间位置均属 α 型，甲基均为 β 型，两类不同特性的结构恰好分布在分子母核的两侧。因此，胆汁酸的立体构象具有亲水和疏水两个侧面（图 13 - 3），使胆汁酸分子具有较强的界面活性，能够降低油/水两相之间的界面张力。正因为具有上述结构特征，胆汁酸盐才能将脂类等物质在水溶液中乳化成 3 ~ 10μm 的微团。所以胆汁酸盐在脂类的消化吸收和维持胆汁中胆固醇呈溶解状态起着十分重要的作用。胆汁酸盐（简称胆盐），主要指胆汁酸钠盐与钾盐，是胆汁的重要成分，它们在脂类消化吸收及调节胆固醇代谢方面起重要作用。

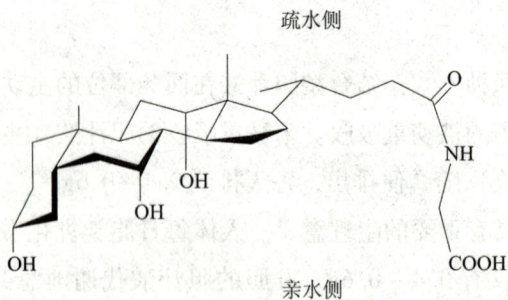

图 13 - 3 甘氨酸胆酸的立体结构

第四节 胆色素的代谢

胆色素（Bile pigments）是铁卟啉化合物在体内分解代谢时所产生的各种物质的总称，包括胆红素（Bilirubin）、胆绿素（Biliverdin）、胆素原族（Bilinogens）和胆素族（Bilins）。胆红素是胆汁中的主要色素，其毒性可引起大脑的不可逆损害。胆色素代谢异常，可导致高胆红素血症，并出现黄疸的中毒症状。

一、胆红素的生成与运输

（一）胆红素的来源

胆红素是铁卟啉化合物的代谢产物。体内含铁卟啉的化合物有血红蛋白、肌红蛋白、细胞色素、过氧化氢酶及过氧化物酶等。正常成人每天产生 $250 \sim 350mg$ 胆红素，其中80%左右来自衰老红细胞中血红蛋白的分解，其他则部分来自造血过程中某些红细胞的过早破坏（无效造血）及部分来自非血红蛋白的其他含铁卟啉化合物的分解。肌红蛋白由于更新速率慢，所占比例很小。

（二）胆红素的生成过程

体内红细胞不断地更新，寿命平均为 120 天。衰老的红细胞由于细胞膜的变化而被肝、脾、骨髓的网状内皮系统识别并吞噬。正常成人每小时有 $1 \sim 2 \times 10^8$ 个红细胞被破坏，释放出约6g血红蛋白。每一个血红蛋白分子含 4 个血红素分子。

红细胞在网状内皮系统被破坏后，血红蛋白分解为珠蛋白和血红素，珠蛋白部分被分解为氨基酸，进入氨基酸代谢池；血红素则在微粒体血红素加氧酶催化下，O_2 和 NADPH 的参与氧化，使血红素分子中的 α – 次甲基桥（$=CH—$）的碳原子两侧断裂，生成 CO、铁和胆绿素。铁进入体内铁代谢池，可供机体再利用或以铁蛋白形式储存；一部分 CO 从呼吸道排出体外；胆绿素进一步在胞液中胆绿素还原酶的催化下，还原生成胆红素。由于胆绿素还原酶活性较高，反应迅速，故无胆绿素堆积。正常人每日生成胆红素的量为 $250 \sim 300mg$。胆红素的生成过程见图 13 – 4。

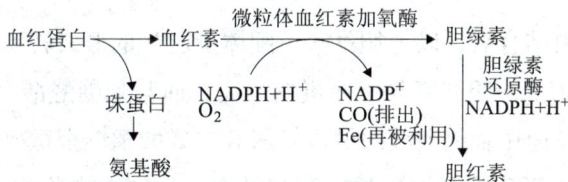

图 13 – 4　胆红素的生成

（三）胆红素在血中的转运

胆红素分子中虽然含有羧基和丙酸基，但由于这些极性基团在分子内部形成了氢键，使其隐藏于分子内部，而疏水基团暴露于分子表面，使分子呈现脂溶性而难溶于水。在网状内皮系统生成的胆红素透出细胞，进入血液后即与血浆蛋白（以清蛋白为主）结合，以胆红素—清蛋白复合物的形式进行转运。胆红素与清蛋白的结合既增加了胆红素在血浆中的溶解度，有利于运输，又限制了胆红素自由透过各种生物膜，使其不致对细胞发生毒性作用。由于未经肝脏生物转化的结合反应，故称为游离胆红素或未结合胆红素（Unconjugated bilirubin）。

正常人每 100mL 血浆中胆红素浓度为 0.1 ~ 1mg，主要为未结合胆红素。正常情况下，血浆中的清蛋白足以结合全部胆红素。当血浆中胆红素浓度过高，或清蛋白浓度明显下降，或清蛋白结合部位被其他物质占据，均可促使胆红素游离，进入组织引起中毒。由于清蛋白为非特异载体，许多药物（磺胺类药物、镇痛药、抗炎药等）及某些有机阴离子代谢物（脂肪酸、胆汁酸等）都可同胆红素竞争与清蛋白的结合。因此，临床上对有黄疸倾向的病人或新生儿用药应慎重，以免发生药源性黄疸，引发血红素脑病（核黄疸）。

二、胆红素的转化

胆红素的进一步代谢主要在肝脏进行，包括摄取、结合、排泄等作用。

（一）摄取作用

血中胆红素—清蛋白复合物随血液循环运至肝，并不直接进入肝细胞，而是在肝血窦中胆红素与清蛋白分离后，迅速被肝细胞摄取。胆红素在肝血窦中可自由双向通过肝细胞膜而进入肝细胞。这是因为位于血窦表面的肝细胞膜上具有特异性载体，血流通过肝脏一次，其中即有40%的胆红素被肝脏摄取。肝细胞对胆红素的摄入量取决于肝细胞对胆红素的代谢能力。

胆红素进入肝细胞后与胞质的配体蛋白（Y蛋白和Z蛋白）结合。新生儿非溶血性黄疸就是因为缺少配体蛋白（婴儿在出生后7周，配体蛋白才接近成人水平）。苯巴比妥能诱导配体蛋白的生成，加强胆红素的摄取，临床上可用以消除新生儿黄疸。

（二）结合作用

胆红素与配体蛋白结合后，以"胆红素—配体蛋白"的形式转运至滑面内质网，在葡糖醛酸基转移酶的催化下，胆红素与配体蛋白分离，而与葡糖醛酸（GA）结合，生成葡糖醛酸胆红素。结合反应中葡糖醛酸的供体是尿苷二磷酸葡糖醛酸（UDPGA）。因胆红素有两个自由羧基，可与两分子葡糖醛酸以酯键结合，故结合产物主要为双葡糖醛酸胆红素，也有少量单葡糖醛酸胆红素（图13-5）。

经肝结合反应后生成的葡糖醛酸胆红素称为结合胆红素。结合胆红素与未结合胆红素

$$胆红素 + UDPGA \xrightarrow{\text{UDP-葡糖酸基转移酶}} 单葡糖醛酸胆红素 + UDP$$

$$单葡糖醛酸胆红素 + UDPGA \xrightarrow{\text{UDP-单葡糖酸基转移酶}} 双葡糖醛酸胆红素 + UDP$$

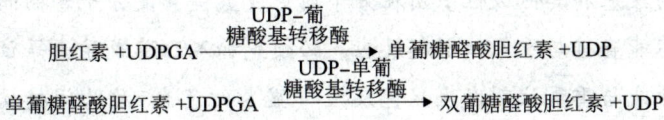

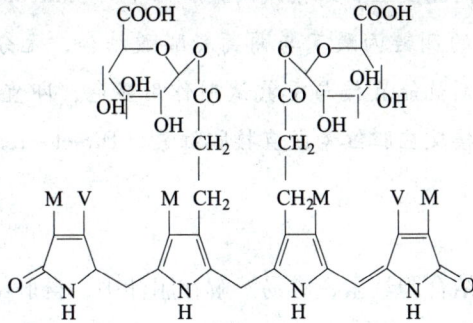

图 13 – 5　葡糖醛酸胆红素的生成及其结构

M：– CH₃　V：– CH = CH₂

的理化性质有很大的区别（表 13 – 4）。由于结合作用破坏了胆红素分子内部氢键，所以结合胆红素水溶性增强，脂溶性小，不易透过细胞膜而形成毒性。另一方面，由于结合胆红素水溶性好，在肝细胞内能有效地排泄到胆汁中。如果因为胆汁排泄通道受阻，致使结合胆红素逆流入血，也可经由肾脏随尿排出。

表 13 – 4　两种胆红素理化性质的比较

理化性质	未结合胆红素	结合胆红素
水溶性	小	大
脂溶性	大	小
与清蛋白亲和力	大	小
对细胞膜的通透性及毒性	大	小
能否通过肾小球	不能	能
与重氮试剂反应	间接阳性	直接阳性

☆考点提示

比较结合胆红素与未结合胆红素的特点

知 识 链 接

结合胆红素与未结合胆红素与重氮试剂的反应性不同。未结合胆红素因其侧链丙酸基上的羧基和其他极性基团在分子内形成氢键，使分子卷曲而隐藏其作用部位，因此不能直接与重氮试剂起反应。必须先加入乙醇或尿素等试剂破坏其分子内氢键，才能与重氮试剂发生显色反应（显紫红色），称为间接反应阳性，所以未结合胆红素又称间接反应胆红素或间接胆红素（Indirect - reacting bilirubin）。而结合胆红素分子中的侧链丙酸基与葡萄糖醛酸结合，无分子内氢键使分子卷曲，不需加乙醇等试剂就能直接与重氮试剂作用显色，即直接反应阳性。因此，结合胆红素也称为直接反应胆红素或直接胆红素（Direct - reacting bilirubin）。

（三）排泄作用

经肝细胞转化生成的结合胆红素，容易溶解在胆汁中，自肝细胞释放到毛细胆管随胆汁排入肠腔。毛细胆管中胆红素的浓度远高于肝细胞，所以肝细胞排出胆红素的过程是一个逆浓度梯度的主动运转过程。血浆中的胆红素通过肝细胞膜、肝细胞质配体蛋白和内质网的葡糖醛酸基转移酶的联合作用，不断地被肝细胞摄取、结合、排泄，于是不断地被清除。

三、胆红素的肠肝循环

（一）胆红素在肠中的转变

结合胆红素随胆汁排入肠道后，在回肠下段或结肠中的肠菌作用下，先水解脱去葡糖醛酸，再逐步还原生成无色化合物，包括中胆素原、粪胆素原和尿胆素原，统称胆素原族。

肠中生成的胆素原族化合物大部分（80%～90%）随粪便排出体外。成人每天排出量依血红蛋白分解情况而定，一般每天排出胆素原40～280mg。粪胆素原容易在空气氧化成棕黄色粪胆素，后者即是粪便颜色的主要色素。当胆道完全梗阻时，胆红素不能排入肠腔，胆素原无法生成，粪便中无胆素，呈灰白色。

（二）胆素原族的肠肝循环及尿中胆素原的排泄

在生理情况下，肠道中形成的胆素原有10%～20%可被肠黏膜重吸收，其中大部分经门静脉入肝后，再次被肝细胞摄取又以原形随胆汁排入肠腔，形成胆素原的肠肝循环，这部分胆素原称为中胆素原。另有小部分经肝静脉出肝进入体循环，通过肾小球滤过随尿排出，称为尿胆素原。尿胆素原在膀胱及尿道被空气氧化后生成尿胆素，即是尿中的主要色素。正常人每日从尿中排出的尿胆素原为0.5～4.0mg。尿胆素原、尿胆素、尿胆红素在临床上被称为"尿三胆"。

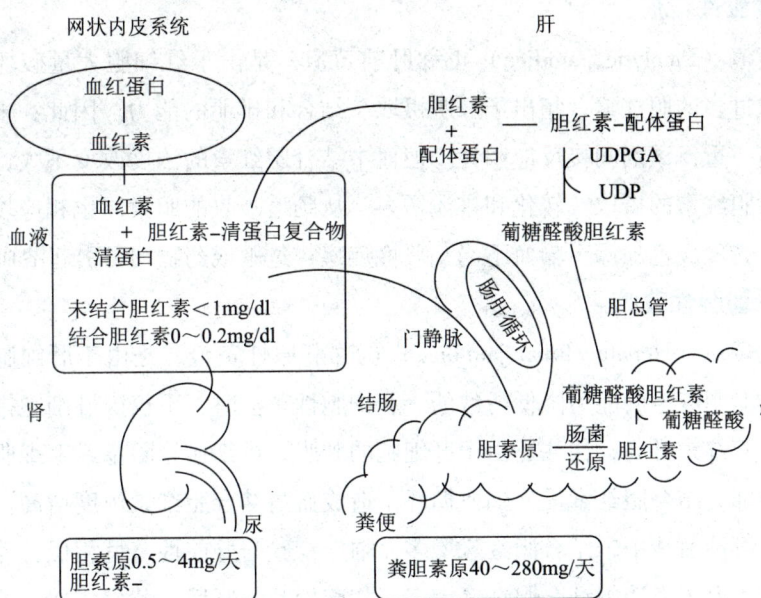

图 13 - 6　胆红素的代谢过程

四、血清胆红素与黄疸

在胆色素代谢正常的情况下，正常人血清中胆红素含量很少，其总量不超过 1.71 ~ 34.2 μmol/L。其中未结合胆红素约占 4/5，结合胆红素约占 1/5。凡能引起胆红素生成过多，或肝细胞对胆红素摄取、结合、排泄过程发生障碍的因素，都可使血中胆红素浓度升高，造成高胆红素血症。胆红素是金黄色色素，血清中含量过高时可扩散入组织，出现组织被黄染的现象，称为黄疸（jaundic）。尤其巩膜或皮肤含有较多的弹性蛋白，与胆红素有较强的亲和力，容易被黄染，而且也容易被发现。所以黄疸一般是指巩膜或皮肤的黄染。

☆ **考点提示**

黄疸的概念

黄疸明显与否与血清胆红素的浓度直接相关。当血清胆红素浓度在 17.1 ~ 34.2 μmol/L 之间时，虽然高于正常，但肉眼看不到巩膜与皮肤黄染，称隐性黄疸。若大于 34.2 μmol/L，肉眼可明显观察到组织黄染，即称为显性黄疸。当人体内胆红素水平过高时，会增加患神经功能性失调的概率，这是由于胆红素在脑中含量过高，对脑细胞的毒害作用增加。

根据黄疸发病原因不同，可将黄疸分为三类：

（一）溶血性黄疸

溶血性黄疸（Emolytic jaundice）也称肝前黄疸，是由于红细胞大量破坏，在网状内皮系统内生成过多的胆红素，超出了肝脏摄取、结合和排泄的能力。因此，未结合胆红素浓度显著增高，重氮试剂间接反应阳性。但血中结合胆红素的浓度改变不大，尿胆红素阴性。由于肝对胆红素的摄取、转化和排泄增多，从肠道吸收的胆素原也相应增多，造成尿胆素原增多，粪便颜色加深。输血不当、恶性疟疾、过敏或药物均可引起溶血性黄疸。

（二）肝细胞性黄疸

肝细胞性黄疸（Hepatocellular jaundice）也称肝原性黄疸，是由于肝细胞破坏，其摄取、转化和排泄胆红素的能力降低所致的。肝细胞性黄疸时，不仅因肝细胞摄取胆红素障碍造成血游离胆红素升高，往往还由于肝细胞的肿胀，毛细血管阻塞或毛细胆管与肝血窦直接相通，使部分结合胆红素反流到血循环，造成血清结合胆红素浓度增高。若摄取和结合发生障碍，可使血清中未结合胆红素增多，临床检验与肝前性黄疸相似；若排泄出现障碍，胆汁反流入血，血清中结合胆红素增多，临床检验与肝后性黄疸相似。若同时出现障碍，血清中结合胆红素、未结合胆红素均增多，临床检验发现血清重氮试剂直接反应与间接反应双向阳性，尿胆素原升高，尿胆红素阳性。肝细胞性黄疸常见于肝实质性病变，如各种肝炎、肝硬化、肝肿瘤等。

（三）阻塞性黄疸

各种原因引起的胆汁排泄通道受阻，使胆小管和毛细胆管内压力增大破裂，致使结合胆红素逆流入血，造成血清胆红素升高。这种黄疸称为阻塞性黄疸（Obstructive jaundice），或肝后性黄疸。临床检验，血清中结合胆红素明显升高，重氮试剂直接反应阳性，血清中未结合胆红素无明显变化。由于结合胆红素可透过肾小球，故尿胆红素阳性。胆道阻塞使肠道胆素原减少，粪胆素原、尿胆素原均减少，粪便颜色变浅。阻塞性黄疸常见于胆管炎症、结石、肿瘤或先天性胆管闭锁等疾病。

各种黄疸血、尿、粪的变化见表13-5。

表13-5　各种黄疸血、尿、粪的变化

指标	正常	溶血性黄疸	肝细胞性黄疸	阻塞性黄疸
血清胆红素				
总量	<1mg/dL	>1mg/dL	>1mg/dL	>1mg/dL
结合胆红素	0~0.8mg/dL		↑	↑↑
未结合胆红素	<1mg/dL	↑↑	↑	
"尿三胆"				
尿胆红素	−	−	+	++

指标	正常	溶血性黄疸	肝细胞性黄疸	阻塞性黄疸
尿胆素原	少量	↑	不一定	↓
尿胆素	少量	↑	不一定	↓
粪便颜色	正常	深	变浅或正常	完全阻塞时陶土色

☆考点提示

比较三型黄疸血清、粪便和尿中胆色素的变化。

本章小结

肝脏是人体物质代谢的枢纽，是功能最复杂、代谢种类最多、化学反应最活跃的器官。其功能包括合成、分解、贮存、解毒、解酒、解药、分泌、排泄等多种功能。其代谢涉及糖类、脂类、蛋白质、维生素、激素、生物转化、胆汁酸、胆色素等多个方面。其化学反应种类多，酶含量丰富，许多化学反应只能在肝脏进行。

通过本章的学习可呈现肝功能损害患者的常见临床症状、体征及实验室检查的异常表现。如低血糖引起的乏力、头晕、冷汗等，脂代谢障碍引起的脂肪肝、脂肪泻、肝胆结石等，蛋白质代谢障碍引起的血浆总蛋白下降、白蛋白下降、清球蛋白比例倒置、血氨增高、凝血功能障碍、絮状凝集试验阳性、转氨酶增高等，涉及生物转化功能下降所导致的解药、解毒、解酒等功能下降，出现肝细胞性黄疸等。

生物转化作用是指非营养性物质在排出体外之前，经过肝脏的一系列代谢，使其极性增加、分子缩小，从而成为易于通过肾脏随尿液排出体外的过程。主要反应类型包括氧化、还原、水解、结合。生物转化作用具有连续性与多样性，解毒与致毒两重性等特点。生物转化作用受年龄、性别、营养、疾病、遗传因素及诱导物或抑制物等多种因素的影响。

胆汁是肝脏通过胆道排出的排泄物与分泌物，临床可分为胆汁 A、B、C、D 四种类型。胆汁中的主要成分是胆汁酸，是由胆固醇在肝脏转化而成的。根据其合成部位的不同可分为初级与次级胆汁酸，初级胆汁酸包括胆酸、脱氧胆酸两种游离型与甘氨胆酸、牛磺胆酸、甘氨鹅脱氧胆酸、牛磺鹅脱氧胆酸四种结合型，次级胆汁酸包括脱氧胆酸、石胆酸两种游离型与甘氨脱氧胆酸、牛磺脱氧胆酸两种结合型（结合型石胆酸没有意义）。胆汁酸可进行肝肠循环。胆汁酸的主要功能是促进脂类物质的消化与吸收，促进胆固醇的溶解与排泄等。

胆色素包括胆绿素、胆红素、胆素原与胆素。含铁卟啉结构的化合物均是胆色素的合成原料，主要来源于衰老的红细胞释放的血红素。胆红素的生成场所为肝、脾、骨髓的网状内皮细胞系统（胆绿素→游离型胆红素），经血液（游离型、未结合型胆红素）运送到肝脏，经过肝脏摄取、结合（结合型胆红素）、排泄代谢之后排入胆道。由胆道进入肠道后经细菌作用生成胆素原，大部分胆素原随粪便排出（粪胆素原），同时部分粪胆素原在肠道末段被空气中的氧气氧化成粪胆素，少部分胆素原将进行肠肝循环（中胆素原），肠肝循环中的胆素原又有少部分由肝静脉出肝进入体循环而到达肾脏（尿胆素原），在膀胱及尿道中部分尿胆素原被氧化成尿胆素随尿液排出体外。黄疸是指各种原因导致的血清总胆红素超过 $34.2\mu mol/L$，出现皮肤、黏膜及巩膜黄染的现象。临床常见的黄疸包括溶血性黄疸、肝细胞性黄疸和阻塞性黄疸。

考纲分析

根据历年考纲与真题分析，建议熟记生物转化、黄疸等概念；理解肝脏在物质代谢中的作用、胆汁的种类、胆汁酸分类与功能、生物转化的常见反应类型与特点、胆色素代谢的过程；重视生物转化的影响因素及黄疸在临床和实际生活中的应用。

复习思考

一、选择题

1. 下列哪种物质只能在肝脏合成（　　）
   A. 脂肪　　　　　B. 胆固醇　　　　C. 血浆蛋白质
   D. 脂肪酸　　　　E. 尿素

2. 下列哪个代谢反应不在肝内进行（　　）
   A. 三羧酸循环　　B. 氧化磷酸化　　C. 酮体的生成
   D. 酮体的利用　　E. 糖异生

3. 进行生物转化的最主要的器官是（　　）
   A. 肺　　　　　　B. 肝脏　　　　　C. 心脏
   D. 肌肉　　　　　E. 皮肤

4. 下列哪种物质不是生物转化的供体（　　）
   A. UDP-葡萄糖醛酸　B. 乙酰-CoA　　C. PAPS
   D. SAM　　　　　E. UDPG

5. 下列结合反应的结合物中，水溶性不增加反而下降的是（　　）
   A. 葡糖醛酸结合物　　　　　　　B. 硫酸结合物

C. 谷胱甘肽结合物   D. 乙酰基结合反应的结合物

E. 甘氨酸结合物

6. 下列物质经生物转化后毒性增强的是（　　　）

  A. 异烟肼   B. 苯巴比妥   C. 苯胺

  D. 苯并芘   E. 磺胺

7. 不参与胆红素在肝脏转化的物质是（　　　）

  A. 血红素加氧酶   B. UDP – 葡糖醛酸

  C. Y – 蛋白   D. Z – 蛋白

  E. UDP – 葡糖醛酸转移酶

8. 初级胆汁酸不包括（　　　）

  A. 甘氨鹅脱氧胆酸   B. 牛磺鹅脱氧胆酸

  C. 石胆酸   D. 甘氨胆酸

  E. 牛磺胆酸

9. 胆汁酸的生理功用是（　　　）

  A. 促进糖异生   B. 促进脂肪酸 β – 氧化

  C. 促进脂类的消化和吸收   D. 促进糖的有氧氧化

  E. 调节酸碱平衡

10. 直接胆红素生成的场所是（　　　）

  A. 肝脏   B. 血液   C. 小肠

  D. 肺脏   E. 肾脏

11. 下列有关胆红素代谢叙述错误的是（　　　）

  A. 血红素的铁卟啉环在血红素加氧酶催化下生成胆绿素

  B. 胆绿素被还原成胆红素

  C. 胆红素在血液和清蛋白结合，称结合胆红素

  D. 胆红素在肝脏经生物转化，生成直接胆红素

  E. 胆红素在肠道被还原成胆素原

12. 血清中胆红素主要的运输形式是（　　　）

  A. 胆红素 – 球蛋白   B. 胆红素 – 清蛋白

  C. 胆红素 Y – 蛋白   D. 胆红素 Z – 蛋白

  E. 葡糖醛酸胆红素

13. 下列哪项不是结合胆红素的特点（　　　）

  A. 水溶性   B. 与重氮试剂直接反应阳性

  C. 小分子   D. 容易透过细胞膜

E. 可以通过肾脏排出

14. 胆色素不包括下列哪种物质（　　）

    A. 胆绿素　　　　　　B. 胆红素　　　　　　C. 胆素

    D. 胆汁酸　　　　　　E. 胆素原

15. 溶血性黄疸不存在下列哪种情况（　　）

    A. 血中未结合胆红素增加　　　　　　　B. 粪胆素原增加

    C. 尿胆素原增加　　　　　　　　　　　D. 尿中出现胆红素

    E. 粪便颜色变深

二、A2 型题（病例摘要型最佳选择题）

16. 患者，男，18 岁，饮酒后出现面部潮红、心动过速、脉搏加快等反应，与下列哪种代谢物有关?（　　）

    A. 乙醇　　　　　　　B. 乙酸　　　　　　　C. 乙醛

    D. 乳酸　　　　　　　E. 葡萄糖

17. 患者，男，42 岁，肉眼可见巩膜与皮肤黄染，患者自述上腹部不适，厌油腻食物，餐后疼痛加剧，超声波检查发现有胆囊结石。可能的诊断为（　　）

    A. 黄疸　　　　　　　　　　　　　　　B. 肝细胞性黄疸

    C. 溶血性黄疸　　　　　　　　　　　　D. 阻塞性黄疸

    E. 肝炎

三、简答题

1. 肝功能损害的患者可出现哪些临床表现与实验室检查的异常?

2. 生物转化作用的常见反应类型有哪些?

3. 胆汁酸的主要功能是什么?

4. 如何鉴别三种类型的黄疸?

扫一扫，知答案

扫一扫，看课件

第十四章

水盐代谢与酸碱平衡

【学习目标】

1. 掌握水的平衡；主要电解质的代谢特点；酸碱平衡的概念；酸碱平衡的主要调节机制和特点。

2. 熟悉水与电解质的含量与分布；水和无机盐的生理功能；钙磷代谢的调节；体内酸性和碱性物质的来源。

3. 了解水和电解质平衡调节因素及机制；酸碱平衡失常的基本类型；判断酸碱平衡失常的常用生化指标及临床意义。学会运用水和无机盐代谢与酸碱平衡知识解释临床症状；培养实事求是的科学态度和理论联系实际的工作作风。

体液是指机体内的水分及溶解于水中的溶质的总称。体液中的无机盐、某些低分子有机物和蛋白质等常以离子状态存在，故又称为电解质。为了保持体液容量、成分、渗透压、pH 值和组成的动态平衡，水和无机盐必须保持平衡。任何疾病和外界环境的变化都可能破坏这种动态平衡，造成水、电解质和酸碱平衡的紊乱，对机体产生各种不利影响，甚至危及生命。

第一节 水和无机盐的生理功能

一、水的生理功能

水是体液的溶剂，对生命极为重要，体内水的主要生理功能有：

1. 维持组织的形态和功能 体内的水有自由水和结合水两种形式。大部分水以结合水形式存在。结合水与蛋白质、黏多糖和磷脂等结合，参与构成细胞原生质的特殊形态，以保证一些组织具有独特的生理功能。如心肌含水约79%，血液含水约83%，由于心肌主要含结合水，所以心的形态比较坚实，而血液中的水为自由水，故其能循环流动。

2. 参与新陈代谢 水作为良好的溶剂，为机体内的生化反应提供了良好环境，水参与的生化反应有水解、水化、加水脱氢等。此外，水在机体内运送养分，排泄细胞代谢产物，营养物质的消化、吸收等方面均有重要作用。

3. 调节体温 水的比热、蒸发热、流动性都较大。水能吸收代谢过程中产生的较多热量而本身温度升高不多。水通过体液交换和血液循环，将代谢产生的热运送至体表散发，从而维持体温稳定。

4. 润滑功能 体润滑作用。如泪液、唾液、关节滑液、胸膜和腹膜浆液、呼吸道和胃肠道黏液等都有利于相应器官的运动，减少摩擦。

二、主要无机盐的生理功能

无机盐在人体内量占体重的 4% ~ 5%，除大部分构成骨盐外，部分存在于体液中。体液中无机盐的种类和含量对维持生命活动具有十分重要的作用。

1. 构成组织细胞成分 所有的组织细胞中都含有无机盐的成分，如钙、磷是骨骼和牙齿中的主要成分。含硫酸根的蛋白多糖参与构成软骨、皮肤和角膜等组织。

2. 维持体液的渗透压和酸碱平衡 Na^+、Cl^- 是维持细胞外液渗透压的主要离子；K^+、HPO_4^{2-} 是维持细胞内液渗透压的主要离子。通过这些离子含量变化调节细胞渗透压，保持机体水的平衡。此外，这些无机盐离子构成体液中各种缓冲体系，如碳酸氢盐缓冲体系、磷酸氢盐缓冲体系等，保持酸碱平衡，维持机体内环境的稳定性。

3. 维持神经肌肉的兴奋性 神经肌肉的兴奋性与体液中各种离子的含量和比例密切相关：

$$神经肌肉兴奋性 \propto \frac{[Na^+] + [K^+]}{[Ca^{2+}] + [Mg^{2+}] + [H^+]}$$

当 Na^+、K^+ 浓度降低，Ca^{2+}、Mg^{2+}、H^+ 浓度升高，可以降低神经肌肉组织的兴奋性；而 Na^+、K^+ 浓度升高，Ca^{2+}、Mg^{2+} 浓度降低时，则可以增高神经肌肉的兴奋性，常出现手足搐搦症。如缺钙的小儿常出现手足搐搦，就是因为缺钙导致神经肌肉组织的兴奋性增高所致。

4. 参与物质代谢 无机盐构成激素、维生素、蛋白质和多种酶类的成分，在机体的新陈代谢中都发挥着重要作用。例如，铬离子作为葡萄糖耐受因子构成成分，调节机体糖的代谢；碘作为甲状腺素的成分，调节生长发育；钴离子构成维生素 B_{12}，参与一碳单位的转化代谢。此外，一些无机盐离子还参与物质代谢。如 K^+ 参与糖原合成和蛋白质的合成；Na^+ 参与小肠对葡萄糖的吸收；Mg^{2+} 也参加蛋白质合成等等。

第二节　体液的含量与分布

一、体液的分布

体液分布于全身各处，以细胞膜为界，把体液分为两大部分，即细胞内液和细胞外液。成年人体液约占体重的 60%，其中细胞内液约占体重的 40%，细胞外液约占体重的 20%。细胞外液又包括血浆（约占体重的 5%）和细胞间液（约占体重的 15%）。消化液、淋巴液、脑脊液、关节滑液、胸、腹膜腔液及渗出液等可以认为是细胞外液的特殊部分，这些特殊液体若大量丢失可影响体液的容量、渗透压和酸碱平衡。

☆考点提示

体液的含量

体液含量并非是固定不变的，可受年龄、性别和胖瘦等因素的影响（表 14 – 1）。

表 14 – 1　不同年龄体液的含量与分布（占体重%）

年龄	体液总量	细胞内液	细胞外液		
			总量	细胞间液	血浆
新生儿	80	35	45	40	5
婴儿	70	40	30	25	5
儿童（2～14 岁）	65	40	25	20	5
成人	55～65	40～45	15～20	10～15	5
老年人	55	30	25	18	7

一般而言，年龄越小，体液占体重的百分比越大。脂肪组织含水量为 10%～30%，而肌肉组织含水量为 75%～80%，所以，体重相同的情况下，瘦者的体液量比肥胖者要多，女性脂肪较多，体液量少于男性。所以肌肉发达而脂肪组织较少的男性对失水性疾病的耐受力较好。

知 识 链 接

婴幼儿体液代谢特点

婴幼儿体液总量比成人高（按体重的百分比），尤其是细胞间液所占比例较大；新陈代谢旺盛，废物产生多；体表面积相对比成人大，皮肤蒸发水分多；婴幼儿的神经系统发育不够完善；肾脏的浓缩能力差。种种原因，造成婴幼儿对水的需要比成人迫切，易发生水和电解质平衡失调，应引起重视。

二、体液电解质的含量及分布特点

体液中的电解质，主要有 Na^+、K^+、Ca^{2+}、Mg^{2+}、Cl^-、HCO_3^- 和蛋白质阴离子（Pr^-）等。电解质在维持体液分布与动态平衡上起着重要作用。

（一）体液中电解质含量

各种电解质在细胞内、外液中的含量及分布见表14-2。

表14-2　体液中电解质的含量与分布（mmol/L）

电解质		血浆		细胞间液		细胞内液	
		离子	电荷	离子	电荷	离子	电荷
阳离子	Na^+	145	(145)	139	(139)	10	(10)
	K^+	4.5	(4.5)	4	(4)	158	(158)
	Mg^{2+}	0.8	(1.5)	0.5	(1)	15.5	(31)
	Ca^{2+}	2.5	(5)	2	(4)	3	(6)
	合计	152.8	(156)	145.5	(148)	186.5	(205)
阴离子	Cl^-	103	(103)	112	(112)	1	(1)
	HCO_3^-	27	(27)	25	(25)	10	(10)
	HPO_4^{2-}	1	(2)	1	(2)	12	(24)
	SO_4^{2-}	0.5	(1)	0.5	(1)	9.5	(19)
	蛋白质	2.25	(18)	0.25	(2)	8.1	(65)
	有机酸	5	(5)	6	(6)	16	(16)
	有机磷酸	-	(-)	-	(-)	23.3	(70)
	合计	138.75	(156)	144.75	(148)	79.9	(205)

（二）体液中电解质分布的特点

1. 各部分体液的阳离子与阴离子摩尔电荷总量相等，呈电中性。

2. 细胞内、外液的电解质分布差异很大，细胞外液中的主要阳离子以 Na^+ 为主，主要的阴离子为 Cl^- 和 HCO_3^-；而细胞内液主要的阳离子为 K^+，主要的阴离子为有机 HPO_4^{2-} 和蛋白质负离子。这种差异的存在与维持，是完成人体生命活动必不可少的条件。K^+、Na^+ 在细胞内外分布的显著差异是由于细胞膜上存在 Na^+,K^+-ATP 酶（又称钠泵或钠－钾泵）。

3. 细胞内、外液的渗透压相等。电解质浓度若以摩尔电荷浓度计算，细胞内液离子总量大于细胞外液，但细胞内、外液的渗透压基本相等。其原因是由于细胞内液中含蛋白质和两价离子较多，而这些电解质产生的渗透压较小。

4. 血浆蛋白质含量高于细胞间液。这对于维持血容量和血浆与细胞间液之间水的交换有重要的作用。

三、体液的交换

体内各部分体液之间在不断地进行着物质交换，以保证营养物质及时运至各组织细胞被利用，废物运到排泄器官，通过肾、肺或肠道排出体外。

（一）血浆与细胞间液之间的交换

血浆和细胞间液的交换是在毛细血管壁上进行的。毛细血管壁是一种半透膜，血浆和细胞间液中的水分和小分子溶质如葡萄糖、氨基酸、尿素及无机盐等可以自由透过，而大分子蛋白质则不能透过毛细血管壁。正常情况下，晶体液由毛细血管动脉端滤出成为组织间液，而组织液又从毛细血管静脉端流入血浆。影响血浆与细胞间液之间体液交换的因素主要是有效滤过压：

有效滤过压 =（毛细血管血压 + 组织液胶体渗透压）-（血浆胶体渗透压 + 组织液静水压）

在毛细血管的动脉端，有效滤过压为正值，水和可透过性物质自血浆流向组织液；在毛细血管静脉端，有效滤过压为负值，水与可透过性物质自组织液流回血浆。这样反复循环，使血浆与组织液之间保持一种动态平衡。

正常情况下，液体从毛细血管流出量与回流量基本相等，血浆与细胞间液的交换非常迅速，全身毛细血管总交换量每分钟约 2L，并保持动态平衡。因此，体内的营养物质与代谢产物能随时顺利地进行交换，以保证血浆与组织间液容量和渗透压的恒定。临床上心功能不全患者，静脉回流受阻，导致毛细血管血压增高；肝、肾疾病患者低蛋白血症，血浆胶体渗透压降低，均可导致细胞间液回流到毛细血管内的体液量减小，使体液在组织间隙潴留而发生水肿。

（二）细胞间液与细胞内液之间的交换

细胞间液与细胞内液之间的交换是通过细胞膜进行的。细胞膜也是一种半透膜，但与毛细血管壁不同，水能自由透过，葡萄糖、氨基酸、尿素、O_2、CO_2、HCO_3^-、Cl^- 等也可通过，但蛋白质、Na^+、K^+、Ca^{2+}、Mg^{2+} 等离子不易透过。

水虽然可以自由透过细胞膜，但其流向取决于膜两侧的晶体渗透压。正常情况下，细胞内外液的渗透压基本相等，其水分的进出交流也处于动态平衡状态。当细胞内、外液的渗透压不平衡时，水总是由渗透压低的一侧向渗透压高的一侧流动，直到二者的渗透压相等为止。细胞内液的渗透压主要取决于钾盐，细胞外液的渗透压主要是钠盐。若细胞间液渗透压升高，水自细胞内转移到细胞外，引起细胞皱缩；当细胞外液渗透压降低时，水自细胞外流向细胞内，引起细胞肿胀，造成水中毒。

第三节　体液的平衡及调节

一、水平衡

（一）水的来源

健康成人每日摄入的水量和排出的水量基本相等，约为2500mL，称为水平衡。主要通过饮水、食物含水及机体内物质代谢产生的水供给补充。营养物质氧化产生的水称为代谢水或内生水。通常成人的每日饮水量推荐为1200mL。此外，食物中含水约1000mL，内生水约300mL。内生水为机体蛋白质、脂肪和糖代谢时所产生的水。

（二）水的去路

水的排出以经肾脏为主，约1500mL/d。在进水少、气温高、出汗多情况下，造成机体缺水会引起抗利尿素升高从而尿液浓缩，导致<1500mL的排出量。水分以尿液的排出量不能少于500mL/d，否则将会导致代谢产物在体内堆积引起中毒。

水经消化道的排出量约为150mL/d。消化液中的绝大部分水分被重吸收，异常丢失可导致脱水引起钾的不足。严重呕吐丢失胃液可导致低氯性碱中毒，而严重腹泻丢失肠液，可导致代谢性酸中毒。

此外，机体水分还可经肺呼气排出约为350mL/d，经皮肤蒸发排出约为500mL/d。机体对水的需要量与代谢热量成正比，每天散热所需水量约占体内总量的1/4，经体表面无形蒸发散失以维持体温，蒸发途径是由皮肤以所谓不显性出汗方式及呼出的水蒸气的形式排出，亦称为非显性失水。

二、电解质平衡

为维持机体内环境的稳定，机体血液pH值相对恒定，体液中阳离子和阴离子总数相等。其中阳离子中的Na^+和K^+，占血清阳离子的95%，阴离子中的Cl^-和HCO_3^-，占血清阴离子的85%，构成平衡的基本条件。

（一）钠和氯的代谢

1. 含量与分布　正常成人钠的总含量为45~50mmol/kg，其中有45%~50%存在于细胞外液中，40%~45%存在于骨骼中，其余存于细胞内。血清中钠含量为135~145mmol/L，平均含量为142mmol/L。

成人体内氯总量约为33mmol/kg，其中70%存在于细胞外液中。血清中氯含量为98~106mmol/L，平均含量为102mmol/L。

2. 钠和氯的吸收与排泄 机体通过膳食及食盐形式摄入钠和氯。膳食中的 NaCl 是以 Na^+ 和 Cl^- 的形式几乎全部被消化道消化吸收。动物对盐量的要求与机体需求有关。人体的盐食欲与体内盐含量的关系并不一致，其摄入量因个人饮食习惯的不同而有所差别。一般成人每日需要 NaCl 为 $4.5 \sim 9.0g$。

钠和氯主要经肾排出。肾脏通过肾小球的滤过率（GFR）、肾小管的重吸收、远曲小管的离子交换作用及偶联 K^+ 和 H^+ 的分泌来调节钠的排泄量，能根据体内钠含量的多少调节尿中排钠量，以保持钠平衡。Na^+ 的摄入与排出伴随有 Cl^- 的出入。Cl^- 的主动吸收可促进 Na^+ 的被动吸收，而远曲小管和收集管的"钠泵"，可促进钠的主动吸收而引起氯的被动重吸收。

氯化钠也有少量随粪便排出。此外，大量出汗，可使氯化钠排泄增加，因而运动、高温、疾病造成出汗过多，水分补充的同时需要补充低浓度氯化钠。

（二）钾的代谢

1. 含量与分布 钾主要分布在全身细胞内，是维持细胞新陈代谢，调节体液渗透压，维持酸碱平衡和保持细胞应激功能的重要电解质之一。人体总钾量约为 $50mmol/kg$，其中约98%存在于细胞内，仅2%左右存在于细胞外液。血清钾浓度为 $3.5 \sim 5.5mmol/L$。

2. 钾的吸收与排泄 正常成人每天钾的需要量为 $2 \sim 4g$，主要来自普通膳食。动物和植物性食物中含钾都比较丰富，食入后约90%被肠道吸收。因此，只要能进食一般不会引起钾缺乏。钾主要通过肾脏排泄，每天有80%的钾随尿排出，10%经粪便排出，汗液中排钾量极少。肾脏排钾的特点是"多食多排，少食少排，不食也排"。由于肾脏的排钾能力强而保钾能力差，即使在不摄入钾的情况下，最少要排出 $20 \sim 40mmol/d$ 的钾（相当于 $1.5 \sim 3.0gKCl$）。所以，对于禁饮食或大量丢失钾（腹泻、肠瘘等）的患者应及时补钾，防止发生低血钾。

知 识 链 接

血钾与低血钾

当血钾浓度 $>5.5mmol/L$ 时，称为高血钾。见于钾输入过多、排泄障碍或钾由细胞内释放到细胞外等。临床表现有四肢乏力、肌肉酸痛、心动过缓、传导阻滞，甚者心跳骤停。当血钾浓度 $<3.5mmol/L$ 时称为低血钾。低血钾是临床上常见的电解质紊乱。钾摄入不足、排出过多或细胞外的钾大量移入细胞内，均可导致低血钾。主要表现是四肢软弱无力、吞咽困难、腹胀、尿潴留、心动过速、早搏等，严重时心跳停于收缩期。

（三）钙磷的代谢

1. 分布与生理功能　钙和磷是体内含量最多的无机盐。正常成人钙的总量为 700 ~ 1400g，磷的总量为 400 ~ 800g。其中 99.3% 的钙和 87.6% 的磷分布于骨骼和牙齿中，其余分布于软组织、细胞外液和血液中。

钙和磷除了构成骨盐成分之外，Ca^{2+} 还能降低毛细血管壁和细胞膜的通透性；降低神经肌肉的兴奋性；参与血液凝固过程；增强心肌收缩；也是许多酶的激活剂和抑制剂。磷以 HPO_4^{2-} 形式参与体内能量和物质代谢及其调节；参与组成许多重要的含磷化合物，如核苷酸、核酸、磷蛋白、磷脂等；组成磷酸盐缓冲体系，调节体液酸碱平衡。

2. 吸收与排泄

（1）钙的吸收与排泄：钙的吸收与需要量随生长发育、生理状态和年龄的不同有较大的差异。正常成人钙的需要量约为 800mg/d，儿童、青少年及妊娠、哺乳期妇女需要量相应增加。钙的吸收主要在小肠上段，影响钙吸收的因素有：①维生素 D 是促进小肠中钙磷吸收最重要的因素；②降低肠道 pH 值能促进钙的吸收；③植酸、草酸、磷酸能和钙结合形成不溶性的盐类而减少钙的吸收；④钙的吸收与年龄成反比。正常成人摄入的钙 80% 从粪便排出，20% 由肾排出。正常成人每日摄取与排出的钙大致相等，保持动态平衡。

（2）磷的吸收与排泄：正常成人每日需磷约为 1g，主要来自食物。磷的吸收部位主要在小肠，吸收形式主要为酸性磷酸盐，磷吸收的影响因素与钙大致相似。体内的磷 60% ~ 80% 由尿排出，其余由粪便排出。

3. 血钙和血磷

（1）血钙：指血浆中所含的钙。正常值为 2.25 ~ 2.75mmol/L。血钙以离子钙和结合钙两种形式存在。其中绝大部分（约占血浆总钙的 40%）与血浆蛋白质相结合，不能透过毛细血管壁，故称为非扩散钙；小部分（约占血浆总钙的 15%）与柠檬酸、重碳酸盐等形成的复合钙和离子钙（约占血浆总钙的 45%）可以透过毛细血管壁，则称为可扩散钙。血浆钙中只有离子钙直接发挥生理作用。血浆中 $[H^+]$ 增高时，游离 $[Ca^2]$ 升高；血浆中 $[HCO_3^-]$ 增高时，游离 $[Ca^2]$ 减少。

（2）血磷：指血浆中无机磷酸盐（HPO_4^{2-}、$H_2PO_4^-$）所含有的磷。正常成人血磷浓度为 0.85 ~ 1.51mmol/L，新生儿稍高。

（3）血钙与血磷的关系　血浆中钙磷含量之间关系密切，正常成人每 100mL 血浆中钙磷浓度以 mg 表示时，它们的乘积为 35 ~ 40。当二者的乘积低于 35 时，提示骨的钙化将发生障碍，甚至促使骨盐溶解，影响成骨作用，引起佝偻病（或软骨病）。

（4）钙磷代谢的调节　甲状旁腺素、降钙素及 1,25 - 二羟维生素 D_3 是参与钙磷代谢调节的三种主要激素。肾、骨和小肠是参与调节的主要器官。

甲状旁腺素（Parathormone，PTH）：是由甲状旁腺主要细胞分泌的激素。其作用如下：①可促进肾远曲小管对钙的重吸收，抑制近曲小管对磷的重吸收，促进尿磷排出；②通过增加破骨细胞数量和活性促进骨盐溶解，抑制骨质的合成，使骨组织中的钙释放入血增多，释放钙磷到细胞外液；③促进 $1,25-(OH)_2-D_3$ 的生成，间接促进肠对钙磷的吸收。PTH 作用的总效应是使血钙升高、血磷降低。

降钙素（calcitonin，CT）：是由甲状腺滤泡旁细胞分泌的一种多肽类激素。其作用如下：①抑制肾近曲小管对钙、磷的重吸收，从而使血钙、血磷降低；②促进骨盐沉积于骨组织，抑制破骨作用及骨盐溶解，降低血钙、血磷浓度；③抑制 $1,25-(OH)_2-D_3$ 的合成，间接抑制肠对钙磷的吸收。CT 作用总的结果是使血钙和血磷均降低。

$1,25-(OH)_2-D_3$：是维生素 D 经肝肾两次羟化生成的。其作用如下：①促进肾近曲小管对钙、磷的重吸收；②具有溶骨和成骨的双重作用；③促进小肠对钙、磷的吸收是其最主要的生理功能。$1,25-(OH)_2-D_3$ 作用总的结果是使血钙和血磷浓度均升高。

三、水、电解质平衡的调节

机体对水、电解质平衡的调节涉及神经、激素、器官等各种调节功能。

☆考点提示
　　水、电解质平衡的调节

（一）神经调节

当机体失水、高盐饮食或输入高渗 NaCl、葡萄糖、甘露醇等溶液后，使细胞外液晶体液渗透压增加，刺激丘脑下部的渗透压感受器（渴觉中枢），引起大脑皮层产生口渴思饮的生理反应，饮水后，渗透压恢复正常，以调节体液渗透压平衡。

（二）激素调节

激素调节即神经体液调节。主要调节因素有抗利尿激素、醛固酮、排钠激素等激素调节机制。

1. 抗利尿激素（Antidiuretic hormone，ADH）　　ADH 是下丘脑分泌的一种九肽激素。ADH 的主要作用是促进远曲小管和集合管上皮细胞对水的通透性，从而促进对水的重吸收，降低排尿量。ADH 的分泌主要受血浆渗透压、血容量和血压的调节。当血浆渗透压增高、血容量减少或血压下降时，会引起 ADH 分泌增多，肾对水的重吸收活动明显增强，导致尿液浓缩和尿量减少，使血浆渗透压降低，血容量恢复，血压回升，维持体液平衡。相反，ADH 分泌抑制，导致尿量增多，使体内过多的水排出。

2. 醛固酮（Aldosterone，ADS）　　是由肾上腺皮质的球状带分泌的一类盐皮质类固醇。醛固酮可促进肾远曲小管上皮细胞的排 H^+ 保 Na^+ 作用，促进 Na^+ 重吸收，并促进 K^+

的排出。具有保 Na^+、保水的作用。

醛固酮的分泌主要受血容量、血 Na^+ 和 K^+ 浓度的影响，是通过肾素－血管紧张素系统实现的。当血容量减少，血钠降低和血钾升高时，肾的球旁细胞分泌肾素作用于血管紧张素原，生成血管紧张素，进而刺激合成和分泌醛固酮，使肾脏 Na^+ 和水的重吸收增加，血容量恢复、血压回升，维持体液平衡。相反，肾素－血管紧张素系统使醛固酮分泌减少，肾重吸收 Na^+ 和水减少，促使血容量下降。

肾上腺皮质肿瘤或增生可引起醛固酮分泌增多，导致肾脏水与电解质的吸收增加，细胞外液容量增多，引发继发性高血压。

3. 其他　　其他调节体液平衡的激素还有：①利尿钠激素：利尿钠激素可减少肾小管对钠的重吸收；②心钠素：由心房肌细胞合成和释放，又称为心房利钠因子或心房肽，可以增加肾小球滤过压，产生排钠利尿作用，同时增加肾小球旁器细胞的兴奋性，减少肾素的合成与分泌。

第四节　水盐代谢紊乱

水与电解质的代谢调节易受疾病、外界环境的变化、药物使用不当等影响，出现代谢紊乱，即水、电解质平衡紊乱。临床上常见的水与电解质平衡紊乱有脱水、水肿、水中毒、低钾血症和高钾血症等。如果得不到及时纠正，水、电解质代谢紊乱可导致全身各器官系统特别是心血管系统、神经系统的生理功能紊乱，物质代谢障碍，严重时可致死亡。

一、水的缺乏与过量

在正常机体，水的摄入与排出处于动态平衡，极少见水的过量中毒。但当疾病状态下，如果水的摄入量超过肾脏排出能力，可引起体内水过多或水中毒。水中毒时，会造成脑细胞肿胀、脑组织水肿、颅内压增高而引起头痛、恶心、呕吐、记忆力减退，严重者可发生渐进性精神迟钝、恍惚、昏迷、惊厥等，严重者可引起死亡。

同时，由于水在自然界广泛分布，可从饮食物中或直接饮用来获得，一般无缺乏的危险。但当极端环境或病理状态下水摄入不足或水丢失过多时，可引起体内失水，亦称为脱水。

二、钙磷代谢紊乱

钙磷对细胞膜的结构功能及神经肌肉应激等具重要的调节作用。因此其血液异常水平会引起机体的严重反应。钙磷代谢紊乱造成的病症包括高钙血症、低钙血症、高钙尿症、高磷血症以及低磷血症。

（一）高钙血症

高钙血症是指进入细胞外液的钙（肠、骨）超过了排出的钙（肠、肾），引起血清离子钙浓度的异常升高。当血清钙大于 2.75mmol/L 或血清钙离子大于 1.25mmol/L 即高钙血症。

高血钙可使神经、肌肉兴奋性降低，对肾脏产生损害，表现有体重减轻，全身肌肉软弱无力、头痛、失眠、食欲减退、恶心、烦渴、多饮、多尿等。如果血钙浓度大于 4.5mmol/L，可发生高钙血症危象，如严重脱水、高热、意识不清等，易死于心脏骤停、坏死性胰腺炎和循环衰竭等。

（二）低钙血症

低钙血症是指血清离子钙浓度的异常减低。当血钙低于 1.75mmol/L 或离子钙低于 0.875mmol/L 时即低钙血症。血总钙降低可在低蛋白质血症时出现，并不一定反映离子钙的降低，而低钙血症一般指离子钙低于正常值。

低钙血症时，Ca^{2+} 对 Na^+ 内流抑制作用减弱，发生动作电位的阈值降低，神经 - 肌肉兴奋性增加。低钙血症的临床症状与其程度及血钙下降的速度有关，初时出现四肢及口周的感觉异常、发麻、刺痛、手足搐搦，严重时可发生精神异常、全身骨骼肌及平滑肌痉挛，从而发生头痛、心绞痛、惊厥、癫痫样发作、腹泻、胆绞痛、严重喘息，甚至引起呼吸、心搏骤停而致死。

婴幼儿缺钙表现为骨骼畸形、鸡胸、"X"形腿或"O"形腿等，称为佝偻病。成年人缺钙，骨骼畸形不明显，但骨质密度较低，容易发生骨盆变形、脊柱弯曲、骨折等等，临床上称为软骨病。

知 识 链 接

佝偻病的预防

佝偻病在婴儿期较为常见，是由于维生素 D 缺乏引起体内钙、磷代谢紊乱，而使骨骼钙化不良的一种疾病。佝偻病主要表现为多汗、夜惊、烦躁、枕突和各种骨骼的改变，使小儿抵抗力降低，容易合并肺炎及腹泻等疾病，影响小儿生长发育。

预防措施：①提倡母乳喂养，及时添加富含维生素 D 及钙、磷比例适当的婴儿辅助食品。②多晒太阳，平均每日户外活动时间应在 1 小时以上，并多暴露皮肤。③对体弱儿或在冬春的季节户外活动受限制时，可补充维生素 D，每日 400～800 国际单位。

第五节　酸碱平衡

人体正常的机能活动，除需要适宜的温度、渗透压等因素外，还必须有适宜的酸碱度。机体在生命活动过程中不断地产生酸性物质或碱性物质，同时食物中也不断有酸、碱性物质进入体内，然而机体总是能自行调节，使体液 pH 值总是维持在一个相对恒定的范围（7.35～7.45）。机体通过一系列的调节机构，处理酸性或碱性物质的含量与比例，使体液 pH 值维持在一定范围内的过程，称为酸碱平衡。

一、体内酸碱物质的来源

（一）酸性物质的来源

体内的酸性物质主要来源于分解代谢，其次来自于食物和药物。酸性物质可分为挥发性酸和非挥发性酸两大类。

1. 挥发性酸　挥发性酸即碳酸。物质在体内彻底氧化分解后可产生 CO_2 和 H_2O，两者化合生成 H_2CO_3。H_2CO_3 在肺可重新分解成 CO_2 并呼出体外，故称为挥发酸。它是机体酸的主要来源。

2. 非挥发性酸（固定酸）　指物质代谢过程中产生的硫酸、磷酸、乳酸、酮体等。这些酸不能从肺排出，只能经肾随尿而排出，称为非挥发性酸（固定酸）。

（二）碱性物质的来源

1. 碱性物质的摄入　碱性物质的摄入主要来自食物和某些药物。如蔬菜、瓜果中含有大量的有机酸钾盐、钠盐，如柠檬酸盐、苹果酸盐等。这些有机酸在体内氧化生成 CO_2 和 HO_2，剩下的 Na^+、K^+ 与 HCO_3^- 结合生成碳酸氢钠和碳酸氢钾，使体液中的 $NaHCO_3$ 和 $KHCO_3$ 增多。所以，蔬菜与瓜果为碱性食物。

2. 体内代谢产生　在正常情况下，体内产生的碱性物质较少，主要有氨、有机胺等。产生的酸性物质比碱性物质多，因此，机体对酸碱平衡的调节主要是对酸的调节。

二、酸碱平衡的调节

体内酸碱平衡的调节主要通过血液的缓冲作用、肺和肾脏的调节三个方面来实现，这三个方面的调节是密切相关、互相协调的。

（一）血液的缓冲作用

体液的缓冲作用，以血液缓冲体系的调节最重要，组织间液及细胞内液的缓冲体系与血浆相似，但其缓冲作用较小。

1. 血液的缓冲体系　血浆的缓冲体系有：

$$\frac{NaHC_3}{H_2CO_3}, \quad \frac{Na_2HPO_4}{NaH_2PO_4}, \quad \frac{Na-Pr}{H-Pr} \quad (Pr：血浆蛋白)$$

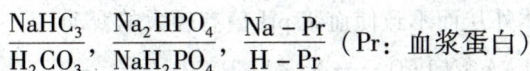

红细胞的缓冲体系有：

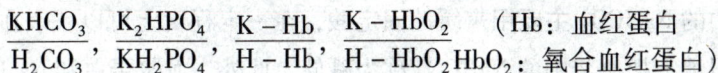

$$\frac{KHCO_3}{H_2CO_3}, \quad \frac{K_2HPO_4}{KH_2PO_4}, \quad \frac{K-Hb}{H-Hb}, \quad \frac{K-HbO_2}{H-HbO_2} \quad (Hb：血红蛋白 \\ HbO_2：氧合血红蛋白)$$

血浆中以碳酸氢盐（$NaHCO_3/H_2CO_3$）缓冲体系为主，红细胞中以血红蛋白（$K-Hb/H-Hb$ 及 $K-HbO_2/H-HbO_2$）缓冲体系为主。

血浆中 $NaHCO_3/H_2CO_3$ 缓冲体系之所以重要，不仅因为碳酸氢盐缓冲体系含量多，缓冲能力最强，而且容易调节。H_2CO_3 浓度可通过体液溶解的 CO_2 取得平衡，受肺的呼吸调节；HCO_3^- 通过肾对其进行调节。血液中各缓冲体系的缓冲能力如表 14-3。

表 14-3　全血中各种缓冲体系的含量和分布

缓冲体系	占全血中缓冲体系总浓度的百分数（%）
HbO_2 和 Hb	35
有机磷酸盐	3
无机磷酸盐	2
血浆蛋白质	7
血浆碳酸氢盐	35
红细胞碳酸氢盐	18

血浆中的 pH 值主要取决于 $[NaHCO_3]/[H_2CO_3]$ 的比值。正常人血浆 $NaHCO_3$ 的浓度为 24mmol/L；H_2CO_3 的浓度约为 1.2mmol/L，两者的比值 $24/1.2=20/1$，pKa 是碳酸解离常数的负对数，在 37℃时为 6.1。血浆 pH 值可根据亨德森-哈塞巴方程式计算：

$$pH = pKa + lg[NaHCO_3]/[H_2CO_3]$$

$$pH = 6.10 + lg20/1 = 6.10 + 1.30 ≒ 7.4$$

从上式可见，只要 $NaHCO_3$ 与 H_2CO_3 浓度之比为 20/1，血浆中的 pH 值即可维持在 7.4。酸碱平衡调节的实质就是调节 $[NaHCO_3]/[H_2CO_3]$。

☆考点提示
血浆重要缓冲对及正常比值

2. **血液缓冲体系的缓冲作用**　进入血液的固定酸或固定碱，主要被碳酸氢盐缓冲体系所缓冲；挥发酸主要由血红蛋白缓冲体系进行缓冲。

（1）对固定酸（H-A）和碱性物质的缓冲作用　代谢产生的固定酸在血液中主要由 $NaHCO_3$ 中和，使酸性较强的固定酸转变为酸性较弱的 H_2CO_3，H_2CO_3 可分解为 H_2O 和

CO_2，CO_2 可经肺呼出体外从而不致使血浆 pH 值有较大的变动。

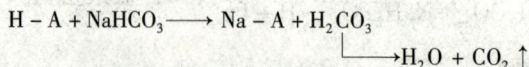

$$H-A + NaHCO_3 \longrightarrow Na-A + H_2CO_3$$
$$\qquad\qquad\qquad\qquad \longrightarrow H_2O + CO_2 \uparrow$$

由于血浆中的 $NaHCO_3$ 主要用来缓冲固定酸，在一定程度上可以代表血浆对固定酸的缓冲能力，故习惯上把血浆中的 $NaHCO_3$ 称为碱储。此外，血浆蛋白和 Na_2HPO_4 也能缓冲固定酸，但其含量少，作用较弱。

碱性物质进入血液后，可被血浆中的 H_2CO_3、NaH_2PO_4 及 $H-Pr$ 所缓冲，使强碱变弱碱。

（2）对挥发性酸的缓冲作用　代谢产生的 CO_2，主要在红细胞中迅速生成 H_2CO_3，进而被血红蛋白缓冲体系与氧合血红蛋白缓冲体系缓冲，最终经肺以 CO_2 形式呼出。

（二）肺对酸碱平衡的调节

肺通过呼出 CO_2 来调节血浆中 H_2CO_3 的浓度，进而实现对机体酸碱平衡的调节。肺排出 CO_2 的作用受呼吸中枢的调节，而呼吸中枢的兴奋性又受动脉血二氧化碳分压、pH 值及氧分压的影响。

当体内产酸增多时，血浆中 $NaHCO_3$ 减少而 H_2CO_3 增多，使血浆中 $[NaHCO_3/H_2CO_3]$ 的比值变小。血中的 H_2CO_3 经碳酸酐酶的催化分解为 CO_2 和 H_2O，使血浆 PCO_2 增高，刺激延髓呼吸中枢，呼吸加深加快，呼出更多的 CO_2，从而降低血中的 H_2CO_3 浓度，使 $[NaHCO_3/H_2CO_3]$ 的比值及 pH 值恢复正常。

延髓呼吸中枢对动脉血 PCO_2 的变化极为敏感，PCO_2 有小量的变化，即可影响肺的通气深度和速率。正常动脉血 PCO_2 为 5.33kPa，当血液 pH 值降低或 PCO_2 增高时，呼吸中枢兴奋，呼吸加深加快，CO_2 排出增多；反之，当动脉血 PCO_2 降低或 pH 值升高时，则呼吸中枢抑制，呼吸变浅变慢，CO_2 排出减少。肺通过 CO_2 排出的多少来调节血中 H_2CO_3 的浓度，以维持 $[NaHCO_3/H_2CO_3]$ 的比值正常。所以，在临床上密切观察病人的呼吸频率和呼吸深度具有重要意义。

（三）肾对酸碱平衡的调节作用

肾对酸碱平衡的调节作用，主要是通过排出机体在代谢过程中产生的过多的酸或碱，调节血中的 $NaHCO_3$ 的浓度，维持 $[NaHCO_3/H_2CO_3]$ 的比值正常，从而维持血液 pH 值的恒定。肾的调节主要有以下三种方式：

☆考点提示

肾对酸碱平衡的调节。

1. $H^+ - Na^+$ 交换　$NaHCO_3$ 的重吸收主要在肾近曲小管，约占重吸收总量的 90%，其余部分在髓袢和远曲小管。肾对 $NaHCO_3$ 的重吸收是通过 $H^+ - Na^+$ 交换完成的。进入肾小管上皮细胞中的 CO_2 在碳酸酐酶（CA）催化下与 H_2O 化合生成 H_2CO_3，H_2CO_3 解离为 H^+ 和 HCO_3^-。H^+ 分泌至管腔内与 $NaHCO_3$ 解离出的 Na^+ 进行交换。换回的 Na^+ 与上皮细胞内的 HCO_3^- 同时重吸收入血。交换进入肾小管腔中的 H^+ 与 HCO_3^- 结合为 H_2CO_3，后者分解为 CO_2 与 H_2O，CO_2 再扩散进入肾小管上皮细胞被重新利用，H_2O 则随尿排出（图 14 – 1）。

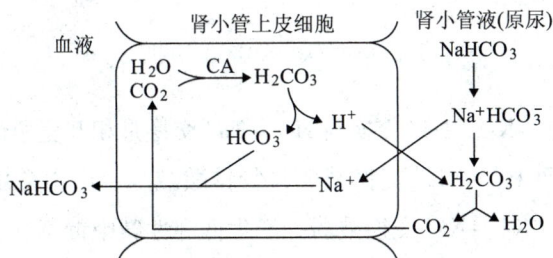

图 14 – 1　$H^+ - Na^+$ 交换与 $NaHCO_3$ 重吸收

肾小管细胞分泌至管腔的 H^+ 还可与 Na_2HPO_4 的 Na^+ 进行交换，Na_2HPO_4 转变为 NaH_2PO_4 随尿排出。重吸收的 Na^+ 则与肾小管细胞中的 HCO_3^- 结合再生成 $NaHCO_3$（图 14 – 2）。通过交换，绝大部分的 Na_2HPO_4 转变为 NaH_2PO_4，使终尿的 pH 值降至 4.8，这一过程成为尿液的酸化。

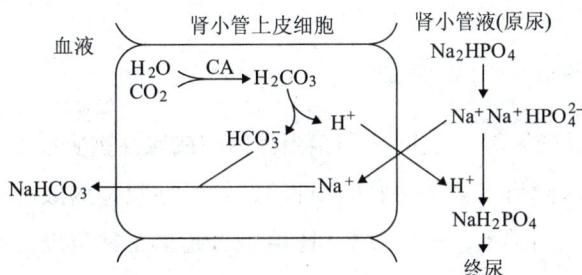

图 14 – 2　$H^+ - Na^+$ 交换与尿液的酸化

2. $NH_4^+ - Na^+$ 交换　肾小管上皮细胞有分泌 NH_3 的功能。分泌入管腔的 NH_3 与 H^+ 结合生成 NH_4^+ 并与 Na^+ 进行交换，NH_4^+ 以铵盐形式随尿排出，进入肾小管上皮细胞内的 Na^+ 则与 HCO_3^- 结合生成 $NaHCO_3$（图 14 – 3）。肾中 NH_3 主要来源于谷氨酰胺水解及氨基酸脱氨基作用。

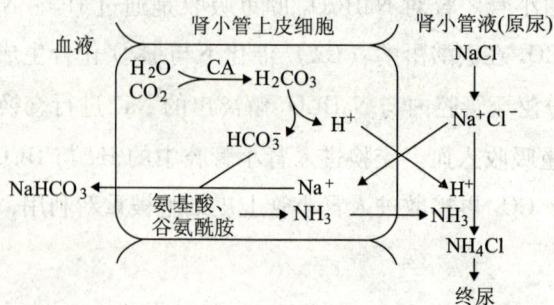

图 14-3 $H^+ - Na^+$ 交换与铵盐的排泄

3. $K^+ - Na^+$ 交换 $K^+ - Na^+$ 交换与 $H^+ - Na^+$ 交换是相互竞争的关系。当高血钾时，$K^+ - Na^+$ 交换增强，而 $H^+ - Na^+$ 交换减弱，肾排酸减少，产生酸中毒；而当低血钾时，$H^+ - Na^+$ 交换增强，而 $K^+ - Na^+$ 交换减弱，产生低钾性碱中毒。

综上，机体在调节酸碱平衡的过程中，血液的缓冲作用是第一道防线，其调节迅速有效，但缓冲能力有限，结果势必引起 $NaHCO_3$ 与 H_2CO_3 含量及比值的改变；肺脏及时地通过呼吸运动调节 CO_2 的排出量，在 pH 值改变 10~15 分钟左右发挥作用，但只局限于对呼吸性成分的调节；肾脏通过 $H^+ - Na^+$ 交换及泌 NH_4^+ 作用以排酸保碱，来调节血浆 $NaHCO_3$ 含量，虽然发挥作用迟缓，但效率高，作用持久，能彻底排出过多的酸或碱，故是体内最根本、最主要的调节机制。上述三种调节前呼后应，相互协同，共同维持体液 pH 值的稳定。

三、酸碱平衡紊乱的基本类型

正常血液的 pH 值在 7.35~7.45 之间，当体内酸或碱性物质过多或过少，或者机体调节酸碱平衡的能力出现障碍（如肺、肾的损害），均可导致体内酸碱平衡失调，即酸碱平衡紊乱。酸碱平衡紊乱的类型，根据血浆 pH 值是否超出正常范围，可将其大体上分为代偿性和失代偿性；根据血浆 HCO_3^- 浓度和 H_2CO_3 浓度的原发性改变，可将其大体上分为代谢性和呼吸性。

（一）代谢性酸中毒

代谢性酸中毒是临床上最常见的酸碱平衡紊乱。

1. 常见原因 各种原因导致血浆中 $NaHCO_3$ 原发性的减少。可见于：①固定酸产生过多：如糖尿病、缺氧、休克等情况下，酸性产物（乙酰乙酸、β-羟丁酸、乳酸等）堆积，消耗大量的 $NaHCO_3$；②肾脏排酸障碍，如肾功能不全，泌 H^+、泌 NH_3 及回收 Na^+ 减少，使过多的酸性物质不能及时排出而潴留体内；③酸性药物（如氯化铵、水杨酸等）摄入过多；④碱性物质丢失过多：肠液、胰液、胆汁中 $NaHCO_3$ 的浓度高于血浆，如腹泻、肠瘘、肠道引流等使碱性消化液丢失或大面积烧伤血浆渗出等。

2. 代偿机制　当体内固定酸过多时，首先血液缓冲系统迅即发挥作用，结果使 $NaHCO_3$ 减少，H_2CO_3 增多，此状态通过肺和肾脏的协同调节。一方面可刺激延髓的呼吸中枢，使呼吸加深加快，CO_2 排出增多，使血中 H_2CO_3 含量下降；另一方面可使肾小管上皮细胞中的碳酸酐酶、谷氨酰胺酶活性增强，泌 H^+、泌 NH_3 增加，有助于固定酸的排出及 $NaHCO_3$ 的重吸收和再生，使血浆 $NaHCO_3$ 含量逐步回升。经过上述代偿过程，虽然 $NaHCO_3$ 和 H_2CO_3 的实际含量都有所减少，但两者的比值接近 20∶1，pH 值仍在正常范围内，称为代偿性代谢性酸中毒。如果超过了机体的代偿能力时，［$NaHCO_3$］与 ［H_2CO_3］的比值小于 20∶1，pH 值随之降至 7.35 以下，称为失代偿性代谢性酸中毒。

3. 特点　血浆 $NaHCO_3$ 含量降低（原发性）、H_2CO_3 浓度稍有降低（继发性）。

（二）代谢性碱中毒

1. 常见原因　各种原因（如摄入过多碱性物质，剧烈呕吐、胃引流使胃液大量丢失，低血钾等）导致的血浆 $NaHCO_3$ 浓度原发性增多。

2. 代偿机制　由于血浆 $NaHCO_3$ 浓度增加，pH 值升高，抑制呼吸中枢，使呼吸运动变浅变慢，CO_2 排出减少，尽可能保留 H_2CO_3；与此同时，肾小管细胞泌 H^+、泌 NH_3 作用减弱，回收 Na^+ 减少而排 Na^+ 增加，尿液呈碱性。通过代偿调节，［$NaHCO_3$］与 ［H_2CO_3］的比值趋于 20∶1，pH 值在正常范围之内，称为代偿性代谢性碱中毒。若 ［$NaHCO_3$］与 ［H_2CO_3］的比值大于 20∶1，pH 值高于 7.45，称为失代偿性代谢性碱中毒。

3. 特点血浆　$NaHCO_3$ 浓度升高，H_2CO_3 含量也相应升高。

（三）呼吸性酸中毒

1. 常见原因　呼吸性酸中毒是由于各种原因（如呼吸中枢抑制、呼吸肌麻痹、呼吸道阻塞、肺部疾患、胸部病变等）导致肺泡通气不畅，CO_2 排除障碍，使血浆 H_2CO_3 浓度原发性地升高。

2. 代偿机制　当体内 H_2CO_3 含量增多时，血液中血红蛋白缓冲系统首先发挥作用，可中和一部分 H_2CO_3。但由于呼吸障碍导致大量的 CO_2 堆积，此时肺已基本丧失代偿能力，主要通过肾小管细胞泌 H^+、泌 NH_3 增多，$NaHCO_3$ 重吸收和再生增强，力图升高 $NaHCO_3$ 含量，使 ［$NaHCO_3$］与 ［H_2CO_3］的比值接近 20∶1，pH 值在 7.35～7.45 之间，称为代偿性呼吸性酸中毒。若 H_2CO_3 浓度显著增加，超出了机体的代偿能力，［$NaHCO_3$］与 ［H_2CO_3］的比值小于 20∶1，则血液 pH 值小于 7.35，称为失代偿性呼吸性酸中毒。

3. 特点　血浆 PCO_2 和 H_2CO_3 浓度升高，血浆 $NaHCO_3$ 含量代偿性升高。

（四）呼吸性碱中毒

1. 常见原因 是由各种原因（如癔病、高热、甲亢及某些中枢神经系统疾病等）引起肺换气过度，CO_2 呼出过多，使血浆 H_2CO_3 含量原发性地降低。呼吸性碱中毒临床上较少见。

2. 代偿机制 因 CO_2 排出过多，血浆 PCO_2、H_2CO_3 浓度减少时，肾小管细胞泌 H^+、泌 NH_3 减少，Na^+ 重吸收和再生减弱，结果 $NaHCO_3$ 含量继发性地降低，以期恢复 $[NaHCO_3]$ 与 $[H_2CO_3]$ 的比值接近 20：1，pH 值仍保持在正常范围内，称为代偿性呼吸性碱中毒。如果通过肾脏的代偿作用后，$[NaHCO_3]$ 与 $[H_2CO_3]$ 的比值升高，pH 值大于 7.45，称其为失代偿性呼吸性碱中毒。

3. 特点 血浆 PCO_2 和 H_2CO_3 浓度降低，血浆 $NaHCO_3$ 含量代偿性降低。

四、酸碱平衡的主要生化诊断指标

临床上为了全面、准确地了解体内酸碱平衡状况，以协助诊断、评估疗效或指导治疗，一般需要测定各种有关酸碱平衡的生化指标，主要包括血浆 pH 值、PCO_2、$CO_2 - CP$、AB 和 SB、缓冲碱、BE、AG 等。

1. 血液 pH 值 正常人动脉血液的 pH 值为 7.35～7.45，平均为 7.40。若血液 pH 值低于 7.35，表示有失代偿性酸中毒，若 pH 值大于 7.45，表示有失代偿性碱中毒。即使 pH 值在正常范围内，并非说明体内就没有发生酸碱平衡紊乱，因为代偿期 pH 值是正常的。所以，测定血液 pH 值只能判断有无失代偿性酸中毒或碱中毒的发生，而不能区分酸碱平衡紊乱是属于呼吸性还是代谢性。

2. 血浆二氧化碳分压（PCO_2） 血浆 PCO_2 是指物理溶解于血浆中的 CO_2 所产生的张力，是反映呼吸性酸碱失衡的重要指标。正常人动脉血中的 PCO_2 为 4.5～6.0kPa（35～45mmHg），平均 5.3kPa（40mmHg），由于 CO_2 对肺泡有很大的弥散力，所以，动脉血中 PCO_2 基本上反映肺泡气的 PCO_2 及肺泡的通气水平，即 PCO_2 与肺泡通气量呈反比。

当动脉血 PCO_2 大于 6.0kPa 时，提示肺通气不足，CO_2 潴留，血中 H_2CO_3 含量升高，为呼吸性酸中毒；当 PCO_2 小于 4.5kPa 时，提示肺换气过度，CO_2 排出过多，血中 H_2CO_3 含量减少，为呼吸性碱中毒。代谢性酸（碱）中毒时，由于机体的代偿作用，动脉血 PCO_2 稍有降低（或升高），但一般不明显。

3. 二氧化碳结合力（$CO_2 - CP$） $CO_2 - CP$ 是指在 PCO_2 为 5.3kPa 时，每升血浆中以 $NaHCO_3$ 形式存在的 CO_2 毫摩尔数。正常值为 23～31mmol/L，平均 27mmol/L。

$CO_2 - CP$ 反映血浆 HCO_3^- 的含量（即代表碱储备），主要作为代谢性酸碱平衡失常的诊断指标。CO_2-CP 降低，表示有代谢性酸中毒；CO_2-CP 升高，表示有代谢性碱中毒。在呼吸性酸碱平衡紊乱时，由于肾脏的代偿作用，使血浆 $NaHCO_3$ 含量继发性的改变，其结果与代谢性酸、碱中毒相反，即呼吸性酸中毒时，CO_2-CP 升高；呼吸性碱中毒时，CO_2-CP 降低。需要说明的是，目前临床上已很少检测这一指标。

4. 实际碳酸氢盐（AB）和标准碳酸氢盐（SB） SB 是指全血在标准状况下（即温度37℃，PCO_2 5.3kPa，血氧饱和度100%），测得血浆中 HCO_3^- 的含量。SB 不受呼吸因素的影响，是反映代谢性成分的主要指标。AB 是指在隔绝空气下取血分离血浆，测得血浆中 HCO_3^- 的真实含量。AB 虽可反映血液中代谢性成分的多少，但受呼吸因素的影响。

SB 的正常范围是 $22\sim27$ mmol/L（平均24mmol/L），正常人 AB = SB。若 AB = SB，两者均降低，表示代谢性酸中毒；反之，AB = SB 但两者均升高，则表示代谢性碱中毒。

AB 与 SB 数值之差反映呼吸性因素对酸碱平衡的影响程度。若 AB > SB，则表示体内 CO_2 潴留，肾脏代偿使 AB 增多，提示有呼吸性酸中毒；若 AB < SB 表明 CO_2 呼出过多，肾脏代偿作用使 AB 减少，提示有呼吸性碱中毒。

5. 碱过剩（BE）或碱欠缺（BD） BE 或 BD 是指在标准条件下（即温度37℃，PCO_2 5.3kPa，血氧饱和度100%）滴定全血至 pH 值为7.40时所消耗酸或碱的量（mmol/L）。滴定消耗酸的量为碱剩余（BE），用正值" + "表示；消耗碱的量即为碱缺失（BD），用负值" – "示之。正常人血液的 pH 值就在7.40附近，无需用酸或碱作更多的滴定。所以，BE 或 BD 的正常参考范围是 $0\sim\pm3$ mmol/L。

BE 或 BD 不受呼吸的影响，比较真实地反映缓冲碱的过剩或不足，是判断代谢性酸碱平衡紊乱的重要指标。BE（即正值）增高，为碱过多，即为代谢性碱中毒；BD（即负值）增加，提示碱不足，为代谢性酸中毒。

6. 阴离子间隙（AG） 血浆中的阳离子和阴离子的摩尔电荷浓度相等，呈电中性。血浆中主要的阳离子是 Na^+ 和 K^+，称可测定阳离子，其余为未测定阳离子，包括 Ca^{2+}、Mg^{2+} 等。主要的阴离子是 Cl^- 和 HCO_3^-，称可测定阴离子，其余为未测定阴离子，包括蛋白质、硫酸、磷酸和有机酸等阴离子。阴离子间隙（Anion gap，AG）是指未测定阴离子与未测定阳离子的差值。临床上常用可测定阳离子与可测定阴离子的差值表示：$AG = ([Na^+]+[K^+])-([Cl^-]+[HCO_3^-])$。正常参考值为 $8\sim16$ mmol/L，平均为12mmol/L。AG 值增高多见于乳酸、酮体等生成增多或肾功能衰竭所致酸中毒。AG 测定对诊断代谢性酸中毒和某些混合性酸碱平衡紊乱有重要意义。AG 值降低见于低蛋白血症等。

酸碱平衡紊乱的类型及主要生化指标的改变（14 – 4。）

表 14 – 4　酸碱平衡失常的类型及主要生化指标的改变

指标	酸中毒		碱中毒	
	呼吸性	代谢性	呼吸性	代谢性
原发性改变	$[H_2CO_3]$ ↑	$[NaHCO_3]$ ↓	$[H_2CO_3]$ ↓	$[NaHCO_3]$ ↑
pH	正常↓	正常↓	正常↑	正常↑
PCO_2	↑↑↑	↓↓	↓↓↓	↑↑
SB 与 AB	SB < AB	SB = AB 均↓	SB > AB	SB = AB 均↑
BE	—	BE［负值］↑	—	BE［正值］↑

注：↑表示增大；↓表示减小。

本章小结

　　水和无机盐是生物体的重要组成成分，也是构成体液的主要成分。水具有参与物质代谢、运输功能、维持组织的形态和功能、维持体温等功能。无机盐的种类和含量对维持生命活动具有重要作用，Na^+ 和 K^+，Cl^- 和 HCO_3^-，是构成电解质平衡的重要离子；抗利尿激素主要可调节水的代谢，醛固酮和心房肽可调节钠、钾的代谢。钙和磷构成骨盐成分，Ca^{2+} 还能降低毛细血管壁和细胞膜的通透性；降低神经肌肉的兴奋性；参与血液凝固过程；增强心肌收缩；也是许多酶的激活剂和抑制剂。钙磷代谢主要受甲状旁腺素、1,25 – $(OH)_2$ – D_3、降钙素三者的调节。

　　机体通过一系列的调节机制（即血液的缓冲作用、肺和肾脏的调节），处理酸性或碱性物质的含量与比例，使体液 pH 值维持在一定范围内。酸性物质包括挥发性酸和固定酸，碱性物质包括代谢产生的碱和食物中的碱。血浆缓冲系统中以 ［$NaHCO_3$］/［H_2CO_3］ 缓冲对的缓冲能力最强，血浆 pH 值取决于 ［$NaHCO_3$］ 与 ［H_2CO_3］ 浓度的比值，只要两者的比值为是 20∶1。血浆 pH 值才能维持在 7.35 ~ 7.45。肺主要通过呼出 CO_2 的多少，来控制血浆 H_2CO_3 的浓度；肾脏通过 $NaHCO_3$ 的重吸收、酸化尿液及泌 NH_3 作用以排酸保碱，调节血浆 $NaHCO_3$ 含量。

　　各种因素导致 $NaHCO_3$ 与 H_2CO_3 含量及比值改变，即会发生酸碱平衡失常；无论是呼吸性酸中毒或碱中毒，还是代谢性酸中毒或碱中毒均可分为代偿性与失代偿性两种情况；代谢性酸中毒是临床上最常见的酸碱平衡失常。判断酸碱平衡失常的生化指标有：血浆 pH 值、PCO_2、CO_2 – CP、AB 与 SB、BE 与 BD 等。

考纲分析

　　根据历年考纲与真题分析，建议熟记体液的分布与含量；主要电解质的代谢特点；酸碱平衡的概念；酸碱平衡的主要调节机制和特点。熟悉水和无机盐的生理功能；钙磷代谢的调节；体内酸性和碱性物质的来源。重视水和无机盐代谢与酸碱平衡知识在临床中的实际应用。

复习思考

一、A 型选择题

1. 正常成人的体液总量约占体重的（　　）
   A. 40%　　　　　　B. 50%　　　　　　C. 60%
   D. 70%　　　　　　E. 80%

2. 对于一个术后禁食的成年患者（无其他体液平衡失调），每日静脉输液总量至少为（　　）
   A. 500mL　　　　　B. 1000mL　　　　　C. 1500mL
   D. 2500mL　　　　　E. 3000mL

3. 甲状旁腺素对血液中钙磷浓度的调节作用表现为（　　）
   A. 降低血钙浓度，升高血磷浓度
   B. 升高血钙浓度，降低血磷浓度
   C. 升高血钙浓度，不影响血磷浓度
   D. 降低血钙浓度，不影响血磷浓度
   E. 升高血钙、血磷浓度

4. 一老年人，喜欢吃水果及谷类食物，不愿吃动物性食物，最近感到手脚麻木，关节痛，并有"抽筋"现象，这种现象最可能解释是（　　）
   A. 血清铁降低　　　B. 血清钙降低　　　C. 血清磷降低
   D. 血清钠降低　　　E. 血清锌降低

5. 关于水的叙述哪项是不正确的（　　）
   A. 调节体温　　　　B. 润滑作用　　　　C. 良好的溶剂
   D. 物质运输　　　　E. 抑制物质代谢

6. 维持细胞外液容量和渗透压的主要离子是：
   A. K^+　　　　　　B. Na^+　　　　　　C. Ca^{2+}
   D. H^+　　　　　　E. Mg^{2+}

7. 体液中最主要的电解质是（　　）
   A. 有机酸类　　　　B. 有机碱类　　　　C. 无机盐
   D. 蛋白质离子　　　E. 水

8. 患者，女性，血钾 6.5mmol/L，静脉注射 10% 葡萄糖酸钙的作用是（　　　）

    A. 使血钾降低　　　　　　　　　　　B. 纠正酸中毒

    C. 使钾离子移向细胞内　　　　　　　D. 降低神经肌肉应激性

    E. 对抗钾离子抑制心肌的作用

9. 人体内的挥发性酸是（　　　）

    A. 盐酸　　　　　　　B. 碳酸　　　　　　　C. 尿酸

    D. 硫酸　　　　　　　E. 乳酸

10. 正常人血浆中 $[NaHCO_3]/[H_2CO_3]$ 比值为（　　　）

    A. 10∶1　　　　　　B. 15∶1　　　　　　C. 20∶1

    D. 25∶1　　　　　　E. 50∶1

11. 参与血浆中的固定酸缓冲作用的主要是（　　　）

    A. 碳酸氢盐缓冲体系　　　　　　　　B. 磷酸氢盐缓冲体系

    C. 血浆蛋白缓冲体系　　　　　　　　D. 血红蛋白缓冲体系

    E. 氧合血红蛋白缓冲体系

12. 肾小管泌氢作用主要需要下列哪种酶催化（　　　）

    A. 碳酸酐酶　　　　B. 碳酸酶　　　　　C. 过氧化氢酶

    D. 过氧化物酶　　　E. 细胞氧化酶

13. 肺在维持酸碱平衡中的作用是（　　　）

    A. 调节 CO_2 排出量，调节血浆中 H_2CO_3 浓度

    B. 调节 $NaHCO_3$ 的含量

    C. 调节体内固定酸含量

    D. 调节 Na_2HPO_4 的含量

    E. 调节磷酸的浓度

14. 肾脏在维持酸碱平衡中最主要的作用是（　　　）

    A. 调节 Na_2HPO_4 的浓度

    B. 调节碳酸的浓度

    C. 重新生成 HCO_3^- 以恢复血中 HCO_3^- 浓度

    D. 调节 NaH_2PO_4 的浓度

    E. 调节磷酸的浓度

15. 调节酸碱平衡作用最强而持久的是（　　　）

    A. 血液的缓冲作用　　　　　　　　　B. 肺的调节作用

    C. 肾脏的排酸保碱作用　　　　　　　D. 细胞的缓冲作用

    E. 以上均不是

16. 血浆 H_2CO_3 含量原发性增高导致 ［$NaHCO_3$］/［H_2CO_3］ ＜20：1 的酸碱平衡失调是：（　　）

　　A. 呼吸性酸中毒　　B. 代谢性酸中毒　　C. 呼吸性碱中毒

　　D. 混和性酸中毒　　E. 以上均不是

二、简答题

1. 简述电解质的生理功能。

2. 肾是如何调节酸碱平衡的？

扫一扫，知答案

生物化学实验指导

生物化学实验基本操作

一、吸量管的选择和使用

（一）刻度吸管

刻度吸管是生物化学实验中使用最广泛的吸量管，其准确度较高，使用灵活方便。常用的容量规格有 0.1mL、0.2mL、0.5mL、1.0mL、2.0mL、5.0mL 和 10.0mL 等数种。

使用刻度吸管应根据需要正确选用不同容量规格的吸管，否则会使误差扩大，影响实验结果。如吸取 0.1mL 的液体用 1.0mL 的吸管会使误差增大，需要 1mL 的溶液而用 0.5mL 的吸管吸取两次也会使误差增大。

刻度吸管有完全流出式和不完全流出式 2 种。完全流出式包括了吸管管尖不能自然流出的液体，使用时要把最后不能流出的液体吹出，通常在管壁上标有"吹"的字样。不完全流出式不包括管尖最后不能自然流出的液体，使用时不能吹，而是将管尖靠在容器壁上并稍微停留一下，到液体不继续留出为止。

使用刻度吸管时，用右手持吸管，将刻度面对自己，把管尖插入液面下约 1cm 为宜。用左手持吸球，对准吸管上口，将液体吸至所需量的刻度线以上 1~2cm 处，用食指按住吸管上口，将管尖移离液面，垂直将多余的液体放出至液面的弯月面与标线相切时为止，再将吸管垂直移至容器内，使管尖与容器内壁接触，让液体自然流出。

（二）微量可调加液管

微量可调加液管常用于吸取 1mL 以内的微量液体。此管由塑料制成，具有使用方便、取液迅速、不易破损、能吸取多种样品等优点。适用于连续取样和试液分装，目前广泛使用于临床生化检验中。微量可调加液管一般有 5 档调节，其规格可根据需要选择，生化实验常选用50μL、100μL、150μL、200μL和250μL的微量可调加液管。

微量可调加液管在正式使用前，要连续按动多次，使管内空气同工作环境空气进行交换，保持管内空气工作负压恒定。使用时将吸液嘴套在加液管头上，轻轻转动，以保持密封。垂直地握住加液管，将按钮按到第一停止点，并将吸液嘴浸入液面下2~3mm，缓慢地放松按钮，使之复位，1~2秒钟后从液体中取出。再将加液管移至准备好的容器内，缓慢地将按钮按到第一停止点，等待1~2秒钟后再将按钮完全按下，排出液体。使用不同的试液应更换塑料吸液嘴。

一、离心机的使用

离心机是利用离心力对混合溶液进行分离、沉淀的一种仪器。生化实验中常用的是普通离心机（1000~4000转/分钟），用于分离血清、沉淀蛋白质等。使用方法及注意事项如下：

1. 使用前在无负荷的情况下，开动离心机（3000转/分钟），检查离心机转动是否平稳；检查套管内是否有橡皮软垫。

2. 检查合格后，将盛有离心液的离心管放入离心套管内，位置要对称，重量要用天平平衡，如不平衡，可在离心管和套管的间隙内加水来调节重量使之达到平衡。

3. 离心管中的液体不能装得太满（占2/3），以免溢出。

4. 盖上离心机盖子，接通电源，缓慢逐步加速到所需速度。不能一下将速度调到最大，以免引起强烈的震动而损坏电机或使离心管破碎。

5. 离心完毕，将转速缓慢逐步钮回起点，任其自动停稳后，方可打开盖子取出离心管，切勿用手助停。

6. 离心过程中如发现声音不正常，机身不稳，应立即切断电源，待检查排除故障后方能使用。

三、电热恒温水浴箱的使用

电热恒温水浴箱在生化实验中常用于间接加热。其温度调节范围自室温起至65℃，灵敏度一般为±0.5℃。使用方法：

1. 通电前加水至适当位置，水位不得低于电热管，绝不允许先通电后加水。

2. 接通电源，打开电源开关，调节温度控制旋钮至适当位置，红灯亮表示开始加热。

3. 当温度计的指数上升到离所需温度2℃~3℃时，逆时针转动调温旋钮至红灯熄，再略微调节温度旋钮即可达到预定的恒定温度。

四、液体混匀法

在生化实验中，每加入一种试剂后必须充分混匀，才能使反应充分进行。混匀的方法通常有以下几种：

1. 振摇法 适用试管内少量液体的混匀。

2. 弹动法 一手持试管，另一手手指轻拨试管底部，使管内液体作旋转流动。适用于试管内液体较多，不易作振摇时。

3. 倒转法 适用于具塞试管内有较多液体混合时。

实验一　血清蛋白醋酸纤维薄膜电泳

一、实验目的

1. 掌握醋酸薄膜电泳分离血清蛋白的方法。
2. 熟悉电泳的原理及影响因素。

二、实验原理

带电颗粒在电场作用下，向着与其电性相反的电极移动，称为电泳。血清蛋白质的等电点均低于 pH 值 7.0，电泳时常采用 pH 值 8.6 的缓冲液。此时，各蛋白质解离成负离子，在电场中向正极移动。因各种血清蛋白的等电点不同，在同一 pH 值下带电数量不同，各蛋白质的分子大小、形态也有差别，故在电场中的移动速度不同。分子小而带电荷多的蛋白质泳动较快，分子大而带电荷少的泳动较慢，从而可将血清蛋白分离成数条区带。

醋酸纤维薄膜具有均一的泡沫状结构（厚约 $120\mu m$），渗透性强，对分子移动无阻力，用它作区带电泳的支持物，具有用样量少、分离清晰、无吸附作用、应用范围广和快速简便等优点。目前已广泛用于血清蛋白、脂蛋白、血红蛋白、糖蛋白、酶的分离和免疫电泳等方面。

醋酸纤维薄膜电泳可把血清蛋白分离为：清蛋白及 α_1、α_2、β、γ - 球蛋白等 5 条区带。将薄膜置于染色液中使蛋白质固定并染色后，不仅可看到清晰的色带，并可将色带分别溶于碱溶液再进行比色测定，从而计算出血清蛋白的百分含量。

三、试剂

1. 巴比妥缓冲液（pH 值 8.6，离子强度 0.06） 称取巴比妥酸钠 12.7g，巴比妥 1.66g 置于烧杯中，加蒸馏水 400~500mL，加热溶解，冷却后用蒸馏水稀释至 1000mL。

2. 染色液 氨基黑 10B 0.5g，甲醇 50mL，冰醋酸 10mL，蒸馏水 40mL，混匀。

3. 漂洗液 甲醇或乙醇 45mL，冰醋酸 5mL，蒸馏水 50mL，混匀。

4. 洗脱液：0.4mol/L NaOH 溶液

5. 透明液：冰醋酸 25mL、95% 乙醇 75mL，混匀。

四、仪器及器材

醋酸纤维薄膜、电泳仪、电泳槽。

五、实验操作

1. 准备与点样 将 2.5cm×8cm 之醋酸纤维薄膜条没入巴比妥缓冲液中充分浸透后取出，用滤纸吸干，于无光泽面，距醋酸纤维薄膜一端约 1.5cm 处用点样器蘸上血清（量不可太多）后，在点样线上迅速地压一下，使血清通过点样器印吸在薄膜上。点样时用力须均匀。待血清渗入薄膜后，将薄膜两端紧贴在电泳槽的四层滤纸桥上，点样面须向下，加盖，平衡 2~3 分钟，然后通电。

2. 电泳 调节电压 110~160V；电流 0.4~06mA/cm 宽；时间 45~60 分钟。

3. 染色 电泳完毕后，关闭电源将薄膜取出，直接浸于氨基黑 10B 染色液中 3~5 分钟；然后取出用漂洗液浸洗 3~4 次，至背景完全无色为止。

4. 定量 取长试管 6 支，编号，将漂洗后的薄膜夹于滤纸中吸干，剪下各蛋白区带，分别置于各试管中。每管加入 0.4mol/L NaOH 4.0mL，37℃ 水浴中反复振摇使之充分洗脱，用 600nm 波长比色，以空白管调整吸光度到零点，读取各管的吸光度，求百分率。

六、实验结果及分析

七、计算

血清蛋白构成比的计算方法如下：

吸光度总和（T）：$T = T_A + T\alpha_1 + T\alpha_2 + T_\beta + T_\gamma$

清蛋白（A）% $= T_A/T \times 100$；$\alpha_1 = T\alpha_1/T \times 100$；

$\alpha_2 = T\alpha_2/T \times 100$；$\beta = T_\beta/T \times 100$；$\gamma = T_\gamma/T \times 100$

（一）注意事项

1. 血清标本要新鲜，不可溶血。

2. 血清样品点于醋酸纤维素薄膜的毛面。

3. 电泳时醋酸纤维素薄膜的点样端置于负极。

（二）临床意义

1. 血清蛋白各部分的构成比为：清蛋白 61% ~71%、α_1 - 球蛋白 3% ~4%、α_2 - 球蛋白 6% ~10%、β - 球蛋白 7% ~11%、γ - 球蛋白 9% ~18%。

2. 肝硬化时清蛋白降低，γ - 球蛋白升高 2 ~3 倍。肾病综合征时白蛋白降低，α_2、β - 球蛋白升高。

实验二 酶的特异性与影响因素

一、实验目的

1. 验证酶的专一性及影响因素，分析影响酶促反应因素的原理和方法。
2. 正确进行实验操作及结果判断。

二、实验原理

（一）借唾液淀粉酶对淀粉的水解作用来观察并说明酶的专一性

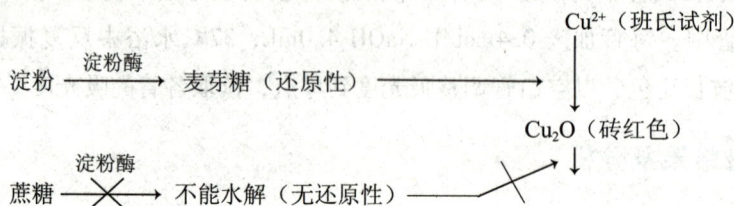

$$淀粉 \xrightarrow{淀粉酶} 麦芽糖（还原性） \xrightarrow{\qquad} \overset{Cu^{2+}（班氏试剂）}{\underset{Cu_2O（砖红色）}{\downarrow}}$$

$$蔗糖 \xrightarrow{淀粉酶} \times 不能水解（无还原性） \xrightarrow{\qquad\times}$$

（二）利用碘与淀粉及其水解产物的颜色反应不同，来比较唾液淀粉酶在不同条件下催化淀粉水解的速度，从而推测酶活性的强弱，进一步判断温度、pH 值、激活剂与抑制剂对酶活性的影响。

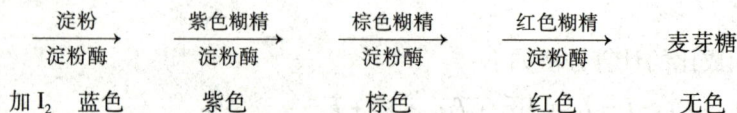

$$淀粉 \xrightarrow{淀粉酶} 紫色糊精 \xrightarrow{淀粉酶} 棕色糊精 \xrightarrow{淀粉酶} 红色糊精 \xrightarrow{淀粉酶} 麦芽糖$$

加 I_2 蓝色   紫色   棕色   红色   无色

根据淀粉及其水解产物与碘呈色的不同作为酶活性大小的指标。

三、器材与试剂

1. 器材 滴管、烧杯、试管（架）及试管夹、冰块、恒温水浴箱与水浴锅。

2. 试剂 1%淀粉、1%蔗糖溶液、班氏试剂、碘液、pH值6.8缓冲液、pH值3.0缓冲液、pH值8.0缓冲液、0.9% NaCl溶液、1% $CuSO_4$溶液、1% Na_2SO_4溶液。

四、实验操作与记录

（一）酶的特异性

1. 制备稀释唾液 实验者先用自来水漱口，以清除口腔内食物残渣，再在口腔内含蒸馏水20～30mL，并做咀嚼运动，3分钟后吐入小烧杯中备用。

2. 制备煮沸唾液 取上述唾液约1mL，盛入一中号试管中，置沸水浴煮沸5分钟备用。

4. 取试管三编号，按下表操作：

附表2-1

管号	1%淀粉	1%蔗糖	稀唾液	pH值6.8缓冲液	37℃水浴	班氏试剂	沸水	结果记录
1	10滴		5滴	10滴		20滴		
2		10滴	5滴	10滴	10分钟	20滴	10分钟	
3	10滴		煮沸唾液5滴	10滴		20滴		

（二）影响酶促反应的因素

1. 温度影响酶活性 取试管三支编号，按下表加入试剂：

附表2-2

管号	1%淀粉	pH值6.8缓冲液	预温2分钟	稀唾液	10分钟	碘液	结果记录
1	10滴	10滴	冰浴	5滴	冰浴	2滴	
2	10滴	10滴	沸水浴	5滴	沸水浴	2滴	
3	10滴	10滴	37℃水浴	5滴	37℃水浴	2滴	

2. pH值影响酶活性 取试管三支编号，按下表加入试剂。

附表2-3

管号	pH值3.0	pH值6.8	pH值8.0	1%淀粉	稀唾液	37℃浴	碘液	结果记录
1	10滴			10滴	5滴		2滴	
2		10滴		10滴	5滴	10分钟	2滴	
3			10滴	10滴	5滴		2滴	

3、激活剂、抑制剂对酶活性的影响 取试管四支编号，按下表加入试剂。

附表 2 – 4

管号	DH$_2$O	0.9%NaCl	1%NaSO$_4$	1%CuSO$_4$	pH 值 6.8缓冲液	1%淀粉	稀唾液	37℃水浴	碘液	结果记录
1	10 滴				10 滴	5 滴	5 滴		2 滴	
2		10 滴			10 滴	5 滴	5 滴	10 分钟	2 滴	
3			10 滴		10 滴	5 滴	5 滴		2 滴	
4				10 滴	10 滴	5 滴	5 滴		2 滴	

五、分析讨论

1. 淀粉酶有专一性吗？请用你的实验结果进行分析解释？

2. 请用实验结果说明温度、pH 值、激活剂与抑制剂对淀粉酶活性的影响？最适温度、最适 pH 值是多少？激活剂与抑制剂分别是什么？

实验三　分光光度计的使用

一、实验目的

1. 掌握 722 型分光光度计的操作方法。
2. 熟悉分光光度法的基本原理和 722 型分光光度计的工作原理。

二、实验原理

许多物质的溶液具有颜色，有色物质溶液颜色的深浅与其浓度呈正比。利用比较溶液颜色的深浅来测定溶液中物质含量的方法，称比色分析法。因此，可将待测的有色物质配制成溶液或将无色物质与某些化学试剂反应使之成为有色溶液，利用比色分析法来测定物质的含量。

有色溶液所具有的颜色是由于溶液中的物质选择性地吸收了一定波长的光后，透过一定波长光的结果。利用物质对一定波长光的吸收程度来测定物质含量的方法，称为分光光度法。所使用的仪器称为分光光度计。

朗伯－比尔（Lambert－Beer）定律是分光光度法的基本原理。当一束单色光通过有色溶液后，一部分被吸收，一部分透过，设入射光的强度为 I_0，透射光强度为 I，则 $\dfrac{I}{I_0}$ 为透光度，用 T 表示。

当溶液的液层厚度不变时，溶液的浓度越大，对光的吸收程度越大，则透光度越小。即：

$$-\lg T = K * C \quad (\text{式中 } K \text{ 为吸光系数，} C \text{ 为浓度})$$

当溶液浓度不变时，溶液的液层厚度越大，对光的吸收程度越大，则透光度越小。即：

$$-\lg T = K * C \quad (L \text{ 为液层厚度})$$

以上三者的关系可用下式表示：

$$-\lg T = K * C * L$$

研究表明：溶液对光的吸收程度即吸光度（A）又称消光度（E）或光密度（OD）与透光度（T）呈负对数关系，即

$$A = -\lg T$$

故
$$A = KCL$$

上式为朗伯 - 比尔定律的关系表达式，其意义为：当一束单色光通过有色溶液时，溶液对单色光的吸收程度与溶液浓度和液层厚度的乘积呈正比。

根据朗伯 - 比尔定律，可通过比色求得任一有色溶液中物质的含量，其方法是配制已知浓度的标准液（S），将待测液（T）与标准液以同样的方法显色，然后放在厚度相同的比色杯中进行比色，测定其吸光度，得 A_S 和 A_T，根据朗伯 - 比尔定律：

$$A_S = K_S C_S L_S \qquad A_T = K_T C_T L_T$$

两式相除得：

$$\frac{A_S}{A_T} = \frac{K_S C_S L_S}{K_T C_T L_T}$$

由于相同的溶液其 K 值相同，又由于比色杯的厚度相等，所以 $K_S = K_T$，$L_S = L_T$ 则

$$\frac{A_S}{A_T} = \frac{C_S}{C_T}$$

$$C_T = \frac{A_T}{A_S} \times C_S$$

此即 Lambert – Beer 定律的应用公式。

三、722 型分光光度计

（一）主要部件

主要部件有光源室、单色光器、试样室、光电池暗盒、电子系统及数字显色器等。

（二）工作过程

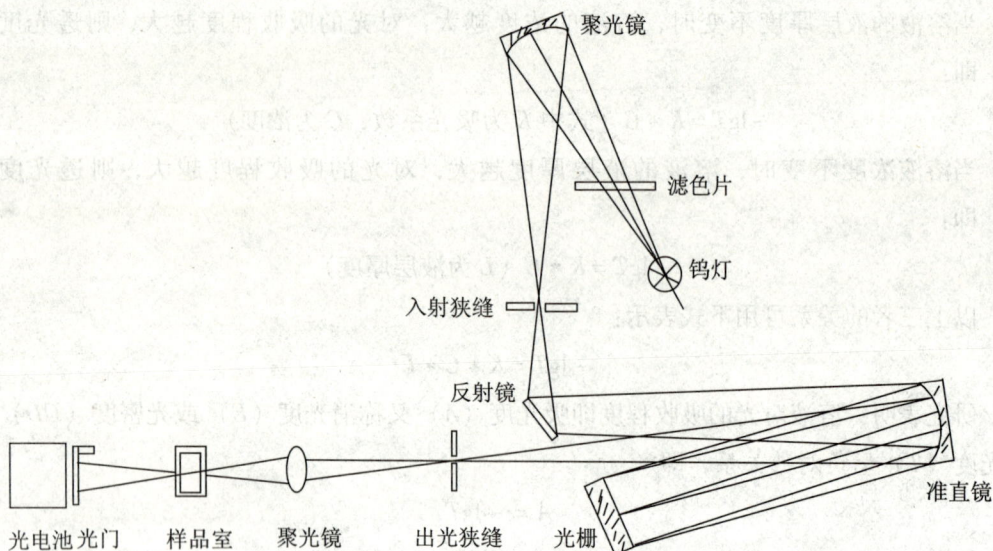

附图 3 – 1　722 型分光光度计光学系统图

由钨灯发出连续辐射光线经滤色片选择及聚光镜聚光后经入射光狭缝进入单色光器，进入单色光器的复合光通过平面反射镜反射及准直镜准直后变成平行光射向色散元件光栅，光栅将入射的复合光通过衍射作用形成按一定顺序均匀排列的连续单色光谱，此单色光重新回到准直镜上。由于仪器出射狭缝设置在准直镜的焦面上，光栅色散出来的光谱经准直镜后利用聚光原理成像在出射狭缝上，通过转动与准直镜和光栅联动的波长调节旋钮，出射狭缝可选出指定带宽的单色光。单色光照射在试样室的待测有色溶液上，一部分被吸收，一部分透过，透射光经光门射向光电池，光电池接收后转换成与待测样品透光度强度成一定比例的电讯号，经放大器放大和 A/D 转换，由 CPU 控制显示出待测样品的吸光度或透光度。

（三）波长的选择

Lambert – Beer 定律只适用于单色光，不同颜色的溶液，吸收的单色光是不同的。因此，不同颜色的待测溶液，应选择不同波长的单色光。其选择原则是使被测溶液的单位浓度的吸光度变化最大。也即最容易被溶液吸收的波长。通常是根据其光吸收曲线来选择最佳测定波长。

（四）操作方法

1. 开机预热 30 分钟。

2. 按动"功能键"，切换至透射比测定模式。

3. 转动波长旋钮，调至所需要的波长。

4. 打开样品室盖，将遮光体置入样品架第一格，并将空白液、标准液和待测液分别装入比色皿中，依次置入样品架的二、三、四格。

5. 使遮光体对准光路，盖上样品室盖，按动"调0%"键调零，此时仪器显示"00.0"或"－00.0"。

6. 推拉样品架拉杆，使空白液对准光路。然后按动"调100%"键，此时屏幕显示"BL"，延时数秒便显示"100"。按动"功能键"，切换至吸光度测定模式，此时屏幕显示".000"或"－.000"。

7. 推拉样品架拉杆，依次将标准液和待测液对准光路，读取其吸光度。

8. 比色完毕后关闭电源开关，将比色皿冲洗干净，倒置于实验台上。

（五）注意事项及维护

1. 使用仪器前应先了解本仪器的结构和工作原理以及各个操作旋钮的功能。

2. 在未接通电源前，应对仪器进行检查，电源通地要良好，各个调节旋钮应在起始位置。放大器暗盒的硅胶如变红色应及时更换或烘干后再用。

3. 每台仪器所配套的比色杯不能与其他仪器上的比色杯单个调换。

4. 保持仪器的清洁和干燥，要防止溶液溅入样品室，使用后应将样品室擦干，以防止废液对部件的腐蚀。

5. 仪器停止工作时，应切断电源。仪器在停止使用时应罩上防尘罩，并在样品室内放数袋硅胶防潮。

6. 仪器工作数月或搬动后，要检查波长和吸光度精度，以确保仪器的使用和精度。

四、硫酸铜溶液浓度的测定

（一）试剂
1. 硫酸铜标准溶液（10mmol/L）
2. 硫酸铜待测溶液

（二）操作
将以上两种溶液各取5mL，放在试管中，然后在721型分光光度计上在690nm波长下，用蒸馏水校"0"，读取A_S和A_T。

（三）计算
$$硫酸铜待测溶液的浓度（mmol/L）=\frac{A_T}{A_S}\times 10$$

【思考题】

为什么在进行比色测定时要用蒸馏水校正吸光度"0"，有什么作用？

实验四　血糖的测定

一、实验目的

通过本实验让学生了解氧化酶法测定血糖的原理和方法。

二、实验原理

葡萄糖氧化酶（GOD）利用氧和水将葡萄糖氧化为葡萄糖酸，并释放过氧化氢。过氧化物酶（POD）将过氧化氢分解为水和氧，受体4－氨基安替比林和酚去氢缩合为红色醌类化合物，即 Trinder 反应，红色醌类化合物的生成量与葡萄糖含量成正比。因此通过与同样处理的标准葡萄糖液进行比色，测定该有色化合物的吸光度即可求得被测样品中葡萄糖的含量。反应式如下：

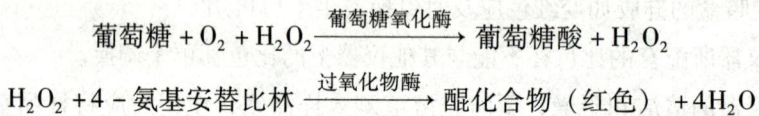

$$葡萄糖 + O_2 + H_2O_2 \xrightarrow{\text{葡萄糖氧化酶}} 葡萄糖酸 + H_2O_2$$

$$H_2O_2 + 4-氨基安替比林 \xrightarrow{\text{过氧化物酶}} 醌化合物（红色）+ 4H_2O$$

三、试剂

（一）自配试剂

1. **0.1mol/L 磷酸盐缓冲液（pH 值 7.0）**　称取无水磷酸氢二钠 8.67g 及无水磷酸二氢钾 5.3g 溶于蒸馏水 800mL 中，用 1mol/L 氢氧化钠（或 1mol/L 盐酸）调 pH 值至 7.0，用蒸馏水定容至 1L。

2. **酶试剂**　称取过氧化物酶 1200U，葡萄糖氧化酶 1200U，4－氨基安替比林 10mg，叠氮钠 100mg，溶于磷酸盐缓冲液 80mL 中，用 1mol/L NaOH 调 pH 值至 7.0，用磷酸盐缓冲液定容至 100mL，置 4℃保存，可稳定 3 个月。

3. **酚溶液**　称取重蒸馏酚 100mg 溶于蒸馏水 100mL 中，用棕色瓶贮存。

4. **酶酚混合试剂**　酶试剂及酚溶液等量混合，4℃可以存放 1 个月。

5. **12mmol/L 苯甲酸溶液**　溶解苯甲酸 1.4g 于蒸馏水约 800mL 中，加温助溶，冷却后加蒸馏水定容至 1L。

6. **100mmol/L 葡萄糖标准贮存液**　称取已干燥恒重的无水葡萄糖 1.802g，溶于12mmol/L 苯甲酸溶液约 70mL 中，以 12mmol/L 苯甲酸溶液定容至 100mL。2h 以后方可使用。

7. **5mmol/L 葡萄糖标准应用液**　吸取葡萄糖标准贮存液 5.0mL 放于 100mL 容量瓶中，用 12mmol/L 苯甲酸溶液稀释至刻度，混匀。

（二）试剂盒

来源于市售试剂盒。

附表 4 – 1

规格	R$_1$（100mL×1）	R$_2$（10mL×1）	标准（1 支）
成分	磷酸盐缓冲液	GOD	5.5mmol/L
	苯酚	POD	
储存	2℃ ~8℃ 避光储存，有效期 12 个月		

工作试剂制备及稳定性：根据用量 R$_1$ 和 R$_2$ 按 10：1 体积混合成工作试剂，2 ~8℃ 储存 1 个月有效。

1. 葡萄糖标准液（5.5mmol/L）。

2. 工作试剂。

3. 蒸馏水。

四、器材

722 型分光光度计、离心机、恒温水浴箱、微量加样器、试管、试管架等。

五、操作步骤

1. 手工操作法取试管 3 支，按下表操作。

附表 4 – 2

试剂	空白管	标准管	测定管
工作试剂（mL）	1.0	10	1.0
蒸馏水（μL）	–	1.0	–
标准液（葡萄糖）（μL）	–	10	–
血清（样品）（μL）	–	–	10

2. 将上述各管混匀，置 37℃ 水浴箱中保温 15min 后上机测定。

3. 分光光度计测定方法用分光光度计在 510nm 波长处进行比色，以空白管调零点，读取测定管与标准管的吸光度值。

六、结果计算

$$血糖浓度（mmol/L）= \frac{测定管吸光度}{标准管吸光度} × 标准管浓度（5.5mmol/L）$$

正常空腹血糖参考值：血清葡萄糖为 3.9 ~ 6.1 mmol/L。

七、注意事项

血糖测定应在取血后 4h 内完成，如放置时间过久，糖易氧化分解使测定结果偏低。工作试剂防止被氧化性物质污染变红。试剂明显变红说明 R_2 被污染。

八、临床意义

血糖升高常见于糖尿病、垂体功能亢进、胰岛细胞瘤等疾病；血糖降低常见于垂体功能减退、胰岛细胞瘤等疾病。

九、思考题

测定血糖为什么要空腹或禁食 12h 后再抽血？

实验五　肝中酮体生成作用

一、目的

1. 证明酮体生成是肝特有的功能。
2. 了解组织匀浆的制备方法。

二、原理

将丁酸溶液分别与肝匀浆和肌匀浆保温。肝细胞中含有酮体生成酶系，故能生成酮体，并可与含亚硝基铁氰化钠的显色反应产生紫红色化合物。而同样处理的肌匀浆则不产生酮体，因此不能与显色粉产生颜色反应。

三、器材

小白鼠；匀浆机和研钵、恒温水浴箱、离心机；剪刀、白瓷反应板、试管及试管架

四、试剂

1. 0.9% 氯化钠溶液。

2. 洛克溶液　取氯化钠 0.9g，氯化钾 0.042g，氯化钙 0.024g，碳酸氢钠 0.02g，葡萄糖 0.1g 放入烧杯中，加蒸馏水溶解后，加水至 100mL，置冰箱中备用。

3. 0.5mol/L 丁酸溶液　取 44.0g 丁酸溶于 0.1mol/L NaOH 溶液中，加 0.1mol/L NaOH

溶液至 1000mL。

4. 0.1mol/L 磷酸盐缓冲液（pH7.6） 准确称取磷酸氢二钠（$Na_2HPO_4 \cdot 2H_2O$）7.74g 和磷酸二氢钠（$NaH_2PO_4 \cdot H_2O$）0.897g，用蒸馏水稀释至 500mL，准确测定 pH 值。

5. 15% 三氯醋酸溶液。 称取三氯乙酸 15g，用去离子水定溶至 100mL。

6. 显色粉 亚硝基铁氰化钠 1g，无水碳酸钠 30g，硫酸铵 50g，混合后研碎。

五、操作

1. 肝匀浆和肌匀浆的制备 取小鼠一只，断头处死，迅速剖腹，取出肝和肌组织，剪碎，分别放入匀浆器或研钵中，加入生理盐水（重量：体积为 1:3），研磨成匀浆。

2. 取 4 支试管，编号后按下表操作：

附表 5-1 酮体生成试验操作步骤

加入物（滴）	1	2	3	4
洛克溶液	15	15	15	15
0.5mol/L 丁酸溶液	30	–	30	30
0.1mol/L 磷酸盐缓冲液	15	15	15	15
肝匀浆	20	20	–	–
肌匀浆	–	–	–	20
蒸馏水	–	30	20	–

3. 将上列 4 支试管摇匀后放 37℃ 恒温水浴中保温 30min。

4. 取出各管，每管加入 15% 三氯醋酸 20 滴，摇匀，离心 5min（3000 转/min）。

5. 分别于各管取离心液滴于有凹白瓷反应板中，每凹放入显色粉一小匙（约 0.1g），观察并记录每凹所产生的颜色反应。

六、结果及分析

观察各管颜色变化，并说明原因。

七、思考题

酮体在何处生成，何处利用，酮体生成利用有何意义？

实验六 血清谷丙转氨酶（ALT）测定

一、实验目的

1. 掌握血清 ALT 活性测定的临床意义。

2. 熟悉血清 ALT 活性测定的原理及测定方法。

3. 了解血清谷丙转氨酶活性测定的具体操作方法。

二、实验原理

在 37℃、pH 值 7.4 的条件下，基质（底物）液中的丙氨酸和 α-酮戊二酸在血清中的谷丙转氨酶（ALT）催化下生成谷氨酸和丙酮酸。生成的丙酮酸可与起终止和显色作用的 2,4-二硝基苯肼发生加成反应，生成丙酮酸-2,4-二硝基苯腙，进而在碱性环境中生成红棕色的苯腙硝醌化合物，其颜色的深浅在一定范围内与丙酮酸的生成量，亦即与 ALT 活性的高低成正比关系。反应式如下：

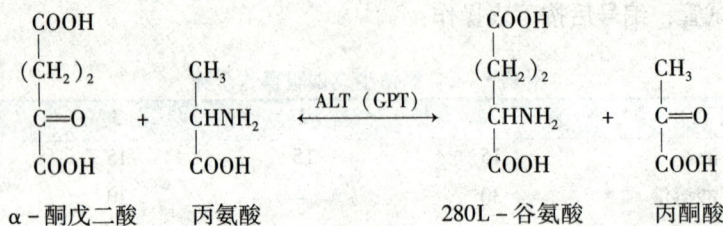

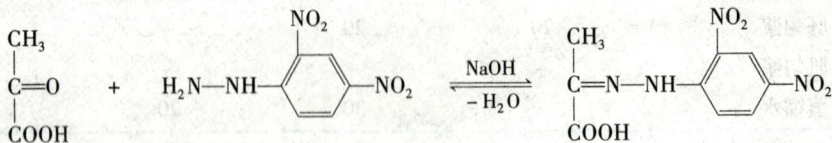

$$
\begin{array}{cc}
\underset{\alpha-\text{酮戊二酸}}{\overset{\displaystyle COOH}{\underset{\displaystyle COOH}{\overset{\displaystyle |}{\underset{\displaystyle |}{\overset{\displaystyle (CH_2)_2}{\underset{\displaystyle C=O}{|}}}}}}
+
\underset{\text{丙氨酸}}{\overset{\displaystyle CH_3}{\underset{\displaystyle COOH}{\overset{\displaystyle |}{\underset{\displaystyle |}{\overset{\displaystyle CHNH_2}{}}}}}
&
\xrightleftharpoons{ALT（GPT）}
&
\underset{280L-\text{谷氨酸}}{\overset{\displaystyle COOH}{\underset{\displaystyle COOH}{\overset{\displaystyle |}{\underset{\displaystyle |}{\overset{\displaystyle (CH_2)_2}{\underset{\displaystyle CHNH_2}{|}}}}}}
+
\underset{\text{丙酮酸}}{\overset{\displaystyle CH_3}{\underset{\displaystyle COOH}{\overset{\displaystyle |}{\underset{\displaystyle |}{\overset{\displaystyle C=O}{}}}}}
\end{array}
$$

三、仪器

水浴恒温装置、试管和试管架、吸管、分光光度计。

四、试剂

1. 0.1mol/L 磷酸缓冲液（pH 值 7.4） 称取 Na_2HPO_4 11.928g，KH_2PO_4 2.176g，加蒸馏水少量溶解并稀释至 1000mL。

2. 2mmol/L 丙酮酸钠标准溶液 称取 22mg 丙酮酸钠，溶解于 0.1mol/L 磷酸缓冲液（pH 值 7.4）100mL 中，现配现用。

3. ALT 基质液 称取 α-酮戊二酸 29.2mg，L-丙氨酸 1.78mg（L-丙氨酸 0.85mg）溶解于 30mL 0.1mol/L 磷酸缓冲液（pH 值 7.4）中，溶解后校正 pH 值至 7.4，再用 pH 值 7.4 的磷酸缓冲液定溶至 100mL，置冰箱中保存备用（可保存一周）。可加入氯仿数滴防腐。

4. 0.02% 2,4-二硝基苯肼溶液 称取 20mg 2,4-二硝基苯肼先溶解于 10mL 纯盐酸中，电炉加热助溶，待 2,4-二硝基苯肼全部溶解后，用蒸馏水稀释至 100mL，过滤后盛

314

于棕色瓶中，置冰箱中保存备用。

5. 0.4mol/LNaOH 溶液　称取 16gNaOH 溶解于蒸馏水后，定溶到 1000mL。

五、操作步骤

1. ALT 标准曲线的制作

（1）将测定所用试剂除氢氧化钠溶液，全部置于水浴箱内，预温 37℃，然后取 6 支试管，按附表 6-1 进行配制：

附表6-1　ALT 标准曲线的绘制

试管编号 试剂（mL）	0	1	2	3	4	5
20μmol/L 丙酮酸钠标准溶液	0.00	0.05	0.10	0.15	0.20	0.25
ALT 基质液	0.50	0.45	0.40	0.35	0.30	0.25
0.1mol/L 磷酸缓冲液（pH 值7.4）	0.10	0.10	0.10	0.10	0.10	0.10
混匀，将各管置于37℃水浴中保温 30min						
2,4-二硝基苯肼	0.5	0.5	0.5	0.5	0.5	0.5
混匀，将各管置于37℃水浴中保温 20min						
0.4mol/LNaOH	5	5	5	5	5	5
ALT 含量	0	28	57	97	150	200
混匀，将各管置于37℃水浴中保温 10min						

（2）冷却后以 0 为对照用分光光度计比色测定吸光值 OD_{505nm}。

（3）以吸光度为纵坐标，酶活性单位为横坐标，绘制成标准曲线。

2. 样品 ALT 含量测定

（1）将测定所用试剂除氢氧化钠溶液外，全部置于水浴箱内，预温至 37℃后使用，取 2 支试管，按附表 6-2 进行配制：

附表6-2　ALT 含量测定

管号 试剂 mL	0	1
样品	0.10	0.10
ALT 基质液	-	0.50
混匀，将各管置于37℃水浴中保温 20min		

续 表

试剂 mL	管号	
	0	1
ALT 基质液	0.50	–
2,4 – 二硝基苯肼	0.5	0.5
混匀，将各管置于 37℃ 水浴中保温 20min		
0.4mol/LNaOH 溶液	5	5
混匀，将各管置于 37℃ 水浴中保温 10min		

（2）冷却后以 0 为对照用分光光度计比色测定吸光值 OD_{505nm}。

（3）在标准曲线中读出样品 ALT 的含量。

六、注意事项

1. 正常范围　5～25 卡门氏单位。赖氏法的酶活力单位是根据此方法丙酮酸含量及其吸光度值与卡门氏单位的对应关系，衍生出卡门氏单位。卡门氏单位的定义是：血清 1mL，反应液总量 3mL，反应温度 25℃，波长 340nm，比色杯光径 1cm，每分钟吸光度减少 0.001 为一个卡门氏单位。

2. 严重高脂血症、黄疸及溶血患者的血清可增加测定吸光度，糖尿病酮症酸中毒病人血中含有大量的酮体能与 2,4 – 二硝基苯肼作用呈色。因此，检测此类标本时，应做血清标本对照。

七、临床意义

ALT 在肝细胞中含量最高。当肝细胞受损伤时，ALT 大量释放入血液，致使血清中 ALT 活性增高。测定 ALT 是检查肝功能的重要指标之一。ALT 显著增高见于各种急性肝炎及药物中毒性肝细胞坏死，中等程度增高见于肝癌、肝硬化、慢性肝炎及心肌梗塞，轻度增高则见于阻塞性黄疸及胆道炎等疾病。骨骼肌损伤、多发性肌炎亦可引起转氨酶活性升高。

八、思考题

1. 血清中谷丙转氨酶的测定有何临床意义？

2. 血清谷丙转氨酶的测定有何注意点？为什么要避免溶血？

参 考 文 献

［1］何旭辉，吕士杰．生物化学［M］．第6版．北京：人民卫生出版社，2014

［2］吕文华，肖智勇．生物化学［M］．武汉：华中科技大学出版社，2010

［3］潘文干．生物化学［M］．第8版．北京：人民卫生出版社，2013

［4］晁相蓉，邹丽平，余少培．生物化学［M］．北京：中国科学技术出版社，2014

［5］查锡良，药立波．生物化学与分子生物学［M］．第8版．北京：人民卫生出版社，2013

［6］宋庆梅，张志霞，凌强．生物化学［M］．北京：科学技术文献出版社，2015

［7］王易振，何旭辉．生物化学［M］．第2版．北京：科学技术文献出版社，2013

［8］罗永富．生物化学［M］．北京：中国中医药出版社，2015

［9］高国全．生物化学［M］．北京：人民卫生出版社，2008